Andreas Simon · Sprachalarmanlagen

de-FACHWISSEN

Die Fachbuchreihe
für Elektro- und Gebäudetechniker
in Handwerk und Industrie

Andreas Simon

Sprachalarmanlagen

Planung, Errichtung und Betrieb nach DIN VDE 0833-4:2024-06

Hüthig · München/Heidelberg

Bibliografische Information der Deutschen Nationalbibliothek
Die Deutsche Nationalbibliothek verzeichnet diese Publikation in der Deutschen Nationalbibliografie; detaillierte bibliografische Daten sind im Internet über https://portal.dnb.de/ abrufbar.

Möchten Sie Ihre Meinung zu diesem Buch abgeben?
Dann schicken Sie eine E-Mail an das Lektorat
im Hüthig Verlag:
buchservice@huethig.de
Autoren und Verlag freuen sich über Ihre Rückmeldung.

ISBN 978-3-8101-0612-4

Printed in Germany
Layout, Satz, Zeichnungen: schwesinger, galeo:design
Titelfoto: Iryna Liveoak – stock.adobe.com
Druck: Westermann Druck Zwickau GmbH

Vorwort

Die Alarmierung von Beschäftigten und Besuchern im Brandfall ist mittlerweile oft fester Bestandteil des technischen Gebäudeausbaus vieler Bauwerke. Durch Verordnungen und Richtlinien wird gefordert, dass die Brandalarmierung mithilfe von Sprachalarmanlagen (SAA) erfolgt. Aber auch die Gefährdungsanalyse zum Brandschutz eines Bauwerks kann dazu führen, dass SAA zu planen, zu bauen und im Gebäude zu betreiben sind.

Im Gegensatz zur Brandalarmierung mit Signaltönen ist die Bewertung der Wirksamkeit einer Sprachalarmanlage deutlich komplexer, da die zu übertragene Sprachinformation nur dann zu einer wirksamen Brandalarmierung führt, wenn die Sprachdurchsage von den betroffenen Zielpersonen in ausreichendem Maße verstanden wird und die Anweisungen befolgt werden. Im Gegensatz zu Signaltönen ist also hier nicht einzig die Hörbarkeit gefordert, sondern die vielfältigen auf die Sprachverständlichkeit einwirkenden akustischen und psychoakustischen Effekte müssen dazu geeignet sein, eine ausreichende Sprachverständlichkeit zu gewährleisten. Im Gegenzug erhält man mit der Sprachalarmierung die Möglichkeit, gezielte, dynamische und objektspezifische Informationen an die betroffenen Personen zu übertragen und somit detaillierte Anweisungen zu geben, wie es mit Signaltönen nie der Fall sein kann.

Die Planung und Errichtung von Sprachalarmanlagen sind im Regelfall im Gewerk Elektrotechnik verortet. Das Gewerk Elektrotechnik wiederum erfordert eine immense Wissensbandbreite, um in allen einzelnen Bereichen die erforderliche Kompetenz zu besitzen. Die Sprachalarmierung stellt diesbezüglich eher eine kleine Nische dar, erfordert aber dennoch Spezialwissen, um eine mangelfreie Werkleistung ausführen zu können. Um die zu erfüllenden Anforderungen für Planer und Errichter zu standardisieren, existieren dazu seit annähernd zwei Jahrzehnten spezifische Normen.

Mit DIN VDE 0833-4:2024-06 „Gefahrenmeldeanlagen für Brand, Einbruch und Überfall – Festlegungen für Anlagen zur Sprachalarmierung im Brandfall“ [8] ist nun eine neue Anwendungsnorm in Kraft getreten und löst die Vorgängerversion aus dem Jahr 2014 ab. Mit der neuen Norm wird vorwiegend den in Europa bereits seit annähernd zehn Jahren geltenden Standards zur Bewertung der Wirksamkeit derartiger Anlagen entsprochen. Bei der Überarbeitung dieser Norm wurden weitere zukunftsweisende

Aspekte berücksichtigt. Die Überarbeitung der alten Version aus 2014 war somit längst erforderlich. Die neue nationale Anwendungsrichtlinie für Sprachalarmanlagen ist also eine Dokumentation der Anforderungen an die Planung, die Errichtung und den Betrieb sowie auch an die technische Ausführung der Sprachalarmanlage.

Auch wenn sich Meister, Techniker und Ingenieure regelmäßig mit Normungswerken auseinandersetzen, ist doch oft zu bemerken, dass das Herausarbeiten der eigentlichen Anforderungen nicht immer einfach ist. Der Autor dieses Fachbuchs durfte an der aktuellen Norm mitarbeiten und kann somit aus erster Hand berichten, dass bei der normativen Dokumentation von Anforderungen und Hinweisen bestimmte Restriktionen vorhanden sind. Diese führen es mit sich, dass Formate, Formulierungen und Verweise zu berücksichtigen sind, die es dem Anwender oft nicht leicht machen, die eigentliche Aussage unmittelbar zu verstehen. Daher hat es sich der Autor dieses Buchs zur Aufgabe gemacht, die normativen Anforderungen, Hinweise und anzuwendenden Verfahren intensiv zu erklären und zu erläutern, sodass Planer und Errichter eine Art Wegweiser erhalten, in den verschiedenen Phasen der SAA zu einem mangelfreien Ergebnis zu gelangen. Dabei steht im Vordergrund, dass die normativ beschriebenen Anforderungen oft mit theoretischen Ansätzen verknüpft sind, die Lösungen in der Praxis jedoch daraus nicht immer offensichtlich abzuleiten sind.

Einer der Kernpunkte ist es also, die Anforderungen an Sprachalarmanlagen, deren Planung, Errichtung und Betrieb derart zu erläutern und zu verdeutlichen, dass eine Umsetzung in der Praxis erfolgen kann. Die physikalischen Hintergründe des Gewerkes werden dadurch zwar nicht weniger komplex, aber zumindest soll erkennbar werden, wie sich typische Lösungen in einigen Beispielobjekten gestalten lassen und wie die Anwender dies mit der erforderlichen Grundkompetenz in ihren spezifischen Objekten nutzen können.

Die erforderliche Grundkompetenz stellt in der Praxis eine weitere Hürde dar, da die erforderliche Wissensbandbreite nicht auf den elektrotechnischen Bereich begrenzt ist. Sprachalarmanlagen gehören zu den elektroakustischen Anlagen, sodass neben der Elektrotechnik, wie es der Begriff verrät, auch eine Mindestkompetenz im Bereich der Akustik erforderlich ist. Auch hier ist es wichtig, die erforderliche Verhältnismäßigkeit zu wahren und zu erkennen, dass spezifisch für Sprachalarmanlagen auch nur ein bestimmter Teil der Akustik anzuwenden ist. Der dazu erforderliche Wissensbereich soll in diesem Buch ebenfalls vermittelt werden. Neben der technisch verständlichen Übersetzung der normativen Anforderungen soll dieses Buch auch darüber Aufschluss geben, wann welche Anforderung zu erfüllen ist und welche der weiteren und mitgeltenden Normen zur Anwendung kommen müssen.

Auch wenn sich der Inhalt hauptsächlich auf Beschallungsanlagen im Brandfall konzentriert, sind die physikalischen Hintergründe und Informationen auch für andere Beschallungsaufgaben anzuwenden. Insbesondere die akustischen Randbedingungen bleiben gleichartig, egal um welche Art der Beschallung es sich handelt. Somit sind die Kapitel der akustischen Grundlagen, der Sprachverständlichkeit, des Störpegels, der Messung akustischer Parameter und der Simulation auch für andere Beschallungsaufgaben hilfreich.

Andreas Simon

Inhaltsverzeichnis

1 Akustische und elektroakustische Grundlagen

Wie im Vorwort bereits erwähnt, gehören Sprachalarmanlagen der Kategorie elektroakustische Anlage an. Der Begriff beinhaltet bereits die Information, dass hier zwei Gewerke aufeinandertreffen. Somit sind Begriffe der Elektrotechnik sowie der Akustik zu verinnerlichen, um sich mit der Planung und Errichtung von Sprachalarmanlagen auseinandersetzen zu können. Dies kann durchaus zielgerichtet erfolgen, sodass nicht die komplette Wissensbandbreite der Elektrotechnik sowie der Akustik erforderlich ist, um die verhältnismäßig einfachen Zusammenhänge der Sprachalarmierung beherrschen zu können. In den ersten Kapiteln werden die Grundlagen in Kurzform vermittelt. Dies kann es, abhängig vom eigenen Ausbildungsstand, natürlich erforderlich machen, zu bestimmten Begriffen und Zusammenhängen aus den beiden Gewerken weitere Informationen erlangen zu müssen. Hierzu steht in der Regel umfangreiche Literatur zur Verfügung.

In diesem Kapitel werden daher die Grundbegriffe zum Verständnis einer Beschallungsanlage nur stichpunktartig beleuchtet.

1.1 Grundbegriffe der Akustik

Im Rahmen dieses Fachbuchs für Planer und Errichter von Sprachalarmanlagen (SAA) ist nicht zuletzt durch den deutlichen normativen Verweis, z. B. in der DIN VDE 0833-4:2024-06 „Festlegungen für Anlagen zur Sprachalarmierung im Brandfall“, der Raumakustik besondere Aufmerksamkeit zu widmen. Auch in anderen Normenwerken zu den Themen der Beschallung ist die maßgebliche Bedeutung der Akustik hervorgehoben worden. In diesem Abschnitt wird die eindeutige und voneinander untrennbare Abhängigkeit des Beschallungsergebnisses von der vorherrschenden Raumakustik näher beleuchtet.

Die physikalisch gegebene Verknüpfung dieser beiden Gewerke macht es unabdingbar, bei Planung und Errichtung von SAA beides gemeinsam zu betrachten. Planer und/oder Errichter übernehmen die Verantwortung zur Erreichung der geforderten Ziele. Dies ist jedoch in der Regel nicht möglich, wenn die raumakustischen Aspekte unbeachtet bleiben. Somit sind Planer und Errichter plötzlich mit in der Verantwortung, Einfluss auf die raumakustischen Gegebenheiten der zu beschallenden Räume zu nehmen. Den meisten Planern und Errichtern wird die Erfahrung nicht fremd sein, bei Streitigkeiten über die Qualität eines Beschallungsergebnisses die Verantwortung zwischen den Gewerken für Raumakustik und Beschallung hin und her zu schieben. Diese Verlagerung der Verantwortlichkeiten wird es nach aktuellen normativen Forderungen nicht mehr geben können, weil Fachplaner und Errichter von SAA gehalten sind, die raumakustischen Parameter zu berücksichtigen. Im Besonderen für SAA sind nun normativ die einzelnen Aufgaben in Phasen aufgeteilt, in denen die Verantwortlichkeiten klar geregelt sind.

Da die Phasen aufeinander aufbauend sind, ist die jeweils zuvor abzuleistende Phase die Grundlage für die nachfolgende Phase. In der Praxis bedeutet dies, dass der Fachplaner einer SAA die Grundlagen aus der Konzeptphase erhält. Auch in der Konzeptphase sind die Fachplaner mittlerweile durch normative Festlegung verantwortlich gemacht worden. Dies bedeutet, dass ein Mitwirken in der Konzeptphase durch die Fachplaner erforderlich geworden ist und Festlegungen, wie die Sicherheitsstufe, der Beschallungsumfang oder gar die Alarmierungsbereiche, mitsamt der möglichen Ausnahmen zusammen mit den Verfassern des Brandschutzkonzepts zu erarbeiten sind. Diese Zusammenhänge wurden bereits 2020 in DIN 14675 [3] beschrieben und sind nun in DIN VDE 0833-4:2024-06 ebenfalls berücksichtigt worden.

Aus der Konzeptphase erhält der Fachplaner der SAA dann die Grundlagen für seine Planung. Sollte dieser Idealzustand tatsächlich in einem Bauvorhaben vorhanden sein, so hat der Fachplaner darauf aufbauend die komplette Verantwortung für die Planungsphase. In der Planungsphase ist die Beschallung derart detailliert zu planen, dass nach dieser Planung eine Anlage zu bauen ist und damit alle Anforderungen, auch die der Sprachverständlichkeit, erfüllt werden. Der Planer muss also die Dimensionierung der Beschallung mit allen maßgeblichen Randbedingungen vornehmen. Dazu gehört vollumfänglich die Festlegung der akustischen, also baulichen Gegebenheiten, die dazu führen, die von ihm geplante, gerechnete oder simulierte Sprachverständlichkeit zu erreichen. Es ist also für den Planer unumgänglich, sich mit den physikalischen Zusammenhängen der Akustik auseinanderzusetzen.

Vereinfacht soll an dieser Stelle davon ausgegangen werden, dass sich die Erklärungen auf einfache akustische Zusammenhänge beziehen. Das Grundverständnis dieser Zusammenhänge soll mit kurzen Erläuterungen in Erinnerung gerufen werden.

Im Kontext der Beschallung kann davon ausgegangen werden, dass akustische Quellen und Senken vom Medium Luft umgeben sind. Daher wird in diesem Zusammenhang ausschließlich die Schallausbreitung in Luft betrachtet. Schallausbreitung ist selbstverständlich auch in anderen Medien, zum Beispiel Wasser, aber auch in Festkörpern durchaus gegeben. Das Medium Luft umgibt uns mit mehr oder weniger statischem Druck, der von den atmosphärischen Bedingungen abhängt und zum Beispiel die meteorologischen Schwankungen erfährt. Dieser mehr oder weniger statische Druck wird durch die über uns befindliche Luftsäule verursacht. Der statische Druck beträgt im Schnitt auf Meereshöhe 100.000 Pa, wobei dieser durch den Faktor 100 praktikabler zum Ausdruck gebracht wird. Somit ergibt sich die Größe von 1.000 hPa. Somit kann die Analogie zu 1.000 mbar mit einfachem Verständnis hergestellt werden.

Sind nun Schallereignisse in der Lage, Schalldruckwellen zu erzeugen, kommt es in Abhängigkeit dieser Wellen zu Druckunterschieden, die zum Beispiel auf Membrane von Mikrofonen oder den menschlichen Hörorganismus einwirken. Um zu einem Hörereignis zu führen, müssen diese Schalldruckwellen im Hörfrequenzbereich liegen. Im Gegensatz zum mehr oder weniger statischen Atmosphärendruck sind die Schalldruckunterschiede, die zu einem Hörereignis führen, enorm klein. Mit typischerweise 20 µPa bis 20 Pa stellen sie nur einen Bruchteil des statischen Atmosphärendrucks dar. Schalldruckänderungen im Bereich von 20 µPa sind als Hörschwelle bei 1.000 Hz zu bezeichnen, wobei 20 Pa im Bereich der Schmerzschwelle liegen. Da es nun unpraktisch erscheint, Schalldrücke mit Pascal als SI-Einheit zu diskutieren, bietet sich eine maßgebliche Vereinfachung an. Diese besteht darin, den aktuellen / zu bewertenden Schalldruck ins Verhältnis zum Schalldruck an der Hörschwelle zu setzen und daraus den Logarithmus zu betrachten. Die Multiplikation dieses Ergebnisses mit dem Faktor 20 führt zum Ergebnis eines Schalldruckpegels L mit der Einheit dB.

$$L_{\Delta p} = 20 \cdot \log \frac{P_0}{P_\mathrm{n}}$$

P_0 Relativdruck

P_n Bezugsdruck (20 µPa)

Zur Verdeutlichung der akustischen Größe des Schalldruckpegels werden in **Bild 1.1** alltägliche Schallereignisse mit einem typischen Schalldruckpegel gegenübergestellt.

Neben dem absoluten Schalldruckpegel, passend zu bestimmten Ereignissen, ist es auch interessant zu betrachten, wie subjektiv bestimmte Änderungen des Schalldruckpegels wahrgenommen werden. **Tabelle 1.1** zeigt die Gegenüberstellung von Änderungen des Schalldruckpegels mit einer subjektiven Empfindung und einer Leistungsänderung, die zum Beispiel erforderlich wäre, um mit einer Beschallungsanlage eine derartige Veränderung des Schalldruckpegels realisieren zu können.

Besonders markant ist dabei die Feststellung, dass von den meisten normalen Hörern eine Pegeldifferenz von ca. 3 dB gerade wahrgenommen werden kann, diese Differenz jedoch entweder die halbe oder doppelte Verstärkerleistung bedeutet. Sollte also bei der Auslegung einer Beschallungsanlage der Schalldruckpegel eine maßgebliche Rolle spielen, was zum Beispiel bei der Schaffung eines Abstands zum Störgeräuschpegel erforderlich ist, so kann eine Fehlauslegung von nur 3 dB bereits über die halbe oder doppelte Verstärkerleistung entscheiden.

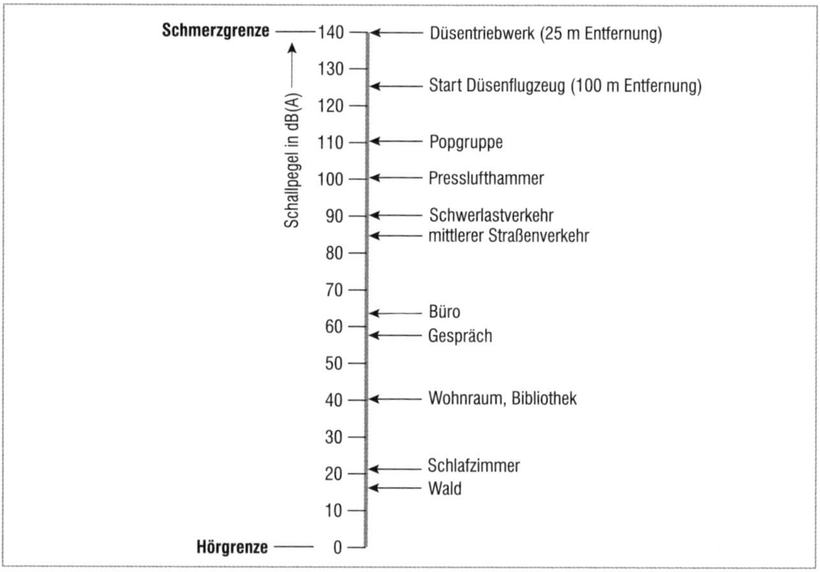

Bild 1.1 Bekannte Schallereignisse

Änderung des Schalldruckpegels in dB	subjektive Empfindung	Leistungsveränderungen
3	gerade bemerkbar	doppelt
6	gut bemerkbar	vierfach
10	doppelt so laut	zehnfach
20	viermal so laut	hundertfach

Tabelle 1.1 Pegelunterschiede

Da für die Auslegung von Beschallungsanlagen lediglich akustische Ereignisse im Hörfrequenzbereich von Interesse sind, spielt die Frequenz des Schallereignisses eine maßgebliche Rolle. Durch die endliche Ausbreitungsgeschwindigkeit C von Schallwellen im Medium Luft besteht ein direkter Zusammenhang zwischen der Wellenlänge λ und der Frequenz f.

$$\lambda = C/f$$

Die grafische Darstellung einer Sinusschwingung in **Bild 1.2** verdeutlicht die Abhängigkeit zwischen Frequenz und Wellenlänge.

In **Bild 1.3** kann der Zusammenhang in Bezug auf den Hörbereich nachvollzogen werden, indem die relevanten Frequenzen den dazugehörigen Wellenlängen gegenübergestellt werden.

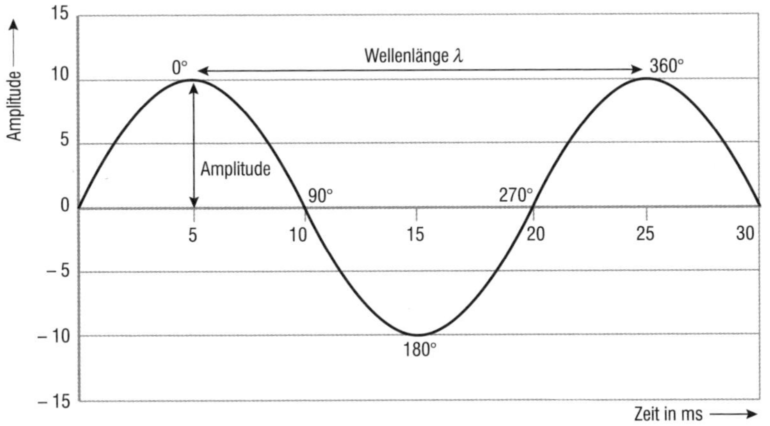

Die Frequenz f = 50 Hz, somit dauert eine Periode 1/50 = 20 ms.
Die Wellenlänge in Luft λ = 340 [m/s]/50 [Hz] = 6,8 m.
Ein vollständiger Periodendurchlauf beträgt 360°.

Bild 1.2 Frequenz und Wellenlänge

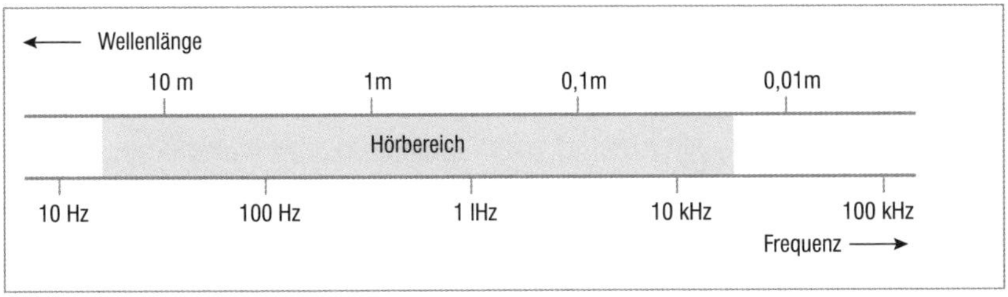

Bild 1.3 Hörbereich

Nun bestehen die typischen akustischen Signale, die von Beschallungsanlagen wiedergegeben werden, nicht ausschließlich aus einzelnen nacheinander auftretenden Sinusschwingungen. Vielmehr bestehen komplexe Audiosignale aus einer Vielzahl gleichzeitig auftretender unterschiedlicher Schwingungen, die eine sogenannte Hüllkurve ergeben.

Doch zunächst soll betrachtet werden, welche Ergebnisse sich einstellen, wenn zwei gleichartige Sinus-Schwingungen exakt zeitgleich übereinander liegen. Dies liegt zum Beispiel vor, wenn der gleiche Sinuston von zwei Lautsprechern übertragen wird und der Hörer / das Mikrofon exakt gleiche Abstände zu beiden Lautsprechern hat. In diesem Fall wird lediglich die Amplitude vergrößert, wodurch der Schalldruckpegel überschlägig um 3 dB steigt. Sollte nun im Gegensatz zu diesem Versuchsaufbau einer der beiden Sinustöne eine Phasenverschiebung von 180 erfahren, was zum Beispiel mit einer Umpolung erfolgen kann, so löschen sich die Amplituden theoretisch aus. Dieser Effekt wird beispielsweise bei einer aktiven Geräuschunterdrückung bei Kopfhörern verwendet, indem das Außengeräusch über Mikrofone aufgenommen wird, ein Signalprozessor die Außengeräusche mit der entsprechenden Phasenverschiebung versieht und anschließend das Signal mit angepasstem Schalldruckpegel über den Kopfhörer wiedergegeben wird. Idealerweise überlagern sich dann die originalen Außengeräusche mit den Geräuschen, die vom Kopfhörer wiedergegeben werden, sodass es zu einer erheblichen Verminderung des Schalldrucks der Außengeräusche kommt. Bei Kopfhörern in der Luftfahrt wird dieser Effekt schon seit Jahrzehnten verwendet.

In der Praxis ist beim Anschluss von sogenannten A/B-Lautsprechern auch regelmäßig festzustellen, welche Auswirkungen eine Verpolung auf das Beschallungsergebnis haben kann. Der Umstand, dass sich Schallwellen überlagern, spielt bei der Auslegung von Beschallungsanlagen also ebenfalls eine maßgebliche Rolle. Wirken zwei oder mehr Lautsprecher auf einen zu beschallenden Bereich und geben die Signale zeitgleich ab, so ist stets damit zu rechnen, dass in Abhängigkeit zur Entfernung zwischen Hörer und den Lautsprechern mal eine Addition der Amplituden und mal eine Subtraktion der Amplituden stattfindet. Dieser Effekt wird als *Interferenz* bezeichnet. Interferierende Audiosignale sind nach Möglichkeit zu vermeiden, da das eigentlich zu übertragende Audiosignal dadurch eine erhebliche Veränderung erfährt. Im Kontext der Sprachverständlichkeit stellen derartige Veränderungen in der Regel eine Verschlechterung dar. Eine gänzliche Vermeidung des gleichzeitigen Einwirkens mehrerer im Einsatz befindlicher Lautsprecher ist in der Praxis jedoch kaum möglich, sodass die Zusammenhänge bei dezentralen Beschallungskonzepten bereits in der Planung zu ergründen sind und dabei der Schwerpunkt auf der zu erreichenden Sprachverständlichkeit liegt.

Nach den theoretischen Betrachtungen, wie sich Schallwellen ausbreiten und zu einem Hörereignis werden, ist von weiterem Interesse, wie sich derartige Prozesse in Räumen auswirken.

Um Raumakustik grundlegend zu erklären, sind mindestens eine akustische Quelle und eine akustische Senke erforderlich. Vereinfachend möge man sich als akustische Quelle ein Händeklatschen und als akustische Senke das Ohr eines Hörers vorstellen. Alternativ dazu können als akustische Quelle sämtliche schallemittierenden Körper oder Gerätschaften und als akustische Senken z. B. auch Mikrofone dienen. Bei der Schallerzeugung durch „in die Hände klatschen" breitet sich dieses Schallereignis mit Schallgeschwindigkeit (ca. 343 m/s) aus. Durch die endliche Ausbreitungsgeschwindigkeit des Schalls im Medium Luft vergeht eine gewisse Zeit, bis nach Entstehung des Schallereignisses dieses bei der Senke (Ohr) ankommt. Im vorgenannten Beispiel kann die gerade Linie von den Händen, die das Schallereignis erzeugen, bis zum Ohr des Hörers als der Direktschallweg bezeichnet werden. Die Bezeichnung *Direktschall* lässt schon erahnen, dass es auch noch andere Schallanteile gibt.

In diesem einfachen System einer Quelle und einer Senke ist es immer der Direktschall, der zuerst bei der Senke eintrifft. Da wir uns jedoch im Raum befinden und dieser dadurch definiert ist, raumbegrenzende Flächen zu besitzen, trifft das von der Quelle erzeugte Schallereignis auch auf diese Raumbegrenzungsflächen. Unter Zugrundelegung weiterer Vereinfachungen wird der auf diese Raumbegrenzungsflächen eintreffende Schall nach geometrischen Gesetzen (Einfallswinkel = Ausfallswinkel) reflektiert. **Bild 1.4** verdeutlicht die geometrischen Gesetze, die bei der vereinfachten Betrachtung der Schallreflexionen berücksichtigt werden.

Nach einfachen oder mehrfachen Reflexionen gelangt die Schallwelle letztendlich auch zur Senke (Ohr). Vereinfachend wird die Schallwelle auch als Schallstrahl ausgelegt. Dadurch, dass die Wege, die der Schall in diesem Beispiel zurücklegt, stets länger sind als der Weg des Direktschalls, treffen sämtliche Reflexionen von den Raumbegrenzungsoberflächen später als der Direktschall beim Hörer ein. Das wahrgenommene Schallereignis in einem Raum setzt sich also in diesem vereinfachten Beispiel aus einem Direktschall und einem Reflexionsschall zusammen.

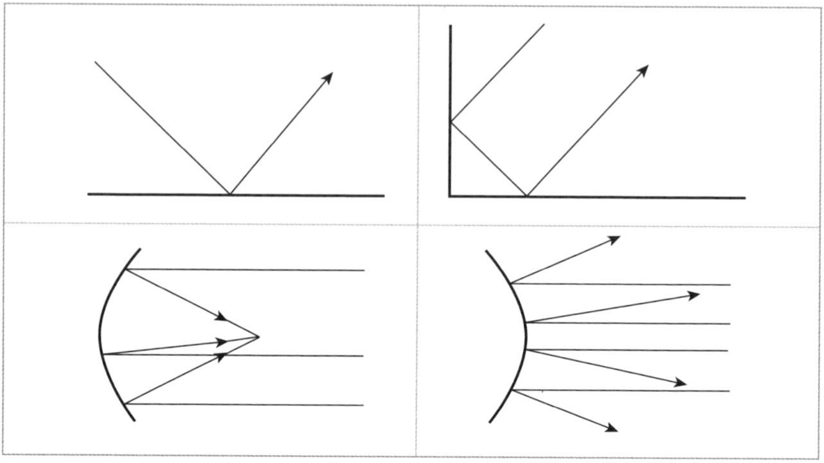

Bild 1.4 Geometrische Reflexionen

In Abhängigkeit von der Zeit, die die Reflexionen benötigen, um beim Hörer einzutreffen, kann darin unterschieden werden, ob die Schallanteile eher nützlich oder eher hinderlich sind. Bisher wurden die raumakustischen Eigenschaften der Raumbegrenzungsflächen in diesem Beispiel derart vernachlässigt, dass nur angenommen wurde, sie würden den Schall reflektieren. Tatsächlich ist jedoch ist die Einflussnahme der Raumbegrenzungsflächen deutlich komplexer. Der Einfachheit halber wird die geometrische Reflexion (Einfallswinkel = Ausfallswinkel) auch weiterhin angenommen.

Um jedoch die Einflüsse der Raumakustik näher zu erläutern, müssen den Raumoberflächen raumakustische Eigenschaften zugeordnet werden. Schall, der auf eine derartige Fläche trifft, wird nicht einfach nur reflektiert, sondern, je nach Eigenschaft, absorbiert, transmittiert oder alles gleichzeitig. Da der Transmissionsgrad für die weiteren Betrachtungen in diesem Beispiel von untergeordneter Bedeutung ist, werden hier die Eigenschaften der Absorption näher erläutert.

Jeder Fachplaner von Beschallungsanlagen wird den Unterschied hören, ob er zum Beispiel den Innenraum einer historischen Kirche oder eine Bibliothek betritt. Dieser Unterschied ist nicht nur durch die unter Umständen unterschiedlichen Volumina dieser beiden Räume, sondern auch durch die reflektiven und absorptiven Eigenschaften der Raumbegrenzungsflächen zu erklären. Ganz grob können die Eigenschaften der Raumbegrenzungsoberflächen in zwei Lager aufgeteilt werden. Zum einen existieren schallharte, akustisch reflektierende Oberflächen (z. B. Stahlbeton, Mauerwerk, glatt verputzte Wände, Glasflächen) und zum anderen wird nach absorptiven Materialien (wie z.B. Mineralfaser, Akustikputz, Gipskartonlochplatten usw.) unterschieden. Die Absorptionseigenschaften eines Materials sind in der Regel nicht über den gesamten hörbaren Frequenzbereich gleich. Es kann also sein, dass ein bestimmtes Material im hoch- und mittelfrequenten Bereich sehr gut absorbiert und im tieffrequenten Bereich eine reflektive Wirkung hat (z.B. Akustikputz).

Auch das Gegenteil ist durch ein Beispiel in der Praxis belegbar, indem man das akustische Verhalten von Glasflächen betrachtet. Hier liegt im mittel- und hochfrequenten Bereich ein hohes Reflexionsverhalten vor, wobei im tieffrequenten Bereich verhältnismäßig große Absorptionswerte erreicht werden können.

Die Wirkungsweise der unterschiedlichen Materialien ist physikalisch erklärbar, kann jedoch im Tenor dieses Buchs nur vereinfacht dargestellt werden. Die unterschiedliche Wirksamkeit ist z.B. von der Frequenz abhängig. Eine Schallwelle mit eher tiefer Frequenz besitzt eine große Wellenlänge, eine Schallwelle mit hoher Frequenz hat eine eher kurze Wellenlänge. Wenn man nun die Struktur der Materialien und deren Aufbau betrachtet, ist auffällig, dass die Strukturen und Wellenlängen durchaus im gleichen Dimensionsbereich liegen können. Dieser Umstand führt dazu, dass die Wirksamkeit der unterschiedlich gestalteten Oberflächen und Materialaufbauten auch unterschiedlich im zu betrachtenden Frequenzbereich wirken.

In der Regel kann davon ausgegangen werden, dass Schallenergie in Wärmeenergie umgewandelt wird. Dies geschieht z.B. an Stellen, wo Luftmoleküle, die die Schwingungen der Schallübertragung ausführen, sich in oder an Materialstrukturen befinden und daran reiben. Dies ist immer dann besonders effektiv, wenn sich die Wellenlänge der Schwingungsfrequenz im Dimensionsbereich der Materialstrukturen befindet. Nun wird auch verständlich, dass z.B. die raue Oberfläche von Akustikputz vorwiegend im hochfrequenten Bereich absorbierend wirkt und bei tiefen Frequenzen eher weniger Absorption bietet. Die raue Oberfläche besteht aus kleinen Strukturen mit Halbräumen geringer Abmessungen, wobei Luftmoleküle, die mit ähnlich kleinen Wellenlängen schwingen, an diesen Strukturen reiben und so die Schallenergie in Reibungswärme gewandelt wird. Durch die Wandlung der Schallenergie in eine andere Energieform nimmt die Schallenergie ab, was als Absorption bezeichnet wird.

Nun gibt es jedoch auch Materialaufbauten, z.B. wieder mit einem Akustikputz auf der Oberfläche, die dennoch auch bei tiefen Frequenzen akustisch absorptiv wirken. Bei genauer Betrachtung wird man feststellen, dass es eine der Maßnahmen ist, den Frequenzbereich der Absorption auszudehnen, indem das Trägermaterial des Akustikputzes in einem bestimmten Abstand zur Massivwand oder der Decke angebracht wird (**Bild 1.5**). Diese Vorgehensweise verlagert den Absorber in einen räumlichen Bereich, in dem die Wirksamkeit maximiert werden kann. Dieser Effekt ist dem Umstand geschuldet, dass das Schwingungsverhalten der Luftmoleküle direkt an einer massiven Oberfläche völlig anders ist als in einem von der Wellenlänge abhängigen Abstand. Einfach ausgedrückt bedeutet dies, dass an einer Stelle, an der sich die Moleküle nur wenig bewegen, auch nur wenig Schallenergie umgewandelt werden kann, wohingegen die Umwandlung an einer Stelle mit besonders ausgeprägter Bewegung der Moleküle besonders gut funktioniert. Damit kann also am Beispiel der wellenlängenabhängigen Positionierung eines Materials, mit z. B. porösen oder rauen Eigenschaften, erreicht werden, dass in einem weiteren Bereich des Frequenzspektrums Schallenergie absorbiert werden kann.

Neben diesen beiden Verfahren zur Absorption von Schallenergie werden noch einige weitere Methoden verwendet, um entweder zu einer bestimmten Frequenz besonders gut zu absorbieren oder sogenannte Breitbandabsorber herzustellen. In der Regel kann davon ausgegangen werden, dass poröse, raue, gelochte oder geschlitzte Materialien, aber auch schwingende Platten, Flächen sowie Resonatoren einzeln oder als Kombination zum Einsatz kommen. Die Industrie hält mittlerweile hunderte von Materialien mit unterschiedlichsten Erscheinungsformen bereit, um die passende Raumakustik auch in Abstimmung mit architektonischen Anforderungen planen und ausführen zu können.

Durch die Variation entsprechender raumakustisch wirksamer Oberflächen, also die Variation der Größe, der Absorptionseigenschaften, der Ausrichtung und der Position im Raum, können die raumakustischen Eigenschaf-

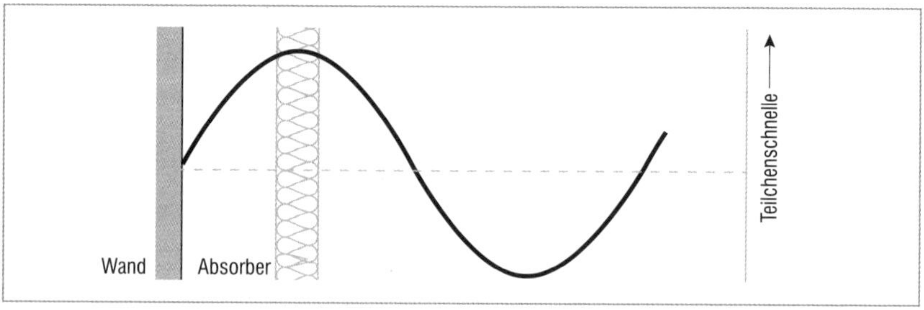

Bild 1.5 Schnellebauch

ten erheblich beeinflusst werden. Die Auslegung dieser raumakustisch wirksamen Maßnahmen und somit die Planung der Raumakustik sollte stets nutzungsorientiert vorgenommen werden. Als Richtlinie und Planungshilfe dient hierzu die DIN 18041:2016-03 „Hörsamkeit in Räumen“ [7].

1.1.1 Hinweise zur Raumakustik

Wie bereits in Abschnitt 1.1 beschrieben wurde, kann mit der Ausführung raumbegrenzender Oberflächen und dem Volumen des Raums Einfluss auf die akustischen Eigenschaften des Raums genommen werden. Nun liegt es nahe, für bestimmte Nutzungen gleichsam zu fordern, dass die akustischen Eigenschaften im Raum den Nutzungen zugutekommen. Es liegt eigentlich auf der Hand, dass beispielsweise in einem Hörsaal akustische Verhältnisse geschaffen werden, um Sprache gut übertragen zu können. Also liegt es nahe, dass auch derartige Zusammenhänge nach einem Standard ausgelegt werden.

Für Räume mit einem Raumvolumen bis etwa 5.000 m^3 und bei sinngemäßer Anwendung auch für Räume bis ca. 30.000 m^3 steht die DIN18041: 20016-03 „Hörsamkeit in Räumen“ für die Definition der raumakustischen Parameter zur Verfügung. In der 2016 novellierten Version der vorgenannten Norm sind neben den raumakustischen Inhalten auch Vorgaben zu Störgeräuschpegeln und bauakustischen Zusammenhängen dokumentiert. Besonders interessant sind die Ausführungen speziell für die akustische Auslegung von Räumen, die z. B. mit einer Beschallungsanlage zur Nutzung im Gefahrenfall ausgestattet sind. Hier wird in der aktuellen Norm maßgeblich darauf eingegangen, dass für derartige Beschallungen bestimmte raumakustische Bedingungen herrschen sollten, damit die erforderliche Sprachverständlichkeit erreicht werden kann.

Die hauptsächliche Ausrichtung des Normenwerks konzentriert sich jedoch darauf, die zu betrachtenden Räume dahingehend zu unterscheiden, ob die zu erzielende Hörsamkeit über geringe bzw. über mittlere bis große Entfernungen gegeben sein soll. Dementsprechend werden die zu dimensionierenden Räume in die Gruppen A und B unterteilt. Für Räume der Gruppe A, mit der Anforderung für die Hörsamkeit über mittlere und große Entfernungen, werden deutliche Vorgaben mit zulässigen Toleranzbreiten für die Definition der Nachhallverhältnisse gemacht. Die akustische Auslegung dieser Räume entsprechend der vorgesehenen Nutzung gilt als allgemein anerkannte Regel der Technik. Für Räume der Gruppe B, in denen eine Hörsamkeit über geringe Entfernungen erreicht werden soll, werden lediglich Empfehlungen ausgesprochen. Hier kommen auch die zusätzlichen Empfehlungen der Norm zum Tragen, wenn beispielsweise eine SAA in genau diesen Räumen ausgeführt werden soll. Im informativen Anhang D (Empfehlungen und Planungshinweise für Räume mit Beschallungsanlagen) der Norm wird ausführlich beschrieben, wie die Ausführung raumakustisch wirksamer Maßnahmen in Bezug auf Beschallungsanlagen vorzunehmen sein sollte. Bei Räumen der Gruppe A sind die Anforderungen jedoch je nach Hauptnutzung im Raum widersprüchlich zueinander und müssen dann zumeist zugunsten der Hauptnutzung ausgelegt werden.

Beispiele für Räume der Gruppe A sind: Konferenzräume, Gerichtssäle, Festsäle, Unterrichtsräume, Seminarräume, Hörsäle, Tagungsräume, Gemeindesäle, Gruppenräume in Kindergärten, Sport- und Schwimmhallen, Opernsäle, Musikräume usw.

Räume der Gruppe B hingegen sind z. B.: Verkaufsräume, Gaststätten, Werkräume, Publikumsverkehrsflächen, Foyers, Ausstellungsräume, Treppenräume usw.

Bei Räumen der Gruppe A geht die Norm detailliert auf die zu erfüllenden raumakustischen Anforderungen ein und unterscheidet bei der Auslegung nach hauptsächlicher Sprach- oder Musiknutzung. Weiterhin werden deutliche Vorgaben zur Einbringung von Beschallungsanlagen zum Zweck der Sprachdarbietung bzw. für Durchsage- und Alarmierungsanwendungen gemacht. Die Raumgruppen werden ferner in einzelne Nutzungsarten mit folgender Aufteilung unterschieden:

- **A1:** „vorwiegend musikalische Darbietungen" (z. B. Musikraum, Kammermusiksaal ...)
- **A2:** „Sprache/Vortrag" (z. B. Hörsaal, Gerichtssaal, Schulaula ...)
- **A3:** „Sprache/Vortrag inklusiv" (wie A2, jedoch für Menschen mit Benachteiligungen oder fremdsprachlichem Hintergrund)
- **A3:** „Unterricht/Kommunikation" (z. B. Unterrichtsraum, Tagungsraum, Konferenzraum, Gruppenraum in der Kita ...)
- **A4:** „Unterricht/Kommunikation inklusiv" (wie A3 „Unterricht/Kommunikation", jedoch für Menschen mit Benachteiligungen oder fremdsprachlichem Hintergrund)
- **A5:** „Sport" (z. B. Sporthallen, Schwimmhallen, sonstige Räume mit nahezu ausschließlicher Sportnutzung ...)

Entsprechend der Nutzungsart und dem Volumen des jeweiligen Raums gibt die Norm zunächst eine Sollnachhallzeit vor, was **Bild 1.6** zu entnehmen ist.

Neben der Definition der Sollnachhallzeit wird eine frequenzabhängige Nachhallzeit mit entsprechender Toleranzbreite je nach Nutzungsart und Volumen normativ vorgegeben. Im nachfolgenden Beispiel (**Bild 1.7**) ist gut zu erkennen, dass die berechnete Nachhallzeit im tieffrequenten Bereich außerhalb des Toleranzbereichs der Norm liegt.

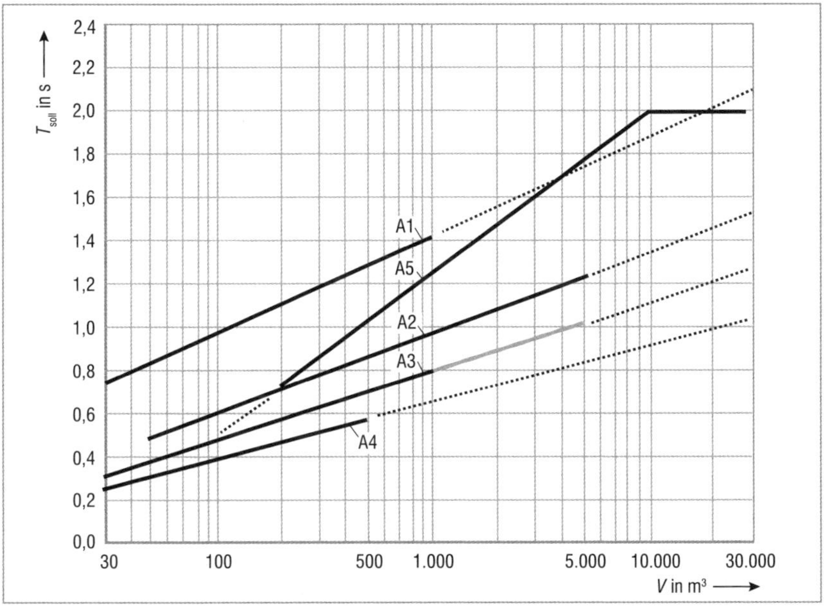

Bild 1.6 Nachhallzeit für entsprechende Nutzungsarten [7]
Der für die jeweilige Nutzungsart gepunktet dargestellte Bereich der Nachhallzeit entspricht einem eher für die Nutzung untypischen Volumen, ist jedoch durch die normativen Vorgaben ebenfalls definiert.

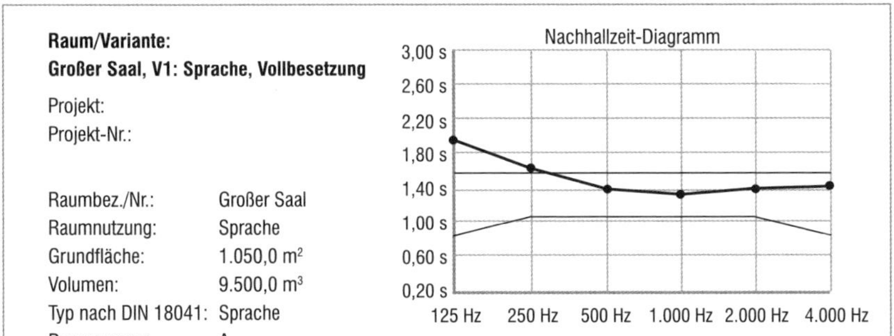

Bild 1.7 Frequenzabhängige Nachhallzeit mit Toleranzbereich nach DIN 18041 [17]

Die Form des Toleranzbereichs ist zudem davon abhängig, für welche Nutzungsart die Raumakustik ausgelegt werden muss. Neben der spektralen Nachhallzeit werden normativ weitere Anforderungen beschrieben. Je nach Nutzungsart wird eine Volumenkennzahl vorgegeben. Die Volumenkennzahl legt fest, welches Volumen pro Publikumsplatz erforderlich ist. Ferner werden Vorgaben zur Verortung raumakustisch wirksamer Oberflächen und zur Gestaltung der Hörerflächen (Sitzreihenüberhöhung) gemacht.

Bei den Empfehlungen zu den Räumen der Gruppe B besteht das Hauptaugenmerk darauf, eine Sprachkommunikation über geringe Entfernungen zu ermöglichen. Daraus ergeben sich Maßnahmen, die grundsätzlich eine Erhöhung der Schallabsorption und eine Verringerung des Gesamtstörschalldruckpegels sowie eine Reduzierung der Nachhallzeit bewirken. Die Empfehlungen zur Gruppe B sind ebenfalls nach Nutzungsarten unterteilt, wie nachfolgend dargestellt:

B1: Räume ohne Aufenthaltsqualität
B2: Räume zum kurzfristigen Verweilen
B3: Räume zum längerfristigen Verweilen
B4: Räume mit Bedarf an Lärmminderung und Raumkomfort
B5: Räume mit besonderem Bedarf an Lärmminderung und Raumkomfort

Folgende Beispiele sind den Nutzungsarten der Raumgruppe B zuzuordnen:

B1: Eingänge, Flure, Treppenräume, oft als reine Verkehrsfläche ausgelegt …
B2: Eingangshallen, Ausstellungsräume, Schalterhallen jeweils mit Aufenthaltsqualität …
B3: Verkehrsflächen in Schulen, Pausenräume, Kantinen …
B4: Rezeptionen, Ausgabebereich in Kantinen, Bürgerbüros …
B5: Schulkantinen, Werkräume, Spielflure in KiTas …

Zur raumakustischen Auslegung der Räume aus Gruppe B werden normativ lediglich Empfehlungen gegeben. Je nach Nutzungsart wird empfohlen, welche äquivalente Schallabsorptionsfläche je Volumen des Raums einzubringen ist. In **Tabelle 1.2** sind die normativen Empfehlungen dargestellt.

Gruppe	***A/V* in m²/m³**	
	Nutzungsart bei Raumhöhe *h* ≤2,5 m	**Nutzungsart bei Raumhöhe *h* ≤2,5 m**
B1	ohne Anforderung	ohne Anforderung
B2	≥ 0,15	$\geq [4{,}80 + 4{,}69 \lg (h/1\,\text{m})]^{-1}$
B3	≥ 0,20	$\geq [3{,}13 + 4{,}69 \lg (h/1\,\text{m})]^{-1}$
B4	≥ 0,25	$\geq [2{,}13 + 4{,}69 \lg (h/1\,\text{m})]^{-1}$
B5	≥ 0,30	$\geq [1{,}47 + 4{,}69 \lg (h/1\,\text{m})]^{-1}$
A äquivalente Schallabsorptionsfläche eines Raums in m², *V* Raumvolumen in m³		

Tabelle 1.2 Normative Empfehlungen zur raumakustischen Auslegung der Räume aus Gruppe B

Da eine Vielzahl der zu alarmierenden Gebäudeteile bei einer SAA in die Raumgruppe B fällt und die Norm hier lediglich empfehlenden Charakter besitzt, liegt es beim Planer und/oder Errichter, das für die Erlangung der geforderten Sprachverständlichkeit notwendige Absorptionsmaß der raumbegrenzenden Oberflächen gewissenhaft festzulegen. Hier helfen die in der aktuellen Norm enthaltenen Anforderungen speziell für diesen Anwendungsfall. Diese müssen vom Planer zu einer im Projekt zu erfüllenden Voraussetzung gemacht werden, um die geforderten Sprachverständlichkeitswerte erreichen zu können.

In Räumen der Gruppe A, die z. B. raumakustisch zur Musikübertragung ausgelegt werden, und in Räumen der Gruppe B, in denen von architektonischer Seite oder seitens des Bauherrn den Anforderungen der Norm nicht nachgegangen wird, steht der Planer vor einer eigentlich nicht lösbaren Aufgabe. Er muss eine SAA einbringen und findet möglicherweise raumakustische Verhältnisse vor, die es selbst bei angepasster Ausführung der beschallungstechnischen Komponenten nicht ermöglichen, eine ausreichende Sprachverständlichkeit zu erzielen. Bei derartigen Zusammenhängen sei dem Planer und/oder Errichter dringend empfohlen, einen raumakustischen Berater hinzuzuziehen. Mindestens jedoch muss der verantwortliche Planer eindeutig und in für den Bauherrn oder Betreiber verständlicher Form darlegen, dass die abnahmefähige Wirksamkeit der Sprachalarmanlage durch Missachtung der normativen Anforderungen oder Empfehlungen versagt bleiben wird.

Bei derartigen akustisch schwierigen Verhältnissen werden die Leistungen in der Planungsphase nicht ohne Simulationen erbracht werden können. Dies sollte zwischen dem Auftraggeber und dem Planer vertraglich geregelt sein. Mithilfe der Simulation lässt sich einerseits darstellen, ob die geplanten raumakustisch wirksamen Maßnahmen zu einer hinlänglichen Sprachverständlichkeit der SAA führen und andererseits lässt sich darstellen, welche weiteren akustischen Maßnahmen unter Umständen erforderlich sind, um die Ziele erreichen zu können. Hierzu ist es oft erforderlich, dass die Planer von Sprachalarmanlagen ihren Wissensbereich erweitern. Allein die Anforderungen der DIN 18041:20016-03 „Hörsamkeit in Räumen" umzusetzen und die zu planende Beschallung damit in Einklang zu bringen, erfordert die entsprechende Kompetenz.

1.1.2 Die Nachhallzeit RT60 [18]

Die Nachhallzeit ist in der DIN 18041:2016-03 „Hörsamkeit in Räumen“ als eine der wichtigsten akustischen Kriterien zu nutzungsspezifischen Auslegung von Räumen dokumentiert.

Als einfache und zusammenfassende Regel ist der Zusammenhang zwischen Raumnutzung und vorzusehender Nachhallzeit fest miteinander verknüpft. Dieser Umstand führt oftmals zu einer kontroversen Auslegung der gewünschten Raumakustik für die eigentliche Nutzung des Raums im Gegensatz zur Optimierung der Raumakustik für eine Sprachalarmanlage. Auch bei dem hohen Stellenwert der Sprachalarmierung kann es nicht Ansatz des Planers der Sprachalarmanlage sein, ungeachtet der Raumnutzung, eine Nachhallzeit lediglich zur Funktion der Sprachalarmanlage zu fordern.

Modellvorstellung

Man stelle sich vor, man befinde sich im Freien und schwebte in erheblicher Höhe über dem Boden, ohne dass sich irgendwelche reflektierenden Oberflächen in der Nähe befänden. Würde nun in diesem Zustand ein Schallereignis erfolgen (in die Hände klatschen), so würde die betreffende Person lediglich den Direktschallpegel hören. Die Person erlebt also das Schallereignis auf direktem Weg von den Händen zum Ohr. Keine Wand, Decke oder sonstige Reflexionsfläche würde dazu beitragen, dass das Schallereignis auch über Umwege an die Ohren gelangt. Es handelt sich um sogenannte Freifeldbedingungen. Freilich ist diese Modellvorstellung lediglich eine Metapher, sie sollte jedoch verdeutlichen, wie ein raumakustischer Eindruck, zum Beispiel der Nachhall, entsteht.

Wird also ein Schallereignis innerhalb eines durch Begrenzungsflächen geschlossenen Raums wiedergegeben, so ist es üblich, dass der Hörer das Schallereignis auf direktem Weg als Direktschall hört und in der Zeitfolge danach tausendfache Reflexionen über die Raumbegrenzungsflächen wiederum den Weg zu seinem Gehör finden. Mit welcher Intensität die Reflexionen beim Hörer eintreffen, hängt freilich davon ab, wie lange das Ereignis „unterwegs“ ist, wie oft reflektiert wurde und wie viel Schallenergie bei den Reflexionen an den Raumbegrenzungsflächen umgewandelt wurde.

Bedingt durch Raumgröße und Beschaffenheit entsteht im Idealfall nach Eintreffen des Direktschalls ein dichtes, in der Amplitude kleiner werdendes Reflexionsbild.

In einer Diagrammdarstellung in **Bild 1.8** kann die Systematik vereinfacht erklärt werden, indem das Eintreffen der unterschiedlich lang laufenden Reflexionen in Bezug auf einen bestimmten Zeitpunkt auf einer Zeitachse unter Berücksichtigung der Amplitude eingetragen wird. Die Amplitude bietet die Information über den Gehalt an Schallenergie der entsprechenden Reflexion. Wie deutlich zu erkennen ist, muss in diesem Fall der erste Impuls stets der Direktschall sein und alle nachfolgenden Eintragungen sind Reflexionen. An welcher zeitlichen Stelle die jeweilige Reflexion positioniert ist, hängt maßgeblich davon ab, welchen Weg die Reflexion nimmt, um von der Quelle zur Senke zu gelangen. Die Amplitude, also wie laut die Reflexion ist, wird von der Absorption an den Reflexionsoberflächen, der Anzahl der Reflexionen und auch von der Strecke, die die Schallwelle durch die Luft zurücklegt, beeinflusst. Dies erklärt auch, warum die Amplituden der Reflexionseinträge bei nicht besonderen akustischen Verhältnissen in der Regel mit der Zeit kleiner werden. Besondere akustische Verhältnisse liegen beispielsweise vor, wenn Echos an Oberflächen mit guten Reflexionseigenschaften auftreten.

Subjektiv betrachtet, sind die Schallereignisse nach Eintreffen des Direktschalls als Nachhall zu bezeichnen. Nach einer genaueren Analyse des Reflektogramms in Bild 1.8 müsste jedoch der gesamte zeitliche Bereich nach Eintreffen des Direktschalls weiter unterteilt werden. Innerhalb dieser zeitlichen Unterteilung sind weitere Kriterien der Raumakustik positioniert. Es kann davon ausgegangen werden, dass Schallanteile, die vor 50 ms (je nach Situation auch bis vor 80 ms) nach dem Direktschall beim Hörer eintreffen, nicht als separates Schallereignis wahrgenommen werden, da das Gehör diese Schallanteile dem Direktschall zuordnet. Schallanteile, also Reflexionen, die später eintreffen, werden vom Gehör als separates Ereignis wahrgenommen und treten subjektiv als Nachhall in Erscheinung.

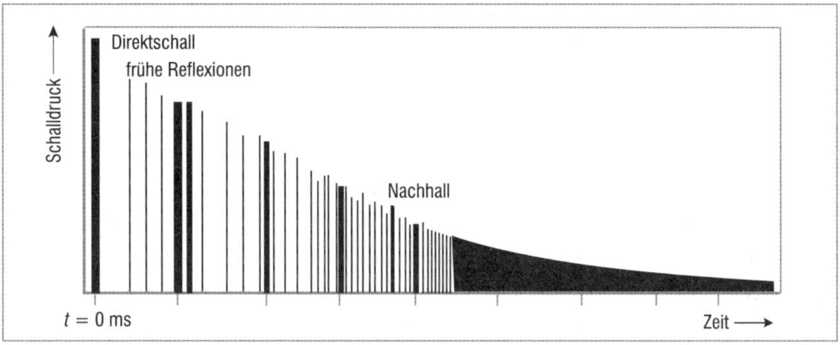

Bild 1.8 Zeitlicher Verlauf der Schallereignisse [17]

Dennoch ist der Bereich bis etwa 50 ms ebenfalls hoch interessant, da eine Menge akustischer Informationen in diesem Bereich untergebracht sind. Diese, im Kontext der Beschallung im Gefahrenfall nicht unbedingt in den Vordergrund gestellten Informationen, sind für das menschliche Hörempfinden unerlässlich. Die akustische Orientierung mit Richtungswahrnehmung oder das Beispiel des Stereohörens sind durch die zeitliche Positionierung von Schallereignissen in diesem Bereich zu erklären. Das Wahrnehmen von Deutlichkeit und Klarheit einer Schallübertragung findet ebenfalls vorwiegend durch die gehörtechnische Auswertung der Schallereignisse sehr kurz nach Eintreffen des Direktschalls statt. Erst die Schallereignisse, die „später“ beim Hörer eintreffen, werden als zusätzliches Ereignis wahrgenommen und als Nachhall bezeichnet. Der Nachhall ist also eigentlich keine eigenständige physikalische Größe, sondern der zusammenfassende Begriff für die später beim Hörer eintreffenden Reflexionen im Raum.

Um dieser künstlichen Größe eine differenzierbare Wertigkeit zu geben, ist es erforderlich, z. B. eine numerische Vergleichbarkeit zu realisieren. Was frei übersetzt bedeuten soll, dass die Bewertung des Nachhalls in einem Raum oder der Vergleich unterschiedlicher Räume dann besonders gut gelingt, wenn man dem Nachhall eine Dimension verleiht. Dann ist es einfach möglich, die verschiedenen Werte der Dimension zu vergleichen und so auch den Nachhall zu differenzieren und zu bewerten. Derartige Dimensionierungen existieren auch für verschiedene Zeitabschnitte unterhalb von 50 ms.

Zur Vereinfachung soll in diesem Abschnitt jedoch lediglich die Nachhallzeit behandelt werden. Die Nachhallzeit wird als die Zeitspanne definiert, die vergeht, bis nach einem Schallereignis eine Pegelreduktion von 60 dB am Betrachtungspunkt eingetreten ist (1/1.000 der Schallenergie).

Das wahrgenommene Schallereignis im Raum besteht nicht nur aus dem Schallanteil des Direktschalls, sondern auch noch aus den danach eintreffenden reflektierten Schallanteilen. Sollten keine besonderen akustischen Auffälligkeiten im Raum vorhanden sein, trifft das Direktschallereignis zuerst und mit dem größten Pegel bei der Senke (Ohr) ein. Anschließend folgt eine Vielzahl von Reflexionen. Weist der Raum keine akustischen Auffälligkeiten auf, so nimmt die Amplitude mit dem Verlauf der Zeit stetig ab (Bild 1.8).

Die Schallanteile, die nach dem Direktschall beim Hörer eintreffen, bilden u. a. den sogenannten Nachhall. Auf den Raum bezogen, ist dieser natürlich von den akustischen Eigenschaften der raumbegrenzenden Oberflächen, aber auch vom Volumen des betrachteten Raums abhängig. Als Definitionsgröße für die Halligkeit eines Raums wird die sogenannte Nachhallzeit RT60 verwendet. Die Nachhallzeit als das Hauptkriterium der raumakustischen Beurteilung eines Raums kann über verschiedene einfache Verfahren berechnet (*Eyring*, *Sabine* usw.) und über geeignete Messverfahren erfasst werden.

Als einfache und modellhafte Erklärung der Nachhallzeit kann folgendes Beispiel herangezogen werden, das in **Bild 1.9** dargestellt ist:

Ein Schallereignis ausreichender Dauerhaftigkeit und Amplitude (z.B. „Rosa Rauschen") wird plötzlich abgeschaltet. Das Rauschen ist nach Abschaltung noch einige Zeit im Raum mess- und auch hörbar. Die Zeit, die vergeht, bis der Schalldruckpegel des abklingenden Schallereignisses um 60 dB geringer geworden ist, wird als Nachhallzeit RT60 bezeichnet.

Räume haben also eine Nachhallzeit. Bei der Planung der raumakustisch wirksamen Maßnahmen im Raum ist die Nachhallzeit als Hauptkriterium passend zur Nutzung des Raums zu dimensionieren, wie es im Abschnitt 1.1.1 bereits beschrieben wurde. Die Betonung auf der zur Nutzung passenden Nachhallzeit wurde ganz bewusst gewählt, da Nachhall eine nicht grundsätzlich schlechte Eigenschaft eines Raums ist. Vielmehr ist die Nachhallzeit der Raumnutzung anzupassen, so kann zum Beispiel bei musikalischer Nutzung eines Raums durchaus erheblicher Nachhall erforderlich sein. Sprachliche Darbietungen und vor allem der Betrieb von Beschallungsanlagen erfordern in der Regel Räume mit kurzen Nachhallzeiten.

Besondere Schwierigkeiten zur Auslegung der Beschallungsanlagen ergeben sich vor allem dort, wo die Hauptnutzung des Raums eine lange Nachhallzeit erfordert, aber dennoch eine hinlängliche Sprachverständlichkeit über die SAA erreicht werden muss. In einem Musiktheater zum Beispiel, in dem Räume zur musikalischen Darbietung eingerichtet werden, wäre es un-

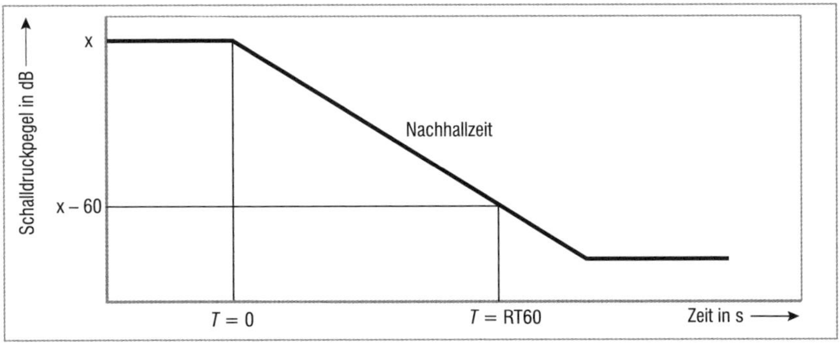

Bild 1.9 Prinzipdarstellung der Nachhallzeit-Definition

denkbar, dass der Planer der SAA fordert, es müsse eine derart geringe Nachhallzeit gewählt werden, dass die Übertragung der Brandfalldurchsagen ohne erheblichen anlagentechnischen Aufwand mit der geforderten Sprachverständlichkeit erreicht wird. Bei diesem Beispiel ist klar, dass die primäre Nutzung darüber bestimmt, welche akustischen Verhältnisse in den entsprechenden Räumen herrschen. Die Auslegung der Beschallungsanlage hat dann derart zu erfolgen, dass auf diese primären Bedürfnisse und die daraus folgende Akustik Rücksicht genommen wird. Dies kann durchaus eine erheblich schwierige planerische Aufgabenstellung darstellen. Eine oftmals leider unberücksichtigte Planungshilfe ist es, die Positionierung der raumakustisch wirksamen Oberflächen mit der Positionierung von Lautsprechern in Einklang zu bringen. Um bei dem Beispiel des Musikraums zu bleiben, so wird hier zur Vermeidung nachteiliger raumakustischer Effekte nicht gänzlich auf die Positionierung von Absorbern verzichtet werden. Dies könnte bei der Planung der Beschallungsanlage hilfreich sein, da die Ausrichtung und Positionierung von Lautsprechern unter Berücksichtigung der Verortung absorbierender Flächen zu besserer Sprachverständlichkeit führt, selbst wenn eine nicht primär zur Sprachübertragung ausgelegte Nachhallzeit im Raum eingestellt wurde. Gerade in Räumen, bei denen eine höhere Nachhallzeit durch zum Beispiel eine musikalische Nutzung erreicht werden soll, ist es wichtig, das Reflexionsverhalten genauer zu betrachten.

Ein ähnlicher Zusammenhang könnte am Beispiel des langen Flurs erläutert werden. Der lange Flur fällt unter die Räume der Gruppe B und würde nach Empfehlung mit einer absorptiven Decke ausgestattet sein. Alle übrigen Flächen im Raum sind bei diesem Beispiel aus glatt verputzten Wänden und einem gefliesten Boden und besitzen somit keine guten Absorptionseigenschaften. Bei einer Positionierung der Lautsprecher in der Decke mit Ausrichtung nach unten wird es Reflexionen vorwiegend an der Bodenfläche geben. Auch Reflexionen über die schallharten Seitenflächen sind vorhanden. Jedoch führen alle diese Reflexionen durch die relativ geringe Entfernung der reflektierenden Flächen nach kurzer Zeit in die absorbierende Decke. Es ist also damit zu rechnen, dass durch die geschickte Positionierung und Ausrichtung der Lautsprecher eher wenig Nachhall angeregt wird und somit eher eine ausreichende Sprachverständlichkeit zu erreichen ist. Würde jedoch die Positionierung und Ausrichtung der Lautsprecher im gleichen Flur andersartig ausfallen, ist durchaus damit zu rechnen, dass eine schlechtere Sprachverständlichkeit zu erwarten ist. Dies wäre der Fall, wenn beispielsweise Lautsprecher auf die Wandfläche positioniert werden und längs in den

Flur strahlen. Noch nachteiliger wäre die Positionierung der Laut-sprecher auf der Wandfläche mit einer Abstrahlung auf die direkt gegenüberliegende Flurwand. Bei beiden nachteiligen Lautsprecherpositionierungen und Ausrichtungen werden die Vorteile der absorptiven Decke nicht genutzt. Es ist damit zu rechnen, dass der Flur zu wesentlich mehr Nachhall und unter Umständen auch zu Echos angeregt wird und damit die Sprachverständlichkeit sinkt.

1.1.3 Akustische Eigenschaften von Raumoberflächen

Wie bereits beschrieben, besteht das wahrgenommene Schallereignis im Raum aus dem Direktschall und einer zumeist großen Anzahl von Reflexionen, die zeitlich betrachtet nach dem Direktschall beim Hörer eintreffen. Mit der näheren Betrachtung der reflektierten Schallanteile ist eine Abhängigkeit des Zeitpunkts nach dem Direktschall von größerer Bedeutung. Es kann grob vereinfacht werden, dass Reflexionen im Bereich bis 50 ms nach dem Direktschall als durchaus nützlich und unterstützend bezeichnet werden können. Reflexionen innerhalb dieses Zeitraums werden vom Gehör „integriert" und dem Schallereignis des Direktschalls zugeordnet. In diesem Zeitfenster von 0 ms bis 50 ms werden Informationen wie Räumlichkeit, Klarheit, Transparenz, Ortung, Stereofonie usw. empfunden. Reflexions-Schallanteile, die nach 50 ms beim Hörer eintreffen, werden dem Nachhall zugeordnet, wenn sich die Amplituden der einzelnen Reflexionen im abklingenden Verlauf einfügen.

Sollten jedoch im Raum schallharte, also akustisch reflektierende Flächen, derart positioniert sein, dass eine pegelstarke Schallreflexion deutlich später als 50 ms nach dem Direktschall beim Hörer eintrifft, so wird diese Reflexion als Echo wahrgenommen. Sollten sich z. B. zwei schallharte Wände parallel gegenüber stehen und ein Schallereignis immer wieder zwischen diesen parallel stehenden Wänden hin und her reflektiert werden, entsteht ein sogenanntes *Flatterecho*.

Echo-Erscheinungen sind als nachteilige akustische Effekte dringend zu vermeiden. Grob betrachtet kann die Vermeidung einerseits durch Beseitigung entsprechend reflektierender Flächen im Raum und andererseits durch Reduktion einer akustischen Anregung der relevanten Flächen erzielt werden. Die Vermeidung einer Anregung besteht darin, akustische Quellen (z. B. Lautsprecher) derart zu positionieren und deren Abstrahlcharakter so auszuwählen, dass die raumakustisch reflektierenden Flächen untergeordnet „getroffen“ werden. Dieser Lösungsansatz lässt sich jedoch nicht immer realisieren und stellt eher eine Reaktion gegen die Auswirkungen als eine Behebung der Ursachen dar. In einem Raum, der bezüglich seiner primären Nutzung jedoch eine längere Nachhallzeit erfordert, sollte dieser Aspekt nicht außer Acht gelassen werden.

Der erste planerische Ansatz sollte also sein, einerseits die raumakustisch wirksamen Oberflächen passend zur Raumnutzung und andererseits passend zum gewählten Beschallungssystem auszuführen. Da für Planer und Errichter von SAA vorwiegend die absorptiven Eigenschaften raumbegrenzender Oberflächen von Bedeutung sind, sollen dazu einige Beispiele genannt werden. Typische Absorber sind gelochte, mit einem Fließ kaschierte und mit Mineralfaser hinterlegte Gipskartonplatten, aber auch geschlitzte oder gelochte Holzplatten mit entsprechender Hinterlegung und Wandabstand. Akustisch offene Metalloberflächen wie gelochte Bleche oder Streckmetalle (Gewebe aus Metall) können ebenfalls mit Dämmmaterial hinterlegt sein. Sämtliche textilen Materialien wie Vorhänge oder Stoffbezüge wie auch gepolsterte Stühle sind als *Absorber* zu verwenden. Die Hersteller halten Akustikputz und eine Vielzahl direkt auf Wand- und Deckenflächen aufzubringende Materialien mit absorptiven Eigenschaften bereit. Viele dieser Materialien weisen eine weiche und/oder poröse Oberfläche auf. Bei diesen Oberflächen sind – wie bereits beschrieben – kleine annähernd abgeschlossene Luftvolumen vorhanden. Eintreffende Schallwellen dringen teilweise in diese Oberflächen ein und werden je nach Wellenlänge mehrfach innerhalb des Materials (kleine Luftvolumen) reflektiert, wodurch die Schallenergie in Wärme umgewandelt wird. Demnach ist die Schnelle der Luftmoleküle auch entscheidend darüber, wie hoch die Absorption des Materials ist. Durch geschickte Positionierung des Materials mit Abstand zu einer massiven Oberfläche kann also je nach Frequenz der Bereich maximaler Schnelle der Luftmoleküle abgepasst werden.

Daher ist einfach zu beobachten, dass ein eigentlich vorwiegend für hochfrequente Schallanteile ausgelegtes Material mit einem definierten Abstand zu einer massiven Oberfläche (Stahlbetonwand) durchaus in der Lage ist, auch bei tiefen Frequenzen ansehnliche Absorption zu erbringen. In der **Tabelle 1.3** wird das spektrale Verhalten verschiedener Materialien am Beispiel des Schallabsorptionsgrads dargestellt. Den einschlägigen Normen und der Literatur sowie den Datenblättern der Hersteller verschiedener Materialien können zahlreiche weitere Beispiele von frequenzabhängigen Schallabsorptionsgraden raumakustisch wirksamer Materialien entnommen werden. Der

Schallabsorptionsgrad ist zudem eine wichtige Eingangsgröße zur Berechnung der Nachhallzeit, was im nächsten Abschnitt weiter ausgeführt wird.

Eine energetische Modellbetrachtung zu Reflexion und Absorption von Schall an raumbegrenzenden Oberflächen, wie in **Bild 1.10** dargestellt, zeigt die Verteilung der Schallenergie, wenn Schallwellen auf entsprechende Oberflächen treffen. Dabei spielt folgende Beziehung eine wichtige Rolle, um zu beurteilen, welche Energie nach der Reflexion wieder in den Raum gelangt.

$$W_{\text{refl}} = (1-\alpha) \cdot W_1$$

Gut zu erkennen ist, dass der Schallabsorptions-Koeffizient α also maßgeblich darüber bestimmt, wie viel Schallenergie wieder in den Raum reflektiert wird und wie viel Energie nach dem Auftreffen nicht mehr im Raum verweilt. Somit wird die Amplitude, also auch die Lautheit einer Reflexion, mit-

Material	Schallabsorptionsgrad					
	Oktavband in Hz					
	125	250	500	1.000	2.000	4.000
Teppich, 5 mm	0,10	0,15	0,25	0,30	0,30	0,30
Mineralfaserplatte, 80 mm	0,35	0,90	1,00	0,84	0,91	0,83
Gipsputz	0,03	0,03	0,02	0,03	0,04	0,05
textiler Vorhang, 380 g/m^2	0,05	0,14	0,17	0,31	0,42	0,55
Glasfenster	0,35	0,26	0,17	0,12	0,07	0,04
Akustikdeckenplatte	0,66	0,62	0,73	0,88	0,81	0,74
Beton, glatt	0,11	0,06	0,06	0,07	0,09	0,08
Parkett	0,04	0,05	0,07	0,06	0,06	0,07
besetzter Polsterstuhl	0,60	0,75	0,89	0,95	0,91	0,83
Gipskarton, 20 % Lochanteil	0,18	0,68	0,91	0,86	0,55	0,43

Tabelle 1.3 Typische Schallabsorptionsgrade α verschiedener Oberflächen [17]

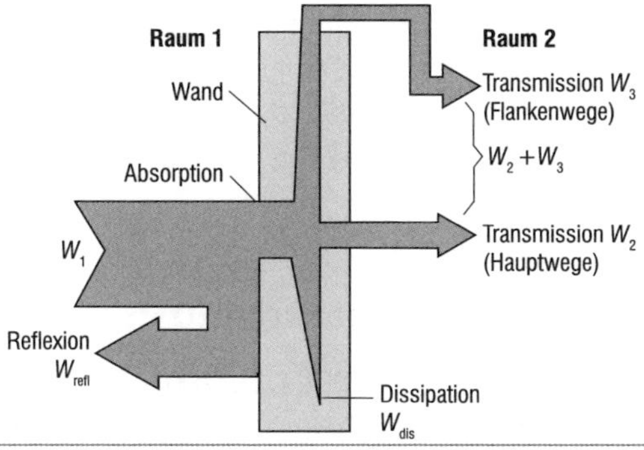

Bild 1.10 Darstellung der Energie bei Absorption und Reflexion

unter dadurch bestimmt, welchen Schallabsorptions-Koeffizient das reflektierende Material besitzt. Dies lässt sich an einem Extrembeispiel gut erklären. Würde Schall auf ein geöffnetes Fenster im Raum treffen und ins Freie gelangen, kann davon ausgegangen werden, dass nichts davon wieder in den Raum zurückgelangt. Ein geöffnetes Fenster hat also ein α von 1. Durch Einsetzen in die oben genannte Formel ergibt sich demnach, dass die Reflexionsenergie 0 ist, was durch das Beispiel des offenen Fensters durchaus bestätigt werden kann.

Da die raumbegrenzenden Oberflächen sehr spezifische Schallabsorptionsgrade besitzen und diese auch noch frequenzabhängig sind, ergeben sich stets spektral differenziert zu betrachtende Reflexionen. Die Summe aller Reflexionen, die zeitlich mit einer Verzögerung von mehr als etwa 50 ms nach dem Direktschall an einer Mess- oder Hörerposition eintreffen, wird als Nachhall wahrgenommen. Durch die energetische Betrachtung wird zudem klar, dass einerseits die Nachhallzeit frequenzabhängig ist und andererseits unter anderem die Schallabsorptionsgrade der unterschiedlichen Materialien für die Länge der Nachhallzeit verantwortlich sind.

Neben der Erfordernis, absorptive Materialien in Räume einbringen zu müssen, um die Nachhallzeit den Gegebenheiten anzupassen, sollte nicht unberücksichtigt bleiben, dass es auch erforderlich sein kann, gezielt diffuse Reflexionen zu erzielen. Sollte zum Beispiel ein Raum aufgrund der ohnehin erforderlichen absorptiven Oberflächen bereits im korrekten Bereich der Nachhallzeit dimensioniert sein, ist zur Vermeidung von störenden Reflexionen oder gar Echos die Möglichkeit gegeben, Oberflächen diffus zu gestalten. Bei der Erzeugung von diffusen Reflexionen sind in der Regel viele kleinteilige Oberflächen erforderlich. Was in alten, klassischen Räumen durch die Architektur mit Einbringung von Figuren, Skulpturen und Verzierungen erreicht wurde, kann in modernen Räumen „synthetisch" reproduziert werden. Geometrische Formen verschieden großer Einzelflächen und Vertiefungen können entsprechend der zu reflektierenden Wellenlängen (Frequenz) gestaltet werden. Auch hierzu gibt es von verschiedenen Herstellern bereits fertige Systemmaterialien.

1.1.4 Einfache Berechnung der Nachhallzeit

In der anzuwendenden Norm DIN 18041:2016-03 „Hörsamkeit in Räumen" wird auf die verschiedenen Berechnungsvarianten zur Ermittlung der Nachhallzeit gemäß *Eyring* bzw. *Sabine* durch Benennung mitgeltender Normen verwiesen. Bei diesem Berechnungsverfahren spielen vorwiegend das Volumen (*V*) des Raums, die Oberflächen und deren Absorptionsverhalten eine Rolle. Im Internet sind zahlreiche Programme verfügbar, mit denen durch Eingabe verschiedener Materialien und der Raumabmessungen eine Berechnung der Nachhallzeit vorgenommen werden kann. Im Hintergrund stehen zumeist die Verfahren, die auch normativ dazu beschrieben sind.

Die nachfolgende Formel beschreibt die einfache Berechnung der Nachhallzeit *T* nach *Sabine* vorwiegend für Räume, in denen die Oberflächen kleine Absorptionskoeffizienten (α) besitzen.

$$T = \frac{k \cdot V}{A}$$

A ist in dieser Formel die äquivalente Absorptionsfläche, die aus der Summe der Multiplikationen der Teilflächen *S* mit den jeweiligen Absorptionskoeffizienten α besteht. Dies würde im Einzelnen wie folgt aussehen:

$$A = S_1 \cdot \alpha_1 + S_2 \cdot \alpha_2 + S_3 \cdot \alpha_3 \ldots$$

Der Koeffizient *k* ist in der Formel nach *Sabine* eine Konstante von 0,163.

Zur äquivalenten Absorptionsfläche *A* muss bei großen Raumvolumina der Dämpfungsterm $4\,m \cdot V$ addiert werden. Der Buchstabe *m* steht für die Dämpfung der Luft.

Sind die im Raum verwendeten raumakustisch wirksamen Materialien aufgrund ihrer Spezifikation mit höheren Absorptionskoeffizienten ausgestattet, ist die Formel zur Berechnung der Nachhallzeit nach *Eyring* besser anzuwenden. Sie stellt eine Weiterentwicklung der zuvor beschriebenen Formel nach *Sabine* dar.

$$T = \frac{k \cdot V}{4 \cdot m \cdot V - S \cdot \ln(1 - \alpha)}$$

Bei genauer Betrachtung dieser einfachen Berechnungsmethoden zur Nachhallzeit wird deutlich, dass die Positionierung der absorbierenden oder reflektierenden Flächen keine Berücksichtigung findet. Betrachten wir dagegen jedoch das Modell, wie sich Schallwellen im Raum ausbreiten und an entsprechenden Raumbegrenzungsflächen reflektiert oder absorbiert werden, so wird schnell deutlich, dass die Verortung der Oberflächen in Bezug auf die Positionierung von Quellen und Senken insofern relevant ist, wie Nachhall an einer bestimmten Position der Senke (Ohr) wahrgenommen werden kann.

Am Beispiel eines Hörsaals soll dies verdeutlicht werden. Würde der Akustiker beispielsweise eine zusätzliche absorptive Oberfläche von 40 m² für erforderlich halten und deren Positionierung an den beiden seitlichen Wandflächen vorschlagen, ergäbe sich seiner Berechnung nach die gewünschte Nachhallzeit. Nun weigert sich der Architekt jedoch, die absorptiven Oberflächen an den Seitenwänden zu positionieren und schlägt daher vor, die Unterseiten der Tische und Stühle mit diesem Material zu belegen. Sollte der Akustiker die Berechnungen nach einer der oben genannten Formen vorgenommen haben, so würde auch bei der Positionierung der absorptiven Oberflächen nach Wunsch des Architekten die gleiche Nachhallzeit zu berechnen sein. In der Realität jedoch wird die Positionierung der Absorber in einem „abgeschatteten" Bereich mit großer Sicherheit nicht die gleiche Wirksamkeit haben, wie die Positionierung an den Seitenwänden. Auf Grundlage dieser Zusammenhänge wird die Berechnung der Nachhallzeit auf Grundlage der Verfahren nach *Sabine* und *Eyring* auch als statistische Nachhallzeit bezeichnet.

Die Absorptionskoeffizienten raumakustisch wirksamer Oberflächen sind in der Regel nicht für sämtliche Frequenzen im Hörbereich gleich. Dies eröffnet die Möglichkeit, durch geschickte Auswahl unterschiedlicher Materialien und deren Fläche im Raum die Nachhallzeit entsprechend der Anforderungen über den zu bewertenden spektralen Bereich zu dimensionieren. Je nach Nutzung des Raums ist es durchaus beabsichtigt, zum Beispiel die Nachhallzeit im Bereich tiefer Frequenzen ansteigen zu lassen, wenn musikalische Nutzungen im Vordergrund stehen. Die exakten Festlegungen über den Toleranzbereich der spektralen Nachhallzeit in Abhängigkeit der vorgesehenen Nutzung sind in der DIN 18041:2016-03 „Hörsamkeit in Räumen" beschrieben. Neben dem spektralen Verlauf der Nachhallzeit ist auch die Angabe eines gemittelten Einzahlenwerts der Nachhallzeit üblich, selbst wenn dabei für die Dimensionierung einer SAA erhebliche Informationen fehlen. Daher sollte für die Auslegung der SAA stets die frequenzabhängige Nachhallzeit berücksichtigt werden, da auch die Betrachtung der Sprachverständlichkeit nur über den spektralen Bereich möglich ist, selbst wenn es sich um das verkürzte Verfahren zur Ermittlung der Sprachverständlichkeit (STIPA) handelt.

Bei den in **Tabelle 1.4** dargestellten Nachhallzeiten unterschiedlicher Raumtypen handelt es sich um typische Nachhallzeiten, die in real existierenden Räumen vorhanden sind.

In der Literatur sind zahlreiche weitere Beispiele typischer Nachhallzeiten unterschiedlicher Räume und Nutzungen dokumentiert. Die Einzahlenwerte sollen bestenfalls eine Kategorisierung und schnelle Identifikation der Räume

Raumtyp	Nachhallzeit RT60 in s
Regie, Tonstudio	< 0,3
Klassenzimmer, Hörsaal	0,6 … 0,8
Opernhaus	1,5
Konzertsaal	2,0
klassische Kirche	> 3,0
Theater	1,2
Vortragssaal	1,1
klassische Stadthalle	1,7
moderne Multifunktionshalle mit elektrischer NHZ-Verlängerung	1,0
Freizeitbad	2,4
Großraumbüro	1,3

Tabelle 1.4 Typische Nachhallzeiten verschiedener Objekte [17]

ermöglichen. Um tatsächlich sicherzustellen, dass die akustische Nutzung der Räume im vorgesehenen Maß möglich ist, muss die Nachhallzeit in Abhängigkeit der Frequenz im entsprechend vorgesehenen Toleranzfenster liegen. Im Bereich der Akustik wird die Nachhallzeit gemäß DIN EN ISO 11654 über einen Frequenzbereich von 125 Hz bis 4 kHz abgebildet. In der Regel werden die Absorptionskoeffizienten von raumakustisch wirksamen Materialien in Oktavschritten angegeben. Daher ist die Berechnung der spektralen Nachhallzeit ebenfalls in Oktaven üblich, kann jedoch auch in Terzen erfolgen.

1.2 Grundlagen der Beschallungstechnik

1.2.1 Zusammenspiel von Beschallung und Raumakustik

Wie aus den vereinfacht beschriebenen Darstellungen ersichtlich ist, kann die Raumakustik als Eigenschaft des Raums bezeichnet werden. Deren Auswirkungen machen sich bemerkbar, wenn Schallereignisse im Raum stattfinden. Symbolisch beschrieben, besteht ein akustischer Vorgang also darin, dass eine Schallquelle Schall erzeugt, der Raum mit seiner Eigenschaft Raumakustik den Schall tangiert, die akustische Senke das Ergebnis aus direkter Schallübertragung und dem durch den Raum veränderten Schall aufnimmt.

In der Praxis spielt es also keine Rolle, ob es sich bei den Schallquellen um Stimmen, Instrumente oder Lautsprecher handelt und ob die Senken nun

Ohren oder Mikrofone sind. Natürlich besitzen Mikrofone und Lautsprecher unterschiedlicher Typen auch unterschiedliche Charaktere und sind somit mal mehr und mal weniger gut für bestimmte raumakustische Verhältnisse geeignet. Man sollte sich jedoch von dem weit verbreiteten Irrglauben befreien, dass jede raumakustische Situation nur mit den dafür geeigneten Lautsprechern und Mikrofonen der passenden Ausrichtung und Positionierung sowie geeigneten elektronischen Hilfsmitteln beherrschbar ist und auf diese Weise eine ausreichende Sprachverständlichkeit zu erzielen sei. Die raumakustischen Eigenschaften und das Beschallungsergebnis sind untrennbar miteinander verknüpft.

Somit bezieht sich dieser Abschnitt schwerpunktmäßig auf den gemeinsamen Themenkreis von Beschallung und Raumakustik. Relevante Quellen sind demnach vorwiegend die Lautsprecher der Beschallungsanlage/SAA. Neben den gewünschten Schallquellen existieren im Regelfall auch Störgeräuschquellen. Diese setzen sich zumeist aus anlagentechnischen Störgeräuschen und verhaltensbedingten Störgeräuschen durch anwesende Personen zusammen. Vereinfacht betrachtet, kann hier eine Aufteilung in Nutzschall- und in Störschallquellen vorgenommen werden. Nutzschallquellen sind in diesem Fall lediglich die Lautsprecher und Störschallquellen alle übrigen Schallemittenten. Raumakustische Effekte wie Echos und Nachhall können im übertragenen Sinne jedoch auch als Störgeräusche betrachtet werden.

Beispiele der störenden Schallemittenten sind Klima- und Lüftungsgeräusche, in den Raum eindringende Außenlärmgeräusche, Trittschallgeräusche, Sprache, der sich im Raum aufhaltenden Personen, Lüftungs- und Betriebsgeräusche von Apparaturen im Raum (z. B. Computer) usw. Aufgrund der geforderten technischen Güte der SAA können die von der Anlage selbst erzeugten Störgeräusche bei Übertragung von Sprache (Rauschen und Verzerrungen) in der Regel vernachlässigt werden. Die funktionalen Senken im Raum sind im hier betrachteten Fokus z. B. das Mikrofon einer Durchsage-Sprechstelle und natürlich die Ohren der über die Anlage zu informierenden Personen.

Im Rahmen dieses Buchs kann kein allgemeingültiger Leitfaden dafür erstellt werden, wie eine individuelle Planung der raumakustischen Maßnahmen für einen nutzungsorientierten Raum funktioniert. Dennoch sollen zumindest grob die zur Verfügung stehenden Möglichkeiten zur Variation der raumakustischen Eigenschaften aufgezeigt werden. Die wohl verbreitetste Möglichkeit, die raumakustischen Verhältnisse zu verändern, ist es, akustisch absorbierende Materialien in den Raum einzubringen.

Wie bereits beschrieben, wird von raumakustisch absorbierend wirkenden Materialien die reflektierte Schallenergie vermindert und in andere Energieformen umgewandelt, vorwiegend in Wärmeenergie. Die Größenordnung dieser absorptiven Eigenschaft wird im Absorptionsgrad des raumakustisch wirksamen Materials gemessen. Absorptionsgrade liegen in der Regel zwischen 0 und 1, wobei ein Absorptionsgrad von 0 ein Material auszeichnet, welches die darauf auftreffende Schallenergie zu 100 % reflektiert, ein Absorptionsgrad von 1 hingegen absorbiert die auf das Material auftreffende Schallenergie zu 100 %. Dies ist freilich eine vereinfachte Definition, die sich in der Praxis der akustischen Planung durchaus komplexer zeigen kann.

Die Berechnungsverfahren zur numerischen Ermittlung der Nachhallzeit in einem Raum (*Eyring/Sabine*) berücksichtigen dabei nicht die Positionierung der absorptiven Materialien, sondern lediglich deren statistische Fläche im Raum. Gerade dieser Umstand bewirkt oft ein mangelhaftes Beschallungsergebnis, obwohl theoretisch und statistisch genügend absorptive Materialien in den Raum eingebracht wurden. Im Zeitalter der Nutzung von Fußböden, Wänden und Decken für Heiz- und Kühlzwecke ist es oftmals schwierig, absorbierende Materialien einzubringen, da diese auch meist wärmeisolierende Wirkung aufweisen. So kommt es oftmals vor, dass die statistisch erforderliche Fläche absorbierender Materialien monogeographisch angeordnet wird. Ist zum Beispiel die Decke in einer Mensa thermisch aktiviert, und die Planer haben keine gemeinsame Lösung gefunden, auch die akustisch wirksamen Materialien an der Decke zu positionieren, sondern zwei gegenüberliegende Seitenwände damit bekleidet, könnte entsprechend der Berechnung der Nachhallzeit durchaus ein ausreichendes Ergebnis erzielt werden. Gerade wenn es das Ziel ist, eine relativ kurze Nachhallzeit zu erreichen, fallen aber derartige Planungsfehler ins Gewicht. Wenn die beiden verbleibenden, nicht mit akustisch wirksamen Materialien versehenen Seitenwände parallel zueinander stehen, ist damit zu rechnen, dass erheblich störende Reflexionen zwischen den beiden parallel stehenden Wänden hin und her geworfen werden. Gerade in Räumen mit relativ kurz gestalteten Nachhallzeiten fallen mehrfache Reflexionen und Echos subjektiv besonders auf, da sie nicht von einem erheblichen Diffusschall eines Raums mit langer Nachhallzeit überdeckt werden.

Sollte in unserem Beispiel der Mensa im ungünstigen Fall auch die Beschallung derart ausgerichtet sein, dass erhebliche Schallanteile auf diese parallelen Flächen treffen, so ist mit einer maßgeblichen Reduktion der Sprachverständlichkeit zu rechnen. Auch die Unterbringung der Lautsprecher im Deckenbereich wird kein Optimum erzielen, da bei schallharter Auslegung des Bodens, der Tische und Stühle ebenfalls mit erheblichen Reflexionen zwischen Boden und Decke zu rechnen ist. Sehr pauschal, aber dennoch meist anwendbar, ist zu empfehlen, die Beschallung so auszurichten, dass neben der zu versorgenden Fläche hauptsächlich absorbierend gestaltete Oberflächen im Raum „getroffen" werden.

Eine für die Nutzung des Raums ungeeignete oder nicht optimale Raumakustik kann durch die Variation der elektroakustischen Anlage nicht eliminiert werden. Es ist jedoch möglich, im Rahmen der technischen Auslegung für diese nicht optimale Raumakustik eine optimierte Auswahl und Positionierung von Lautsprechern zu planen und zu projektieren. Dabei sind leider die nachteiligen raumakustischen Verhältnisse nicht immer ganz zu kompensieren.

Vereinfachend können für die Auslegung der Beschallung folgende Ziele festgelegt werden:

- Minimierung der Schallquellen, nur so viele Lautsprecher wie unbedingt erforderlich,
- mit den raumakustischen Eigenschaften koordinierte Position und Auswahl der Lautsprechercharaktere sowie deren Einmessung,
- Vermeidung von energiereichen, deutlich gegenüber dem Direktschall verzögerten Reflexionen,
- Aussteuerung der Lautsprecher nur bis zum erforderlichen Maß.

Die Minimierung der zum Einsatz kommenden Lautsprecher und auch die Minimierung des vom Lautsprecher zu übertragenden Pegels erscheinen im ersten Moment nicht einleuchtend, um ein ausreichendes Sprachverständlichkeitsergebnis zu erzielen. Doch gerade bei schwierigen und nicht optimalen raumakustischen Verhältnissen kann, grob vereinfachend, auch der Lautsprecher selbst als Störsignalquelle bezeichnet werden. Dies ist dadurch bedingt, dass jeder Lautsprecher seinen Einwirkungsbereich hat, aber oftmals auch noch nicht unerhebliche Schallenergieeinträge in die benachbarten Lautsprecherbereiche besitzt. Darüber hinaus ist damit zu rechnen, dass jeder Lautsprecher seinen Anteil am Diffusschallpegel durch Reflexionen erzeugt.

Je größer die Anzahl der Lautsprecher ist, desto wahrscheinlicher ist es auch, dass dieser Diffusschallpegel auf die jeweiligen Hörbereiche nachteilig für das Verstehen von Sprache einwirkt, vor allem bei nicht optimalen raumakustischen Verhältnissen. Ein weiterer Aspekt ist, dass Lautsprecher mit gemeinsamen Einwirkbereichen interferierende Schallverhältnisse erzeugen, wodurch es zu Kammfiltereffekten kommen kann, die wiederum der Sprachverständlichkeit nicht zuträglich sein können. Den von den Lautsprechern abgegebenen Pegel so weit wie möglich zu vermindern, um ein gerade noch ausreichendes Pegelverhältnis zwischen Signal- und Störgeräusch zu erlangen, kann den Vorteil haben, dass bei ungünstigen raumakustischen Verhältnissen das durch Reflexionen auftretende Diffusschallfeld ebenfalls energetisch niedrig ist und somit über längere Distanz vor allem bei großen Räumen seine nachteilige Wirksamkeit auf die Sprachverständlichkeit verliert. Darüber hinaus sollte vermieden werden, Pegel im deutlichen Maskierungsbereich zu übertragen, wenn dies aufgrund des Störgeräuschpegels nicht erforderlich ist.

Wie jedoch im Einzelfall mit den Möglichkeiten der Variation zur Auslegung der Beschallungsanlage vorgegangen wird, kann nicht pauschal beschrieben werden, aber gerade bei schwierigen raumakustischen Verhältnissen sollte auf die Zuhilfenahme von Simulations- und Berechnungsprogrammen nicht verzichtet werden.

1.2.2 Schalldruckpegel

Diese Zusammenfassung des akustischen Grundvokabulars erhebt keinen Anspruch, aus dem Leser dieses Fachbuchs einen perfekten Akustiker zu machen, sondern zielt vielmehr darauf ab, akustische Grundbegriffe wieder ins Gedächtnis zu rufen, um für das Hauptthema gerüstet zu sein.

Eine der maßgeblichen akustischen Größen ist der Schalldruckpegel, im Folgenden auch *SPL* genannt. Schalldruckpegel werden nicht als effektive Druckangaben, sondern als auf einen Normaldruck angegebene Druckdifferenz bezeichnet. Daher befindet sich bei der Angabe des Schalldrucks auch keine Druckangabe, sondern die Einheit dB (siehe Kap. 1.1). Dieser Zusammenhang lässt schon darauf schließen, dass ein einfaches Addieren oder Subtrahieren bei zum Beispiel Veränderung eines Lautsprecherabstands oder Veränderung der Leistung eines Lautsprechers nicht gegeben ist.

So ist zwar die Anwendung von Faustregeln durchaus ratsam, dennoch sollte die mathematische Berechnung der Fachkraft einfach von der Hand gehen.

$$L_{\mathrm{spl}} = 20 \cdot \log(S_1/S_2)$$

Die Formel beschreibt also die Pegeländerung in dB bei Veränderung des Abstands zu einer Schallquelle. Anhand dieser Formel kann die Funktion der ersten Faustregel bereits ausprobiert werden. Durch Einsetzen von S_1 gleich 1 und S_2 gleich 2, also 0,5, ergibt sich bei Anwenden des Logarithmus und Multiplikation mit 20 das Ergebnis von – 6 dB.

Es zeigt also, dass sich bei Verdoppelung des Abstands zu einer Schallquelle von 1 m auf 2 m eine Pegeldifferenz von – 6 dB einstellt.

Diese Betrachtung gilt freilich für annähernd sphärisch abstrahlende Schallquellen und hat zum Beispiel bei der Schallabstrahlung von Linearray-Lautsprechern mit kohärenten Wellenfronten (Zylinderwellen) nur eine eingeschränkte Gültigkeit. Da wir im Bereich der Sprachalarmierung jedoch zumeist mit einfachen Lautsprechersystemen konfrontiert sind, ist diese einfachste Annahme der sphärischen Abstrahlung anwendbar.

Sollte bei einer Aufgabenstellung bezüglich einer Abstandsveränderung zu einer Schallquelle gerade kein Rechner zur Hand sein, so kann in den meisten Fällen durch Mehrfachanwendung der Faustformeln auch ein annähernd passendes Ergebnis gefunden werden.

Rechenbeispiel

In einem zu sanierenden Flur sollen die Lautsprecher, die zuvor direkt an der Rohbetondecke montiert waren, nun in einer darunter montierten Abhangdecke positioniert werden. Zur Vereinfachung der Aufgabenstellung sind die technischen Daten des zuvor an der Rohbetondecke montierten Lautsprechers mit den technischen Daten des Lautsprechers in der Abhangdecke identisch.

Die Abhangdecke soll 1 m tiefer als die Rohbetondecke abgehangen werden. Die verbleibende lichte Deckenhöhe beträgt 3 m. Als relevante Ohrhöhe soll 1,5 m angenommen werden.

Zusammenstellung der Randbedingungen:
Lichte Höhe des alten Zustands mit Rohbetondecke: 4 m
Lichte Höhe mit Abhangdecke: 3 m
Ohrhöhe: 1,5 m

Berechnung:
Der ursprüngliche Hörabstand betrug 4 m – 1,5 m = 2,5 m.
Der neue Hörabstand beträgt 3 m – 1,5 m = 1,5 m.

Demnach ergibt sich für die oben beschriebene Formel:
S_1 = 1,5 m und S_2 = 2,5 m.

Nach Einsetzen in die oben genannte Formel ergibt sich somit:
$L_{spl} = 20 \cdot \log(1{,}5\ \text{m}/2{,}5\ \text{m}) = -\,4{,}44\ \text{dB}$

Oftmals findet man bei Pegelangaben einen Zusatz bei der Einheit, wie zum Beispiel dB(A) oder auch dBA geschrieben. Der zusätzliche Koeffizient gibt Aufschluss darüber, ob der Pegel für eine bestimmte Betrachtung bewertet wurde. Die Bezifferung von Schallereignissen mit einem Pegelwert ist in der Regel der Einzahlenwert eines sich über den Hörerfrequenzbereich erstreckenden Schallereignisses. Nun ist es aber aufgrund der Charakteristik unseres Hörempfindens so, dass das menschliche Gehör im tief- wie auch im hochfrequenten Bereich nicht die gleiche Empfindlichkeit wie zum Beispiel im mittelfrequenten Bereich besitzt. Dies lässt den Schluss zu, dass die Mittelung eines spektral breitbandigen Schallereignisses mit großen Anteilen im tiefen und/oder hohen Frequenzbereich zwar den gleichen Einzahlenwert (Mittelwert) des Schalldruckpegels ergibt wie ein Schallereignis mit großem Anteil im mittleren Frequenzbereich. Das menschliche Gehör wird jedoch die beiden Schallereignisse als deutlich unterschiedlich laut empfinden. **Bild 1.11** verdeutlicht die frequenzabhängige Hörfähigkeit des menschlichen Gehörs.

Um diesem Umstand auch im Ausdruck des Pegels gerecht zu werden, können sogenannte Gewichtungen bei der Bildung des Mittelwerts angewandt werden. Die Gewichtung (A), wie in **Bild 1.12** dargestellt, drückt aus, dass das spektrale Schallereignis speziell für das menschliche Gehör gewichtet worden ist und dabei ein Pegelniveau mit typischer Lautstärke der Spra-

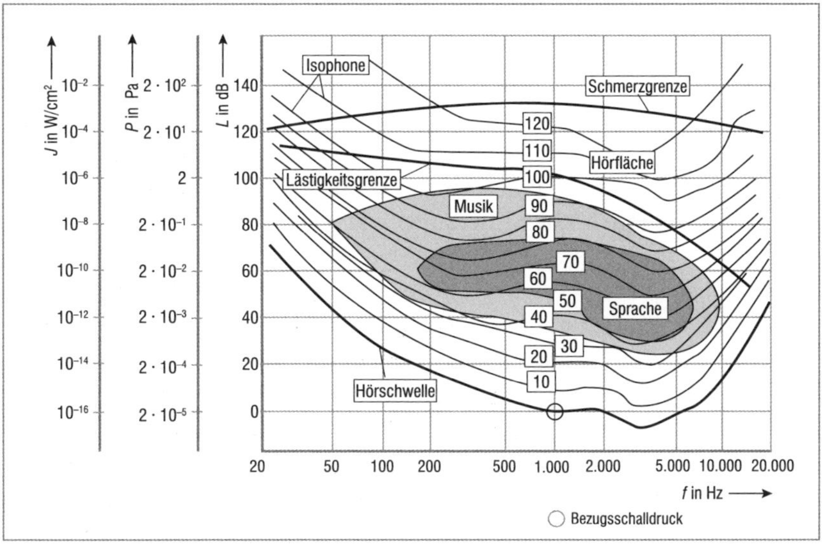

Bild 1.11 Darstellung der menschlichen Hörschwelle

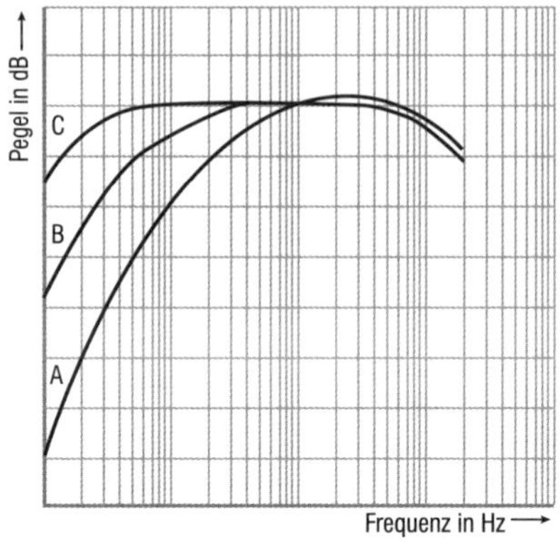

Bild 1.12 Darstellung unterschiedlicher frequenzabhängiger Gewichtungen

che vorherrscht. Weitere Gewichtungen, die für die Betrachtung im Zusammenhang mit Sprachalarmanlagen eher eine untergeordnete Rolle spielen, werden zum Beispiel mit dem Buchstaben C bezeichnet.

Wie aus der Darstellung zur frequenzabhängigen Gewichtung zu erkennen ist, verläuft die A-Bewertungskurve annähernd mit entgegengesetzter Charakteristik wie die Kurve der Hörschwelle in Bild 1.11. Würde man nun mit einem Messgerät ein breitbandiges Schallereignis messen und das Messgerät verfügt über die Möglichkeit, im gesamten zu messenden Spektrum die gleiche Empfindlichkeit aufzuweisen, so würde ein von diesem Messgerät gemittelter Schalldruckpegel (Einzahlenwert) im Regelfall nicht dem menschlichen Höreindruck entsprechen. Das menschliche Gehör hat eben nicht die Möglichkeit, sämtliche Frequenzen im Spektrum gleich laut hören zu können. Von Messgeräten erwartet man jedoch genau diese Linearität mit einem flachen Frequenzgang. Um die Messwerte derart zu modifizieren, dass sie eher mit dem menschlichen Höreindruck übereinstimmen, kommt die sogenannte Bewertung ins Spiel. Anhand der oben dargestellten Bewertungskurve wird also bei der A-Bewertung das Messgerät dazu gebracht, die Schalldruckpegel ausgehend vom mittelfrequenten Bereich in Richtung höherer Frequenzen und in Richtung tieferer Frequenzen entsprechend der A-Bewertungskurve im Betrag zu reduzieren. Wird dann nach dieser Bewertung wiederum der Mittelwert ausgegeben, so ist dieser dem menschlichen Höreindruck angenähert. Das Messgerät arbeitet also bewusst durch die Vorgabe einer Bewertungsfunktion nichtlinear, um die Messergebnisse besser mit dem menschlichen Höreindruck korrelieren zu können. Oft wird in diesem Zusammenhang auch von *gehörrichtiger Pegelangabe* gesprochen.

Störgeräuschpegelangaben, die für die Planung und für den Betrieb von Beschallungsanlagen von äußerster Bedeutung sind, können häufig als Einzahlenwert in dB(A) angegeben sein, da die entsprechenden Quellen oft kein spektrales Ergebnis wie zum Beispiel einzelne Pegelangaben in den zu betrachtenden Terz- oder Oktavbändern zur Verfügung stellen. Tatsächlich ist jedoch die Angabe eines Einzahlenwerts lediglich zur Orientierung hilfreich. Die gemittelten Einzahlenwerte werden beispielsweise als Kriterium verwendet, um über einfache oder schwierige Beschallungsverhältnisse zu entscheiden. Auch sind die gemittelten Einzahlenwerte erforderlich, um die Einstellung der Beschallungsanlage zur Vorbereitung der Sprachverständlichkeitsmessung durchzuführen. Bei der Berücksichtigung von Störgeräuschen zur Bewertung der Sprachverständlichkeit sind diese spektral zu verwenden. Demnach müssen für die Störgeräusche die einzelnen Pegel zumindest in Oktavbändern zur Verfügung stehen.

1.2.3 Sprachverständlichkeit

Im Zusammenhang mit Beschallungsanlagen für Notfallalarmierungen ist nicht nur der Schalldruckpegel, sondern auch die Sprachverständlichkeit von erheblicher Bedeutung. Sprachverständlichkeit ist bereits seit Jahrzehnten nicht nur eine subjektive Größe, die das Verstehen von Sprache beschreibt, sondern ist mit numerischen Werten zu differenzieren und durch Simulation, Messung sowie Berechnung erfassbar. Der Einfachheit halber soll in diesem Fachbuch lediglich der Sprachverständlichkeitsindex STI (**S**peech **T**ransmission **I**ndex) weiter beleuchtet werden. Die Einschränkung dient ausschließlich dem Umstand, dass die bei Alarmierungseinrichtungen mit Sprache anzuwendenden Normen mittlerweile vorwiegend auf den STI eingehen.

Der Sprachverständlichkeitsindex nach dem STI-Verfahren kann Werte im Bereich zwischen Null und Eins annehmen.

Die Festlegung des Sprachverständlichkeitsindex auf 0,5 als normativ einzuhaltende Grenze findet seine Begründung in der Satzverständlichkeit, die aus **Tabelle 1.5** abgelesen werden kann. Die Tabelle zeigt darüber hinaus auch die Übersetzung der Sprachverständlichkeit in andere Bewertungsgrößen.

Selbstverständlich stellt die beschriebene Grenze von zum Beispiel 0,5 in STI keine absolute Grenze dar, nach deren Unterschreitung keinerlei Sprachverständlichkeit mehr gegeben ist. Vielmehr ist dies auch ein durch subjekti-

STI-Wert	Einstufung DIN EN IEC 60268-16	Wortverständlichkeit in %	Satzverständlichkeit in %
0,00 … 0,30	schlecht	0 … 36	0 … 75
0,30 … 0,45	schwach	36 … 68	75 … 93
0,45 … 0,60	angemessen	68 … 88	93 … 98
0,60 … 0,75	gut	88 … 98	98 … 100
0,75 … 1,00	ausgezeichnet	98 … 100	100

Tabelle 1.5 Gegenüberstellung der Verständlichkeiten [16]

ve Eindrücke begründeter gleitender Übergang zwischen ausreichender und nicht mehr ausreichender Sprachverständlichkeit. So wird in den meisten Normen auch eingeräumt, dass unter bestimmten Bedingungen eine Absenkung der Sprachverständlichkeit auf STI größer oder gleich 0,45 gegeben sein kann. Die typischen Abweichungen hierfür sind zum Beispiel im Havariefall (Ausfall einer Lautsprecherlinie) oder bei zu versorgenden Hörern, die informiert sind und regelmäßig an den Alarmübungen teilnehmen müssen.

Die in Tabelle 1.4 dokumentierten Werte beziehen sich auf Hörer und Sprecher, die ihre Sprache als Muttersprache (nativ) beherrschen. Eine Differenzierung der Sprachverständlichkeit, zum Beispiel bei einem Index von 0,5 unter Berücksichtigung, dass der Hörer einen Sprachbeitrag verstehen soll, der nicht in seine Muttersprache ist, muss mitunter gänzlich anders vorgenommen werden. Es ist davon auszugehen, dass ein nicht muttersprachlicher Hörer, selbst unter idealen Voraussetzungen eines gemessenen STI von 1,0, keine hundertprozentige Sprachverständlichkeit erlangen wird. Demnach hat dies auch Auswirkungen auf Sprachverständlichkeiten, die unter 100 % liegen. Gerade in Bereichen von öffentlich zugänglichen Gebäuden, wie Bahnhöfen, Flughäfen und Verwaltungsgebäuden, ist vermehrt davon auszugehen, dass Menschen aus einem anderen Sprachraum mit den Sprachdurchsagen versorgt werden müssen. Auch wenn es üblich ist, dass in entsprechenden Objekten Durchsagen in mehreren Sprachen übertragen werden, ist nicht davon auszugehen, dass zum Beispiel die Durchsage auf Englisch zum gänzlichen Verständnis der zu informierenden Personen führt.

In der Norm DIN EN IEC 60268-16:2021-10 „Elektroakustische Geräte – Teil 16: Objektive Bewertung der Sprachverständlichkeit durch den Sprachübertragungsindex" werden die Zusammenhänge zwischen Sprachverständlichkeitsindex und nicht nativer Sprache beschrieben.

Es liegt also mitunter im Ermessen der verantwortlichen Personen, ob lediglich die normativ vorgeschriebenen Grenzen von zum Beispiel STI ≥ 0,5 als ausreichend definiert werden können oder ob entsprechende Zuschläge aufgrund der besonderen Hörerschaft vorzusehen sind. Die Zuschläge können mitunter erheblich sein, wenn davon ausgegangen wird, dass die aufeinandertreffenden Sprachräume maßgeblich unterschiedlich sind. Am Beispiel eines Flughafens wird schnell einleuchten, dass die internationale Sprache Englisch oftmals zwar einen gewissen gemeinsamen Nenner darstellt, es jedoch darauf ankommt, ob die Sprachwiedergabe nativ, also von einem Muttersprachler in Englisch erfolgt, oder bereits als Fremdsprache wiedergegeben wird. Wird die gemeinsame Sprache bereits als Fremdsprache gesprochen und die Hörer entstammen ebenfalls einem fremden Sprachraum, so sind schon hierdurch erheblich nachteilige Verhältnisse geschaffen. Sollten nun die akustischen Gegebenheiten unter messtechnischen Bedingungen lediglich eine Sprachverständlichkeit nach dem STI-Verfahren von 0,5 erreichen, so wird unter diesen in einem Flughafen durchaus vorzufinden Verhältnissen eine möglicherweise nicht mehr ausreichende Sprachverständlichkeit erreicht. Hier wäre eine Sprachverständlichkeit nach dem STI-Verfahren von mindestens 0,65 durchaus erforderlich, was jedoch immense Anforderungen an die Raumakustik und Beschallungstechnik stellt. Letzten Endes müssen die Verantwortlichen zum Betrieb des Objekts gemeinsam mit den von ihnen beauftragten Fachplanern und Herstellern des Brandschutzkonzepts entscheiden, welche Anforderungen tatsächlich an die Beschallungsanlage zu stellen sind.

Bei der Dimensionierung von Beschallungsanlagen für Sprachdurchsagen in Notsituationen ist es zur Beurteilung der Wirksamkeit erforderlich, Anforderungen an die Sprachverständlichkeit zu stellen. Neben dem Umstand, dass Sprecher und Hörer unter Umständen nicht die gleiche Muttersprache sprechen und dadurch die grundsätzlichen Anforderungen an die Sprachverständlichkeit andersartig ausgelegt werden müssen, ist zusätzlich zu berücksichtigen, dass Menschen mit einem altersbedingten Hörverlust ebenso nicht in der Lage sind, Sprache derart zu verstehen wie Menschen mit einem normalen Hörvermögen.

Zur Feststellung und Charakterisierung des Hörvermögens stehen umfangreiche Verfahren zur Verfügung. Im Zusammenhang mit der Sprachverständlichkeit bei Sprachalarmanlagen soll es an dieser Stelle ausreichend sein, den PTA (pure-ton average hearing level) näher zu betrachten. Der PTA beschreibt den gemittelten Hörverlust in dB bei den vier Frequenzen 500 Hz, 1 kHz, 2 kHz und 4 kHz. Der PTA bei normalen Hörern liegt bei wissenschaftlichen Untersuchungen oft zwischen 0 dB und 15 dB. Die WHO hat diesbezüglich eine Anpassung vorgenommen und den PTA bei normalen Hörern auf einen Bereich zwischen 0 dB und 25 dB festgelegt. Im Regelfall verändert sich der PTA mit dem Alter der Hörer. Bei vielen Menschen ist etwa ab dem 50. Lebensjahr bereits ein PTA zwischen 25 dB und 40 dB festzustellen, was einer geringgeradigen Schwerhörigkeit entspricht. Hörbeeinträchtigungen werden jedoch nicht einzig durch Alterung verursacht, sondern können auch schon bei jüngeren Menschen mit entsprechend hoher Schallexposition oder bei bestimmten Erkrankungen vorliegen. Je nach PTA ist damit zu rechnen, dass auch Sprache schlechter verstanden wird. Überschlägig kann davon ausgegangen werden, dass eine Sprachalarmanlage beispielsweise mit einem STI von 0,5 gemessen wurde, Personen jedoch mit einer geringgeradigen Schwerhörigkeit und einem PTA von 25 dB bereits einen STI von 0,69 benötigen, um an eine adäquate Sprachverständlichkeit zu gelangen. Sollte dies, wie auch die Situation bei nicht nativen Sprachverhältnissen bei der Auslegung der SAA berücksichtigt werden, so führt dies zumeist zu erheblichen Aufwendungen in der Raumakustik und Beschallungstechnik.

1.2.4 Grundlagen zum Sprachübertragungsindex

Der Sprachübertragungsindex wird dazu verwendet, um das Verstehen von Sprache vorherzusagen. Betrachtet man die Intensität eines Sprachsignals über die Zeit, so ist gut zu erkennen, dass mitunter erhebliche Schwankungen der Intensität vorliegen. Diese Schwankungen werden auch als Modulation bezeichnet. Man spricht in diesem Zusammenhang auch von Schwankung der Intensitätshüllkurve der Sprache. Ist ein Übertragungssystem in der Lage, die Intensitätshüllkurve des gesprochenen Signals möglichst unverändert beim Hörer bereitzustellen, so kann von einer hohen Sprachverständlichkeit ausgegangen werden. Ein derartiges Übertragungssystem könnte der komplette Signalverlauf einer Sprachübertragung sein. Ein Beispiel eines derartigen Übertragungsweges ist die Spracheingabe an einem Mikrofon mit anschließender audiotechnischer Weiterverarbeitung in einer Sprachalarmzentrale, die Wiedergabe über Lautsprecher und die Übertragung der Schallwellen durch einen Raum bis zum Hörer, der die Sprachwiedergabe verstehen soll. Im Regelfall wird die Intensitätshüllkurve jedoch auf dem Übertragungsweg verändert. Die Veränderung wird mit der Modulationsübertragungsfunktion (MTF) bestimmt und mit numerischen Werten erfasst. Aus der Modulations-Übertragungsfunktion kann der STI berechnet werden.

Vereinfachend kann auch die Tiefe der Modulation als ausschlaggebend für das Verstehen von Sprache betrachtet werden.

Die Tiefe der Modulation kann von mehreren Faktoren beeinflusst werden:

- Durch raumakustische Einflüsse wie Diffusschall, Nachhall und Reflexionen wird die Modulationstiefe verringert.
- Des Weiteren sind gegenüber dem Nutzgeräusch vorhandene Störgeräusche dafür verantwortlich, dass die Modulationstiefe des übertragenen Signals geschmälert wird.
- In der Realität treten in der Regel sämtliche Beeinflussungsgrößen gleichzeitig auf, sodass eine Verringerung der Modulationstiefe, wie in **Bild 1.13** dargestellt, vorliegt.

Da nun klar ist, welche Einflussgrößen die Sprachverständlichkeit nachteilig beeinflussen, sollte darüber nachgedacht werden, mit welchen Maßnahmen diesem Umstand entgegenzuwirken ist.

Raumakustisch bedingte Einflüsse auf die Sprachverständlichkeit sind durch raumakustisch wirksame Maßnahmen in gewissen Grenzen denkbar. Dennoch kann der Aspekt, zum Beispiel die Nachhallzeit eines Raums durch Einbringung von Absorptionsmaterial auf ein Minimum zu reduzieren, nicht ausreichend sein, da die vorherrschende Raumakustik vielmehr zur Nutzung des Raums passen muss. Es kann beispielsweise nicht sein, dass ein Konzertsaal mit einer entsprechenden Nachhallzeit von etwa 2 s einzig wegen der Einbringung einer Sprachalarmanlage auf eine deutlich geringere Nachhallzeit einzustellen ist. Dieser Ansatz wäre an der Aufgabenstellung vorbei gedacht. Ebenso ist es undenkbar, dass eine Abfertigungshalle im Flughafen

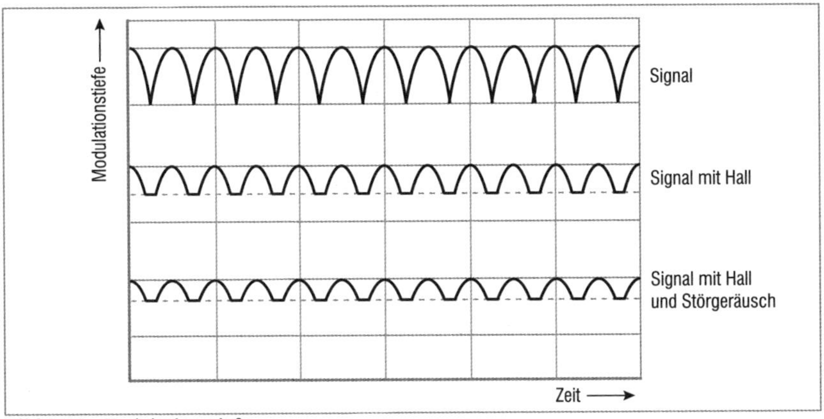

Bild 1.13 Modulationstiefe

durch Einbringung von Absorptionsmaterial in der Größenordnung mehrerer 1.000 m^2 auf eine Nachhallzeit gebracht wird, die es dem Planer oder Errichter einer Beschallungsanlage einfach erscheinen lässt, dass abnahmerelevante Ziel der Sprachverständlichkeit zu erreichen. Weder vom wirtschaftlichen Aspekt aus betrachtet noch aus psychoakustischer Sicht wäre es vertretbar, eine derartige Abfertigungshalle mit einer immens hohen Dämpfung zu versehen, um lediglich der Beschallung einen Vorzug einzuräumen.

Die psychoakustische Wirkung von Räumen auf die Personen, die sich in den Räumen befinden, wird bei derartigen Betrachtungen oftmals nicht berücksichtigt. Beim Aufenthalt in einem Raum werden unbewusst sämtliche Eindrücke miteinander kombiniert. Am einfachen Beispiel eines mit erheblich überdimensionierter akustischer Bedämpfung versehenen Raums vermittelt dieser dem Hörer reflexionsarme Verhältnisse. Derartiges erfährt ein Hörer üblicherweise im Freien. Er befindet sich aber in einem Raum, sieht Wände und Decken, hört diese aber nicht. Durch dieses Missempfinden kommt es oftmals zu unangenehmen psychoakustischen Einflüssen. Diese gehen oftmals über das Gefühl der Unbehaglichkeit hinaus.

Raumakustische Verhältnisse isoliert aus der Sicht des Planers oder des Errichters von Beschallungsanlagen zu dimensionieren, führt nicht immer zu einem idealen Gesamtergebnis. Es müssen sich also noch andere Wege offenbaren, die es dem Planer und Errichter der Beschallungsanlage ermöglichen, an ein abnahmefähiges Ziel zu gelangen.

Neben der Möglichkeit, mit speziellen Maßnahmen und Methoden bei der Beschallung auf schwierige raumakustische Umgebungen einzugehen, lässt sich auch baulich und organisatorisch auf den zu erwartenden Störgeräuschpegel reagieren. Der für die Projektierung festzulegende Störgeräuschpegel ist durch die vorgesehene Nutzung definiert, jedoch in erheblichem Umfang durch bauliche Maßnahmen beeinflussbar. Die enge Zusammenarbeit zwischen dem Planer der Beschallungsanlage, dem Architekten und dem Akustiker ist an dieser Stelle unabdingbar, um einen gemeinsamen Nenner aller Randbedingungen finden zu können.

Zusammenfassung der akustischen Grundlagenbegriffe

Nutzschallpegel, Störgeräuschpegel, Sprachverständlichkeit und Nachhallzeit sind einige wenige Begriffe der Akustik, die jedoch maßgeblich für Auslegung, Errichtung und Betrieb von Sprachalarmanlagen sind. In der entsprechenden Fachliteratur sind detaillierte Erklärungen dokumentiert.

TOA
EMERGENCY
EVACUATE
ALERT
RESET

1.3 Spezifische elektrotechnische Grundlagen

In diesem Abschnitt liegt der Fokus auf elektrotechnischen Themen, die bei der Planung, Projektierung und bei der Ausführung von Beschallungsanlagen für Notfallsituationen von Bedeutung sind.

Im einfachsten Fall handelt es sich bei einer derartigen Anlage elektrotechnisch betrachtet um einen angesteuerten Audioverstärker, der sein Ausgangssignal entweder über einen sogenannten 100-V-Übertrager oder über eine im hohen Spannungsniveau angepasste Endstufe ausgibt und damit in der Regel eine Gruppe von Lautsprechern versorgt.

Bei modernen Verstärkersystemen sind am Ausgang oft keine 100-V-Übertrager mehr zu finden. Diese Verstärkersysteme sind in der Lage, das entsprechende Spannungsniveau auf elektronischem Wege zu erreichen. Die Definition dieses hohen Spannungsniveaus ist es, dass die Verstärker bei Nennaussteuerung, also bei Abgabe der Nennleistung, eine Effektivspannung von 100 V am Ausgang erzeugen. Die genauen Randbedingungen dazu können unter anderem in der Normenreihe DIN 60268 nachgelesen werden.

Die oftmals in der Literatur verwendete Bezeichnung Trägerspannung von 100 V ist da eher irreführend. Der Sinn dieses Spannungsniveaus liegt darin, die vom Verstärker abgegebene elektrische Leistung möglichst verlustfrei an den Lautsprechern zur Verfügung zu stellen. Da bei gleicher zu übertragender Leistung deutlich geringere Ströme fließen, wenn ein deutlich höheres Spannungsniveau gewählt wird, ist der Spannungsabfall (Spannungsfall) auf den Leitungen und somit auch der Leistungsabfall deutlich niedriger. Nachteilig ist daran, dass die Lautsprecher in der Regel nicht unmittelbar mit dem 100-V-Spannungsniveau des Verstärkers versorgt werden können. Hierzu muss ein 100-V-Übertrager vorgeschaltet werden. Die Notwendigkeit eines Übertragers macht man sich insofern zusätzlich zunutze, dass seine Wicklung mehrere Abgriffe zur Verfügung stellt. Die unterschiedlichen Abgriffe dienen dazu, eine unter Umständen erforderliche Leistungsanpassung des Lautsprechers vorzunehmen. **Bild 1.14** zeigt das Prinzipschaltbild der 100-V-Beschallung.

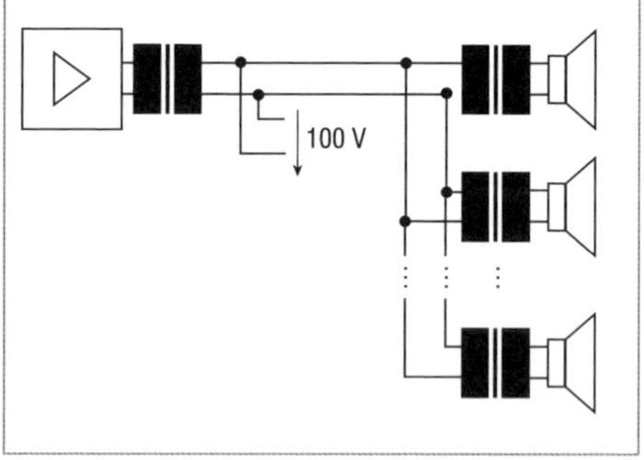

Bild 1.14 Prinzipschaltbild eines 100-V-Systems

Auch wenn die Installation mithilfe eines 100-V-Systems erfolgt, ist gerade bei größeren Leitungslängen damit zu rechnen, dass dennoch Leitungsverluste vorhanden sind. Für die Installation von Sprachalarmanlagen wird für die Leitung zu den Lautsprechern ein Mindestdurchmesser der Adern von 0,8 mm vorausgesetzt. Dies entspricht einem Querschnitt von etwa 0,5 mm^2. Bei einer kritischen Dimensionierung der Sprachalarmanlage im Hinblick auf die erreichbaren Schalldruckpegel im Verhältnis zu vorhersehbaren Störgeräuschen kann es erforderlich sein, den maximalen Nutzschallpegel erreichen zu müssen. Ist in einer solchen Situation damit zu rechnen, dass die Lautsprecher über lange Zuleitungen versorgt werden, kann unter Umständen die Betrachtung der Leitungsverluste erforderlich sein. Im Normalfall kann dieser Zusammenhang zumeist vernachlässigt werden, wenn noch genügend Aussteuerungsreserve der Sprachalarmanlage vorhanden ist. Bereits mit einer Aussteuerungsreserve von nur 3 dB wäre es möglich, die Hälfte der von den Verstärkern abgegebenen Leistung auf der Zuleitung zu den Lautsprechern zu verlieren. Zwar ist dies aus dem Blickwinkel der Wirtschaftlichkeit nicht unbedingt sinnvoll, aber explizite Anforderungen an einen maximalen Leistungsverlust auf den Zuleitungen sind normativ bei Sprachalarmanlagen nicht absolut verpflichtend gestellt. Sollten jedoch die oben beschriebenen Zusammenhänge zutreffen, sodass die Sprachalarmanlage den maximal möglichen Nutzschallpegel erbringen muss, kann jedes Dezibel darüber entscheiden, ob eine noch ausreichende Sprachverständlichkeit erreicht wird. Somit ist auch der Leistungsverlust auf den Leitungen ein durchaus zu berücksichtigender Aspekt. Je nach Installation ist es möglich, dass im Lautsprecherstromkreis weitere Widerstände vorhanden sind, an denen Leistung abfällt. Hier sollte in der Planung und Projektierung darauf geachtet werden, dass für die Strombelastung geeignete Klemmenstellen verwendet werden. Sollten Überspannungsschutzgeräte, die in den Längszweig der Lautsprecherleitung eingebracht werden, vorhanden sein, so kann auch hier mit einem entsprechenden Übergangswiderstand gerechnet werden. Bei der Berechnung der Leitungsverluste wird in der Praxis jedoch regelmäßig der Fehler gemacht, dass man bei der Vollaussteuerung der SAA von der Nennleistung der jeweiligen Verstärker ausgeht. Die Nennleistung kann in der Regel verwendet werden, wenn Aufmerksamkeitssignale wie der DIN-Ton übertragen werden. Bei der Übertragung von Sprache jedoch wird die vom Hersteller der Verstärker angegebene Nennleistung nicht erreicht. Näheres hierzu ist dem Abschnitt 4.4.9 zur Simulation zu entnehmen, in dem auch der Crestfaktor von Sprache erklärt wird.

Somit ist unter Berücksichtigung dieser Zusammenhänge bei Übertragung von Sprache also nicht von der Nennaussteuerung der Verstärker auszugehen. Dies macht es zumeist erforderlich, die jeweiligen Leitungsverluste bei der Übertragung von Aufmerksamkeitssignalen und bei der Übertragung von Sprache zu berechnen, wenn eine grenzwertige Auslegung der Sprachalarmanlage bezüglich der zu erreichenden Schalldruckpegel vorliegt.

Folgende Zusammenhänge werden für die Berechnung der Leitungsverluste verwendet:

Ohmsches Gesetz: $R = \frac{U}{I}$

elektrische Leistung: $P = U \cdot I$

Leitungswiderstand: $R = \frac{\zeta \cdot l}{A} = \frac{l}{\kappa \cdot A}$

I elektrischer Strom [A]
U elektrische Spannung [V]
P elektrische Leistung [W]
R elektrischer Widerstand [Ω]
l Leiterlänge [m] (nicht zu verwechseln mit der Leitungslänge!)
A Leiterquerschnitt [mm^2]
D Leiterdurchmesser [mm]
κ spezifischer Leitwert [$m/\Omega mm^2$]
ζ spezifischer Widerstand [$\Omega mm^2/m$]

Diese Grundgleichungen als äußerst kleiner Ausschnitt des elektrotechnischen Fachrechnens sollte jeder, der sich mit Beschallungsanlagen beschäftigt, beherrschen. Es ist jedoch zu bedenken, dass die hier beschriebenen einfachen elektrotechnischen Zusammenhänge in der Realität nicht exakt zutreffend sind. Bei diesen einfachen Betrachtungen wird davon ausgegangen, dass lediglich Realgrößen berechnet werden. Dies würde bei elektrischen Stromkreisen mit Gleichspannungen und Gleichströmen durchaus zutreffend sein. Tatsächlich aber bestehen Audiosignale, wie bereits anhand der Sinusschwingung beschrieben, aus Wechselgrößen. Demnach müssten sämtliche elektrotechnischen Größen komplex berechnet werden, indem die Wirk-, Blind- und Scheinkomponenten berücksichtigt werden. Es hat sich jedoch bei der Dimensionierung von Sprachalarmanlagen gezeigt, dass mit Verzicht auf die komplexen Zusammenhänge dennoch eine hinlängliche Genauigkeit zur Auslegung der Sprachalarmanlagen erreicht werden kann. Mit diesen einfachen und linearen mathematischen Zusammenhängen können aus den wenigen Gleichungen alle Formeln erstellt werden, die in der kleinen elektrotechnischen Welt der Beschallung im Alarmfall erforderlich sind.

Um sich nicht alle Varianten der Formeln merken zu müssen, kann man mit einfachen mathematischen Einsetzungs- und Umstellungsverfahren aus den wenigen Grundformen die für die jeweilige Aufgabenstellung erforderliche Gleichung herleiten.

Damit dieses Beispiel nicht gänzlich mathematisch wirkt, werden die Formelzeichen der oben beschriebenen Gleichungen weiterverwendet.

Formelumstellung für den Spannungsabfall auf der Leitung:

$$R = \frac{U}{I} \quad \text{und} \quad R = \frac{l}{\kappa \cdot A}$$

$$\Rightarrow \quad U = R \cdot I$$

$$\Rightarrow \quad U = I \cdot \frac{l}{\kappa \cdot A}$$

$$\Rightarrow \quad U = \frac{I \cdot l}{\kappa \cdot A}$$

Formelumstellung für den Leistungsabfall auf der Leitung:

$$\Rightarrow \quad P = U \cdot I$$

$$\Rightarrow \quad R = \frac{U}{I}$$

$$\Rightarrow \quad U = R \cdot I$$

$$\Rightarrow \quad P = R \cdot I^2$$

$$\Rightarrow \quad P = \frac{l \cdot I^2}{\kappa \cdot A}$$

Querschnittsberechnung:

$$\Rightarrow \quad U = \frac{I \cdot l}{\kappa \cdot A}$$

$$\Rightarrow \quad \kappa \cdot A = \frac{I \cdot l}{U}$$

$$\Rightarrow \quad A = \frac{I \cdot l}{\kappa \cdot U}$$

$$\Rightarrow \quad A = \frac{l}{\kappa \cdot R}$$

Leiterdurchmesser:

$$\Rightarrow \quad A = r^2 \cdot \pi = \frac{d^2}{4} \cdot \pi$$

$$\Rightarrow \; d^2 = \frac{4 \cdot A}{\pi}$$

$$\Rightarrow \; d = \sqrt{\frac{4 \cdot A}{\pi}}$$

Neben diesen elektrotechnischen Grundgleichungen gibt es natürlich den Zusammenhang zwischen elektrotechnischen Größen und akustischen Größen. Hier sei beispielsweise die Schalldruckänderung in Abhängigkeit zur Änderung der Leistung genannt.

Wie auch bei der Pegelveränderung durch Veränderung des Abstands sind bei dieser Berechnungsart Faustregeln anwendbar (siehe Abschnitt 1.1 „Grundbegriffe der Akustik").

Doch zuvor soll der rechnerische Zusammenhang aufgezeigt werden.

Änderung des Schalldruckpegels in Abhängigkeit der Leistung:

$$L_{spl} = 10 \cdot \log \frac{P_1}{P_2}$$

Rechenbeispiel

Die Anpassung eines Lautsprechers wird von 2 W auf 4 W geändert. Wie ändert sich der Schalldruckpegel bei sonst gleichartigen Randbedingungen?

$$L_{spl} = 10 \cdot \log \frac{4\,\text{W}}{2\,\text{W}}$$

$$\Rightarrow \; L_{spl} = 3\ \text{dB}$$

Das zuvor aufgeführte Rechenbeispiel veranschaulicht auch die erste Faustregel, dass bei Leistungsverdopplung eine Schalldruckpegelzunahme von 3 dB zu verzeichnen ist. Dies gilt im umgekehrten Fall für die Halbierung der Leistung ebenso, wobei sich hierbei das Vorzeichen ändert. Somit ergibt sich bei Halbierung der Leistung eine Schalldruckpegelveränderung von – 3 dB. Eine weitere Faustformel ist der Leistungsfaktor 10. Hierbei ändert sich der Schalldruckpegel um 10 dB.

Die Umstellung logarithmischer Formeln wird am Beispiel der logarithmischen Gleichung für die Berechnung von Leistungsveränderungen nachfolgend erläutert:

$$\Rightarrow \; L_{spl} = 10 \cdot \log \frac{P_1}{P_2}$$

$$\Rightarrow \frac{L_{spl}}{10} = \log \frac{P_1}{P_2}$$

$$\Rightarrow 10^{\frac{L_{spl}}{10}} = \frac{P_1}{P_2}$$

$$\Rightarrow P_1 = P_2 \cdot 10^{\frac{L_{spl}}{10}}$$

Auf diese Art und Weise kann selbstverständlich auch mit der logarithmischen Gleichung für die Veränderung des Schalldruckpegels in Abhängigkeit zum Abstand zu einer Schallquelle vorgegangen werden. Diese Vereinfachungen gelten physikalisch betrachtet nur für eine sphärische Schallausbreitung. Eine andersartige Schallausbreitung (zum Beispiel in Form von Zylinderwellen) ist nicht mit dieser Einfachheit zu beschreiben.

Gelegentlich ist es erforderlich, eine Addition von Schalldruckpegeln vorzunehmen. Dies kann keinesfalls linear erfolgen sondern es ist eine logarithmische Addition vorzunehmen.

Beispiel

An einer Position würde ein einzelner Lautsprecher außerhalb der Nutzungssituation des Gebäudes Sprache übertragen und auf Ohrhöhe einen Schalldruckpegel von 70 dB erzeugen. Würde dieser Lautsprecher abgeschaltet sein und an gleicher Stelle die Störgeräusche während der Gebäudenutzung auf Ohrhöhe auch einen Schalldruckpegel von 70 dB verursachen, so würde die Addition, wenn der Lautsprecher dann während der Gebäudenutzung eingeschaltet wird, nicht einen Schalldruckpegel von 140 dB ergeben. Es ist eine logarithmische Addition vorzunehmen. Dies kann mit folgender Formel beschrieben werden:

$$\Rightarrow L_{ges.} = 10 \cdot \log(10^{\frac{L_1}{10}} + 10^{\frac{L_2}{10}})$$

Nach Einsätzen der beiden einzelnen Schalldruckpegel von jeweils 70 dB würde sich somit ein Gesamtschalldruckpegel von 73 dB ergeben.

Natürlich können auch unterschiedliche Schalldruckpegel zu einem Gesamtschalldruckpegel berechnet werden. Hierzu kann man sich gut merken, dass es egal ist, wie viele einzelne Schalldruckpegel addiert werden, das Ergebnis wird niemals mehr als 3 dB größer sein als der größte Einzelschalldruckpegel. Demnach kann man die oben angegebene Formel um beliebig viele einzelne Schalldruckpegel im Klammerausdruck ergänzen oder folgende Schreibweise anwenden:

$$\Rightarrow L_{ges.} = 10 \cdot \log_{10}\Sigma_i 10^{0,1i}$$

Die im Beispiel beschriebene Addition von Schalldruckpegeln bezieht sich auf inkohärente Signale, wovon wir im Regelfall bei den Planungsaufgaben für eine SAA ausgehen.

1.3.1 Der Lautsprecher

Die Aufgabe des Lautsprechers ist es, das elektrische Signal in Schallwellen zu wandeln. Man spricht auch vom *Prinzip der Schallwandlung*. Hierbei ist die Eingangsgröße eine elektrische Spannung, die einen elektrischen Strom zur Folge hat und die Ausgangsgröße sind Schallwellen, die zum Beispiel vom menschlichen Gehör wahrgenommen werden können. Am Eingang des Lautsprechers liegt also das elektrische Audiosignal an. Dieses besteht im Regelfall aus einzelnen oder vielen überlagerten Schwingungen, die im Hörfrequenzbereich liegen. Der ideale Lautsprecher würde nun das elektrische Eingangssignal jeder Frequenz in Schallwellen umwandeln, wobei das energetische Verhältnis von eingehenden Signalen und ausgehenden Signalen für jede Frequenz gleichbleiben sollte. In einem solchen Fall hätte der Lautsprecher einen flachen Frequenzgang und würde jede Frequenz mit gleichem Wirkungsgrad von einer elektrischen in eine akustische Schwingung umwandeln. Im weiteren Verlauf des Abschnitts wird jedoch deutlich, dass es derartige Lautsprecher nicht gibt, sondern jeder Lautsprecher einen spezifischen Frequenzgang besetzt.

Zur Verdeutlichung der Funktion eines einfachen induktiven Schallwandlers soll hier das Prinzip des Membranlautsprechers, wie in **Bild 1.15** abgebildet, näher beschrieben werden.

Eine mit Drahtwicklungen versehene zylinderförmige Spule (Schwingspule) taucht in den ringförmigen Schlitz eines Dauermagneten ein. Fließt durch die Spule ein elektrischer Strom, induziert dieser Strom ein Magnetfeld.

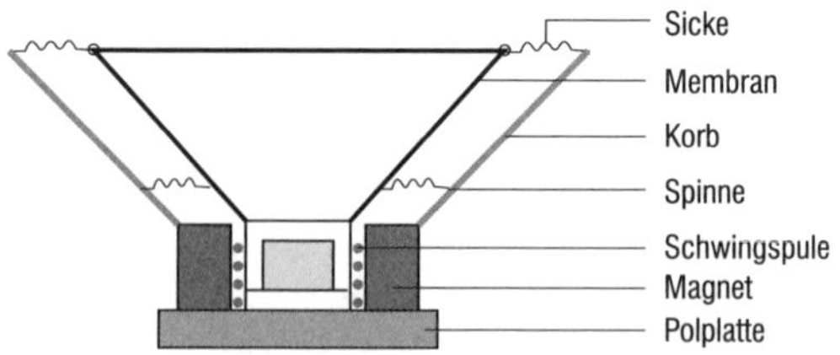

Bild 1.15 Prinzipdarstellung eines Membranlautsprechers

Handelt es sich bei dem Strom durch die Spule um einen Wechselstrom, entsteht das dementsprechende Wechselmagnetfeld. Die Ausrichtung der Polarität des durch die Spule erzeugten Magnetfelds in Bezug auf das Magnetfeld des Dauermagneten verursacht eine Krafteinwirkung auf die Spule. Die Kraft wirkt sich in Abhängigkeit zum Spulenstrom längs zu ihrer Hochachse im Luftspalt des Dauermagneten aus. Da die Schwingspule in Verbindung mit der Membran über die Sicke und der Spinne schwingungsfähig am Korb des Lautsprechers befestigt ist, wirkt sich diese Kraft als Bewegung der Spule und der Membran aus. Die Luftmoleküle unmittelbar in der Umgebung der Membran werden dementsprechend ebenfalls in Bewegung versetzt, wodurch es je nach Bewegungsrichtung der Membran zu einer Verdichtung oder Dekompression der Luftmoleküle kommt. Dies erzeugt eine Schallwelle, die über die Luft ausgebreitet wird und letzten Endes zu einem hörbaren Ereignis führt.

Energetisch betrachtet sind Membranlautsprecher äußerst uneffektiv, wie **Bild 1.16** veranschaulicht. Ein Großteil der elektrischen Energie, die dem Lautsprecher zugeführt wird, wandelt dieser nicht in Schallenergie, sondern in thermische Energie um. Dennoch ist der induktiv angetriebene Lautsprecher nach dem hier beschriebenen Konzept im kommerziellen Bereich der Lautsprecher mit dem höchsten Wirkungsgrad. Lautsprecher werden nicht wie zum Beispiel elektrische Maschinen mit einem Wirkungsgrad als Koeffizient oder einer prozentualen Angabe differenziert, sondern der Kennschalldruckpegel dient als Kriterium zur Einstufung des Wirkungsgrads und der Empfindlichkeit.

Der Kennschalldruckpegel ist in der Regel eine gemessene Eigenschaft des Lautsprechers. Damit wird angegeben, welchen Schalldruckpegel der Lautsprecher in einem Abstand von 1 m bei einer zugeführten Leistung von 1 W erzeugt. Der Kennschalldruckpegel wird in Abhängigkeit zur Größe des Lautsprechers und der Messbedingungen meist nicht in einem Abstand von 1 m gemessen, und auch die Eingangsleistung wird nicht immer genau auf 1 W festgelegt. Oft weichen die Eingangswerte davon ab und die dann gemesse-

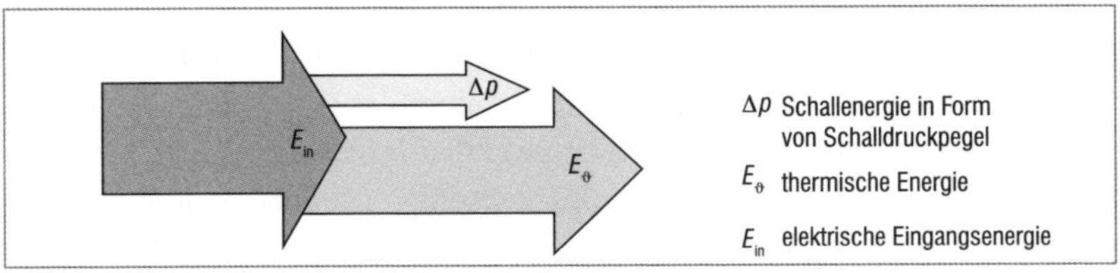

Bild 1.16 Energetische Betrachtung von Lautsprechern

nen Werte werden auf 1 m Abstand und 1 W umgerechnet, sodass es zur einheitlichen Angabe des Kennschalldrucks kommt. Somit besteht die Ermittlung des Kennschalldruckpegels entweder direkt aus einer Messung oder aus einer Berechnung auf Grundlage zuvor durchgeführter Messungen.

Neben den induktiven Schallwandlern wie Membranlautsprechern werden auch kapazitive Schallwandler wie Piezolautsprecher verwendet. Aber auch Elektrostaten finden in der Audiotechnik Anwendung.

Mittlerweile sind derartige Funktionsprinzipien auch bei elektroakustischen Anlagen zur Übertragung von Sprache in Notsituationen angekommen. Selbst die Produktzertifizierung nach EN 54-24 [11] ist von einigen Herstellern bereits für Lautsprecher durchgeführt worden, die nicht nach dem induktiven Verfahren arbeiten.

Bei Piezolautsprechern wird ein kristalliner, fester Werkstoff verwendet. Dieser Werkstoff (zumeist ein Quarz) hat die Eigenschaft, seine Dimension beim Anlegen von elektrischer Spannung zu ändern. Diese Größenänderungen sind jedoch sehr gering, und daher sind derartige Lautsprecher zumeist als Hochtonlautsprecher verwendbar. Durch die kleinen Dimensionsänderungen werden Schallwellen mit kurzer Wellenlänge erzeugt. Das Prinzip der Schallwandlung ist mit dem induktiven Prinzip gut vergleichbar, da hier durch die Dimensionsänderung ebenfalls die Luftmoleküle in unmittelbarer Nähe des Körpers, der eine Dimensionsänderung erfährt, zu Bewegung angeregt werden. Durch diese Bewegung werden Schallwellen erzeugt. Oftmals wird der sich in der Dimension verändernde Werkstoff zur Steigerung des Wirkungsgrads in eine Kompressionskammer eingebracht und die Schallwellen durch eine Hornöffnung geleitet.

Elektrostatisch arbeitende Schallwandler sind im weitesten Sinne mit großen Plattenkondensatoren vergleichbar. Durch die kapazitive Wirkung zweier sich isoliert gegenüberliegender Flächenelektroden kann beim Anlegen einer Spannung eine Kraft zwischen diesen Elektroden festgestellt werden. Werden diese Platten nun in gewissen Grenzen beweglich zueinander gefügt, kommt es beim Anlegen von Wechselspannungen im Bereich höherer und mittlerer Frequenzen dazu, dass diese Platten parallel zueinander schwingen. Auch bei diesem Prinzip werden die Luftmoleküle an der Oberfläche der Platte in Bewegung versetzt, wodurch ebenfalls Schallwellen erzeugt werden. Elektrostatische Schallwandler erzeugen durch die sehr gleichförmige und parallele Bewegung zwischen den Platten in einem bestimmten Frequenzbereich kohärente Wellenfronten. Dies begünstigt es, die Schallenergie zumindest in einem bestimmten Frequenzbereich sehr gebündelt wiedergeben zu können. Diese Lautsprecher haben aber auch negative Eigenschaften. Im Bereich tiefer Frequenzen haben sie einen sehr geringen Wirkungsgrad; bei großer Aussteuerung neigen derartige Lautsprecher zudem schnell zu Verzerrungen.

Um die grundsätzlichen elektrotechnischen Betrachtungen und Berechnungen für Lautsprechersysteme vornehmen zu können, verfügen Lautsprecher über sogenannte *Kenndaten*.

Zu den typischen Kenndaten eines Lautsprechers zählen folgende Angaben:

- Nennbelastbarkeit P [W],
- Impedanz Z [Ω],
- Kennschalldruckpegel L_k [dB @ 1 W und 1 m],
- Maximalschalldruckpegel L_{max} [dB],
- Frequenzgang (bei SAA entsprechend der Vorgaben aus DIN EN 54-24),
- Leistungsabgriffe am Übertrager,
- Lautsprecherabmessungen und Einbaudetails,
- Abstrahlverhalten,
- zulässiger Temperaturbereich,
- Farbe,
- Gewicht,
- IP-Schutzklasse.

Bei der Betrachtung von Wirkungsgrad – also dem Kennschalldruckpegel – und dem Frequenzgang eines Lautsprechers stehen Schalldruckpegel (Amplituden) im Vordergrund. Zur ganzheitlichen Beschreibung von Lautsprechern gehören unter anderem auch der frequenzabhängige Phasengang und die frequenzabhängige Impedanz. Darüber hinaus kann man detaillierten Datenblättern von Lautsprechern auch weitere Einzeldaten entnehmen. Die sogenannten *Thiele-Small-Parameter* geben umfangreichen Aufschluss über das elektrodynamische Verhalten eines Lautsprechers und werden in der Regel bei der Konstruktion von Lautsprechergehäusen benötigt. Im Kontext der Sprachalarmierung werden von Planern und Errichtern derartiger Anlagen jedoch diese tiefergehenden Informationen im Regelfall nicht benötigt.

1.3.2 Grundlagen zu Mikrofonen

Aus dem Blickwinkel der SAA-Zentrale (SAZ) sind Mikrofone eine Option mit Anforderungen. Nach DIN EN 54-16 [10] ist dies eine wichtige Vorgabe für die Hersteller von Sprachalarmzentralen. Mit der herstellerseitigen Entscheidung, Notfallmikrofone an der Zentrale betreiben zu wollen, werden die normativen Anforderungen aktiviert. Aus Sicht der Planer und Errichter ist dieser Zusammenhang eher zweitrangig. Die grundsätzliche Forderung zur Planung oder Realisierung von Mikrofonen an einer Sprachalarmanlage stammt in der Regel aus der Konzeptphase und ist der Konzeptdokumentation zu entnehmen. Im einfachsten Fall ist die Notwendigkeit bereits im Brandschutzkonzept beschrieben.

Mikrofone sind Bestandteile der im Audiosignalweg liegenden Komponenten. Wie auch beim Lautsprecher besteht bei Mikrofonen der Umstand, dass es das ideale Mikrofon nicht gibt. Demzufolge werden von jedem Mikrofon die eintreffenden Schallereignisse verändert am Ausgang bereitgestellt. Die Veränderung besteht einerseits aus dem, was man von einem Mikrofon erwartet: die Umwandlung der Schallenergie in elektrische Signale. Bei dieser Umwandlung entstehen jedoch andererseits auch unerwünschte Effekte. Auch Mikrofone wandeln ihre Eingangsgröße nicht linear in die Ausgangsgröße um, wie wir es bereits von Lautsprechern kennen. Demnach ist damit zu rechnen, dass nicht alle Frequenzen gleich gut gewandelt werden und sich dies auf die Amplituden wie auch auf die Phasen auswirkt. Es kann also durchaus sein, dass ein Mikrofon bei tiefen Frequenzen weniger empfindlich ist als bei mittleren und hohen Frequenzen beziehungsweise bei allen Frequenzen unterschiedlich gut wandeln kann. Demnach haben auch Mikrofone keinen linearen Frequenzgang. Jedoch sind bauartbedingt und je nach Anwendungsfall unterschiedliche Frequenzgänge bei Mikrofonen vorzufinden.

Bei einer SAA ist es eher nicht erforderlich, dass Mikrofone über einen sehr weiten spektralen Bereich linear sind. Hier reicht es zumeist aus, im Sprachfrequenzbereich möglichst linear zu arbeiten. Unter Umständen wäre sogar eine überhöhte Empfindlichkeit im mittleren Frequenzbereich hilfreich, um Sprache besser übertragen zu können. Bei Mikrofonen, die jedoch zu Messzwecken verwendet werden, sollte eine möglichst lineare Wandlung erfolgen, um das zu messende Schallereignis unverfälscht erfassen zu können.

Bei Mikrofonen kommt neben dem Frequenzgang noch zusätzlich zum Tragen, wie deren Eigenrauschen ausfällt. Dies kann bei der Messung von recht kleinen Schalldruckpegeln durchaus relevant sein, wenn z. B. das Eigenrauschen nicht deutlich unter dem zu messenden Signal liegt. Zumeist ist auch das Eigenrauschen eines Mikrofons nicht frequenzlinear, sodass es beispielsweise zu erhöhtem Rauschen im höheren Frequenzbereich kommen kann. Gerade in diesem Bereich in der Oktave um 8 kHz sind SAA oft nur in der Lage, recht kleine Nutzsignalpegel zu erlangen. Sollte also bei diesen Verhältnissen die Messung des Nutzschallpegels oder Spektrums vorgenommen werden, so ist mit einer entsprechenden Fehlerquote zu rechnen. Dies trifft überdies auch auf die Messung der STI-Werte als Vorhersage der Sprachverständlichkeit zu. Wird also eine SAA, die verhältnismäßig geringe Nutzschallpegel erzeugt, bezüglich der Sprachverständlichkeit vermessen, so können die Ergebnisse aufgrund des Eigenrauschens des Messmikrofons durchaus bedeutsam falsch sein. Auf diesen Aspekt sollte man auch achten, wenn der Schalldruckpegel des Testsignals bewusst reduziert wird, um die Hörbelastung während der Messung zu verringern.

Wie bereits beschrieben, sind Mikrofone wie auch Lautsprecher als Schallwandler zu bezeichnen. Bei Mikrofonen funktioniert dies jedoch oberflächlich betrachtet in umgekehrter Richtung. Zumeist sollen die auf das Mikrofon treffenden Schallereignisse in elektrische Signale umgewandelt werden. Bei dynamischen Mikrofonen wird die Analogie zu Membranlautsprechern besonders deutlich. Bei dynamischen Mikrofonen wird eine Membran durch die auftreffenden Schallwellen in mechanische Schwingung (Bewegung) versetzt. Mit der Membran wird eine Spule in einem Magnetfeld bewegt und dadurch eine Spannung in Korrelation zu den eintreffenden Schallwellen erzeugt. Die durch diesen Prozess induzierten Spannungen sind jedoch verhältnismäßig klein, sodass eine entsprechende Verstärkung erforderlich wird, damit das Besprechen eines Mikrofons über eine SAA zu einer lautstarken Wiedergabe führt. Dies macht auch verständlich, dass die Leitungsführung zu den Mikrofonen besonders sorgsam erfolgen muss, da ansonsten auf den Leitungen verursachte Störungen ebenfalls verstärkt werden und die Übertragungsqualität erheblich reduzieren können.

Neben den dynamischen Mikrofonen werden auch Mikrofone mit anderen Wandlungsprinzipien verwendet. Ein Beispiel dafür sind *Kondensatormikrofone*. Sehr einfach erklärt, muss man sich bei diesem Prinzip vorstellen, dass eine Membran aus zwei Schichten besteht und im übertragenen Sinne wie ein Plattenkondensator aufgebaut ist. Wird die Membran nun durch Schallwellen angeregt, ist die Konstruktion derart realisiert, dass sich die Kapazität der Kondensatormembran in Korrelation mit den auftreffenden Schallwellen ändert. Diese Kapazitätsänderung kann in einer aktiven elektronischen Schaltung in eine gleichsinnige elektrische Spannung gewandelt werden. Demnach wird zum Betrieb derartiger Mikrofone immer eine Spannungsversorgung benötigt. Diese Spannungsversorgung wird in der Audiotechnik auch *Phantomspeisung* genannt. Je nach Schalungsaufbau sind jedoch die Ausgangsspannungen von Kondensatormikrofonen deutlich höher als von dynamischen Mikrofonen, wodurch der Einsatz bei SAA begünstigt wird. Die Aussteuerungsfestigkeit von Kondensatormikrofonen kann durch den grundsätzlich zu verwendenden aktiven Schaltungsaufbau geringer ausfallen als bei dynamischen Mikrofonen. Das bedeutet, dass das rein mechanisch und induktiv erzeugte Ausgangssignal eines dynamischen Mikrofons auch bei sehr hohen Schalldruckpegeln wenig verzerrt bleiben kann, wo hingegen bei Kondensatormikrofonen durch den aktiven Schaltungsaufbau zumeist recht genaue Aussteuerungsgrenzen eingehalten werden müssen. Eine baulich zumeist sehr kleine Variante von Kondensatormikrofonen ist das *Elektretmikrofon*. Es wird auch regelmäßig bei SAA verwendet.

1.3.3 Exemplarische Berechnung von Leitungs- und Pegelverlusten

Das in **Bild 1.17** dargestellte Beispiel soll unter Annahme idealisierter Verhältnisse die Anwendung der einfachen elektrotechnischen Grundgleichungen verdeutlichen. Zum Verständnis der Aufgabenstellung ist davon auszugehen, dass der Verstärker so weit ausgesteuert wird, dass an den Lautsprechern trotz des Leitungsverlustes 100 V Einspeisung erfolgt. Die Lösung der Aufgabe soll, wie in den **Bildern 1.18, 1.19** und **1.20** skizziert, in einzelnen Schritten erläutert werden.

Auch wenn dieses Berechnungsbeispiel auf Grundlage idealisierter und vereinfachter Zusammenhänge gelöst wurde, so kann tendenziell erkannt werden, welchen Einfluss lange Leitungsverbindungen im 100-V-System mit sich bringen. Bei Projekten mit verhältnismäßig geringen Leistungserforder-

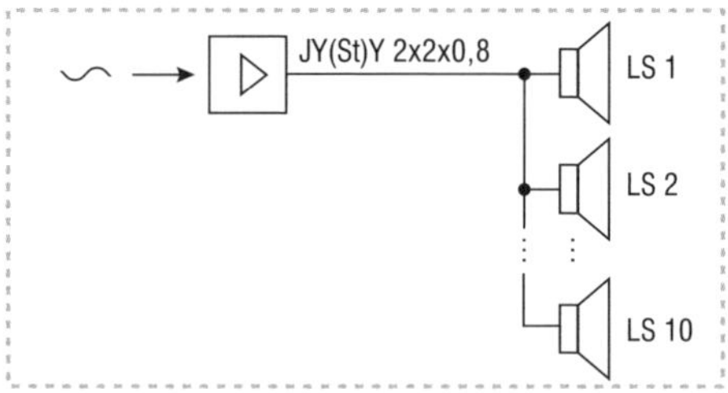

100-V-Deckenlautsprecher

$L_{P\,Kenn}$ = 90 dB @ 1 W und 1 m
$L_{P\,LS}$ = 100 dB @ 1 m
(gemessen im Nahfeld eines LS)

Leitungslänge: 100 m
alle Adern in Betrieb

Aufgabe:
1. Wie hoch ist der Spannungsfall?
2. Wie hoch ist der Pegelverlust?

Bild 1.17 Beispielaufgabe zum Spannungsfall

1. Ersatzschaltbild

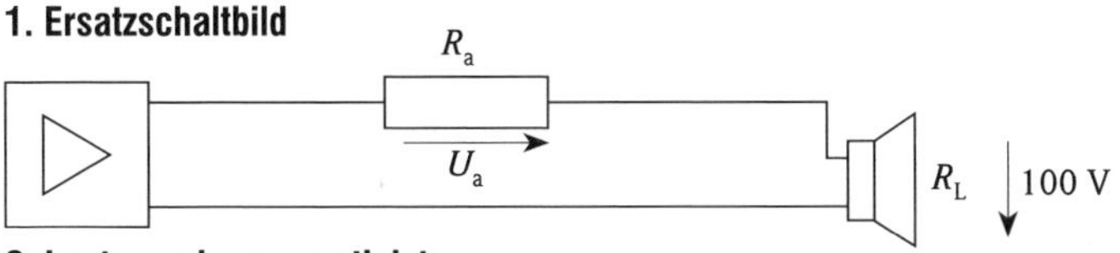

2. Lautsprechergesamtleistung

$$L_{\Delta P} = 10 \cdot \log\left(\frac{P_1}{P_0}\right) \qquad \Rightarrow P_{1\,LS} = 10\text{ W} \qquad \Rightarrow P_g = 100\text{ W}$$

Bild 1.18 Lösung Teil 1 zur Beispielaufgabe zum Spannungsfall

3. Strom

$$I = \frac{P_g}{U} = \frac{100\text{ W}}{100\text{ V}} = 1\text{ A}$$

4. Spannungsfall

$$U_a = \frac{2l \cdot I}{\kappa \cdot A} = \frac{2 \cdot 100\text{ m} \cdot 1\text{ A}}{56\,\frac{\text{m}}{\Omega\text{mm}^2} \cdot 1\text{ mm}^2}$$

(2 Adern mit Ø 0,8 mm parallel)

$$A_{\text{Einzelader}} = r^2 \cdot \pi = 0{,}4\text{ mm}^2 \cdot \pi \approx 0{,}5\text{ mm}^2$$

$$\Rightarrow A = 2 \cdot 0{,}5\text{ mm}^2 = 1\text{ mm}^2$$

$$\boxed{U_a = 3{,}57\text{ V}}$$

5. Lastwiderstand

$$R_L = \frac{P}{I^2} = \frac{100\text{ W}}{(1\text{ A})^2} = 100\,\Omega$$

Bild 1.19 Lösung Teil 2 zur Beispielaufgabe zum Spannungsfall

6. Spannung am Verstärkerausgang

$$U_g = U_a + U_L \qquad U_L = \frac{P_g}{I} = \frac{100\text{ W}}{1\text{ A}} = 100\text{ V}$$

$$U_g = 103{,}57\text{ V}$$

7. Lautsprecherleistung ohne Leitungsverluste

$$P_{neu} = \frac{U_g^2}{R_L} = \frac{(103{,}57\text{ V})^2}{100\,\Omega} = 107{,}27\text{ W}$$

8. Pegelgewinn ohne Leitungsverluste

$$L_{\Delta P} = 10 \cdot \log\left(\frac{P_{neu}}{P_g}\right) = 10 \cdot \log\left(\frac{107{,}27\text{ W}}{100\text{ W}}\right) \qquad \boxed{L_{\Delta P} = 0{,}3\text{ dB}}$$

Bild 1.20 Lösung Teil 3 zur Beispielaufgabe zum Spannungsfall

nissen und moderaten Leitungslängen erübrigt sich im Regelfall die Diskussion um die Verwendung von Leitungen mit einem größeren Leitungsquerschnitt. Betrachtet man die Größenordnung des Pegelverlustes auf Grundlage des Leistungsabfalls auf der Leitung, so ist bei einer nicht grenzwertigen Auslegung der Sprachalarmanlage kaum damit zu rechnen, dass tatsächlich hörbare Pegelunterschiede entstehen.

Ist jedoch auf Grundlage lauter Störgeräusche eher damit zu rechnen, dass die SAA im grenzwertigen Bereich betrieben werden muss und jedes Dezibel Nutzschallpegel erforderlich ist, um einen ausreichenden Abstand zum Störgeräuschpegel herstellen zu können, kann die Planung und Ausführung größerer Leitungsquerschnitte durchaus erforderlich sein.

2 Standards für Beschallungsanlagen in Notsituationen

In Deutschland existieren für die Auslegung von Beschallungsanlagen, die in einer Notsituation zum Einsatz kommen, seit Jahrzehnten entsprechende Standards. Dies ist nicht in allen Mitgliedsstaaten der Europäischen Union ebenso vorzufinden.

Durch die Europäisierung der Normensituation für die Auslegung von Beschallungsanlagen in Notsituationen existieren nunmehr Euronormen für Sprachalarmsysteme und für elektroakustische Notfallwarnsysteme (ENS). Hierbei kann man durchaus feststellen, dass maßgebliche Anforderungen, die zum Beispiel die Betriebssicherheit und Wirksamkeit derartiger Anlagen definieren, koordiniert in die jeweiligen Normungswerke eingearbeitet wurden. So sind beispielsweise die vorgegebenen Verfahren zur Bewertung der Sprachverständlichkeit als eine Komponente der Wirksamkeit und die damit verbundenen Grenzwertdefinitionen nahezu identisch.

Da die Euronorm für ENS als DIN EN 50849:2017-11 auch gleichzeitig als VDE 0828-1 in Kraft getreten ist, hat dieser Standard in Deutschland ebenfalls einen hohen Stellenwert und ist bei der Auslegung von elektroakustischen Notfallwarnsystemen zu beachten. Die europäische Normierung für Sprachalarmsysteme DIN CEN/TS 54-32:2016-11 ist ebenso als deutscher Standard in Form der Vornorm DIN VDE V 0833-4-32 in Kraft getreten. Hier ist jedoch der Stellenwert gegenüber der nationalen Anwendungsrichtlinie für Sprachalarmanlagen DIN VDE 0833-4 äußerst gering. Es ist durchaus damit zu rechnen, dass mit der nun erfolgten Erneuerung der SAA-Norm die deutsche Vornorm eine noch geringere Bedeutung erhält und möglicherweise auch nicht mehr lange fortbesteht.

Welche Norm nun zu welcher Aufgabenstellung passt und zweifellos anzuwenden ist, kann allgemeingültig kaum beschrieben werden. Die Situation wird im Besonderen noch unübersichtlicher, wenn schwierige Verhältnisse in Form eines Brandschutzkonzepts vorliegen und darin die eigentlich für den Anwendungsfall falsche Norm zitiert wird.

Im Folgenden werden die maßgeblichen Normen in Bezug auf die Brandalarmierung betrachtet und dahingehend analysiert, welchen Stellenwert diese für die verschiedenen Aufgabenstellungen haben.

2.1 Welche Norm für welche Anlage?

Es ist kaum vorstellbar, dass unterschiedliche Anforderungen bestehen, wenn die Voraussetzungen für eine Brandalarmierung gegeben sein müssen oder es sich um eine Anlage zur Evakuierung bei Gas- oder Bombenalarm handelt bzw. Durchsagen übertragen werden, dass sich die im Gebäude aufhaltenden Personen bei Amokalarm einschließen und verbarrikadieren müssen. In allen Fällen muss erreicht werden, dass die Alarmierung mit der Übertragung von Sprache erfolgt. Für die Brandalarmierung muss eine SAA zum Einsatz kommen, und die Anforderungen an diese Anlage müssen mindestens nach den einschlägigen Normen erfüllt werden.

An die Anlage, die für Gas-, Amok- oder Bombenalarm vorgesehen wird und nicht im Brandfall eingesetzt werden muss, werden andere Anforderungen gestellt, obwohl das Ziel eigentlich das gleiche ist: Sprache im entsprechendem Maße ausreichend gut verstehen können und eine Anlage zu erhalten, die bestimmten sicherheitstechnischen Anforderungen genügt, um eine ausreichende Betriebssicherheit zu gewährleisten. Es ergeben sich nicht nur anlagentechnische Unterschiede, sondern es sind explizit Unterschiede bei der Bewertung der Wirksamkeit möglich, wenn die Auslegung der Anlagen nach den speziell dafür anzuwendenden Normen erfolgt.

2.1.1 Normen für SAA

In Deutschland werden SAA nach der nationalen Anwendungsrichtlinie DIN VDE 0833-4:2024-06 „Festlegungen für Anlagen zur Sprachalarmierung im Brandfall" konzeptioniert, geplant, projektiert, montiert, in Betrieb gesetzt, abgenommen und betrieben. In aller Regel handelt es sich dabei um Anlagen, die im Rahmen der baurechtlichen Genehmigungssituation erforderlich sind. Dieser Anspruch ist entweder in der Vergangenheit bei einem Bestandsgebäude definiert worden oder im Zusammenhang eines Neubaus bzw. einer genehmigungspflichtigen Baumaßnahme entstanden.

Der einfachste Fall ist der Neubau mit einem Baugenehmigungsverfahren, in dessen Kontext ein Brandschutzkonzept bzw. ein Brandschutznachweis zu erstellen ist. Der Einfachheit halber wird fortan das Brandschutzkonzept genannt, wenngleich je nach Bundesland auch anstelle dessen ein Brandschutznachweis erstellt wird. Im Brandschutzkonzept ist nach DIN 14675 „Brandmeldeanlagen – Aufbau und Betrieb" definiert, dass die konzeptionellen Anforderungen an die SAA aus der Konzeptphase zu entnehmen sind.

Im Klartext bedeutet dies, dass im Brandschutzkonzept die grundsätzlichen Anforderungen an die SAA beschrieben sein müssen. Das Brandschutzkonzept ist also der Indikator, darüber zu entscheiden, ob eine SAA erforderlich ist und welchen sicherheitstechnischen Stellenwert die Anlage im Tenor der Brandalarmierung einnimmt.

Schwieriger wird die Entscheidung zur Realisierung einer SAA, wenn dieser Fall nicht vorliegt. Hier ist eine unvorhersehbare Menge an Einzelfällen herzuleiten. Liegen keine offensichtlich eindeutigen Verhältnisse vor, müssen stets individuelle Entscheidungen getroffen werden. Hierzu werden in den folgenden Abschnitten explizite Beispiele behandelt.

Im Zusammenhang mit der nationalen Anwendungsrichtlinie DIN VDE 0833-4:2024-06 „Festlegungen für Anlagen zur Sprachalarmierung im Brandfall" wird auf einige Normen verbindlich verwiesen. Maßgeblich sind die Normen der Gruppe DIN EN 54 „Brandmeldeanlagen". Der Teil 4 „Energieversorgungseinrichtungen", der Teil 16 „Sprachalarmzentralen" und der Teil 24 „Komponenten für Sprachalarmierungssysteme – Lautsprecher" sind dabei von besonderer Bedeutung für Sprachalarmanlagen. Hierbei handelt es sich nicht um Normen, die überwiegend Anforderungen für die Installation oder den Betrieb der Anlage aufstellen, sondern die Produktanforderungen definieren. Es handelt sich um harmonisierte Normen, die von Herstellern der Komponenten der SAA zu beachten sind. Nach diesen Normen sind die Komponenten zu erstellen und von den dazu vorgesehenen notifizierten und akkreditierten Stellen in Europa zu prüfen. Hierbei werden die Produkte einer sogenannten *Zertifizierung* unterzogen. Nach einer erfolgreichen Prüfung können die Hersteller diese Produkte entsprechend mit einem Prüfzeichen versehen, dazu eine Leistungserklärung abgeben und in Europa als Bauprodukte in Verkehr bringen.

In Deutschland sind die Energieversorgungseinrichtungen, die Zentralen der SAA und die Lautsprecher jeweils als Bauprodukt zu bewerten. Diese Bauprodukte müssen den dazu passenden harmonisierten Normen entsprechen und über das Prüfzeichen verfügen. Andere Produkte dürfen im Kontext einer baurechtlich geforderten SAA nicht ohne weiteres verwendet werden. Modifikationen, die zum Verlust der Zertifizierung der Bauprodukte führen, dürfen nicht vorgenommen werden. Auch ist eine nicht vom Hersteller vorgesehene Vermischung von z. B. Komponenten in der Zentrale unzulässig. Einige Hersteller verfügen über mehrere Systeme, die jeweils für sich eine Zertifizierung durchlaufen haben. Sind von diesen verschiedenen Systemen nicht auch Kombinationen geprüft und zertifiziert worden, so ist eine nicht vorgesehene Vermischung nicht zulässig.

Vermehrt ist das Missverständnis aufgekommen, dass sämtliche Komponenten eines gemeinsam geprüften und zertifizierten Systems bei jeder Anlage zur Ausführung kommen müssen. Dies ist in der Regel nicht so vorgesehen, da die Hersteller zumeist alle im System unterzubringenden Komponenten in die Zertifizierung geben, um von den Planern und Errichtern eine möglichst individuell auf die Bedürfnisse zugeschnittene Anlage erstellen lassen zu können. So werden z. B. oftmals Verstärker mit unterschiedlichen Leistungen zertifiziert, um eine zur Beschallungsaufgabe passende Auswahl zu ermöglichen. Dann ist es natürlich nicht erforderlich, zwar verfügbare, aber nicht erforderliche Verstärker zu verbauen, nur weil diese im Gesamtsystem zertifiziert wurden. Dies scheint bei diesem plastischen Beispiel schnell einleuchtend zu sein.

Bei der Frage, ob Havarieverstärker oder Feuerwehreinsprechstellen (FES) stets in einer SAA vorhanden sein müssen, kann jedoch schnell Diskussionsbedarf entstehen. Im Falle der Havarieverstärker kommt es eindeutig auf das Funktionsprinzip der Anlage an. Normativ wird für SAA nicht grundsätzlich die Ausführung von Havarieverstärkern vorgeschrieben. Hier ist die Überlegung anzustellen, welche Aufgabe diesen Verstärkern zukommt. Die an die SAA gestellten Sicherheitsanforderungen definieren, was ausfallen darf, wenn ein bestimmter Fehler vorliegt. Dies wird im Abschnitt 4.4.11 zum Thema Sicherheitsstufen näher beschrieben. Dem kann an dieser Stelle bereits vorweggenommen werden, dass auch daraus keine unbedingte Notwendigkeit zur Ausführung von Havarieverstärkern abzuleiten ist. Die Erfordernis zur Realisation von FES ist ebenfalls normativ nicht herzuleiten – ebenso keine eindeutige Leistungsdefinition aus der Konzeptphase.

Nach EN 54 geprüfte und zertifizierte Produkte erhalten, wie bereits beschrieben, das entsprechende Prüfzeichen. Des Weiteren wird ein dazu passendes Zertifikat erstellt. Aus diesem Zertifikat geht hervor, um welchen Hersteller mit welchem Produkt es sich handelt. Dem Zertifikat ist eine eindeutige Prüfnummer zugeordnet. Diese ermöglicht es, die Zertifizierung reproduzierbar nachvollziehen zu können. Für Planer und Errichter ist es durchaus von besonderem Interesse, sich auch Kenntnis über die nachfolgenden Dokumentseiten der Zertifizierung zu verschaffen. Einerseits sind dort die Einzelkomponenten aufgelistet, die gemeinsam im System geprüft wurden, und andererseits können Prüfeinträge z. B. zu Restriktionen oder Abweichungen vermerkt sein.

Zur technischen Realisierbarkeit einer SAA ist die Leistungsfähigkeit der Beschallung planerisch festzulegen und eine darauf angepasste Ausführung vorzusehen. Demnach ist die bauliche Situation als Teil der akustischen Gegebenheiten ein besonderer Planungsbestandteil. In DIN 18041:2016-03 „Hörsamkeit in Räumen“ wird aktuell sehr gut auf dieses Thema eingegangen. Hier werden klare raumakustische Empfehlungen aufgestellt, wenn SAA in Räumen vorhanden sind. Durch die eindeutige Festlegung in der SAA-Norm zur Planung und Ausführung von Sprachalarmanlagen, die bauliche Situation festzuschreiben, ist es nunmehr explizit bei akustisch schwierigen Verhältnissen unumgänglich, sich als Planer und Errichter mit Raumakustik auseinanderzusetzen. Somit stellt die DIN 18041:2016-03 „Hörsamkeit in Räumen“ ein gut verständliches Hilfsmittel dar, um den akustischen Aspekt der SAA-Planung und -Errichtung zu beleuchten.

Da sich die Sprachalarmierung normativ im Bereich der Gefahrenmeldeanlagen befindet, sind natürlich auch die übrigen Normen der Gruppe interessant. DIN VDE 0833-1:2014-10 „Gefahrenmeldeanlagen für Brand, Einbruch und Überfall – Allgemeine Festlegungen“ sowie DIN VDE 0833-2:2022-06 „Gefahrenmeldeanlagen für Brand, Einbruch und Überfall – Festlegungen für Brandmeldeanlagen“ sind in den verschiedenen Phasen von der Konzeption bis hin zum Betrieb einer SAA zu beachten. **Tabelle 2.1** gibt einen Überblick über den zeitlichen Verlauf verschiedener Normen im Kontext zur Sprachalarmierung.

In der SAA-Norm wird auf eine Reihe weiterer Normen verwiesen. Die Beachtung dieser Normen ist obligatorisch. Für Planer und Errichter, die sich dem Thema der Sprachverständlichkeit auch normativ intensiv nähern möchten, sei an dieser Stelle empfohlen, DIN EN IEC 60268:2021-10 „Elektroakustische Geräte – Objektive Bewertung der Sprachverständlichkeit durch den Sprachübertragungsindex“ zu verinnerlichen. Mindestens jedoch sollten die grundlegenden Zusammenhänge zur Messung oder Simulation der Sprachverständlichkeit verstanden werden.

Um die Normensituation noch ein wenig spannender zu machen, ist 2016 die technische Spezifikation DIN CEN/TS 54-32, VDE V 0833-4-32:2016-04 „Brandmeldeanlagen – Projektierung, Montage, Inbetriebsetzung, Betrieb und Instandhaltung von Sprachalarmsystemen“ erschienen.

Zur Analyse dieser Norm sei darauf hingewiesen, in welcher Normengruppen diese technische Spezifikation untergebracht ist. Zum einen gehört sie der Normengruppe CEN 54 an und zum anderen der VDE 0833. Auch anhand des Titels wird klar, dass es um eine weitere Normierung für Anlagen im Sinne der Sprachalarmierung im Brandfall geht. Im Gegensatz zur DIN VDE 0833-4:2024-06 „Festlegungen für Anlagen zur Sprachalarmie-

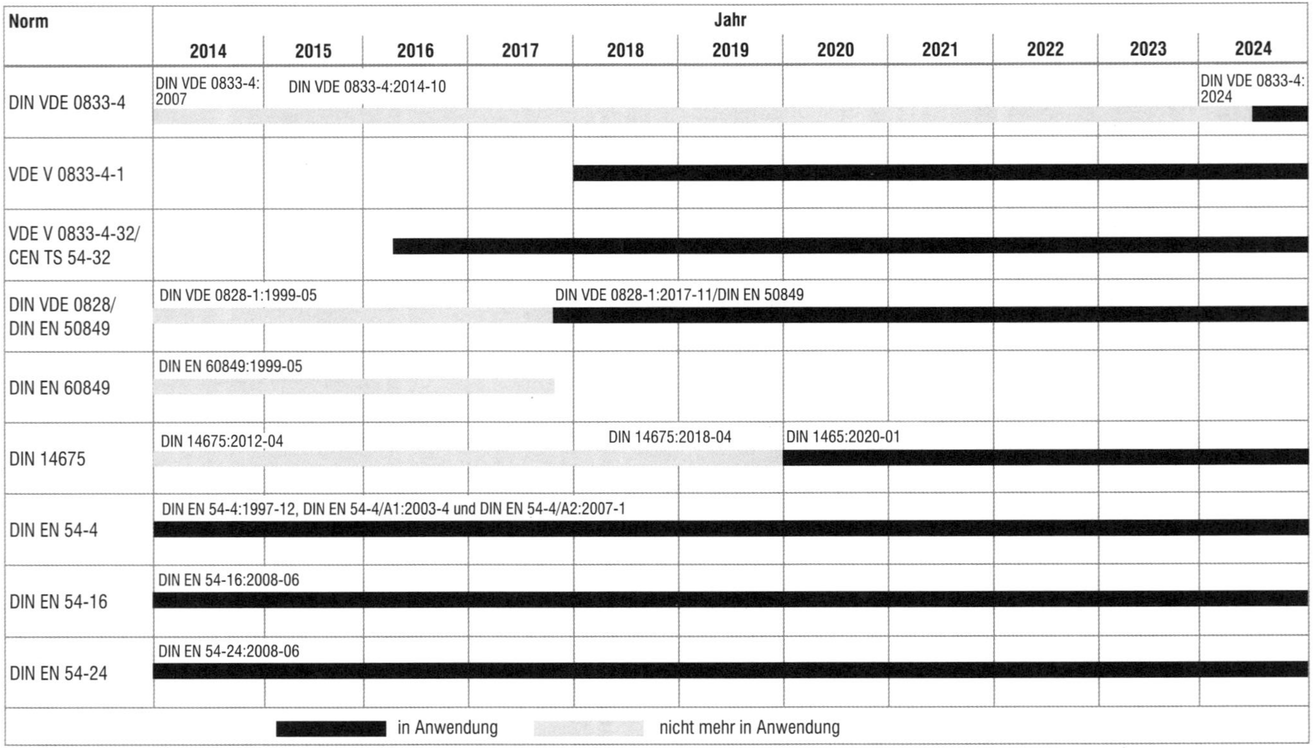

Tabelle 2.1 Zeitlicher Verlauf der Normen für SAA/ENS
(Änderungen in der Gültigkeit können sich nach Fertigstellung der Tabelle 2024 ergeben.)

rung im Brandfall“ als nationale Anwendungsrichtlinie in Deutschland, zu der es keine gleichlautende Version auf europäischer Ebene gibt, ist diese technische Spezifikation sowohl als europäische und deutsche Version mit gleichem Inhalt erschienen. In Deutschland handelt es sich um eine sogenannte Vornorm, was an dem Kennzeichen „V“ zu erkennen ist. Die Vornorm hat eine Laufzeit, an deren Ende die Bewertung von Gültigkeit und Einsprüchen vorgenommen wird. Danach kann die Vornorm an Wertigkeit oder den Status der Vornorm verlieren. Die technische Spezifikation ist bereits nach Erscheinen als Vornorm gültig, jedoch im Empfehlungscharakter geschrieben. Im Besonderen bei diesem Exemplar scheint der Spagat gelungen, die europäischen und deutschen Interessen in einem Normenwerk zu vereinen. Durch die europäische Eignung dieser technischen Spezifikation, war es durchaus erforderlich, den Empfehlungscharakter zu verwenden. Aufgrund der unterschiedlichen nationalen Anforderungen bei der Berücksichtigung z. B. behördlicher Auflagen sind diese stets vorangestellt, und auch die Verwendung der Vorgaben dieser Norm ist durch die verantwortlichen Personen festzulegen. Dies eröffnet auch die Möglichkeit, nicht sämtliche Anforderungen der technischen Spezifikation als zu beachtende Grundlage zu bestimmen, sondern individuell je nach Projekt einzelne Anforderungen herauszukristallisieren und die übrigen Anforderungen z. B. aus der für das jeweilige Land gültigen nationalen Anwendungsrichtlinie zu entnehmen.

Nun stellt sich jedoch die Frage, warum die verantwortlichen Personen bei Konzeptionierung, Planung und Errichtung einer SAA eine Entscheidung für die Beachtung der Inhalte dieser technischen Spezifikation treffen sollten, wenn es doch eine gültige nationale Anwendungsrichtlinie in Form der DIN VDE 0833-4:2024-06 „Festlegungen für Anlagen zur Sprachalarmierung im Brandfall“ gibt.

Um diese Frage zu klären, wäre es zunächst interessant, ob es maßgebliche Unterschiede zwischen den Forderungen aus beiden Normen gibt. Neben dem charakteristischen Unterschied, dass die Vornorm im Empfehlungscharakter geschrieben ist, sind weitere Unterschiede gravierender Tragweite durch die Überarbeitung der nationalen Anwendungsrichtlinie eigentlich nicht mehr vorhanden. Die Vornorm beinhaltet beispielsweise ein Verfahren zur Bewertung der Sprachverständlichkeit, das bereits seit Jahren in Europa etabliert ist. Dies war mitunter Anlass dazu, die nationale Anwendungsrichtlinie zur Auslegung von Sprachalarmanlagen zu überarbeiten und die nun gültige Version von 2024 für die Anwender bereitzustellen.

In Europa sind zur Alarmierung mit Sprache im Brandfall sehr unterschiedliche Richtlinien mit individuellen Anforderungen existent. Nun war es also die Aufgabe, ein Werk zu schaffen, was einerseits die allgemein anerkannten Regeln der Technik widerspiegelt und andererseits als europäischer Kompromiss akzeptiert wird. Demnach ist es auch nicht verwunderlich, dass die technische Spezifikation in sehr weiten Teilen inhaltlich mit der DIN EN 50849:2017-11 „Elektroakustische Notfallwarnsysteme" übereinstimmt. Hierzu haben ja bereits tiefgehende europäische Abstimmungen stattgefunden. Zudem kommt ein weiterer Aspekt zum Tragen. Bezüglich der in Europa anzuwendenden Normen gilt, dass sie vorrangig zu verwenden sind, wenn es zum gleichen Zusammenhang eine nationale Norm mit unterschiedlichen Anforderungen gibt. Ist dies gegeben, müsste im Normalfall die nationale Norm zurückgezogen oder an die europäischen Forderungen angepasst werden. Am expliziten Beispiel der Sprachalarmierung haben wir in Deutschland eine nationale Anwendungsrichtlinie DIN VDE 0833-4:2024-06 „Festlegungen für Anlagen zur Sprachalarmierung im Brandfall" und auf europäischer Ebene schon seit geraumer Zeit die technische Spezifikation CEN/TS 54-32 „Brandmeldeanlagen – Projektierung, Montage, Inbetriebsetzung, Betrieb und Instandhaltung von Sprachalarmsystemen".

Da sich die deutsche nationale Anwendungsrichtlinie und die europäische Normierung in der Anforderungslage in der Vergangenheit, als noch die alte DIN VDE 0833-4 aus dem Jahr 2014 zur Anwendung gebracht wurde, durchaus maßgeblich unterscheiden, kann man sich leicht ausmalen, welche Folgen dies für die deutsche Normierung hätte haben können. Da trifft es sich doch gut, dass diese europäische technische Spezifikation auch gleichlautend in der Normengruppe der DIN VDE 0833 erschienen ist. Mit der Aktualisierung der nationalen Anwendungsrichtlinie und der Angleichung an die europäischen Anforderungen verliert die Vornorm DIN VDE V 0833-4-32 natürlich erheblich an Bedeutung.

Auch ist zu beobachten, dass in den Nachbarländern Deutschlands oftmals bereits freiwillig DIN-Normen angewendet werden oder die Fachplaner aus Deutschland kommen und die Verwendung der deutschen Normen im Ausland durchsetzen. Grundsätzlich kann man dazu unterschiedlicher Meinung sein, sollte jedoch nicht die verschiedenen Aspekte der europäischen Betrachtungsweise aus dem Blick verlieren. So ist z. B. die Anwendung der DIN VDE 0833-4:2024-06 „Festlegungen für Anlagen zur Sprachalarmierung im Brandfall" im europäischen Ausland nicht ganz unkritisch, weil darin die Verknüpfung zur DIN 14675 „Brandmeldeanlagen – Aufbau und Betrieb" definiert ist. Damit verbunden ist ein Zertifizierungsverfahren, das für deutsche Firmen zu bestehen ist, um SAA planen, projektieren, montieren und in Betrieb setzen zu können. Aufgrund der Wettbewerbsgleichheit der Firmen in Europa könnten ausländische Firmen dadurch benachteiligt werden. Eigentlich würde dies auch auf Projekte in Deutschland zutreffen, da ja auch hier Firmen aus Europa beteiligt sein könnten.

Auffälliger wird dies jedoch, wenn es sich um Projekte im Ausland handelt. Besonders brisant wird die Situation, wenn im entsprechenden Ausland deutsche Normen beachtet werden sollen, derart geplant und ausgeschrieben wird, aber durchaus nationale Festlegungen existieren, die auf eigene Richtlinien oder gar auf europäische Normen verweisen. Hier könnte es vorprogrammiert sein, dass es wettbewerbsrechtliche Komplikationen gibt.

2.1.2 Die neue SAA-Norm im Kontext des Baurechts

Seitdem durch die MVV TB (Muster-Verwaltungsvorschrift Technische Baubestimmungen) die alte nationale Anwendungsrichtlinie für Sprachalarmanlagen DIN VDE 0833-4:2014-10 „Festlegungen für Anlagen zur Sprachalarmierung im Brandfall“ bauordnungsrechtlich als eingeführt gilt und die Bundesländer die MVV TB ins Landesrecht übernommen haben, ist der Stellenwert der SAA-Norm erheblich gestiegen. Dennoch sind genau durch diesen bauordnungsrechtlichen Schritt Komplikationen entstanden. Dies ist damit zu begründen, dass in der MVV TB leider ein datierter Verweis auf die SAA-Norm vorhanden ist. Somit ist aus dem Blickwinkel des Baurechts die alte Version der SAA-Norm aus dem Jahr 2014 eingeführt worden. Dieser Umstand wird gegebenenfalls in den kommenden Jahren als Fallstrick in Erscheinung treten. Sollte in der Konzeptphase mit Erstellung der bauordnungsrechtlich relevanten Dokumente jeglicher Verweis darauf fehlen, die aktuell gültige SAA-Norm von 2024 verwenden zu müssen, gilt zumeist automatisch die bauordnungsrechtlich eingeführte alte Version aus dem Jahr 2014. Da im Besonderen die Verfahren zum Nachweis der Wirksamkeit einer Sprachalarmanlage einen erheblichen Unterschied zwischen der alten und neuen Version aufweisen, kann es zu einem im nachfolgenden Beispiel erläuterten Problem kommen.

Beispiel

Im Brandschutzkonzept eines Bauobjekts wird deutlich beschrieben, dass zur Alarmierung eine Beschallungsanlage erforderlich ist, um die Beschäftigten und Besucher im Brandfall mit einer entsprechenden Brandfalldurchsage aus dem Gebäude zu evakuieren. Weitere konzeptionelle Festlegungen sind ebenfalls gut dokumentiert worden, jedoch fehlt jeglicher Verweis darauf, auf welcher Grundlage die Sprachalarmanlage zu planen, zu projektieren und zu betreiben ist. Im Rahmen der Planung und Projektierung der SAA wird diese nach aktuell gültiger DIN VDE 0833-4:2024-06 dimensioniert. Da es sich um ein akustisch anspruchsvolles Projekt handelt, gelingt es den Planern, die SAA derart auszulegen, dass die Anforderungen an die Sprachverständlichkeit gerade so grenzwertig erreicht werden. Auch die Dimensionierungen der Ersatzenergieversorgung werden auf Grundlage der neuen Norm vorgenommen. Wodurch es in diesem Projekt möglich war, die Überbrückungszeit der Ersatzenergieversorgung auf 1 h zu reduzieren. Die Sprachalarmanlage wird sodann auf dieser Grundlage ausgeschrieben und letzten Endes auch gebaut. Nach Fertigstellung der Anlage soll nun die bauordnungsrechtliche Prüfung durch den Sachverständigen vorgenommen werden. Der Sachverständige wird die Prüfung auf Grundlage der bauordnungsrechtlichen Dokumentation wie Brandschutzkonzept, Baugenehmigung usw. vornehmen. Da im Rahmen der bauordnungsrechtlich relevanten Dokumentation in diesem Beispiel keinerlei Hinweis auf die Anwendung der aktuell gültigen Norm zu finden ist, gilt für den Sachverständigen gemäß Baurecht die bauordnungsrechtlich eingeführte Norm zur Auslegung der SAA. Dies ist jedoch die alte Version der DIN VDE 0833-4 aus dem Jahre 2014. Infolgedessen überprüft der Sachverständige die Wirksamkeit der SAA unter Berücksichtigung der erreichten Sprachverständlichkeit auf Grundlage des Verfahrens, welches in der alten Norm gefordert war. Durch die grenzwertige Auslegung der Anlage ist in diesem Beispielprojekt unter Anwendung des alten Verfahrens zur Ermittlung der Sprachverständlichkeit leider festzustellen, dass die gegebenen Grenzwerte nicht eingehalten werden können. Ferner fällt dem Sachverständigen auf, dass die Überbrückungszeit von 1 h in der alten, von ihm heranzuziehenden Norm noch nicht existent war. Dies könnte mitunter zu wesentlichen Mängeln führen.

Um dieser Komplikation aus dem Wege zu gehen, ist den Beteiligten in der Konzeptphase dringend zu empfehlen, einen unmittelbaren Verweis auf die aktuelle Norm einzupflegen. Dies könnte in der Form geschehen, dass explizit auf die Anwendung der DIN VDE 0833-4:2024-06 im Brandschutzkonzept hingewiesen wird oder aber beschrieben wird, dass für die Auslegung der SAA die stets aktuelle nationale Anwendungsrichtlinie zu verwenden ist.

2.1.3 Normen für Elektroakustische Notfallwarnsysteme

Elektroakustische Notfallwarnsysteme (ENS) sind Beschallungsanlagen, die im Falle einer Notsituation Bedienstete und Besucher eines Gebäudes, aber auch in den Außenbereichen eines Bauwerks informieren. Die Information kann mit Sprache und akustischen Signalen erfolgen. Es sind automatische aber auch manuelle Auslösungen möglich. In Deutschland ist es nun von entscheidender Bedeutung, ob der Brandfall zu den Notsituationen zählt oder ausschließlich andere Notsituationen mit der Anlage tangiert werden.

Bei einer Vermischung der Notsituationen hat die Anforderung für die Brandalarmierung im Regelfall die höhere Priorität. Gerade in der Industrie kann dieser Aspekt regelmäßig zu komplizierten Anforderungen führen. In der Chemieindustrie ist z. B. der Gasalarm oft mit einem deutlich höheren Gefährdungspozential versehen als der Brandalarm.

Nun ist die Abgrenzung zwischen ENS und SAA nicht ganz trivial und nicht immer eindeutig, wenn das zur Verfügung stehende Normenwerk nicht sehr detailliert betrachtet wird.

Welche Normen stehen zur Verfügung?

DIN VDE 0833-4:2024-06 „Festlegungen für Anlagen zur Sprachalarmierung im Brandfall“ und DIN EN 50849:2017-11 „Elektroakustische Notfallwarnsysteme“ stehen hier ganz oben in der Rangliste.

Die veralteten Normen DIN EN 60849:1999-05 „Elektroakustische Notfallwarnsysteme“ und die gleichlautende DIN VDE 0828 gelten mittlerweile als historisch. Diese veralteten Standards haben jedoch nach wie vor eine Bedeutung, wenn es beispielsweise um die Bewertung, Instandhaltung und Prüfung alter Anlagen geht, wenn die Realisationsphase dieser Anlagen im Gültigkeitszeitraum der alten Normen lag. Für die Auslegung neuer Anlagen sind diese veralteten Standards jedoch nicht mehr heranzuziehen.

Bei der Bewertung, welche Norm zu verwenden ist, kann oftmals beobachtet werden, dass einzig die Existenz einer Norm als ausschlaggebend beachtet wird. Dies ist jedoch ein Trugschluss, denn nicht die pure Existenz einer vielleicht vom Tenor passenden Norm ist entscheidend, sondern die allgemein anerkannten Regeln der Technik sind einzuhalten. Sollte eine

Norm dies nicht mehr oder noch nicht abbilden, sind die darin definierten Anforderungen nicht zweifelsfrei als Leitlinie zur Planung und Erstellung einer Anlage zu verwenden.

Betrachtet man nun die Normen zum Thema der elektroakustischen Notfallwarnsysteme aus dem Jahre 1999, so kann deutlich festgestellt werden, dass die darin dokumentierten Anforderungen längst nicht mehr zu Anlagen nach allgemein anerkannten Regeln der Technik führen. Um zu beurteilen, ob ein Zusammenhang nach allgemein anerkannten Regeln der Technik funktioniert oder ausgelegt ist, muss geprüft werden, wie eine derartige oder vergleichbare Aufgabe aktuell für gewöhnlich gelöst wird und wie die Ansicht des überwiegenden Teils der Fachleute zu diesem Thema aussieht. Zwar wurden über Jahrzehnte ENS nach diesen alten normativen Vorgaben geplant und ausgeführt, doch stehen gerade in den letzten Jahren durch die Entwicklungen im Bereich der Sprachalarmierung technische Lösungen zur Verfügung, welche bei der Realisierung von ENS üblicherweise ebenfalls zur Anwendung kommen. Die Hersteller von elektroakustischen Anlagen haben zumeist den Schritt zur Weiterentwicklung ihrer Produkte in Richtung SAA gemacht, und demnach dominieren auch für SAA geeignete Produkte den Markt. Infolgedessen sind die technischen Lösungen bei der Planung und Errichtung von ENS seit Jahren bereits auf Basis von SAA-Produkten vorgenommen worden. Dies trifft im Besonderen auf die Ausführung der Zentralen und Energieversorgungen zu. Aber auch die Verwendung von nach EN 54-24 zertifizierten Lautsprechern ist bei ENS durchaus verbreitet. Dieser Aspekt alleine wäre schon ausreichend, um die allgemein anerkannten Regeln der Technik für ENS beschreiben zu können.

Hinzu kommt jedoch noch ein weitaus bedeutenderer Zusammenhang. Die Sprachverständlichkeit, die bei Beschallungsanlagen zur Übertragung von Sprache maßgeblich ist, wird bereits seit vielen Jahren fortschrittlicher und umfassender bewertet, als es 1999 der Fall war. Die Anforderungen an die Sprachverständlichkeit nach den veralteten Normen aus dem Jahre 1999 sind ausgerechnet bei kritischen akustischen Verhältnissen deutlich geringer, da durch den datierten Verweis auf eine ebenfalls veraltete DIN IEC 60268:1999-02 „Elektroakustische Geräte – Teil 16: Objektive Bewertung der Sprachverständlichkeit durch den Sprachübertragungsindex“ geregelt wird, wie mit der Berechnung und Bewertung der Sprachverständlichkeit umgegangen werden muss. Dabei sind u. a. psychoakustische Effekte wie die Maskierung nicht berücksichtigt, was bei pegelstarken Beschallungssituationen zu falschen Ergebnissen der Sprachverständlichkeit führt. Die Sprachverständlichkeit wird besser dargestellt, als sie tatsächlich ist. Würde also eine derart ausgelegte Anlage nach den Bewertungskriterien der allgemein anerkannten Regeln der Technik beurteilt werden, könnte dies zu mitunter deutlich schlechterer Sprachverständlichkeit führen. Je nachdem, wie grenzwertig die Anlagenauslegung nach den veralteten Normen erfolgt, kann bei Anwendung der regulären Anforderungen der Umstand entstehen, die Anlage nicht mehr abnehmen zu können, da die Anforderungswerte nicht mehr nachweisbar sind.

DIN EN 60849:1999-05 „Elektroakustische Notfallwarnsysteme“ und die gleichlautende DIN VDE 0828 sind also kein Abbild der allgemein anerkannten Regeln der Technik mehr.

Welche Normen sind anstelle dieser für ENS anzuwenden?
Mit DIN EN 50849:2015-2 „Elektroakustische Notfallwarnsysteme“ steht seit geraumer Zeit ein sich im Entwurf befindliches Normenwerk zu Verfügung. Leider ist dieser Umstand für Planer und Errichter oftmals ein Hindernis, die inhaltlichen Forderungen dieser Norm zu beachten und z. B. gegenüber Bauherren und Projektsteuerern zu vertreten. Auch diese Norm wurde mittlerweile zurückgezogen und an ihrer Stelle ist die DIN EN 50849:2017-11 „Elektroakustische Notfallwarnsysteme“ getreten. Natürlich könnten auch die Anforderungen an SAA für ENS komplett übernommen werden, was z. B. bei Anlagen, die für mehrere Notfallsituationen und den Brandfall Verwendung finden, bereits der Fall ist. Geht es aber um Anlagen, bei denen der Brandfall keine Rolle spielt, wird gerne nach Lösungen gesucht, die Anforderungslage zu vermindern, was oftmals damit begründet wird, Kosten einsparen zu wollen oder gar einfacher an eine abnahmefähige Anlagenkonfiguration zu gelangen.

Nochmals zur Erinnerung: Sind Beschallungsanlagen gefordert, die im Brandfall z. B. zur Evakuierung mit der Übertragung von Sprache eingesetzt werden, egal ob manuell oder automatisch durch die BMA ausgelöst, so handelt es sich immer um SAA und nicht um ENS. Bei ausschließlich anderen Alarmierungsarten können ENS ausgeführt und DIN EN 50849:2017-11 „Elektroakustische Notfallwarnsysteme“ angewendet werden. Direkt in den einleitenden Absätzen dieser Norm ist beschrieben, dass sie ausschließlich für Alarmarten außerhalb der Brandalarmierung anzuwenden ist.

Demnach stellt sich die Situation nun wie folgt dar: DIN EN 60849:1999-05 „Elektroakustische Notfallwarnsysteme“ und die gleichlautende DIN VDE 0828 sind veraltet, wurden zurückgezogen und bilden die allgemein anerkannten Regeln der Technik nicht mehr ab. Diese Normierung kann für aktuell zu planende oder zu erstellende SAA oder ENS nicht mehr verwendet werden.

Sprachalarmanlagen werden aktuell nach DIN VDE 0833-4:2024-06 „Festlegungen für Anlagen zur Sprachalarmierung im Brandfall“ in allen Phasen ausgelegt.

Elektroakustische Notfallwarnsysteme ENS können nach gleicher Norm oder nach DIN EN 50849:2017-11 „Elektroakustische Notfallwarnsysteme“ zur Ausführung gebracht werden.

Sollte eine gesetzliche Richtlinie oder Verordnung fordern, dass ein ENS auch für die Brandalarmierung zum Einsatz kommt, führt dies die Planer und Errichter in eine sehr schwierige Situation. Eine baurechtlich verwertbare Abweichung zur VDE 0828-1 (ENS) könnte ein Lösungsansatz sein. Jedoch muss das ENS dennoch mit Bauprodukten erstellt werden, wenn es im Brandfall zum Einsatz kommen soll. Da sich die Bewertung der Wirksamkeit zwischen ENS und SAA darüber hinaus nun nicht mehr wesentlich unterscheidet, existiert genaugenommen kein Grund mehr, nicht gleich eine SAA zu planen und auszuführen.

3 Sprachverständlichkeit nach DIN VDE 0833-4: 2024-06

Die Ermittlung der Sprachverständlichkeit stellt für Beschallungsanlagen, die Personen in einer Notsituation mit sprachlichen Anweisungen informieren, einen erheblichen Stellenwert dar. Eine Sprachalarmanlage ohne die erforderliche Sprachverständlichkeit kann nicht als wirksam bezeichnet werden. Die Ermittlung der Sprachverständlichkeit kann bereits beim Entwurf einer Beschallungsanlage in der Planungsphase durch Berechnung und Simulation erfolgen. In den weiteren Phasen der Projektrealisierung mit üblicherweise baulichen Veränderungen gegenüber der ursprünglichen Planung ist das Wiederholen derartiger Berechnungen und Simulationen zu empfehlen oder gar erforderlich. Nach Ausführung der Beschallungsanlage ist eine messtechnische Ermittlung der Sprachverständlichkeit verpflichtend.

Die Messung der Sprachverständlichkeit gilt als Indikator zur Entscheidung über die Wirksamkeit der Anlage. Zwar ist die Sprachverständlichkeit nicht der einzige entscheidende Faktor, ob die SAA wirksam ist oder nicht, aber sie ist eine maßgebliche Komponente der Wirksamkeit. Eine SAA kann trotz technisch einwandfreier Sprachverständlichkeit dennoch nicht wirksam sein, wenn beispielsweise anstelle der Brandfalldurchsage (BFD) die Entwarnung im Alarmfall wiedergegeben wird. Ist es jedoch umgekehrt und die SAA erreicht keine ausreichende Sprachverständlichkeit, ist die Anlage zumeist nicht wirksam, weil die Anweisungen im Brandfall an Besucher und Beschäftigte nicht zu verstehen sind. Daher ist zur Bewertung der Wirksamkeit einer SAA die Messung und Auswertung der Sprachverständlichkeit unumgänglich erforderlich.

3.1 Verfahren zur Ermittlung der Sprachverständlichkeit

Wie im Vorwort und in Kapitel 1 dieses Buchs bereits beschrieben, existieren mehrere Verfahren, die Sprachverständlichkeit zu ermitteln. Subjektive Verfahren mit der Bewertung der Sprachverständlichkeit durch Testpersonen stellen sich in der Regel als sehr komplex und schwierig in der Ausführung dar. Irrtümlicherweise bezeichnet man den Eindruck einzelner Personen, Sprache in gewisser Weise verstehen zu können, als subjektives Verfahren.

Dies ist jedoch keinesfalls zutreffend. DIN VDE 0833-4:2024-06 erläutert hierzu eindeutig, dass sehr wohl subjektive Testmethoden zur Verfügung stehen. Bei derartigen Testmethoden werden differenziert ausgesuchten Personen Silben, Worte, Wortbestandteile oder gar ganze Sätze über die Beschallungsanlage vorgespielt. Im Anschluss daran müssen die von den Probanden dokumentierten Höreindrücke mit dem Original verglichen und auf geeignete Weise ausgewertet werden. Die entsprechende Auswahl von Silben, Worten, Wortbestandteilen oder ganzen Sätzen erfolgt nicht willkürlich sondern ist innerhalb der jeweiligen Testmethoden vorgegeben. Auch wenn derartige subjektive Testmethoden theoretisch in der Lage sind, sämtliche Einflussfaktoren auf die Sprachverständlichkeit zu berücksichtigen, ist dies nur mit einem erheblichen Aufwand möglich und ist zur Überprüfung von Sprachalarmanlagen im Regelfall nicht geeignet oder angemessen.

In der Praxis haben sich die Verfahren zur objektiven Ermittlung des Sprachübertragungsindex zumeist durchgesetzt. Daher wird in diesem Fachbuch näher auf das sogenannte STI-Verfahren eingegangen. Es ist jedoch von großer Bedeutung verstanden zu haben, dass die Vorhersage der Sprachverständlichkeit mithilfe des STI-Verfahrens nicht unbedingt immer mit den subjektiven Eindrücken einzelner Personen übereinstimmen muss. Je nach Situation, in der das STI-Verfahren angewandt wird, wirken sich die grundsätzlichen Einschränkungen derartiger Verfahren gegenüber den subjektiven Eindrücken der Sprachverständlichkeit aus.

Derzeit werden in der Praxis ausschließlich einkanalige STI-Verfahren angewendet. Dies wäre mit dem einohrigen Hören vergleichbar, wobei die meisten Menschen mit zwei Ohren hören und dies auch durchaus eine Verbesserung der Sprachverständlichkeit zur Folge hat. Bei dem STI-Verfahren wird ferner davon ausgegangen, dass ein standardisierter Idealsprecher verwendet wird. Dieser steht selbst bei optimal produzierten Brandfalldurchsagen nur annähernd zur Verfügung. Beim Erlangen subjektiver Eindrücke zur Sprachverständlichkeit sind der Bekanntheitsgrad der Sprachdurchsage, die thematische Begrenzung und die Korrelation mit der aktuell erlebten Situation ebenfalls von entscheidender Bedeutung. Auch dies kann durch Anwendung des STI-Verfahrens nicht reproduziert werden. Daher kann es durchaus dazu kommen, dass die Ergebnisse des STI-Verfahrens oft nicht mit dem subjektiven Eindruck zum Verstehen von Sprache übereinstimmen. Zudem suggeriert die Anwendung eines Verfahrens mit numerischen Ergebnissen stets eine Genauigkeit, die genau genommen ohne Toleranzbreite gar nicht existent ist.

Jedoch stellt das STI-Verfahren eine klar strukturierte Vorgehensweise dar, wodurch es ebenso ermöglicht wird, die Ergebnisse zu reproduzieren. Dazu ist es erforderlich, bestimmte Verallgemeinerungen und Vereinfachungen vorzunehmen. Beispielsweise wird davon ausgegangen, dass der STI innerhalb eines festgelegten Bereichs (ADA) als eine numerische Größe ermittelt und bewertet wird. Dabei wird vereinfacht, dass an jeder Position, an der sich ein Hörer in diesem Bereich befinden kann, die gleiche Sprachverständlichkeit, die gleiche Raumakustik und die gleichen Störgeräusche vorhanden sind. Dies ist in der Realität in der Regel jedoch nicht so. Auch suggerieren normativ benannte Mindestgrenzen, dass bei Unterschreiten dieser Mindestgrenzen keine ausreichende Sprachverständlichkeit mehr gegeben sei. In der Neufassung der nationalen Anwendungsrichtlinie für SAA wird dieser Auffassung aktiv entgegengewirkt, indem eindeutig darauf hingewiesen wird, dass es sich nicht um einen diskreten Übergang an den Mindestgrenzen handelt und nicht damit zu rechnen ist, dass bei Unterschreitung keine Sprachverständlichkeit mehr gegeben sei. Die normativen Formulierungen lassen also in der Zukunft durchaus eine Interpretation der Ergebnisse nach Anwendung des STI-Verfahrens zu.

Der Sprachübertragungsindex (STI, engl. **S**peach **T**ransmission **I**ndex) liegt in einer Spanne zwischen 0 und 1 und wird ohne Einheit angegeben. Ein davon abgeleitetes Verfahren unter Anwendung verkürzter Messprozeduren bringt ein speziell für Beschallungsanlagen verwendbares Verfahren hervor, welches als STIPA-Verfahren bekannt ist.

Die messtechnische Ermittlung des Sprachverständlichkeitsindex kann in der Praxis mit recht preiswert verfügbaren, sehr kleinen und gut handhabbaren Geräten vorgenommen werden. Dies hat sich für Planer und Errichter von Sprachalarmanlagen als sinnvoll erwiesen. Die Geräte können in der Regel ebenfalls den entsprechenden Wert auf der allgemeinen Verständlichkeitsskala CIS anzeigen, was zum Beispiel bei Überprüfungen von Anlagen hilfreich sein kann, die nach älteren Normen errichtet worden sind.

3.2 Grenzwerte und deren Bedeutung

Aus den normativen Anforderungen gemäß DIN VDE 0833-4:2024-06 „Festlegungen für Anlagen zur Sprachalarmierung im Brandfall“ geht vereinfacht hervor, eine Sprachverständlichkeit von STI $\geq 0{,}5$ nachzuweisen. Auch in den übrigen Normen und technischen Spezifikationen für Sprachalarmierung oder elektroakustische Notfallwarnsysteme wird vorwiegend dieser Grenzwert für die Sprachverständlichkeit in Ansatz gebracht.

Der Einfachheit halber wird im Folgenden der normativ geforderte Index (STI) weiter behandelt. Dieser erstreckt sich über eine Bandbreite von 0 bis 1. Sprachverständlichkeit ist, real betrachtet, jedoch ein subjektiver Eindruck, der sich nicht unbedingt als Sprungfunktion darstellen muss. Natürlich muss für die Nachweisbarkeit einer Leistung ein Grenzwert bestimmt werden, wenngleich eine gewisse Unterschreitung dieses Grenzwerts nicht bedeutet, dass keinerlei Sprachverständlichkeit mehr gegeben ist. Vielmehr kann die gesamte Bandbreite des Index (also von 0 bis 1) in einzelne, subjektiv bewertbare Bereiche aufgeteilt werden.

Die ursprünglich aus dem Englischen stammenden subjektiven Beschreibungen der Wertebereiche können, wie in **Bild 3.1** dargestellt, frei übersetzt werden. Dabei ist zu erkennen, dass der geforderte Index auf der allgemeinen Sprachverständlichkeitsskala von STI = 0,5 im Mittelfeld der ausreichenden Sprachverständlichkeit liegt.

	STI
ungenügend	0,20 0,22 0,24 0,26 0,28
schlecht	0,30 0,32 0,34 0,36 0,38 0,40 0,42 0,44
ausreichend	0,46 0,48 0,50 0,52 0,54 0,56 0,58
gut	0,60 0,62 0,64 0,66 0,68 0,70 0,72 0,74
sehr gut	0,76 0,78 0,80 0,82 0,84 0,86 0,88 0,90 0,92 0,94 0,96 0,98 1,00

Bild 3.1 Gegenüberstellung der Sprachverständlichkeitswerte [16]

Um diesem Aspekt Genüge zu leisten, sind die normativen Anforderungen zwar nach wie vor mit einem Grenzwert versehen, lassen jedoch bei der Auswertung des Messwerts eine Bandbreite zu.

Zum Verständnis des Sprachübertragungsindex soll dieser ins Verhältnis zu einer prozentualen Angabe der Satz- und der Wortverständlichkeit gesetzt werden:

- Ein Sprachübertragungsindex von 0,45 entspricht etwa 68 % Wortverständlichkeit und 93 % Satzverständlichkeit.
- Ein Sprachübertragungsindex von 0,6 entspricht etwa 88 % Wortverständlichkeit und 98 % Satzverständlichkeit.

Dies gilt selbstverständlich nur unter der Voraussetzung, dass die übertragende Sprache der Muttersprache des Zuhörers entspricht und bei den Hörern keine Defizite beim Hörvermögen vorliegen. Bei diesen Verhältnissen werden Dialekte des eigenen Sprachraums sowie sprachliche Veränderungen aufgrund eines fremdsprachlichen Sprechers oder Zuhörers also nicht berücksichtigt. Selbst unter idealen Voraussetzungen (keine Beeinflussung durch Raumakustik oder Störgeräusche) ist demnach nicht davon auszugehen, dass ein vollkommen dialektfreier Sprecher von einem Zuhörer aus einem fremden Sprachraum – auch wenn dieser die vorgetragene Sprache sehr gut beherrscht – zu 100 % verstanden wird.

Der Anforderungswert STI = 0,5 entspricht etwa einer Wortverständlichkeit von 75 % und einer Satzverständlichkeit von 95 %. Die Steigerung der reinen Sprachverständlichkeit auf Grundlage einer bereits erheblich reduzierten Modulationstiefe auf eine Wortverständlichkeit von 75 % und eine Satzverständlichkeit von 95 % ist durch unsere Fähigkeit gegeben, durch den Informationsgehalt des übertragenen Signals Defizite auszugleichen.

Ein gleichartiger Effekt liegt auch dann vor, wenn man zum Beispiel dem Vortrag seines Gesprächspartners bei akustisch lauter Umgebung zu folgen versucht (Theken-Situation in der Gastronomie). Hier ist bei Weitem nicht damit zu rechnen, dass tatsächlich eine ausreichende Sprachverständlichkeit gegeben ist, aber dennoch ist der Zuhörer in der Lage, dem Gespräch zu folgen. Dies gelingt ihm besonders gut, wenn ihm das Thema bereits bekannt ist, denn dann ist er in der Lage, fehlende Informationen in der Sprachübertragung zu einem gewissen Grad zu vervollständigen.

Dieser Effekt tritt zwar auch auf, wenn Hörer und Sprecher aus unterschiedlichen Sprachräumen stammen, aber unter gleichen akustischen Bedingungen ist dennoch nicht die Verständlichkeit zu erreichen, wie es bei nativen Verhältnissen der Fall ist.

In der für Sprachalarmanlagen anzuwendenden Norm DIN VDE 0833-4:2024-06 „Festlegungen für Anlagen zur Sprachalarmierung im Brandfall" wird auf diesen Umstand ausdrücklich hingewiesen. Den Anforderungswert zur Sprachverständlichkeit anzuheben, wenn zum Beispiel ausländische Hörer oder Personen mit Beeinträchtigung des Hörvermögens zu informieren sind, ist während der Planung zu analysieren, festzulegen und zu dokumentieren.

In Bauobjekten wie Flughäfen, Bahnhöfen, Warenhäusern, öffentlich zugänglichen Verwaltungsgebäuden usw. ist in erheblichem Maße damit zu rechnen, dass mit der SAA Personen zu informieren sind, deren Sprachraum ein gänzlich anderer ist. Selbst die Übertragung in englischer Sprache lässt die Situation nicht deutlich besser erscheinen, zumal die englischen Sprachalarmtexte meist nicht von einem Muttersprachler gesprochen werden und auch die Hörer oft nicht Englisch als Muttersprache sprechen.

In der Norm DIN EN IEC 60268-16:2021 „Objektive Bewertung der Sprachverständlichkeit durch den Sprachübertragungsindex“ sind Hinweise darauf gegeben, wie mit dem Problem der unterschiedlichen Sprachräume umgegangen werden kann.

Es ist demnach dringend zu empfehlen, nicht nur den Anforderungswert für die Sprachverständlichkeit entsprechend normativer Forderungen bei Planung und Errichtung einer SAA als Ziel zu definieren, sondern darüber hinaus den individuellen Charakter des zu beschallenden Projekts bzw. der zu versorgenden Hörer zu berücksichtigen. In einer U-Bahn-Station dafür zu sorgen, dass mindestens ein STI von z. B. 0,6 vorherrscht, ist unter diesem Gesichtspunkt durchaus zu vertreten, auch wenn hierzu normativ keine unmittelbare Veranlassung besteht. Diese wäre erst angezeigt, wenn auch die verwiesenen Normen hinzugenommen werden. Der Zusammenhang ist jedoch einfach nachvollziehbar. Wenn nicht ausschließlich muttersprachlich mit der BFD angesprochene Personen informiert werden sollen, muss über entsprechende Aufschläge nachgedacht werden. Dass dies durchaus bei vielen Objekten mit schwierigen raumakustischen Verhältnissen an die physikalischen Grenzen führt, kann ebenfalls ein Ergebnis dieser Überlegungen sein.

Die **Tabelle 3.1** beschreibt die Intervalle des Sprachverständlichkeitsindex mit subjektiven Bewertungskriterien (veraltete Beschreibung).

In der Überarbeitung der DIN EN IEC 60268:2021 „Objektive Bewertung der Sprachverständlichkeit durch den Sprachübertragungsindex“ wird die Bewertung in einzelnen Gruppen von A+ bis U vorgenommen (**Tabelle 3.2**).

In der **Tabelle 3.3** werden Beispiele für die typischen Sprachverständlichkeitsindizes entsprechend der in Tabelle 3.2 aufgeführten Kategorien dargestellt. Hierbei handelt es sich lediglich um typische Beispiele, jedoch nicht um Anforderungswerte oder gar allgemein gültige Angaben. Die Zuordnung von Beispielprojekten zeigt eher einen Erfahrungsquerschnitt des Autors.

STI	Bewertung
0,00 ... 0,30	unverständlich
0,30 ... 0,43	schwach
0,43 ... 0,60	angemessen
0,60 ... 0,75	gut
0,75 ... 1,00	ausgezeichnet

Tabelle 3.1 Bewertungsbereiche der Sprachverständlichkeit

		0,38		0,42		0,46		0,50		0,54		0,58		0,62		0,66		0,70		0,74		
U		J		I		H		G		F		E		D		C		B		A		A+
	0,36		0,40		0,44		0,48		0,52		0,56		0,60		0,64		0,68		0,72		0,76	

Tabelle 3.2 Gruppenbewertung der Sprachverständlichkeit [16]

Kategorie	STI	Beispielprojekt
A+	> 0,76	Studioumgebung
A	0,74	Tagungssaal, Lesungssaal
B	0,70	Gerichtssaal, Sprachtheater
C	0,66	Plenarsaal, Konferenzraum
D	0,62	Klassenraum, Seminarraum
E	0,58	Kulturhalle, Warenhaus
F	0,54	Flure, Gänge, Flughafen
G	0,50	Foyer, Empfangshalle, Bahnhof
H	0,46	Schulaula, Sporthalle
I	0,42	klassische Kirchengebäude, Synagoge, Moschee
J	0,38	Freizeitbad
U	< 0,36	Kirchendom, Kuppelbauten

Tabelle 3.3 Beispiele typischer objektbezogener Sprachverständlichkeiten

3.3 Einflussgrößen auf die Sprachverständlichkeit

Sprache zu verstehen, hängt von vielen Einflussfaktoren ab. Diese stehen oftmals in Abhängigkeit zueinander und können somit nur im gesamten Zusammenhang bewertet werden. In den folgenden Abschnitten sollen die wichtigsten Einflussfaktoren näher untersucht werden. Dabei findet eine Konzentration auf Störgeräusche, die Schalldruck abhängige Beeinflussung der Sprachverständlichkeit, die Art der Beschallung und die raumakustischen Eigenschaften statt. Weitere Einflussfaktoren, die hier jedoch nur angeschnitten werden, sind etwa der Einfluss auf die Sprachverständlichkeit bedingt durch unterschiedliche Sprachräume und binaurales Hören.

3.3.1 Störgeräusche

Wird die Übertragung von Sprache durch Störgeräusche beeinflusst, so verringert sich die Modulationstiefe, wodurch wiederum die Sprachverständlichkeit verringert wird.

Demnach sind Störgeräusche eine maßgebliche Eingangsgröße zur Planung und Dimensionierung von Beschallungsanlagen. **Bild 3.2** stellt den Einfluss des Störgeräuschpegels auf die Sprachverständlichkeit dar.

Diese Betrachtung findet unter idealen Bedingungen statt, also ohne raumakustische Einflüsse. Darüber hinaus sind die Effekte der Maskierung ebenfalls nicht berücksichtigt. Aus der Darstellung ist zu entnehmen, dass unter diesen idealen Voraussetzungen bei einem Abstand des Nutzsignals zum Störgeräuschpegel von 15 dB keine weitere Verbesserung der Sprachverständlichkeit mehr möglich ist. Im Gegenzug dazu führt kein Signalabstand, also Störsignal und Nutzsignal sind gleich laut, zu einem STI von 0,5.

Da diese Betrachtung für die Auslegung einer SAA in der Realität in der Regel nur hilfsweise eine Rolle spielt, müssen die Faktoren der Raumakustik und der Maskierung ebenfalls Berücksichtigung finden. Die Betrachtung des Extremfalls zeigt jedoch, dass eine Vergrößerung des Abstands zwischen Nutzsignal und Störsignal eine begrenzte Wirkung auf die Sprachverständlichkeit hat. Das Nutzsignal einer SAA kann erklärungsweise auch als Sprachsignal, also die Wiedergabe der BFD, verstanden werden. Das Störsignal besteht hingegen aus den unerwünschten Schallereignissen, die das Verstehen von Sprache verringern können. Es ist also davon auszugehen, dass ab einem bestimmten Abstand zwischen Nutzsignal und Störsignal bei einer weiteren

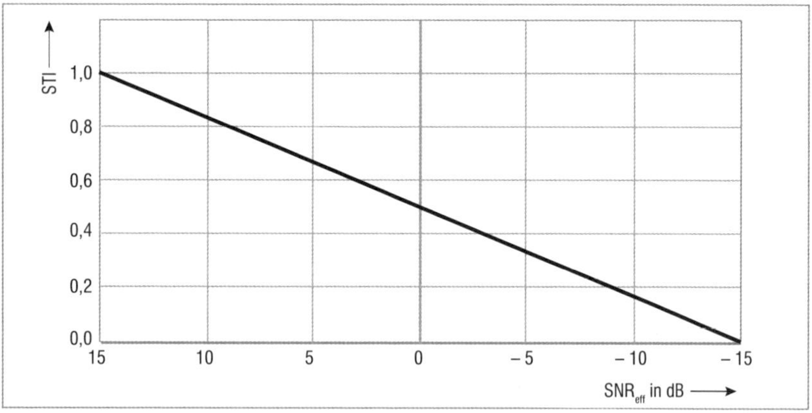

Bild 3.2 STI in Abhängigkeit zum Störpegelabstand SNR [13]

Vergrößerung des Abstands keine signifikante Verbesserung der Sprachverständlichkeit mehr zu erwarten ist.

Die Ermittlung bzw. Abschätzung von Störgeräuschen stellt für Planer und Errichter eine durchaus schwierige Aufgabe dar. Selbst unter Verwendung des in einer realen Situation gemessenen Störgeräuschpegels müssten diese noch weiter differenziert werden. In einer üblichen Nutzungssituation können Störgeräusche anders ausfallen als während der Alarmierung. Möglicherweise wirkt sich jedoch auch die Übertragung eines Aufmerksamkeitstons auf das Verhalten der anwesenden Personen aus.

In der tabellarischen Gegenüberstellung **Tabelle 3.4** wird der Einfluss von Störgeräuschen auf den STI ebenfalls ohne die Berücksichtigung von raumakustischen Verhältnissen oder Maskierungseffekten dargestellt.

Sprachsignal zu Störgeräusch (S/N) in dB	Sprachübertragungsindex (STI)
kein Störgeräusch	1,00
9	0,80
6	0,70
3	0,60
0	0,50
–3	0,40
– 6	0,30

Tabelle 3.4 STI in Abhängigkeit zum S/N

Ein weiterer Aspekt bei der Betrachtung des Störgeräuschpegels ist das Verhalten der sich unterhaltenden Personen, wenn mehrere voneinander unabhängige Unterhaltungen in einem Raum stattfinden. Ein anfangs noch niedriger Gesamtstörschallpegel wird kontinuierlich höher, wenn die einzelnen sich unterhaltenden Personen, beeinflusst durch die anderen Gesprächspartner, stets lauter werden, um sich verständigen zu können. Dieses Verhalten wird auch *Lombardeffekt* genannt.

Eine Berücksichtigung des Lombardeffekts ist in der Regel ohne die Messung des Störgeräuschpegels im Endzustand nicht möglich. Besonders interessant ist es für die Betrachtung des zu berücksichtigenden Störgeräuschpegels, wenn im Objekt keine Messungen vorgenommen werden können. Dies kann zum Beispiel der Fall sein, wenn sich das Objekt nicht in einem typischen Nutzungszustand (Sanierung) oder noch in der Planung befindet.

Auch wenn die physikalischen Zusammenhänge durchaus eine nennenswerte Komplexität aufweisen, ist jedem Zuhörer ohne weitere Erklärung bewusst, dass Sprache ohne Veränderung eines anderen akustischen Parameters in einer lauten Umgebung deutlich schlechter zu verstehen ist als in einer leisen Umgebung. Im gleichen Raum und mit einer gleich lauten Sprachwiedergabe, direkt durch eine sprechende Person oder über eine Beschallung, wird die Sprachverständlichkeit also schlechter, wenn relevant laute Störgeräusche hinzukommen.

Für die Simulation einer Beschallungsanlage, für Planung einer Beschallungsanlage und zur Messung der Sprachverständlichkeit ist es also erforderlich, Kenntnis über auftretende Störgeräusche zu haben. Genau genommen ist die Kenntnis über den spektralen Verlauf des Störgeräusches erforderlich.

Zunächst sollen jedoch die Anforderungen und Hinweise in DIN VDE 0833-4:2024-06 zur Planung und Realisierung von Sprachalarmanlagen kurz zusammengefasst werden. Im Anschluss daran soll erläutert werden, welche Bedeutung dies für die Anwender der Norm hat und wie letzten Endes das erforderliche Störgeräuschspektrum ermittelt werden kann.

- Zur Planung und Dimensionierung ist das im Alarmfall zu erwartende Störgeräuschspektrum zu ermitteln.
- Um vor Beginn der Planung zu entscheiden, ob das vereinfachte Planungsverfahren anzuwenden ist, muss der A-bewertete Summenschallpegel des Störgeräusches im Alarmfall ermittelt werden.
- Das Störgeräuschspektrum ist ebenso zu ermitteln, wenn nachgewiesen werden soll, dass zur Planung der SAA reduzierte Anforderungen an die Sprachverständlichkeit herangezogen werden müssen.
- Die bei der Alarmierung relevanten Störgeräusche sind zu ermitteln, wenn eine rechnerische Korrektur der im Ruhigen gemessenen Sprachverständlichkeit vorgenommen werden muss.
- Das Störgeräusch ist messtechnisch oder durch Prognoseberechnungen festzulegen, wobei es erforderlich sein kann, dass zu begründende Zu- oder Abschläge vorzusehen sind, um die Situation im Alarmfall zu reproduzieren.
- Bricht in einem akustisch abgrenzbaren Bereich (ADA, siehe Abschnitt 4.4.2) ein Entstehungsbrand aus, so kann ein bestimmter Anteil der anwesenden Personen ein darauf bezogenes verhaltensbedingtes Störgeräusch erzeugen. Es wird darauf hingewiesen, dass dieses Störgeräusch, was von nur einem Anteil der anwesenden Personen erzeugt wird, einen unwesentlichen Anteil haben kann.
- Zur Ermittlung des verhaltensbedingten Störgeräusches wird die für einen ADA (**A**coustically **D**ifferent **A**rea – akustisch abgegrenzter Raum) zugelassene Anzahl von Personen berücksichtigt.
- Bei zeitlich veränderlichen Störgeräuschen sind die lautesten Zeiträume jedoch ohne Störgeräuschspitzen zu bewerten. Der Bewertungszeitraum entspricht dabei in der Regel der Reaktionszeit.

Dem Anwender der Norm wird also keine eindeutige Handlungsanweisung gegeben, um das relevante Störgeräusch ermitteln zu können. Vielmehr zeigt sich, dass die Situation recht komplex ist. Wegen der Individualität der Situationen, in denen Störgeräusche entstehen, führen leicht umsetzbare sowie einfach strukturierte Schritte kaum zu ausreichend genauen Ergebnissen. Somit ist es erforderlich, die normativen Anforderungen und Hinweise aufzuschlüsseln und zu bewerten.

Störgeräusche haben also einen negativen Einfluss auf die Sprachverständlichkeit. Dabei ist von besonderem Interesse, wie sich Nutzschallpegel und Störschallpegel unterscheiden. Um eine überschlägige Beurteilung vorzunehmen, vergleicht man gerne die Unterschiede der gemittelten Summenpegel von Nutzschall und Störschall. So galt ein Abstand von 10 dB zwischen Nutzschall und Störschall über Jahrzehnte als ausreichend, um eine ausreichende Sprachverständlichkeit vorhersagen zu können. Diese überschlägige Beurteilung der Störgeräuschsituation kann jedoch bei einem recht ungleichmäßigen Abstand zwischen Nutzschall und Störschall – über den relevanten Frequenzbereich betrachtet, siehe dazu **Bild 3.3** – durchaus auch bei einem Abstand der Summenpegel von 10 dB oder auch mehr dazu führen, dass die Sprachverständlichkeit doch nicht ausreichend ist.

Bild 3.3 zeigt dazu einen Ausschnitt der Auswertung einer STI-Messung. Hier wird sogar ein S/N (**S**ignal to **N**oise – Verhältnis von Signal- zu Störgeräusch) von 16 dB erreicht, und dennoch liegt der STI bei nur 0,49. Die Ursachen dafür sind deutlich in den Oktaven 2 kHZ, 4 kHz und 8 kHz zu erkennen. Hier ist besonders die Annäherung des Störsignals an das Nutzsignal in den beiden Oktaven 2 kHZ und 4 kHz ursächlich, da in diesen Oktavbändern auch eine besonders große Auswirkung auf die Sprachverständlichkeit zu erwarten ist.

Die einzelnen Oktavenbereiche im gesamten Spektrum haben nicht die gleiche Wertigkeit in Bezug auf die Sprachverständlichkeit. Wird nun der Summenpegel eines Signals, welches sich über das gesamte Hörspektrum

	LAeq		Band [Hz]						
	Summenpegel	Hz	125	250	500	1k	2k	4k	8k
STI Testsignalpegel [dB]	67,9	LZeq	71,8	70,0	68,7	58,9	46,0	40,6	27,4
Störgeräuschpegel [dB]	51,9	LZeq	54,6	50,2	49,9	47,1	42,9	37,4	35,1
			Zyklus						
	Mittelwert	Δ	(1)	(2)	(3)	(4)	(5)	(6)	(7)
Sprachverständlichkeit [STI]	0,62	0,031	0,596	0,615	0,619	0,626	0,611	0,626	
Status	OK		OK	OK	OK	OK	OK	OK	
Sprachverständlichkeit [STI] mit Störgeräuschkorrektur	0,49	0,020	0,484	0,497	0,484	0,504	0,496	0,494	

Bild 3.3 Spektrale Gegenüberstellung von S/N und dem STI-Ergebnis

verteilt, gemessen oder berechnet, so spielt die Gewichtung auf die Sprachverständlichkeit zunächst keine Rolle. Zwei erheblich unterschiedliche Spektren können den gleichen Summenpegel ergeben. Das folgendeBeispiel mit zwei Störgeräuschspektren soll den Zusammenhang erläutern.

Beispiel
Das erste Störschallspektrum mit beispielsweise einem Summenpegel von 70 dB hat besonders viel Energie in den Oktaven 125 Hz und 250 Hz. Das zweite Spektrum mit einem Summenpegel von ebenfalls 70 dB hat seine hauptenergetischen Anteile in den Oktavbändern um 500 Hz bis 4 kHz. Werden nun beide Spektren mit einem Sprachspektrum mit einem Summenpegel von 80 dB verglichen, so wird deutlich, dass der Abstand zwischen Nutz- und Störsignal in beiden Fällen 10 dB beträgt. Das zweite Störschallspektrum wird jedoch einen wesentlich größeren Einfluss auf die Sprachverständlichkeit haben als das erste Spektrum.

Daher sind die Unterschiede stets spektral zu betrachten. Das Spektrum wird dabei im Bereich von 125 Hz bis 8 kHz in Oktaven ermittelt. Überschlägig kann zunächst davon ausgegangen werden, dass eine Verringerung des Abstands zwischen Nutzschallpegel und Störschallpegel eine Verschlechterung der Sprachverständlichkeit bewirkt. Ein zu geringer Abstand zwischen Nutzschallpegel und Störschallpegel wirkt sich jedoch in den unterschiedlichen Oktavbändern nicht gleichartig auf die Sprachverständlichkeit aus. So ist beispielsweise ein geringer Abstand zwischen Nutzschallpegel und Störschallpegel bei 125 Hz von wesentlich geringerem Einfluss auf die Sprachverständlichkeit als ein geringer Abstand bei 1 kHz. Dies ist damit zu begründen, dass die spektralen Anteile im Sprachsignal nicht alle den gleichen Anteil an der Sprachverständlichkeit tragen.

Die Anteile im Sprachsignal in den Oktavbändern 125 Hz und 250 Hz sowie 8 kHz tragen einen wesentlich geringeren Anteil an der Sprachverständlichkeit als die Anteile im Sprachsignal in den Oktavbändern 500 Hz, 1 kHz, 2 kHz und 4 kHz. Die Anteile der einzelnen relevanten Oktavbänder am STI können **Bild 3.4** überschlägig entnommen werden. Daher hat auch der Abstand zwischen Nutzschallpegel und Störschallpegel in den einzelnen Oktavbändern einen unterschiedlichen Einfluss auf die Sprachverständlichkeit. Vereinfachend kann jedoch davon ausgegangen werden, dass ein Abstand zwischen Nutzschallpegel und Störschallpegel von mindestens 15 dB in jedem Oktavband von 125 Hz bis 8 kHz dazu führt, dass die Störgeräusche

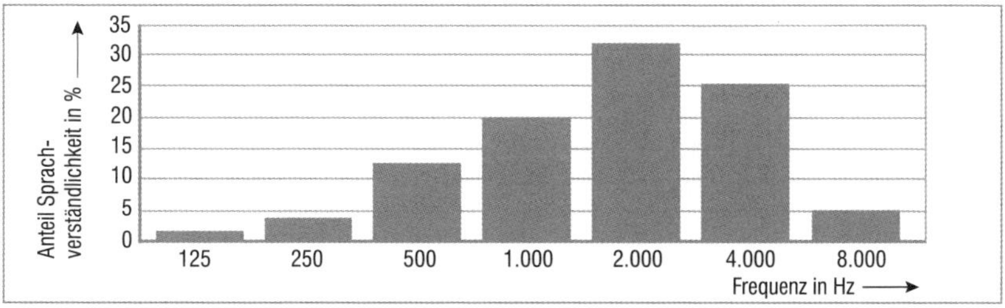

Bild 3.4 Gewichtung der Oktaven in Bezug auf den STI

keinen wesentlichen Einfluss mehr auf die Sprachverständlichkeit haben. Normativ wird in diesem Fall sogar eingeräumt, bei den weiteren Betrachtungen der Sprachverständlichkeit das Störgeräuschspektrum nicht mehr berücksichtigen zu müssen.

Wenn eine grenzwertige Situation vorliegt, also sich die Ergebnisse der Sprachverständlichkeit nahe an der Bewertungsgrenze befinden, ist jedoch zu empfehlen, dennoch bei der Auswertung und auch bei einer Simulation der Sprachverständlichkeit das Störgeräuschspektrum weiter zu berücksichtigen, da rechnerisch ein Einfluss auf die Sprachverständlichkeit vorhanden ist. Auch kann diese Vorgehensweise bei der ohnehin geforderten Fehlerbetrachtung ebenso mitberücksichtigt werden. Erst bei sehr großen Abständen ist auch der rechnerische Einfluss der Störgeräusche auf die Sprachverständlichkeit bei grenzwertiger Auslegung zu vernachlässigen. Da das Störgeräuschspektrum aber bekannt sein muss, kann in einem derartigen Fall ebenso empfohlen werden, dass Störgeräuschspektrum bei jeder Auswertung der Messungen oder Simulation weiter zu berücksichtigen, auch wenn davon auszugehen ist, dass kein wesentlicher negativer Einfluss auf die Sprachverständlichkeit mehr besteht.

Die Ermittlung des Störgeräuschspektrums stellt jedoch durchaus eine Herausforderung dar. Dabei ist zu berücksichtigen, in welcher Situation die SAA wirksam sein muss und wie zu diesem Zeitpunkt die Störgeräusche ausfallen. Zunächst kann unterschieden werden, welche akustischen Quellen für Störgeräusche sorgen. Sind geplante bzw. bekannte anlagentechnische Störgeräusche wie zum Beispiel von Rauchgasventilatoren vorhanden, so sind diese im Regelfall relativ einfach bezüglich der Ermittlung des Störschallspektrums zu handhaben. Die dazu erforderlichen Daten werden zumeist von den Herstellern der Anlagen angegeben. Fehlen derartige Angaben und die entsprechenden Anlagen sind bereits installiert, so ist eine Messung des Störgeräuschspektrums mit verhältnismäßig wenig Aufwand und mit hinreichender Genauigkeit möglich. Sollten derartige Störquellen noch nicht verbaut und somit messbar sein und keine direkt zu verwendenden Herstellerangaben zu Verfügung stehen, bleibt oftmals keine andere Möglichkeit, als Vergleichswerte aus der Literatur zu entnehmen oder Fachexperten zu diesem Thema einzuschalten.

Eine andere oft erheblich auf die Sprachverständlichkeit einwirkende Störschallquelle sind die anwesenden, mit der Sprachdurchsage zu informierenden Personen. Sogenannte *verhaltensbedingte Störgeräusche* können sehr variabel ausfallen und somit sehr unterschiedliche Auswirkungen auf die Sprachverständlichkeit haben. Wie sich jedoch die anwesenden Personen zum Zeitpunkt der Sprachübertragung akustisch verhalten, ist nicht zweifelsfrei vorhersehbar. In diesem Zusammenhang ergeben sich mindestens folgende Fragestellungen:

- Sind die übliche Nutzungssituation und die dabei entstehenden Störgeräusche repräsentativ für den Zeitpunkt der Sprachübertragung im Falle des Brandalarms?
- Bewirkt ein über die SAA wiedergegebener Aufmerksamkeitston eine Veränderung des verhaltensbedingten Störgeräusches – wenn ja, welche?
- Ist zum Zeitpunkt der Sprachübertragung eine Brandsituation entstanden, bei der die zu informierenden Personen verhaltensbedingt erheblich lautere oder auch leisere Störgeräusche als in der üblichen Nutzungssituation erzeugen – wenn ja, wie laut sind die von der Brandsituation beeinflussten Personen?
- Ist grundsätzlich davon auszugehen, dass die Brandsituation einen in der Norm beschriebenen Einfluss auf verhaltensbedingte Störgeräusche hat – wenn ja, welchen?

Wie an den Fragestellungen leicht erkennbar wird, ist die Herangehensweise zur Ermittlung des zum Zeitpunkt der Alarmierung relevanten Störgeräuschspektrums nicht nach standardisierten Vorgaben möglich, da zu viele Variablen vorhanden sind, um eine Vereinheitlichung vorzunehmen. Daher kann der Norm für SAA auch keine eindeutige Handlungsanweisung zur Festlegung des Störgeräuschspektrums entnommen werden. Vielmehr werden normativ Randbedingungen beschrieben, die eine Voraussetzung darstellen, bestimmte Annahmen zum Verhalten der anwesenden Personen zu treffen. So wird beschrieben, dass eine voraussehbare Brandausbreitung punktuell erfolgt und binnen kurzer Zeit detektiert wird, um die SAA im automatischen Brandfallbetrieb anzusteuern und die Evakuierungsdurchsagen zu übertragen.

Bei den vom Brandalarmsystem zu berücksichtigenden Brandszenarien ist die erste Brandphase von besonderer Bedeutung. Die erste Brandphase besteht vorwiegend aus dem Entstehungsbrand [15], der möglichst früh von der BMA detektiert werden soll. Für diesen Fall des sich zunächst in relativ engen lokalen Grenzen befindlichen Brandes kann vereinfachend davon ausgegangen werden, dass nicht sämtliche Personen in einem ADA bzw. Alarmierungsbereich unmittelbar von den Brandauswirkungen betroffen sind. Demnach ist auch davon auszugehen, dass nur ein Teil der anwesenden Personen durch Brandeinwirkung geänderte verhaltensbedingte Störgeräusche verursachen. Bei einer Prognose wäre nun die Aufgabenstellung zu lösen, wie viele Personen von der im betroffenen ADA bzw. Alarmierungsbereich zugelassenen Personenanzahl verhaltensbedingte Störgeräusche der üblichen Nutzungssituation verursachen und wie viele Personen durch die Brandeinwirkung geänderte verhaltensbedingte Störgeräusche erzeugen. Es wird normativ nicht davon ausgegangen, dass alle Personen innerhalb des Brandabschnittes/Alarmierungsbereichs, in dem ein Feuer ausgebrochen ist, durch die Brandeinwirkung lauter oder leiser werden. Aber ebenso wird in der Norm nicht beschrieben, wie viele der anwesenden Personen möglicherweise ihr akustisches Verhalten ändern.

Informationen zum Anteil der anwesenden Personen, deren verhaltensbedingte Störgeräusche sich unter Umständen gegenüber der üblichen Nutzungssituation ändern, können somit der Norm nicht entnommen werden. Ebenso kann der Norm nicht entnommen werden, wie sich die verhaltensbedingten Störgeräusche des vom Brand tangierten Anteils der anwesenden Personen ändern. Es ist also nicht festgelegt, ob diese Personen lauter oder leiser werden oder wie sich das Störgeräuschspektrum zum Beispiel in der Tonhöhe ändern könnte.

Normativ ist eine Art der zu erwartenden Brandausbreitung beschrieben. Dabei geht man in der ersten Brandphase zunächst von einem Entstehungsbrand aus, was auch der dazu passenden Fachliteratur zu entnehmen ist. Die Norm eröffnet in diesem Zusammenhang die Möglichkeit, dass Personen, die vom Entstehungsbrand tangiert sind, geänderte verhaltensbedingte Störgeräusche verursachen. Zudem wird darauf hingewiesen, dass die verhaltensbedingten Störgeräusche im Alarmierungsfall andersartig ausfallen können als in der üblichen Nutzungssituation.

Für den Anteil der nicht betroffenen Personen sei davon auszugehen, dass diese verhaltensbedingte Störgeräusche der üblichen Nutzungssituation erzeugen. Störgeräusche der üblichen Nutzungssituation lassen sich messtechnisch und auch mit Anwendung von Prognoseberechnungen ermitteln bzw. vorhersagen.

Der Anwender erhält normativ bestenfalls Hinweise, wie er die Aufgabenstellung zur Ermittlung des Störgeräuschspektrums lösen könnte und welche Randbedingungen dabei zu beachten sind. Jedenfalls fordert die Norm, dass das Verfahren und die Ergebnisse zur Ermittlung des Störgeräuschspektrums im Detail zu dokumentieren sind.

Der Anwender muss also die zuvor beschriebenen Fragestellungen selbst beantworten und ein nicht näher beschriebenes Messverfahren oder Prognosewerkzeug anwenden, mit dem ein belastbares Störgeräuschspektrum zu ermitteln ist. Da die Situationen verhaltensbedingter Störgeräusche äußerst individuell sind, kann davon ausgegangen werden, dass zumeist eine projektspezifische Betrachtung der Situation erforderlich ist. Dazu hier ein praktisches Beispiel:

Beispiel
In einem großen Kaufhaus mit fünf Etagen und einer jeweiligen Geschossfläche von mehreren tausend Quadratmetern können sich gemäß Brandschutzkonzept mehrere hundert Personen je Etage aufhalten. Die Anzahl der sich mäßig laut unterhaltenden Personen in einem derartigen Kaufhaus kann auf einen eher geringen Anteil mit beispielsweise 10 % geschätzt werden. Eine weitere Annahme könnte dahingehend getroffen werden, dass jeweils die Hälfte der am verhaltensbedingten Lärm verantwortlichen Personen männlich und weiblich ist. Auf dieser Grundlage könnten nun die skalierten Spektren von 5 % der zulässigen Personenanzahl männliche Stimmen und 5 % weibliche Stimmen unter Berücksichtigung der Nachhallzeit und des Raumvolumens in der zu bewertenden Etage dazu verwendet werden, um ein Störgeräuschspektrum zu berechnen.

Nähere Informationen zu den einzelnen Rechenschritten können z. B. der VDI 3770 entnommen werden.

Sollte ein als akustisch repräsentativ zu bezeichnendes Objekt verfügbar sein, so könnte die übliche Nutzungssituation auch messtechnisch untersucht werden. Zum Zeitpunkt der Alarmierung jedoch kann die Situation gegenüber der üblichen Nutzungssituation anders sein.

Nun soll das oben beschriebene Beispiel eines Kaufhauses wieder aufgegriffen werden: Ein angenommener Entstehungsbrand in der beleuchteten Kleidungsauslage, verursacht durch einen elektrischen Fehler der Beleuchtung, eine Auslösung der BMA und der automatische Brandfallbetrieb der SAA wird gestartet.

In der Nähe des Entstehungsbrandes befindet sich eine bestimmte Anzahl von Personen. Für diese Personen, so wird normativ eingeräumt, kann ein geändertes Verhalten in Ansatz gebracht werden. Im schlechtesten Fall, so wird regelmäßig diskutiert, könne sich dies durch lautes Schreien äußern. Somit könnten die weiteren Annahmen getroffen werden, dass skalierte Spektren von schreienden männlichen und schreienden weiblichen Stimmen mit der zuvor angenommenen Anzahl zur Berechnung des entsprechenden resultierenden Spektrums verwendet werden könnten. Nun überlagern sich die beiden Störgeräusche. Das durch die schreienden Personen verursachte zunächst bezüglich der Verursacher räumlich auf den Bereich des Entstehungsbrandes begrenzte Störgeräusch, und das angenommene oder gemessene gleichmäßig auf der zu bewertenden Fläche vorhandene Störgeräusch aus der üblichen Nutzungssituation. Um herauszufinden, in welcher Entfernung zum Bereich des Entstehungsbrandes die schreienden Personen welchen Schalldruck verursachen, wäre es hilfreich, eine Schallausbreitungsberechnung oder Simulation durchzuführen. Dabei ergeben sich jedoch mehrere Schwierigkeiten. Wo soll der Entstehungsbrand angenommen werden und wie verändern die schreienden Personen ihre Position? Die Situation ist recht komplex und zudem auch noch dynamisch. An dieser Stelle muss auch die Frage gestellt werden, ob es überhaupt realistisch ist, damit zu rechnen, dass sich die betroffenen Personen schreiend äußern und dies für die Auslegung der Beschallungsanlage zugrunde zu legen ist.

Wenn man zunächst den Brandabschnitt betrachtet, in dem der Entstehungsbrand ausgebrochen ist, so sind bezogen auf die ADAs, die sich in diesem Brandabschnitt befinden, sämtliche Betrachtungen des Störgeräuschspektrums irrelevant, da in diesem Brandabschnitt (auch virtuellem Brandabschnitt) kein Funktionserhalt der SAA gefordert und somit die Bewertung der Wirksamkeit obsolet ist. Also muss nur das akustisch möglicherweise geänderte Verhalten der betroffenen Personen in der Nähe des Entstehungsbrandes mit seinen Auswirkungen auf die noch nicht vom Brand betroffenen Brandabschnitte beachtet werden. Auch dies ist nicht weniger komplex und unterliegt ebenfalls einer Dynamik, weil die betroffenen Personen ihren Aufenthaltsort durch ihre Bewegung im Evakuierungsstrom zumeist ändern. Diese Situation führt also eher nicht zu einem in der Planung und bei der Messung zu verwendenden und festzulegenden Störgeräuschspektrum je betroffenem ADA.

In der Norm wird also beschrieben, dass ein bestimmter Anteil der im jeweiligen ADA zugelassenen Personen zum Zeitpunkt des Entstehungsbrandes festgelegt wird. Bei diesem Anteil der Gesamtpersonenanzahl im ADA würde davon ausgegangen werden können, dass ein geändertes Verhalten zu Störgeräuschen führt, welche sich von der üblichen Nutzungssituation unterscheiden. Welcher Prozentsatz der anwesenden/zugelassenen Personenanzahl dies betrifft und welches verhaltensbedingte Störgeräusch für diese Personen anzunehmen ist, bleibt unklar. Auch bei beispielhafter Betrachtung einer derartigen Situation ergibt sich nicht die Möglichkeit, eine pauschale Festlegung eines Anteils der anwesenden Personen zu bestimmen.

Der normative Hinweis kann also eher als Denkanstoß verwendet werden, da eine klare Handlungsanweisung oder Anforderung nicht definiert ist.

Zwei Aspekte sind also zunächst unklar:

- Wie viele Personen ändern ihr akustisches Verhalten, wenn sie vom Entstehungsbrand tangiert werden?
- Wie ändern die betroffenen Personen ggf. ihr Verhalten mit Einfluss auf das verhaltensbedingte Störgeräusch?

Wie viele Personen betroffen sind, wenn sie sich in der Nähe eines Entstehungsbrandes aufhalten, ist sicher davon abhängig mit welcher Personendichte im betroffenen ADA zu rechnen ist und ob es Konzentrationsorte gibt, an denen gleichzeitig damit zu rechnen ist, dass dort die Wahrscheinlichkeit eines Entstehungsbrandes besteht. Die Festlegung der betroffenen Personen ist sicher nicht zu verallgemeinern und muss demnach individuell abgeschätzt werden. In einer wie im Beispiel oben genannten Ebene eines Kaufhauses wird sicher ein anderer Prozentsatz gewählt werden müssen als in einem Foyer eines Theaters in der Pause. Somit bleibt es dem Anwender überlassen, hier eine entsprechende Abschätzung vorzunehmen, diese zu begründen und zu dokumentieren.

Der zweite Aspekt, wie sich das verhaltensbedingte Störgeräusch der betroffenen Personen ändert, kann ebenso einen wesentlichen Einfluss auf die Wirksamkeit der SAA haben. Über das Verhalten von Personen in einer ungewöhnlichen Situation, z. B. dem Brandfall, sind wissenschaftliche Erkenntnisse verfügbar.

Einige der wissenschaftlichen Ergebnisse wurden unter anderem an der Uni in Jena untersucht, wobei die Untersuchungsergebnisse anschaulich dokumentiert wurden [14].

Es ist also wissenschaftlich belegbar, dass nicht stets in einer für SAA relevanten Alarmsituation davon auszugehen ist, dass verhaltensbedingter Lärm entsteht, den wir mit panikartigem Verhalten gleichsetzen können. Eher noch ist davon auszugehen, dass ein alarmspezifisches

Verhalten der betroffenen Personen zu erwarten ist und dieses auch anders als bei der üblichen Nutzungssituation sein kann. Mit einem eher analytischen und erkundenden Verhalten oder gar schon mit einem helfenden Verhalten ergeben sich Situationen, die sich freilich von der üblichen Nutzungssituation unterscheiden und somit auch dazu passende Störgeräusche verursachen. Ist die übliche Nutzungssituation derart, dass recht laute Störgeräusche vorhanden sind, kann die Situation beim Entstehungsbrand sogar durchaus leiser ausfallen. Umgekehrt ist dies jedoch ebenso denkbar. Da, wie weiter oben bereits beschrieben, die Störgeräuschsituation im betroffenen Brandabschnitt irrelevant ist, sondern die Auswirkungen im schlechtesten Fall auf die übrigen noch nicht vom Brand betroffenen Brandabschnitte weiter zu betrachten sind, wäre eine der ersten Überlegungen, ob ADAs in anderen Brandabschnitten von der geänderten Störgeräuschsituation im brennenden Brandabschnitt akustisch betroffen sein können. Des Weiteren wäre zu beurteilen, ob sich die Personen während der Evakuierung bei der Bewegung durch ADAs in nicht brennenden Brandabschnitten akustisch anders verhalten als bei der üblichen Nutzungssituation. Hier wäre also zu beurteilen, ob die Personen aus dem brennenden Brandabschnitt das geänderte Verhalten in die nicht brennenden Abschnitte mitbringen.

Als zweiter Aspekt wäre zu beurteilen, ob bereits die Übertragung der Alarmsignale mit Aufmerksamkeitston und Sprachdurchsage zu einem geänderten Verhalten führt. Da diese Personen vom Entstehungsbrand nicht tangiert werden, ist also zunächst die übliche Nutzungssituation zu analysieren. Ist diese als eher laut anzunehmen, wie z. B. beim angeführten Beispiel der Theaterpause im Foyer, kann durchaus davon ausgegangen werden, dass durch die Übertragung des Aufmerksamkeitssignals eine Verringerung des Störschallpegels erfolgt. Hierzu können entsprechende Abschätzungen vorgenommen werden. Sollte z. B. nur noch ein Viertel der anwesenden Personen gleichartig weitersprechen, so kann überschlägig davon ausgegangen werden, dass sich der Summenpegel um ca. 6 dB verringert. Bei der geschilderten Theaterpause im Foyer wäre dies eine eher konservative Schätzung, da durchaus mit einer noch größeren Reduktion zu rechnen ist. Die in einer derartigen Situation zu erwartenden Störgeräuschspektren können gemessen oder auch, falls eine Messung nicht möglich ist, mit Prognoseprogrammen berechnet werden.

Schwieriger wird die Situation, wenn bei der üblichen Nutzung eher leise Störgeräusche vorhanden sind oder erwartet werden müssen, wie im Beispiel des großen Kaufhauses. Wenn nun während dieser üblichen Nutzung die Alarmübertragung erfolgt, kann durchaus davon ausgegangen werden, dass sich die anwesenden Personen mehr verbal betätigen als in der üblichen Situation. Dieses geänderte Verhalten kann damit begründet werden, dass der Alarm vernommen wird, die anwesenden Personen sich darüber unterhalten, die Situation analysieren und gegebenenfalls gemeinsam über das weitere Handeln entscheiden. Bei dieser dann zu erwartenden Kommunikation ist zudem noch zu bedenken, dass dies während der Alarmübertragung passiert und mit entsprechend erhöhter Kommunikationslautstärke erfolgen muss, um eine Unterhaltung auf kurze Distanz zu ermöglichen. Wie auch bei den übrigen Ansätzen zum verhaltensbedingten Störgeräusch sind hier ebenso Annahmen zu treffen, wie viele der anwesenden bzw. zugelassenen Personen an dieser Kommunikation beteiligt sind und wie laut die Unterhaltungen stattfinden. Wird jedoch davon ausgegangen, dass die Brandfalldurchsagen entsprechend den normativen Anforderungen produziert worden sind und absolut klare und sofort umsetzbare Handlungsanweisungen beinhalten, wird die Anzahl der sich über die Alarmierung unterhaltenden Personen geringer ausfallen.

Bei der Beurteilung der Störgeräusche sind also folgende Randbedingungen zu erarbeiten und festzulegen, um die erforderlichen Messungen oder Prognoseberechnungen hinlänglich genau vornehmen zu können:

- Inwiefern bringen im Evakuierungsstrom aus einem brennenden Brandabschnitt befindliche Personen beim Durchschreiten der ADAs in nicht vom Brand betroffenen Brandabschnitten ein geändertes akustisches Verhalten mit?
- Wie verhalten sich die Personen in den nicht vom Brand betroffenen Brandabschnitten gegenüber der üblichen Nutzungssituation?

Auf Grundlage der bauordnungsrechtlichen Mindestanforderungen (Funktionserhalt der Alarmierungseinrichtung nur außerhalb von brennenden Brandabschnitten) wäre es also möglich, die ADAs, welche sich in einem vom Entstehungsbrand betroffenen Brandabschnitt befinden, nicht in die Betrachtung der zu ermittelnden Störgeräusche einzubeziehen. Unter Zuhilfenahme wissenschaftlicher Erkenntnisse zum Verhalten von Personen in Notsituationen könnte es zudem ein pragmatischer Ansatz sein, davon auszugehen, dass sich im Evakuierungsstrom befindliche Personen aus einem brennenden Brandabschnitt mit Bewegung in den zu bewertenden und noch nicht von einem Brand betroffenen Brandabschnitten nicht grundsätzlich mit panikartigem akustischen Verhalten äußern. Da sich diese Personen bereits im Evakuierungsstrom befinden, könnte auch die Annahme getroffen werden, dass deren verhaltensbedingte Störgeräusche eher mit den Störgeräuschen der Personen in den nicht vom Entstehungsbrand betroffenen Brandabschnitten zu vergleichen sind. Des Weiteren könnte angenommen werden, dass bei gleichzeitiger Evakuierung aller Brandabschnitte und dem gleichzeitigen Reagieren aller zu evakuierenden Personen nur ein mittelbares Zusammentreffen der Personen aus dem vom Entstehungsbrand betroffenen Brandabschnitt mit den übrigen Personen zu erwarten ist. Auch zeigen die wissenschaftlichen Erkenntnisse, dass betroffene Personen zunächst im Durchschnitt analytisch und erkundend vorgehen. Zudem sollte davon ausgegangen werden, dass die Übertragung von Aufmerksamkeitssignalen und die anschließende Übertragung von klaren und unmissverständlichen Handlungsanweisungen nicht zu einem wesentlichen verhaltensbedingten Ansteigen des Störgeräuschpegels, sondern eher zu einer Reduktion des Störgeräuschpegels führt. In einer üblichen Nutzungssituation, bei der zum Beispiel die Hälfte der anwesenden Personen spricht, kann im Idealfall davon ausgegangen werden, dass es zu einer erheblichen Reduktion des Störgeräuschpegels kommt. Während es in einer üblichen Nutzungssituation mit sehr geringen Störgeräuschpegeln unter Umständen zu einem Anstieg kommen kann. Dieser Anstieg ist unter Umständen zu vernachlässigen, wenn nach der Übertragung von Aufmerksamkeitstönen klare und unmissverständliche Handlungsanweisungen erfolgen.

Unmittelbare wissenschaftliche Ergebnisse, die es erlauben, unzweifelhafte Rückschlüsse auf verhaltensbedingte Störgeräusche von Personen in einer Notsituation zuzulassen, liegen derzeit explizit für Sprachalarmierung nicht vor. Daher hat der Autor annähernd 100 öffentlich zugängliche Audio- und Videoaufzeichnungen über reale Evakuierungen mithilfe von Sprachalarmanlagen bezüglich der verhaltensbedingten Störgeräusche analysiert. Dabei wurden Objekte wie Schulen, Beherbergungsbetriebe, Sportstätten, Flughäfen, Bahnhöfe, Veranstaltungshallen und Einkaufszentren betrachtet. Die vorgenommene Analyse hat zwar nicht den Anspruch einer wissenschaftlichen Untersuchung, liefert aber dennoch hinreichende Merkmale, um einen Ansatz für erforderliche Vereinfachungen zu finden.

Zunächst wurden die Audio- und Videoaufzeichnungen dahingehend untersucht, ob die Aufzeichnungen den Übergang von üblicher Nutzungssituation zur Alarmsituation beinhalten. Anschließend wurden die verbleibenden Aufzeichnungen dahingehend bewertet, ob die Aufzeichnungsqualität eine weitere Analyse ermöglicht. Sodann wurden die Audioaufzeichnungen mit digitaler Signalverarbeitung weitestgehend von den Audiosignalen der Aufmerksamkeitstöne sowie Sprachdurchsagen befreit. Daraufhin konnten die aufgezeichneten Störgeräusche der üblichen Nutzungssituation mit den Störgeräuschen der Alarmsituation verglichen werden. Effektive Aussagen zu den Summenpegeln sind natürlich nicht möglich, aber die Relation der Summenpegel bei den unterschiedlichen Situationen war in den meisten Fällen deutlich zu messen. Bei vielen Aufzeichnungen ergaben sich jedoch relativ kurze Zeiträume der jeweiligen Situationen, sodass die Mittelungszeiten zur Feststellung der Summenpegel oft relativ kurz ausgefallen sind. Zudem mussten einige Aufzeichnungen auch verworfen werden, weil bereits subjektiv wahrnehmbar war, dass bei der Aufzeichnung eine Signalkompression durch deutlich erkennbare Attack- und Releasezeiten vorhanden war. Dennoch hat sich eine respektable Anzahl von Beispielen ergeben, bei denen reproduzierbare Verhältnisse vorzufinden waren.

Dabei ist vereinheitlichend festzustellen, dass die Übertragung von Aufmerksamkeitstönen meist nur sehr kurz eine Reduktion des Störgeräuschpegels verursacht, wenn nicht unmittelbar danach klare sprachliche Anweisungen erteilt werden. Ansonsten wird der Störgeräuschpegel der üblichen Nutzungssituation recht zügig wieder erreicht. Ferner kann in Objekten mit eher geringem Störgeräuschpegel wie in Beherbergungsbetrieben beobachtet werden, dass während der Evakuierung ein über der üblichen Nutzungssituation liegender Störgeräuschpegel erreicht wird. In Objekten mit mittleren Störgeräuschpegeln während der üblichen Nutzungssituation, wie in Einkaufszentren, scheint dieser während der Evakuierung annähernd unverändert zu bleiben. Wohingegen in Objekten mit hohen Störgeräuschpegeln während der üblichen Nutzungssituation wie in Sportstätten während der Evakuierung eine deutliche Verringerung des Störgeräuschpegels festzustellen ist. Subjektiv betrachtet scheint stets ein bestimmter Anteil der anwesenden Personen auch während des Ablaufs einer Evakuierung kommunizieren zu müssen und darüber hinaus entstehen verhaltensbedingte Störgeräusche auch durch die in Bewegung befindlichen Personen. In nur einem einzigen Fall, bei dem ein realer Entstehungsbrand in einem Einkaufszentrum (Westfield Shopping Center in Stratford) aufgezeichnet wurde, konnte zunächst genau der oben beschriebene Eindruck bestätigt werden, bis eine kleine Anzahl von deutlich schneller fliehenden Personen am Beobachtungsort eintraf. Diese vermutlich aus dem Bereich des Entstehungsbrandes fliehenden Personen mit höherer Fluchtgeschwindigkeit führten dann beim Zusammentreffen mit den übrigen Personen zu höheren verhaltensbedingten Störgeräuschpegeln. Da sich der Beobachter jedoch mit dem Evakuierungsstrom bewegte, war ebenso zu beobachten, dass diese höheren verhaltensbedingten Störgeräuschpegel bereits nach wenigen Sekunden nicht mehr dominant wahrzunehmen waren.

Folgende überschlägigen Erkenntnisse konnten der Auswertung von Audio- und Videoaufzeichnungen entnommen werden:

- Bei lauten Störgeräuschen einer üblichen Nutzungssituation, wie zum Beispiel bei Sportveranstaltungen, ist nach Übertragung von Aufmerksamkeitstönen und unmittelbar danach anschließenden Sprachdurchsagen mit einer durchaus wesentlichen Reduktion der Störgeräusche zu rechnen. Dabei ergaben sich regelmäßig Reduktionen im Bereich zwischen 10 dB und 15 dB.
- In Objekten mit mäßig lauten Störgeräuschen, die durch eine verhältnismäßig geringe Anzahl von sprechenden Personen jedoch mit einer relativ hohen Anzahl von gehenden Personen entstehen, wie zum Beispiel in Einkaufszentren und großen Bahnhöfen, ist kein wesentlicher Unterschied zwischen den Störgeräuschen der üblichen Nutzungssituation und der Alarmsituation feststellbar.
- Sind bei der üblichen Nutzungssituation leise Störgeräusche vorhanden, wie in Fluren, Treppenräumen und Foyers von Beherbergungsbetrieben, so bewirkt die Alarmierung zumeist verhaltensbedingte Störgeräusche, die gut mit Objekten vergleichbar sind, in denen üblicherweise mäßig laute verhaltensbedingte Störgeräusche vorhanden sind. Geändertes Verhalten von Personen, die vom Entstehungsbrand tangiert sind, kann durchaus zu nochmals geänderten verhaltensbedingten Störgeräuschen während der Evakuierungssituation in anderen Brandabschnitten führen.

An dieser Stelle sei nochmals betont, dass es sich bei dieser Analyse nicht um repräsentative, wissenschaftliche Ergebnisse handelt, aber durchaus bestimmte vereinheitlichende Merkmale festzustellen sind.

Normativ wird darauf hingewiesen, dass in einem Brandabschnitt mit Ausbruch eines Entstehungsbrandes mit einem veränderten Verhalten eines Teils der anwesenden Personen gerechnet werden kann. In einer der Audio- und Videoaufzeichnungen konnte genau dieser Aspekt beobachtet werden, führte jedoch nur sehr kurzzeitig zu deutlich höheren Störgeräuschpegeln.

Dieses Szenario hätte freilich auch einen anderen Verlauf nehmen können, wenn es beispielsweise zu Unfällen bezüglich der unterschiedlichen Fluchtgeschwindigkeiten gekommen wäre. Auch dies lässt erwarten, dass dementsprechende verhaltensbedingte Störgeräusche hätten entstehen können. Die Anzahl, Variation und der Schweregrad von Unfällen während der Evakuierungssituation sowie die dadurch unter Umständen entstehenden verhaltensbedingten Störgeräusche sind kaum gewissenhaft vorhersehbar. Daher ist eine Berücksichtigung zur Auslegung der SAA ebenso kaum möglich. Andernfalls müsste man davon ausgehen, dass die anwesenden Personen stets den maximal möglichen verhaltensbedingten Störgeräuschpegel verursachen könnten. Dies würde jedoch regelmäßig dazu führen, dass Sprachalarmanlagen nicht wirksam geplant und ausgeführt werden können.

Zusammenfassung der Erkenntnisse in Bezug auf normative Anforderungen:

- Geänderte verhaltensbedingte Störgeräusche im Bereich des Entstehungsbrandes sind nicht grundsätzlich ausschlaggebend.
  In den Brandabschnitten, die akustisch nicht vom Entstehungsbrand betroffen sind, ist zunächst der Störgeräuschpegel der üblichen Nutzungssituation ausschlaggebend.
- Ist in der üblichen Nutzungssituation mit leisen verhaltensbedingten Störgeräuschen zu rechnen, so ist es wahrscheinlich, dass die sich im Evakuierungsstrom befindlichen Personen verhaltensbedingte Störgeräusche verursachen, die geringfügig aus verbaler Kommunikation und vorwiegend aus Bewegungsgeräuschen zusammengesetzt sind. Dies entspricht in vielen Fällen der üblichen Nutzungssituation von Objekten mit mäßig lauten Störgeräuschen.
- Bei hohen verhaltensbedingten Störgeräuschpegeln der üblichen Nutzungssituation ergibt sich nach Übertragung von Aufmerksamkeitstönen über einen verhältnismäßig kurzen Zeitraum (5 s bis 10 s) im Regelfall eine Verringerung des Störgeräuschpegels von bis zu 15 dB. Diese Reduktion tritt auch oft erst verzögert ein. Mit dem Beginn der Evakuierungsbewegung werden auch in diesen Objekten zumeist Störgeräusche erzeugt, die mit Objekten mit mäßigen Störgeräuschen in der üblichen Nutzungssituation vergleichbar sind.
- Um nach Erlangen von Aufmerksamkeit ein erneutes Ansteigen des verhaltensbedingten Störgeräuschpegels zu vermeiden, sind absolut klare und unmissverständliche Handlungsanweisungen zu übertragen. Diese sollen vermeiden, dass die betroffenen Personen kommunizieren müssen, um ihre Situation zu analysieren und das für Sie korrekte Handeln zu beschließen.
- In Objekten mit mäßigem Störgeräuschpegel in der üblichen Nutzungssituation kann zumeist davon ausgegangen werden, dass sich dies während der Evakuierung nicht wesentlich ändert.

- Ein Teil der Personen im Brandabschnitt, in dem der Entstehungsbrand ausgebrochen ist, kann sich anders verhalten und dieses Verhalten bei der Fluchtbewegung mit in die nicht vom Brand betroffenen Brandabschnitte tragen, wodurch sich die Personen im nicht vom Brand betroffenen Brandabschnitt ebenfalls anders verhalten können. Diese Veränderung der Störgeräusche gegenüber der üblichen Nutzungssituation ist jedoch erheblich vom Verlauf der Evakuierung abhängig, wodurch Vereinheitlichungen nicht sinnvoll erscheinen.

Besonders auf den letzten Aufzählungspunkt sollte nochmals detailliert eingegangen werden. Die beschriebene Situation kann also dazu führen, dass sich im Idealfall für nur eine kurze, unter Umständen sogar zu vernachlässigende Zeit eine Erhöhung des Störschallpegels während der Evakuierung ergibt. Ein derartiges Szenario kann jedoch auch völlig anders verlaufen, wenn es beispielsweise zu Unfällen kommt, weil zwei Fluchtströme unterschiedlicher Geschwindigkeit aufeinandertreffen. Es ist jedoch nicht vorherzusehen, welche geänderten verhaltensbedingten Störgeräusche in einem derartigen Szenario entstehen können. Natürlich könnte man von der ungünstigsten Situation ausgehen und unterstellen, dass sich sämtliche anwesenden Personen maximal laut verhalten. Normativ wäre dies durch die begründbaren Zuschläge auch durchaus möglich, würde jedoch in Abhängigkeit zur Anzahl der anwesenden Personen und unter Berücksichtigung der raumakustischen Verhältnisse ebenso dazu führen, dass eine Sprachalarmanlage mit verfügbarer Technik unter Umständen nicht mehr wirksam geplant und ausgeführt werden kann.

Eine derartige Überlegung kann durchaus noch weitergeführt werden. Es sind stets Situationen denkbar, die derart große Störgeräuschpegel mit sich bringen, dass die Wirksamkeit jeder erdenklichen Sprachalarmanlage infrage zu stellen ist. Es ist also kaum möglich, für alle erdenklichen Situationen eine noch ausreichend wirksame SAA zu planen und zu errichten. Somit kann nur ein gewisser Kompromiss eingegangen werden, in dem die wahrscheinlichsten Szenarien Berücksichtigung finden.

Sollten die Störgeräusche mit den oben beschriebenen und normativ dokumentierten Anforderungen und Hinweisen nicht verhältnismäßig sicher für eine Alarmsituation gemessen, berechnet oder prognostiziert werden können, so wird gegebenenfalls eine umgekehrte Vorgehensweise diskutiert. Hierbei läge es beim Planer, stets die lauteste SAA mit verfügbarer Technik zu planen und infolgedessen aufzuzeigen, bis zu welchen Störgeräuschpegeln noch eine ausreichende Wirksamkeit der Sprachalarmanlage gegeben ist.

Sodann müsste mit den Verantwortlichen abgestimmt werden, dass dies tragbar sei und das daraus abgeleitete Störschallspektrum fortan als Planungsgröße zu verwenden ist. Eine derartige Vorgehensweise, bei der die Unsicherheit zur Festlegung eines belastbaren Störgeräuschspektrums im Vordergrund steht, kann jedoch keinesfalls als grundsätzlich zielführend und wirtschaftlich bezeichnet werden, zumal auch hierbei die Möglichkeit besteht, Szenarien bei einer Brandalarmierung vorzufinden, bei der die SAA unwirksam ist.

Man könnte also zusammenfassen: Bei der Evakuierung im Brandfall sind verhaltensbedingte Störgeräusche zu erwarten, die je nach Objekt aus kommunizierenden Personen und aus Bewegungsgeräuschen zusammengesetzt sind – wenn es nicht zu besonderen Ereignissen kommt. Kommt es zu besonderen Ereignissen, sind diese bezüglich der entstehenden Störgeräusche kaum vorhersehbar und die überschlägige Auswertung von durchgeführten Evakuierungen mithilfe von Sprachalarmanlagen zeigt dazu eine eher geringere Wahrscheinlichkeit und Auswirkung. Die Störgeräusche kommunizierender Personen sind verhältnismäßig einfach zu berechnen, wohingegen die Bewegungsgeräusche eher weniger verlässlich zu prognostizieren sind. Daher ist es dringend zu empfehlen, zunächst die übliche Nutzungssituation messtechnisch zu erfassen. Ist dies im jeweiligen Objekt nicht möglich, könnte versucht werden, ein repräsentatives Vergleichsobjekt ausfindig zu machen und die entsprechenden Messungen darin vorzunehmen. Ist auch dies nicht möglich, sollten Fachleute hinzugezogen werden, die sich regelmäßig dieser Thematik widmen.

3.3.2 Maskierung

Wie bereits in den vorherigen Abschnitten beschrieben, ist eine spektrale Betrachtung des Sprachsignals erforderlich, wenn Störeinflüsse vorliegen und damit zu erwarten ist, dass die Sprachverständlichkeit nachteilig beeinflusst wird. Auch die Störeinflüsse müssen demnach spektral bewertet werden.

Sprache erstreckt sich in der Regel über das Spektrum von 125 Hz bis 8 kHz. Jedoch sind nicht alle Bereiche innerhalb des Spektrums für das Verstehen von Sprache von gleicher Wichtigkeit. Besonders hohen Einfluss haben vorliegende Störungen, wenn sie im Frequenzbereich von etwa 500 Hz bis 4 kHz einwirken. Fehlen spektrale Anteile bei der Signalübertragung oder sind diese auf Grundlage eines Effekts vom menschlichen Gehör nicht wie üblich wahrnehmbar, vermindert dies die erreichbare Sprachverständlichkeit. Das menschliche Gehör ist leider nicht in der Lage, bei Auftreten größerer Pegel sämtliche spektralen Anteile eines breitbandigen Signals unvermindert wahrzunehmen.

Bei Auftreten eines pegelstarken Ereignisses einer bestimmten Frequenz im Hörspektrum, zum Beispiel bei 1 kHz, werden spektrale Bereiche unterhalb und oberhalb von 1 kHz teils erheblich verdeckt. Diese Anteile des zu übertragenden Signals (Sprache) werden vom Gehör, also in Abhängigkeit des Schalldruckpegels, mitunter vermindert wahrgenommen. Die verminderte Wahrnehmung führt zu einer Verminderung der Sprachverständlichkeit. Nun ist wie im hier geschilderten Beispiel zur Maskierung nicht unbedingt ein weiteres Störsignal erforderlich, sondern das zu übertragende Signal (Sprache) maskiert sich selbst.

Bild 3.5 zeigt unter Berücksichtigung idealer Voraussetzungen, also ohne Störgeräuschpegel und ohne Einflüsse durch Raumakustik, wie die erreichbare Sprachverständlichkeit vom Pegel abhängt. Bis zum Erreichen eines Pegels von etwa 55 dB ist die erreichbare Sprachverständlichkeit unter diesen idealen Bedingungen von der menschlichen Hörschwelle abhängig. Bei zu geringen Pegeln ist auch mit einer geringeren Sprachverständlichkeit zu rechnen. In einem Bereich von etwa 55 dB bis 80 dB liegt der ideale Arbeitsbereich unseres Gehörs. Bei darüber hinausgehenden Pegeln, also ab etwa 80 dB, ist Bild 3.5 deutlich zu entnehmen, dass die maximal, auch unter idealen Bedingungen, erreichbare Sprachverständlichkeit mit zunehmendem Pegel bis auf einen STI von etwa 0,67 absinkt.

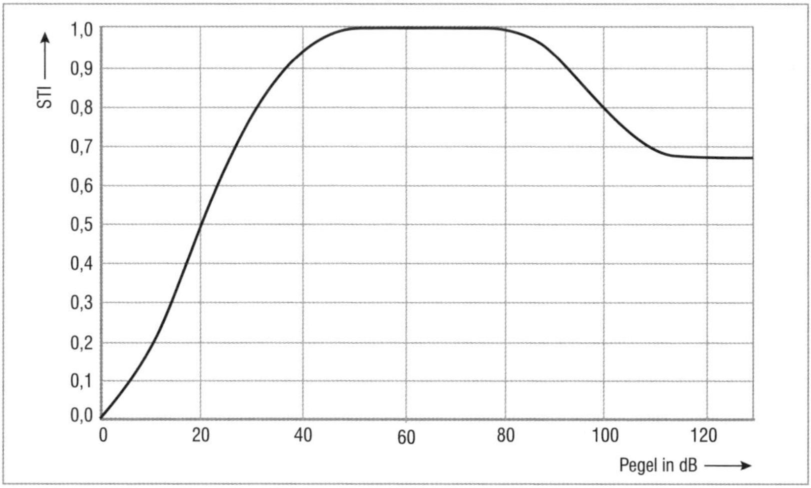

Bild 3.5 Maskierungseffekt [13]

Eine deutlich daraus ablesbare Maßgabe zur Dimensionierung der Beschallungsanlage ist also, den Schalldruckpegel unter 80 dB anzusetzen, wann immer es nur geht. Pegel darüber sorgen zusätzlich zu den negativen Einflüssen des Störgeräuschpegels und der Raumakustik für eine Verminderung der erreichbaren Sprachverständlichkeit.

Natürlich kann diesem Grundsatz nicht entsprochen werden, wenn bereits Störgeräuschpegel vorherrschen, die einen Nutzgeräuschpegel über 80 dB erfordern. Hier ist also das genaue Abwägen der einzelnen Einflussgrößen erforderlich, um bei den gegebenen raumakustischen Verhältnissen und dem zu erwartenden Störgeräuschpegel eine darauf angepasste Beschallung und deren Aussteuerung zu wählen.

3.3.3 Lautsprecheranzahl und deren Abstrahlcharakter

Die Anzahl der Lautsprecher spielt bei der Beschallung in Räumen mit einer ausgeprägten Raumakustik, gekennzeichnet durch lange Nachhallzeiten, eine erhebliche Rolle. Jede Schallquelle im Raum ist für die Entstehung von Diffusschall verantwortlich. Diffusschall wiederum wirkt wie Störgeräusche verringernd auf die Modulationstiefe und beeinflusst somit die Sprachverständlichkeit. Daher ist es ratsam, die Anzahl der Lautsprecher zu minimieren und deren Position und Abstrahlcharakter derart zu wählen, dass vorwiegend die zu versorgenden Flächen beschallt werden.

Das **Bild 3.6** zeigt den jeweils erreichbaren Hallradius durch Veränderung der Anzahl von Lautsprechern, wobei hier einfache Lautsprecher ohne ausgeprägtes Richtverhalten in einem Raum mit einer Nachhallzeit von etwa

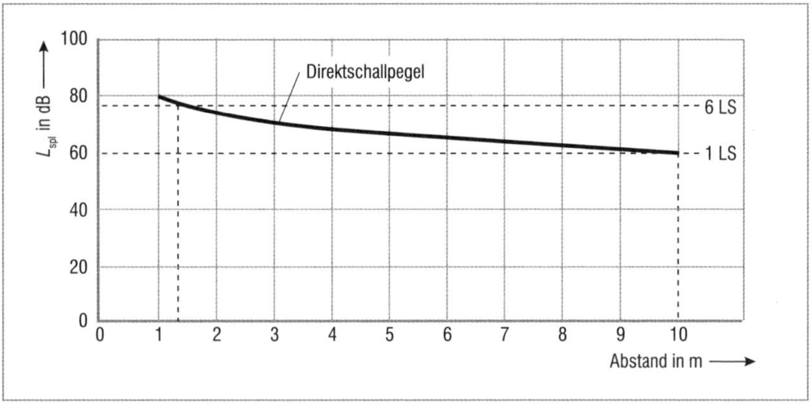

Bild 3.6 Quellenanzahl mit Einfluss auf den Hallradius

2 s vorausgesetzt werden. Die jeweils markierte Entfernung beschreibt die Distanz vom Lautsprecher zu dem Punkt, an dem der Direktschallpegel ebenso hoch ist wie der Diffusschallpegel (Hallradius). Bei sechs Lautsprechern ist die Distanz gerade mal 1,3 m, wogegen ein einzelner Lautsprecher eine Distanz von 10 m erreicht. Der Hallradius wird bei dieser Bewertung lediglich durch die Anzahl der Quellen im Raum beeinflusst, in dem mit jeder weiteren Quelle der Diffusschallpegel höher wird.

Kann dem Leitsatz der Quellenminimierung nicht Folge geleistet werden, ist damit zu rechnen, dass der Abstand einerseits der Lautsprecher zur Hörerfläche und andererseits der Lautsprecher untereinander äußerst gering ausfällt. Dies führt je nach zu versorgender Hörerfläche zu einer hohen Anzahl von Lautsprechern und oftmals auch an die architektonische Grenze, Lautsprecher nicht da positionieren zu können, wo es bei diesem Konzept erforderlich wäre. Moderne Lautsprechersysteme mit gezielt einstellbarem Abstrahlcharakter und einer enorm großen Reichweite wären beschallungstechnisch sicher die bessere Alternative. Jedoch kann grundsätzlich davon ausgegangen werden, dass sich ein größerer Hallradius ergibt, je mehr die Lautsprecher in der Lage sind, die von ihnen abgegebene Schallleistung zu bündeln. Dies wird im Regelfall durch bestimmte Bauarten der Lautsprecher erreicht. Werden beispielsweise Lautsprecher mit einer Hornkonstruktion verwendet, wird damit versucht, den Schall entsprechend der Dimensionierung des Horns vorwiegend in eine bestimmte Richtung zu übertragen. Diese Abstrahlcharakteristik wird auch als bündelnd bezeichnet. Um Schall vorwiegend in eine bestimmte Richtung zu übertragen, stehen sehr unterschiedliche bauartbedingte Ausführungen von Lautsprechern zur Verfügung, sodass es im Rahmen der Planung erforderlich ist, die jeweils zur Beschallungsaufgabe passenden Lautsprecher in der geeigneten Anzahl, Positionierung und Ausrichtung auszuwählen – vor allem, wenn komplizierte raumakustische Verhältnisse vorliegen.

Je nach Bauart der Lautsprecher kommt es zu einer bandbegrenzenden Funktion der Beschallungsanlage, sodass ein durchaus nichtlinearer Frequenzgang vorliegt. Wie bereits beschrieben, sind die einzelnen Bereiche im gesamten Sprachfrequenzbereich bezüglich der Sprachverständlichkeit unterschiedlich gewichtet. Daher kann es bei der Planung des geeigneten Beschallungssystems durchaus tolerabel sein, Lautsprechersysteme auszuwählen, bei denen beispielsweise die tiefen Frequenzen nur sehr schwach übertragen werden. Wenn dafür im Gegenzug im Bereich der für die Sprachverständlichkeit wichtigen Frequenzen eine hohe Bündelung vorliegt und dies für die im Objekt vorhandenen großen Beschallungsdistanzen erforderlich ist, kann damit eine Verbesserung der Sprachverständlichkeit erreicht werden.

Nicht lineare Frequenzgänge von Lautsprechern können also in Bezug auf die zu erreichende Sprachverständlichkeit durchaus toleriert werden, sind jedoch auch ein klangliches Qualitätsmerkmal der Beschallungsanlage. Schließlich spielen Natürlichkeit, eine ausgewogene Klangwiedergabe und die akustische Identifikation (Wiedererkennung) des Sprechers ebenfalls eine wichtige Rolle, vor allem dann, wenn eine Nutzung der SAA auch außerhalb des Notfalls wie zum Beispiel für die Übertragung von Hintergrundmusik wichtig ist.

Die Anzahl und der Abstrahlcharakter der Quellen einer Beschallungsanlage (Lautsprecher), die Ausrichtung der Lautsprecher und deren Aussteuerung beeinflussen die Sprachverständlichkeit bei ansonsten gleichbleibenden Verhältnissen des Störpegels und der Raumakustik.

Die Optimierung der Funktion einer Beschallungsanlage muss in Abhängigkeit der vorherrschenden Raumakustik erfolgen, um das beste Sprachverständlichkeitsergebnis zu erzielen. Die Parameter der Beschallungsanlage sind passend zu den raumakustischen Parametern zu wählen. Sollten Planer und Errichter idealerweise sogar beides, die Parameter der Beschallungsanlage und die Parameter der Raumakustik, in der Hand haben, kann eine optimale Anpassung aufeinander vorgenommen werden, ohne dass es zu Verlusten an Gewerkeschnittstellen kommt.

3.3.4 Raumakustische Eigenschaften

Die raumakustischen Eigenschaften sind maßgeblich daran beteiligt, welche Sprachverständlichkeit mit der SAA erreicht werden kann. Die Nachhallzeit, als eine der wichtigen charakteristischen Größen zur Beschreibung der raumakustischen Eigenschaften, muss im Rahmen der Planung einer SAA festgelegt und als Eingangsgröße zur Auslegung der Beschallungslösung verwendet werden. Neben der Nachhallzeit wirken sich Echos und ungünstige Einzelreflexionen ebenfalls erheblich nachteilig auf die Sprachverständlichkeit aus. Da diese Effekte jedoch kaum für den Planer und Errichter von Sprachalarmanlagen als einfache Information zur Verfügung stehen, sind diese vorwiegend im Rahmen von Simulationsberechnungen zu berücksichtigen. Die Nachhallzeit steht jedoch meist mindestens als Einzahlenwert zur Bewertung der raumakustischen Situation zur Verfügung.

In **Bild 3.7** sind wieder idealisierte Bedingungen vorausgesetzt. Maskierungseffekte spielen bei dieser Darstellung keine Rolle. Bild 3.7 soll vielmehr darstellen, wie Nachhallzeit und Störsignalabstand gemeinsam auf die Sprachverständlichkeit einwirken. Als Isograf ist die Kennlinie bei einem STI von 0,5 eingezeichnet. Es ist deutlich zu erkennen, dass in Räumen mit einer Nachhallzeit von 1,5 s oder mehr auch eine Verbesserung des Störsignalabstands keine verwertbare positive Einwirkung mehr auf die Sprachverständlichkeit hat. Im Gegenzug dazu zeigt Bild 3.7 auch, dass der seit Jahrzehnten in den Köpfen von Planern und Errichtern eingebrannte Störsignalabstand von 10 dB nur in Räumen mit einer Nachhallzeit von weniger als 1,2 s zu einer Sprachverständlichkeit von 0,5 STI führt, selbst wenn, wie in der hier vorliegenden Betrachtung, isolierte Bedingungen herrschen.

Im Rahmen von Sprachalarmanlagen und auch im Einklang zu DIN VDE 0833-4:2024-06 „Festlegungen für Anlagen zur Sprachalarmierung im Brandfall" ist ein Störsignalabstand von 10 dB für die Beurteilung der Sprachverständlichkeit nicht hinlänglich. Lediglich der Störsignalabstand des Aufmerksamkeitstons gemäß DIN 33404-3 hat mindestens 10 dB zu betragen.

Auch wenn in Bild 3.7 keine Lautsprecher besonderer Abstrahlcharakteristik zugrunde liegen, ist deutlich erkennbar, dass Nachhallzeiten von mehr

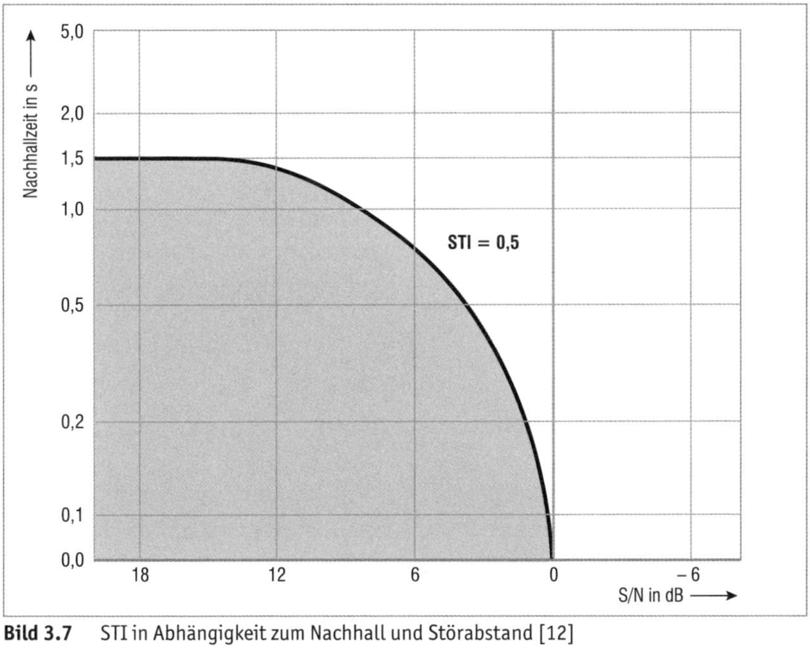

Bild 3.7 STI in Abhängigkeit zum Nachhall und Störabstand [12]

als 1,5 s weitreichende Maßnahmen aufseiten der Beschallungsanlage erfordern, um eine ausreichende Sprachverständlichkeit zu erzielen.

Die Einbringung von raumakustisch wirksamen Materialien zur Senkung der Nachhallzeit und zur Reduktion von Reflexionen optimiert die Raumakustik im Sinne der Erreichbarkeit von Beschallungsergebnissen. Oftmals jedoch steht die Reduktion der Nachhallzeit im Gegensatz zur Raumnutzung, die unter Umständen eine höhere Nachhallzeit erfordert (musikalische Nutzungen). In einem solchen Fall ist die gewissenhafte Abwägung der Maßnahmen oberste Priorität, um einerseits der Raumnutzung und andererseits der Realisation abnahmefähiger Sprachverständlichkeitswerte zu entsprechen.

3.4 Messtechnische Zusatzinformationen

Bei der messtechnischen Aufnahme akustischer Parameter ist auch beim alltäglichen Einsatz einfacher Systeme stets auf alle einfließenden Randbedingungen zu achten. Gerade bei der vorherrschenden Brisanz, also das Erreichen der Ziele einer SAA nachzuweisen und so einen größtmöglichen Schutz von Leib und Leben betroffener Personen zu gewährleisten, ist das sehr gewissenhafte Vorgehen eine Grundvoraussetzung. Dies schließt ein, dass die auf die Messungen einwirkenden Randbedingungen klar sind und deren Einwirkungen auf das Messergebnis Berücksichtigung finden. Unter Umständen ist es erforderlich, neben der eigentlichen messtechnischen Ermittlung des STI weitere akustische Parameter messtechnisch zu erfassen. Die im praktischen Alltagseinsatz befindlichen, handgehaltenen Messgeräte zur Ermittlung des STI verfügen in der Regel auch über ausreichend genaue Messmöglichkeiten, die zusätzlich erforderlichen akustischen Größen zu erfassen.

3.5 Messung des Schalldruckpegels

Zur Messung des Schalldruckpegels ist es im Gegensatz zur Ermittlung eines Spektrums zumeist ausreichend, die Angabe in Form eines Einzahlenwerts vorzunehmen. Die Messung des Schalldruckpegels ist zum Beispiel erforderlich, um das Sprachsignal der Brandfalldurchsage und das Testsignal für die Messung der Sprachverständlichkeit miteinander abzugleichen. Aber auch vor Inbetriebsetzung einer Beschallungsanlage während der Einstellungsarbeiten wird es erforderlich sein, an unterschiedlichen Stellen im Objekt die Messung des Schalldruckpegels bei Wiedergabe über die Beschallungsanlage vorzunehmen, um die gewünschte Verteilung oder Gleichmäßigkeit der Lautstärke zu erzielen. Die Erfassung des Schalldruckpegels im Kontext von SAA erfolgt in der Regel als Messung des L_{Aeq}. Es ist also der äquivalente, A-bewertete Dauerschalldruckpegel mit einer Mittelungszeit von 15 s zu messen.

Die Positionierung des Messmikrofons sollte stets derart vorgenommen werden, dass es sich auf Ohrhöhe der Personen im zu bewertenden Bereich befindet. Hier können die Informationen zur empfohlenen Höhe aus dem Abschnitt 3.8 zur Messung der Sprachverständlichkeit nach der direkten Methode entnommen werden. Die Anwendungsrichtlinie für SAA definiert keine Anforderungen zur Kalibration des Messgeräts. Dennoch ist zu empfehlen, eine regelmäßige Überprüfung des Messgeräts vornehmen zu lassen oder die Kalibration des Messgeräts mit einem regelmäßig geeichten Kalibrator selbst vorzunehmen. Eine gute Vorgehensweise wäre es, vor und nach jeder anstehenden Messreihe (Tag der Messung) eine derartige Kalibration durchzuführen.

3.6 Messung von Störgeräuschen

Im Abschnitt 3.3.1 zu Störgeräuschen wurde bereits erläutert, dass deren Festlegung bereits in der Planungsphase zu erfolgen hat und dabei mindestens zwei Kriterien zu beachten sind. Zum einen ist es erforderlich, den A-bewerteten Summenpegel der zu erwartenden Störgeräusche in der Alarmsituation zu ermitteln, damit dies als Eingangsgröße zur Entscheidung über das anzuwendende Planungsverfahren verwendet werden kann. Zum anderen ist das zu erwartende Störgeräuschspektrum zu ermitteln, wenn dies für die Durchführung von Simulationsberechnungen erforderlich ist oder eine Korrektur der im Ruhigen, also außerhalb der Nutzungszeiten, gemessenen Sprachverständlichkeit vorgenommen werden muss.

Zunächst sollen die grundsätzlichen Anforderungen an die Messung von Störgeräuschen erläutert werden. Hierbei sind folgende Aspekte von besonderer Bedeutung:

- zeitliche Veränderung der Störgeräusche,
- örtliche Veränderung der Störgeräusche,

- Korrelation zur Reaktionszeit,
- Umgang mit Störgeräuschspitzen,
- Vermeidung nicht repräsentativer Einflüsse während der Messung.

In vielen Objekten ist davon auszugehen, dass die Störgeräusche nicht zu jedem Zeitpunkt gleichartig ausfallen. Darüber hinaus ist zu unterscheiden, ob Störgeräusche verhaltensbedingt durch Personen oder durch Anlagentechnik erzeugt werden. Grundsätzlich können aber auch beide Quellen gleichzeitig an der Erzeugung von Störgeräuschen beteiligt sein. Wie in Abschnitt 3.3.1 zu Störgeräuschen im Kontext der Sprachalarmierung bereits beschrieben wurde, sind die Störgeräusche in einer üblichen Nutzungssituation des Objekts zunächst eine gute Grundlage, um zu entscheiden, welche Störgeräusche im Falle des Brandalarms zu erwarten sind. In Objekten wie Einkaufszentren, Bahnhöfen, Flughäfen, Schulen, Beherbergungsbetrieben, Veranstaltungsstätten, Sportstätten usw. kann zumeist davon ausgegangen werden, dass verhaltensbedingte Störgeräusche einer gewissen zeitlichen Dynamik unterliegen.

Die Messung der Störgeräusche im Kontext der Sprachalarmierung muss also zu einem Zeitpunkt vorgenommen werden, in dem die Störgeräusche laut sind. In vielen Objekten ist dies nutzungsabhängig. In Einkaufszentren beispielsweise kann oft festgestellt werden, dass die maximale Frequentierung am Samstagnachmittag stattfindet. In Bahnhöfen und Flughäfen ist dies wiederum vom jeweiligen Verkehrsaufkommen abhängig. In Sport- und Veranstaltungsstätten hängt dies im Regelfall mit dem Ablauf von Veranstaltungen zusammen. Auch kann es sein, dass die Dynamik der Störgeräusche in den unterschiedlichen ADAs verschiedenartig ausfällt und ebenfalls von der Frequentierung und Nutzung abhängt. Eine sichere Methodik, den passenden Zeitpunkt zur Messung der Störgeräusche herauszufinden ist, eine Langzeitmessung über den zu erwartenden Zeitraum mit Auftreten lauter Störgeräusche vorzunehmen. Dies könnte beispielsweise die gesamte Pausendauer in einer Schulaula sein oder auch der gesamte Samstagnachmittag in einem Einkaufszentrum oder der Freitagnachmittag in einem Bahnhof.

Zunächst sollte also ermittelt werden, in welchem Zeitraum damit zu rechnen ist, dass laute Störgeräusche auftreten. Sodann wäre es hilfreich, über den gesamten Zeitraum die Störgeräusche messtechnisch zu erfassen. Die Langzeitmessung könnte derart aufgebaut sein, dass eine Messung pro Sekunde vorgenommen wird. Im Nachgang zur Langzeitmessung könnten dann alle Datensätze dahingehend ausgewertet werden, wann zum Beispiel die lautesten X min innerhalb der Langzeitmessung gewesen sind.

An dieser Stelle kommt die sogenannte *Reaktionszeit* ins Spiel. Normativ ist die Reaktionszeit als eine Zeit definiert, die einerseits in der Konzeptphase festzulegen ist und andererseits eine zeitliche Vorgabe darstellt, in der die zu informierenden Personen die Durchsage mit der erforderlichen Sprachverständlichkeit verstehen und mit der Umsetzung der Anweisung beginnen. Die Reaktionszeit ist in der Regel eine Komponente der Evakuierungszeit und ist gemeinsam mit dem Verfasser des Brandschutzkonzepts zu erarbeiten, festzulegen und zu dokumentieren. Sind nun die Störgeräusche zeitlich dynamisch, besteht die Aufgabe darin, im zeitlichen Verlauf der Störgeräusche herauszufinden, wann die Störgeräusche über die Länge der Reaktionszeit maximal laut waren. Sollte im Objekt also eine Reaktionszeit von zum Beispiel 3 min festgelegt worden sein, so würde man die Langzeitmessung mit einer Taktung von 1 s derart untersuchen, dass zunächst der A-bewertete Summenpegel der Messung 1 bis 180 berechnet wird. Danach wird der A-bewertete Summenpegel der Messung 2 bis 181 berechnet usw. Ist man am Ende der gesamten Langzeitmessung angelangt, kann man sehr einfach den lautesten A-bewerteten Summenpegel von 180 s herausfinden. Von diesem 180-Sekunden-Intervall wird dann aus allen 180 einzelnen Spektren ein Gesamtspektrum gemittelt. Somit erhält man dann das Störgeräuschspektrum der lautesten 3 min und den A-bewerteten Summenschalldruckpegel. Sehr vereinfachend wäre es, diesen Vorgang mit einem Programm zur Tabellenkalkulation vorzunehmen.

Die hier beschriebene Methodik kann durchaus situationsbedingt auch in modifizierter Form angewandt werden. Auch die Taktung von 1 s für die Langzeitmessung kann gegebenenfalls auf zum Beispiel 5 s vergrößert werden. Je nach dynamischem Verlauf der Störgeräusche im Objekt kann bereits während der Messung festgestellt werden, dass im zu erwartenden lauten Zeitraum die Störgeräusche doch keine erhebliche Dynamik mehr aufweisen und verhältnismäßig gleich laut sind. In einem derartigen Fall könnte man auch mehrere Messungen mit einer Mittelungszeit korrespondierend zur Reaktionszeit nacheinander vornehmen und miteinander vergleichen. Sind keine wesentlichen Unterschiede festzustellen, hätte man somit bereits das entsprechende Störgeräuschspektrum der X lautesten Minuten der üblichen Nutzungssituation ermittelt. Viele Messgeräte verfügen dann gleichzeitig über die Möglichkeit, aus dem gemessenen Spektrum den A-bewerteten Summenpegel auszugeben.

Beispiel
Ein typisches Beispiel, bei dem diese Vorgehensweise oft zielführend ist, wäre die Ermittlung der Störgeräusche in einer Schulaula während der großen Pause von beispielsweise 20 min. Regelmäßig ist dabei festzustellen, dass die Störgeräusche in den ersten 5 min der Pause lauter werden, dann etwa 10 min recht konstant sind und in den letzten 5 min wieder leiser werden. Somit würde es ausreichen, die lautesten X min etwa während der Pausenmitte messtechnisch zu erfassen.

Bei zeitlich indifferenten Störgeräuschen etwa durch industrielle Anlagentechnik kann prinzipiell nach der gleichen Methodik vorgegangen werden wie bei verhaltensbedingten Störgeräuschen. Hier ergibt sich jedoch oft auch die Möglichkeit, Anlagentechnik manuell ein- und auszuschalten, sodass eine Steuerung der zu messenden Störgeräusche möglich ist. Dies ist beispielsweise bei der Messung von Rauchgasventilatoren zielführend. In Industriehallen oder Technikebenen von Gebäuden können auch viele einzelne Komponenten der gesamten Anlagentechnik oder verschiedene Maschinen zu unterschiedlichen Zeiten mal mehr oder weniger aktiv sein. Dadurch ergibt sich zumeist auch ein zeitlich dynamischer Verlauf der Störgeräusche. Eine derartige Situation lässt sich im Regelfall ebenfalls durch eine Langzeitmessung erfassen. Die oben beschriebene Methodik zur Auswertung der Langzeitmessung kann auch hierbei zur Anwendung kommen.

Treten anlagentechnische und verhaltensbedingte Störgeräusche gleichzeitig auf, so ist eine messtechnische Erfassung auf Grundlage der oben beschriebenen Methodik ebenfalls möglich. Sollten die beiden grundsätzlichen Quellen von Störgeräuschen jedoch beispielsweise nur während des Brandalarms gleichzeitig auftreten, so könnten die verhaltensbedingten Störgeräusche und die anlagentechnischen Störgeräusche auch unabhängig voneinander gemessen werden. Anschließend muss eine korrekte Addition der Störgeräuschpegel erfolgen. Hierbei ist zu empfehlen, zunächst die beiden Spektren zu addieren und aus dem Gesamtspektrum den A-bewerteten Summenpegel zu berechnen.

Berechnungshinweise, wie Schallpegel zu berechnen sind, können dem Abschnitt 1.3.3 entnommen werden.

Je nach Dynamik der Störgeräusche ist es möglich, dass Störgeräuschspitzen auftreten. Nach normativer Festlegung sind diese im Regelfall zu vernachlässigen, wenn sie kurzzeitig sind und keinen wesentlichen Einfluss auf die Wirksamkeit der SAA haben. Wie dies beurteilt werden kann, wird in der

Norm jedoch nicht beschrieben. Eine Anmerkung im entsprechenden Abschnitt gibt Hinweise zum sogenannten *Überschreitungspegel*. Die Bewertung eines Überschreitungspegels wurde in der Vergangenheit gelegentlich dazu verwendet, zu beurteilen, ob Störgeräuschspitzen wesentliche Auswirkungen auf die Wirksamkeit der SAA haben. Grenzwerte oder Informationen, um welchen Überschreitungspegel es sich handelt, fehlen in der Norm jedoch.

Ein Überschreitungspegel zu einem über die Zeit unterschiedlich lauten Signal gibt an, wie hoch der Pegel ist, der in einem Teil des gesamten betrachteten Zeitraums überschritten wird. Der Überschreitungspegel L10 beispielsweise gibt den Pegel an, der zu 10 % eines betrachteten Zeitraums überschritten wird. Diese 10 % können aus vielen einzelnen kleinen lauten Impulsen oder jedoch auch aus nur einem einzigen über 10 % des betrachteten Zeitraums andauernden lauten Geräuschs bestehen. Beide Signalformen des Störgeräusches können unterschiedliche Auswirkungen auf die Sprachverständlichkeit haben. Zudem kommt noch hinzu, dass die Störgeräuschspitzen auch mit unterschiedlichen Frequenzen auftreten können und somit ebenfalls unterschiedliche Auswirkungen auf die Sprachverständlichkeit haben. Diese beiden Aspekte erklären bereits, dass eine pauschale Festlegung eines Überschreitungspegels zur Bewertung der Auswirkungen von Störgeräuschspitzen auf die Wirksamkeit der SAA nicht sinnvoll erscheint.

Der normative Hinweis auf derartige Spitzen im Störgeräusch zu achten, ist zwar sinnvoll, aber eine tatsächliche Bewertung bezüglich möglicher Einflüsse auf die Sprachverständlichkeit muss individuell vorgenommen werden. Dabei ist zu betrachten, welche zeitliche Dauer die Störgeräuschspitzen haben, wie oft sie auftreten, in welchem Frequenzbereich sie auftreten und welchen Pegel sie haben. Sollten Untersuchungen der Störgeräusche mit entsprechenden Spitzen unter Einsatz geeigneter Software oder die Messung der Sprachverständlichkeit während des Vorhandenseins derartiger Störgeräusche nicht sinnvoll oder verhältnismäßig sein, so sollte mindestens eine subjektive Abschätzung über die Beeinflussung der Wirksamkeit der SAA vorgenommen werden.

Störgeräusche können nicht nur zeitlich differieren sondern auch örtlich. Würde man beispielsweise eine große Messehalle während einer Ausstellung betrachten, so ist oft zu beobachten, dass an bestimmten Messeständen besonders große Menschenansammlungen vorzufinden sind. Nun könnte man natürlich argumentieren, dass der Bereich der großen Menschenansammlung als eigener ADA zu bewerten und hierfür auch ein spezifisches Störgeräusch festzulegen sei. Diese Vorgehensweise wäre jedoch nicht besonders hilfreich, wenn dieser Messestand mit den besonders großen Menschenansammlungen bei der nächsten Ausstellung an einer anderen Position verortet wird. In einer derartigen Situation wäre zwar festzustellen, dass die Störgeräusche örtlich unterschiedlich ausfallen, aber eine explizite Festlegung des Ortes in der Realität nicht vorzufinden ist. Also ist es zielführend, in derartigen Objekten die Störgeräusche in den Bereichen zu messen, in denen sie laut ausfallen und das sich daraus ergebende Spektrum sowie den A-bewerteten Summenpegel für den gesamten ADA in Ansatz zu bringen.

Ist jedoch die Position der Emittenten von lauten Störgeräuschen im ADA festgelegt, ist zu beurteilen, ob die lauten Störgeräusche für den gesamten ADA repräsentativ sind oder ob der Bereich in mehrere ADAs zu unterteilen ist. Die Unterteilung könnte in einem derartigen Fall in einzelne Zonen vorgenommen werden. Ist beispielsweise in einem großen Alarmierungsbereich an einem Ende eine lautstarke Maschine positioniert, könnte in geringer Entfernung zu dieser Maschine relativ viel Direktschall zu sehr lauten Störgeräuschen führen. In einer etwas größeren Entfernung zur Maschine ist dann zu erwarten, dass Direktschall und Diffusschall auf einem Niveau liegen und in einer noch größeren Entfernung nur noch der von der Maschine verursachte Diffusschall als Störgeräusch zu werten ist.

Hier würde es sich anbieten, den Alarmierungsbereich zum Beispiel in drei Zonen zu unterteilen. Wie viele Zonen tatsächlich erforderlich sind, um jede Zone als einen ADA mit eigenem Störgeräuschniveau zu differenzieren, ist jedoch objektspezifisch festzulegen. Die Festlegung von Zonen erfolgt auf der Basis, zu vereinheitlichen, dass die Störgeräusche innerhalb einer Zone gleichartig ausfallen. Dies ist eine durchaus praktikable Vereinheitlichung, beinhaltet jedoch auch Fehler, da gerade bei einer örtlichen Festlegung einer Störgeräuschquelle damit zu rechnen ist, dass eine stetige Abnahme des Störgeräuschpegels mit dem Abstand zur Störgeräuschquelle vorliegt. Möchte man diesen Umstand möglichst genau berücksichtigen, wäre es hilfreich, den mit dem Abstand veränderlichen Störgeräuschpegel mithilfe eines Simulationsprogramms zu berechnen. Damit könnte beispielsweise dargestellt werden, wie sich die Störgeräusche von einer oder mehrerer Quellen auf der Hörerfläche darstellen. Da jedoch die etablierten Simulationsprogramme zur Vorhersage der Sprachverständlichkeit derzeit noch nicht über die Eigenschaft verfügen, auf der Hörerfläche verteilte Störgeräusche zu berücksichtigen, verhilft diese Vorgehensweise dem Anwender bestenfalls zu bewerten, ob die Aufteilung in einzelne ADSs sinnvoll ist oder ob in bestimmten Bereichen eine darauf angepasste Auslegung von Raumakustik oder Beschallung erforderlich erscheint. Auch eine sinnvolle Aufteilung in einzelne Zonen kann mit der berechneten Verteilung der Störgeräusche auf der Hörerfläche gut vorgenommen werden.

Bei der Messung von verhaltensbedingten Störgeräuschen kommt es regelmäßig dazu, dass die Messergebnisse verfälscht werden, sobald die Personen, die die verhaltensbedingten Störgeräusche erzeugen, bemerken, dass sie Bestandteil der Messung sind. Je nach Situation kann es dadurch bedingt zu übertrieben lautem Verhalten der anwesenden Personen kommen, was dann nicht mehr als repräsentativ für die übliche Nutzungssituation gewertet werden kann. In solchen Situationen ist es zu empfehlen, die Messung so vorzunehmen, dass diese nicht unmittelbar als solche erkannt werden kann. Hier bieten sich unterschiedliche Vorgehensweisen an. Zum einen könnte das Messmikrofon unauffällig an Gebäude- oder Ausstattungsgegenstände befestigt und über ein entsprechendes Kabel an das Messgerät angeschlossen werden. Soll jedoch an vielen unterschiedlichen Positionen gemessen werden, bietet es sich zum anderen an, das Mikrofon in einen Alltagsgegenstand einzubauen, in der Hand zu halten und mit einer unter der Kleidung verlegten Leitung mit dem Messgerät in der Jackentasche zu verbinden. Hier darf der Anwender durchaus fantasiereich sein, sollte jedoch dabei beachten, dass die akustische Funktionsfähigkeit des Mikrofons erhalten bleibt.

3.7 Messung der Nachhallzeit

Die messtechnische Erfassung der Nachhallzeit ist für die Messung der Sprachverständlichkeit im Grunde genommen nicht erforderlich. Wie in den Abschnitten zu den unterschiedlichen Planungsverfahren jedoch beschrieben wird, ist die Nachhallzeit einer der Bewertungskriterien, um über die Anwendung des vereinfachten Planungsverfahrens entscheiden zu können. In Objekten, die sich baulich in einem Zustand befinden, in dem keine Messungen vorgenommen werden können, wird die Nachhallzeit als Entscheidungskriterium berechnet werden müssen. Lässt das entsprechende Objekt jedoch eine messtechnische Erfassung der Nachhallzeit zu, so kann mithilfe verhältnismäßig einfach vorzunehmender Messungen zumindest hinlänglich genau ermittelt werden, ob die Anwendung des vereinfachten

Planungsverfahrens zumindest auf Grundlage der Nachhallzeit möglich ist. Sollte die Messung bereits zeigen, dass die Nachhallzeit oberhalb von 1 s liegt, so ist dies bereits ein guter Indikator dafür, das vereinfachte Planungsverfahren nicht normkonform anwenden zu können.

In vielen Projekten wird die Nachhallzeit durch Akustiker entweder berechnet oder gemessen, sollte der bauliche Zustand dies zulassen. Einige Geräte zur Messung der Sprachverständlichkeit nach der direkten Methode verfügen auch über die Möglichkeit, die Nachhallzeit messtechnisch aufzunehmen. Die dabei verwendeten Verfahren lassen jedoch zumeist lediglich eine gute überschlägige Bewertung der vorliegenden Nachhallzeitverhältnisse zu. Um das Bewertungskriterium Nachhallzeit zur Bewertung der Anwendbarkeit des vereinfachten Planungsverfahrens zu erhalten, ist die Messung mit derartigen Messgeräten im Regelfall hinlänglich genau. In der technischen Dokumentation derartiger Messgeräte ist zumeist beschrieben, wie die Messung der Nachhallzeit vorgenommen wird. Im Vordergrund steht dabei, wie der zu erfassende Raum mit einem entsprechenden Schallereignis angeregt wird. Die Anregungsformen können dabei sehr unterschiedlich ausfallen und haben dabei erheblichen Einfluss auf die Genauigkeit der Messergebnisse.

Die Ermittlung der Nachhallzeit wird auch bei Anwendung derartiger Verfahren, wie sie diese Geräte verwenden, spektral vorgenommen. Demzufolge werden einzelne Werte der Nachhallzeit in den entsprechenden Oktavbändern 125 Hz bis 4 kHz und oft auch bis 8 kHz ermittelt. Dies macht es erforderlich, dass das Schallereignis, das den Raum anregen soll, genügend Schallenergie im gesamten zu messenden Spektrum in den Raum einbringt. Zur normgerechten Durchführung der Nachhallzeitmessung kann standardisiert nach ISO 3382 vorgegangen werden. Erfolgt die Raumanregung entsprechend dieser Standards, kann mit den oben beschriebenen Messgeräten ebenso eine normkonforme Ermittlung der Nachhallzeit vorgenommen werden. Dabei steht im Vordergrund, dass die anregende Schallquelle eine diffuse Abstrahlung hat. Mit dazu geeigneten Lautsprechern kann ein omnidirektionales Schallfeld im Raum erzeugt werden. Im Regelfall werden sogenannte *Dodekaeder-Lautsprecher* für eine präzise, normkonforme Messung der Nachhallzeit verwendet. Mithilfe derartiger Lautsprecher kann zumeist im gesamten zu messenden spektralen Bereich genügend Schallenergie in den Raum eingebracht werden.

Oft wird dazu ein abgeschaltetes Rosa Rauschen verwendet. Dazu wird von den Messgeräten die Zeit verwendet, in der das Rauschen abgeschaltet ist, um die „Antwort“ (der abklingende Nachhall) des Raums zu messen. Demnach stellt sich die Frage, wie lange muss das Rauschsignal übertragen werden, bis es abgeschaltet wird. Eine Faustregel besagt, dass die Anregung des Raums in der Größenordnung der zu erwartenden Nachhallzeit sein sollte. Dabei ist eine längere Anregungszeit eher von Vorteil. Darüber hinaus werden stets viele Messungen nacheinander vorgenommen und auch die Positionierung von Lautsprecher und Mikrofon werden mehrfach geändert, um letzten Endes eine ausreichende Mittelung vornehmen zu können.

Den meisten Planern und Errichtern von Sprachalarmanlagen steht jedoch ein derartiges Lautsprechersystem oft nicht zur Verfügung. Auch kann es vorkommen, dass der von einem Dodekaeder-Lautsprecher erzeugte Schalldruck aufgrund der Raumgröße nicht ausreicht, um eine ausreichende Anregung des Raums zu erhalten. In derartigen Fällen muss über eine alternative Anregung des Raums nachgedacht werden. Als alternative Anregungsmöglichkeiten stehen weitere Schallquellen zur Verfügung. Je nach verwendeter Schallquelle und deren akustische Wirksamkeit ist auch damit zu rechnen, dass die Ergebnisse der Nachhallzeitmessung unterschiedlich ausfallen können.

Akustiker verwenden bei sehr großen Räumen oft Schreckschusswaffen oder Starterpistolen, die bei Verwendung geeigneter Munition einerseits ebenfalls eine kugelförmige Abstrahlcharakteristik aufweisen und andererseits auch im tieffrequenten Bereich genügend Schallenergie in den Raum einbringen können. Es ist selbsterklärend, dass die Verwendung von Pistolen natürlich auch deutliche Nachteile mit sich bringt, da lediglich eine impulshafte Anregung des Raums erfolgt und das Mitführen von Waffen grundsätzlich problematisch sein kann, auch wenn die entsprechenden Genehmigungen dazu vorliegen. Sollte dies unumgänglich erforderlich sein, so ist dringend zu empfehlen, zuvor eine Abstimmung, im Idealfall unter Einbeziehung der Polizei oder anderer zuständiger Sicherheitskräfte, vorzunehmen.

Impulshafte Schallereignisse führen zu einer nicht exakt reproduzierbaren Anregung des Raums und verursachen daher eine entsprechende Toleranzbreite bei der Ermittlung der Nachhallzeit. Für eine hinlänglich genaue Ermittlung der Nachhallzeit, um beispielsweise darüber zu entscheiden, ob vereinfachte Planungsverfahren zur Anwendung gebracht werden können, kann die Raumanregung auch mit anderen Schallquellen erfolgen. Hierzu zählen eine bereits vorhandene Beschallungsanlage, ein mobiler Lautsprecher, eine Starterklappe, Luftballons oder auch nur in die Hände klatschen. Bei der Verwendung einer Beschallungsanlage oder mobiler Lautsprecher wird in der Regel keine homogene Anregung des Raums ermöglicht. Dies kann durch die zumeist gebündelte Abstrahlcharakteristik begründet werden. Um der gerichteten Abstrahlung entgegenzuwirken, sollten viele Messungen an verschiedenen Positionen durchgeführt werden.

Die Verwendung einer Beschallungsanlage oder mobiler Lautsprecher bringt jedoch den Vorteil mit sich, das Testsignal in beliebiger Länge übertragen zu können. Die übrigen Alternativen ermöglichen lediglich eine impulshafte Anregung und bringen die bereits beschriebenen Nachteile mit sich. In allen Fällen der Anregung ist darauf zu achten, dass genügend Schallenergie im gesamten zu betrachtenden Spektrum in den Raum eingebracht wird. Bei den meisten alternativen Anregungen (Luftballon, Starterklappe oder sogar nur in die Hände klatschen) wird zu wenig Schallenergie in den tiefen Frequenzen erzeugt. Oft ist es dann nicht möglich, in den Oktavbändern 125 Hz oder sogar auch bei 250 Hz eine aussagefähige Nachhallzeit zu messen. Um zu bewerten, ob das vereinfachte Planungsverfahren zur Anwendung gebracht werden kann, ist es ausreichend, die Nachhallzeit in den Oktavbändern von 500 Hz bis 4 kHz zu ermitteln. Daher reicht es oftmals aus, die Nachhallzeit mit den alternativen Raumanregungen zu messen.

Abgesehen von der Notwendigkeit, die Nachhallzeit zur Entscheidung über das anzuwendende Planungsverfahren ermitteln zu müssen, ist die Nachhallzeit eine der wichtigsten raumakustischen Kriterien, um gerade bei schwierigen akustischen Verhältnissen und der sich daraus möglicherweise ergebenden grenzwertigen Sprachverständlichkeit eine Analyse der Zusammenhänge vorzunehmen. Auch als zusätzliche Information zur Dokumentation der Ergebnisse einer Sprachverständlichkeitsmessung könnte die gemessene Nachhallzeit Verwendung finden.

Ebenso kann die Messung der Nachhallzeit erforderlich sein, wenn in einem vorhandenen Objekt beispielsweise die Ertüchtigung einer Beschallungsanlage mit Hinblick auf eine Optimierung der Sprachverständlichkeit vorgenommen werden soll. Die Nachhallzeit als ein Bewertungskriterium der raumakustischen Verhältnisse liefert somit maßgebliche Informationen zur Dimensionierung der Beschallungsanlage.

Sollte es erforderlich sein, im Rahmen der Messung der Sprachverständlichkeit auch das bei der Messung nicht vorhandene Publikum zur Auswertung der Ergebnisse zu berücksichtigen, so kann dies mithilfe eines kalibrierten Simulationsmodells vorgenommen werden. Dazu ist es unter anderem erforderlich, die im Objekt gemessene Nachhallzeit auch in der berechneten Nachhallzeit im Simulationsmodell reproduzieren zu können. Sollte die Eingabe und Größenordnung der im zu untersuchenden Raum vorhandenen

Absorptionsflächen im Simulationsmodell mit den Oberflächen im Raum übereinstimmen, so sollte die simulierte Nachhallzeit in der Größenordnung der gemessenen Nachhallzeit liegen. Zur Skalierung sind dann oftmals nur minimale Veränderungen innerhalb des Simulationsmodells erforderlich, um die gemessene Nachhallzeit auch in der Simulationsberechnung bestätigen zu können. Sollten gravierende Abweichungen zwischen gemessener und simulierter Nachhallzeit vorhanden sein, ist eine nähere Untersuchung der Zusammenhänge erforderlich. Im Abschnitt 4.4.9 zur Simulation wird unter anderem hierauf eingegangen.

3.8 Messung der Sprachverständlichkeit

Im Kontext der Sprachalarmierung gilt es mittlerweile als etabliert, zur Vorhersage der Sprachverständlichkeit das STI-Verfahren anzuwenden. Somit liegt es nahe, den Sprachübertragungsindex auch messtechnisch zu erfassen. Die Messung des Sprachübertragungsindex (STI) wird verwendet, um Rückschlüsse auf die Sprachverständlichkeit zu schließen. Daher wird das Verfahren zumeist auch als Messung der Sprachverständlichkeit bezeichnet. Für die Messung der Sprachverständlichkeit stehen mehrere Verfahren und die daraus resultierenden Messgerätschaften zur Verfügung. Hier soll lediglich eine verkürzte Übersicht zu diesen Verfahren geliefert werden. Einige dieser Verfahren werden eher von Unternehmen verwendet, deren Hauptaufgabengebiet im Bereich der akustischen Messtechnik liegt, andere Verfahren wiederum sind sehr gut für Planer und Errichter von Sprachalarmanlagen geeignet.

Die Verfahren lassen sich vereinfacht in direkte und indirekte Messmethoden einteilen, wobei sich dies auf die Modulationsübertragungsfunktion (MTF) bezieht. Bei der direkten Methode wird die MTF durch direkte Ermittlung des Modulationsgrads bestimmt. Dabei wird ein für die Messung angepasstes Testsignal über die Beschallungsanlage wiedergegeben und messtechnisch erfasst. Diese Signalanalyse wird je nach Verfahren für unterschiedlich zusammengesetzte Testsignale vorgenommen. Zur Ermittlung des Sprachübertragungsindex wird eigentlich ein spezielles Testsignal verwendet. Bei diesem Testsignal werden sieben Oktavmittelfrequenzen mit 14 Modulationsfrequenzen moduliert. Soll ein Messgerät jede modulierte Frequenz analysieren, so sind hierzu 98 Einzelanalysen erforderlich. Hierbei dauert die Aufnahme eines einzelnen STI-Werts ca. 15 min. Ein derartiges Verfahren ist für die Praxis jedoch nicht anwendungsfreundlich.

Daher war es erforderlich, ein spezielles Verfahren zu entwickeln, um mit einfach zu bedienenden, handgehaltenen Geräten innerhalb kürzester Zeit STI-Werte aufnehmen zu können. Auf das sogenannte *STIPA-Verfahren* wird weiter unten differenziert eingegangen. Bei diesem Verfahren werden anstelle der eigentlich erforderlichen 98 Signalanalysen lediglich 14 modellierte Frequenzen untersucht, sodass die durchschnittliche Messdauer ca. 15 s beträgt (**Tabelle 3.5**). Dieses Verfahren hat sich für Planer und Errichter sowie Sachverständige als praktikabel erwiesen [8].

Im Gegensatz zur direkten Methode wird bei der indirekten Methode durch Messung der Impulsantwort im akustischen Gesamtsystem eine Berechnung der Modulationsübertragungsfunktion vorgenommen. Durch die nicht unerheblichen Rechenaufwendungen kommen in der Regel computergestützte Messsysteme zur Anwendung, die zur Messung einer Reihe weiterer akustischer Parameter dienlich sein können. Messverfahren nach der indirekten Methode werden daher oft von Unternehmen aus der akustischen Messtechnik verwendet. Ein deutlicher Vorteil der Messsysteme der indirekten Methode ist, dass störende Faktoren, die bei der direkten Methode erhebliche Fehler verursachen können, oft nicht weiter berücksichtigt werden müssen. Auch ist die Möglichkeit der nachträglichen Auswertung weiterer Parameter durchaus vorteilhaft. Je nach verwendetem System der indirekten Methode kann die Sprachverständlichkeit bei vorhandenem Störgeräusch erfasst werden.

Modulationsfrequenz in Hz	**Oktavbandmittenfrequenz in Hz**						
	125	**250**	**500**	**1.000**	**2.000**	**4.000**	**8.000**
0,63							
0,80							
1,00							
1,25							
1,60							
2,00							
2,50							
3,15							
4,00							
5,00							
6,25							
8,00							
10,00							
12,50							

Tabelle 3.5 STIPA mit den Oktaven und Modulationsfrequenzen

Nachteilig bei der indirekten Methode ist jedoch für diejenigen, die nicht sehr regelmäßig mit derartigen Systemen arbeiten, dass eine weitreichende Kenntnis über die Parametrierung eines derartigen Messsystems erforderlich ist. Einfach formuliert: Es erfordert eine Menge Übung und Hintergrundwissen, ein System nach der indirekten Methode sicher anzuwenden und verlässliche Ergebnisse damit zu produzieren.

Auch die Nutzung von Messgeräten der direkten Methode ist an Regeln gebunden. Unter bestimmten Voraussetzungen, die vor der Aufnahme der Messtätigkeit zu überprüfen sind, kann die Sprachverständlichkeit mit der direkten Methode nicht ermittelt werden. Die Begründung dafür liegt zumeist im verkürzten STI-Verfahren (STIPA), welches speziell zur Messung der Sprachverständlichkeit durch Wiedergabe über eine Beschallungsanlage entwickelt wurde. Dieses verkürzte Verfahren ermöglicht es zwar, innerhalb von ca. 15 s einen Sprachübertragungsindex aufzunehmen, reagiert jedoch bei bestimmten Randbedingungen mit falschen oder nicht reproduzierbaren Ergebnissen.

Für die messtechnische Ermittlung der Sprachverständlichkeit nach der direkten Methode sind folgende Einzelschritte erforderlich:

- Überprüfen und messtechnische Erfassung der Randbedingungen,
- Überprüfung des Messgeräts,
- Einstellung der Beschallungsanlage,
- Einspielung des Testsignals,
- Messung einzelner STI-Werte,
- Ermittlung und Bewertung des Störgeräuschspektrums,
- Korrektur der Messwerte,
- Auswertung der einzelnen Messwerte je ADA.

3.8.1 Messen und Prüfen der Randbedingungen

Das verkürzte STI-Verfahren (STIPA) ist empfindlich gegenüber dem Auftreten von impulshaften Störsignalen. Ebenso wirken sich Echos und Flatterechos, die im messtechnisch zu erfassenden Raum bzw. ADA auftreten, negativ auf die Genauigkeit der Messergebnisse aus. In der Regel kann davon ausgegangen werden, dass die ausgegebenen Messwerte zu gut sind. Der STI wird also bei derartigen Fehlern eher überbewertet. Ob der Raum, in dem die Messungen vorgenommen werden sollen, frei von Echos ist, kann in erster Linie fachtechnisch abgeschätzt werden. Durch Einbringung eines impulshaften Geräusches (Impulssignal, Knall, Klatschen, Schuss usw.) kann subjektiv bewertet werden, ob Echos vorhanden sind. Dabei ist nicht zu bewerten, ob Echos grundsätzlich im zu bewertenden Raum/ADA vorhanden sind, sondern ob diese durch die Beschallungsanlage angeregt werden können. Daher ist die Überprüfung der Echofreiheit so vorzunehmen, dass über die SAA ein Impulssignal wiedergegeben wird. Sind nach dem Impulssignal im zu bewertenden Raum/ADA Echos wahrzunehmen, wäre dies ein Ausschlusskriterium, um die STI-Messung nach dem verkürzten direkten Verfahren mit verlässlicher Genauigkeit durchzuführen. Es kann also durchaus sein, dass ein Raum Echos aufweist, wenn man beispielsweise in die Hände klatscht, weil von einer der Raumwände entsprechende Reflexionen als Echo zu hören sind. Sind die Lautsprecher der SAA jedoch bei diesem beispielhaften Raum in der Decke positioniert und strahlen hauptsächlich nach unten, ist bei Übertragung über die SAA eher nicht damit zu rechnen, dass Echos zu hören sind, wenn die Decken- oder Bodenflächen akustisch absorbierend ausgeführt sind.

Neben der subjektiven Bewertung, ob durch die SAA Echos angeregt werden, bestehen messtechnische Möglichkeiten, zum Beispiel durch Aufnahme der Raumimpulsantwort, um die Echofreiheit festzustellen. Normativ wird zwar nicht ausgeschlossen, dass die Messung nach der verkürzten direkten Methode bei Vorhandensein von Echos – ausgelöst durch die SAA – durchgeführt werden kann. Aber es wird darauf hingewiesen, dass dadurch Messfehler entstehen können. Im Messbericht muss auf das Vorhandensein von Echos hingewiesen werden. Auch wenn dies normativ nicht explizit gefordert ist, muss dringend empfohlen werden, bei Vorhandensein von Echos die Messung der Sprachverständlichkeit nicht mithilfe der direkten Methode durchzuführen. Mit dem geforderten Hinweis in der messtechnischen Dokumentation auf das Vorhandensein von Echos wird gleichsam zum Ausdruck gebracht, dass die Messergebnisse möglicherweise fehlerbehaftet und wenig belastbar sind.

Im zu bewertenden Raum/ADA können jedoch auch von der SAA unabhängig impulshafte oder schwankende Störgeräusche vorhanden sein. Diese Störgeräusche bestehen zumeist aus Impulsen durch zum Beispiel zuschlagende Türen, fallen gelassene Gegenstände oder auch knackende hölzerne Wandverkleidungen. Schwankende Störgeräusche entstehen zum Beispiel durch sich unterhaltende Personen oder Anlagentechnik, die in unterschiedliche Betriebszustände geschaltet wird. Impulshafte und schwankende Störgeräusche sind bei der Messung nach der direkten Methode zu unterbinden. Ist dies jedoch nicht möglich, muss überprüft werden, ob bei Vorhandensein derartiger Störgeräusche noch eine verlässliche Messung nach der direkten Methode durchzuführen ist.

Das Vorhandensein von derartigen Störgeräuschen kann mit dem Messgerät zur Erfassung der Sprachverständlichkeit (STIPA) nach der direkten Methode überprüft werden. Diese Überprüfung ist sehr wichtig, um darstellen und belegen zu können, dass die Messung der Sprachverständlichkeit nach der STIPA-Methode nicht durch derartige Störgeräusche wesentlich beeinflusst wird. An repräsentativen Messpunkten ist eine STI-Messung ohne das Einspielen des Testsignals durchzuführen. Dabei müssen die STI-Ergebnisse der Messung unter 0,3 liegen. Die Durchführung einer derartigen Messung erfordert relativ geringe Störgeräuschpegel. Ist dies nicht gegeben oder liegen die Messwerte bei 0,3 oder darüber, kann die Messung der Sprachverständlichkeit nach der STIPA-Methode nicht durchgeführt werden. Hier ist zum Beispiel ein Ausweichen auf die Messung nach der indirekten Methode erforderlich oder es muss dafür gesorgt werden, dass die verursachenden Störgeräusche beseitigt werden.

Neben dem negativen Einfluss von Echos, impulshaften oder schwankenden Störgeräuschen auf die Genauigkeit der STI-Messung nach der direkten Methode gibt es noch einen weiteren Umstand, der die Messung nachteilig beeinflussen kann. Nichtlineare Verzerrungen durch zum Beispiel Lautsprecherdefekte, Übersteuerung von Komponenten im Signalweg der SAA, Übersteuerung oder Defekt von Mikrofonen können die Genauigkeit der Messung ebenfalls beeinflussen. Daher ist zumindest eine subjektive Überprüfung der Verzerrungsfreiheit erforderlich. Dies sollte mit der sogenannten ***projektierten Lautstärke*** vorgenommen werden, indem die Übertragung der Sprachdurchsage im Brandfall subjektiv durch Hörtests bewertet wird. Sind hierbei die oben beschriebenen Verzerrungen wahrnehmbar, kann dies ein Indiz für eine nicht hinlängliche Genauigkeit der Messung nach dem STIPA-Verfahren sein.

Zusammengefasst besteht die Überprüfung der Randbedingungen also aus mindestens folgenden einzelnen Komponenten:

- messtechnische Prüfung bezüglich impulshafter oder schwankender Störgeräusche,
- subjektive Überprüfung auf Echofreiheit bei Signalübertragung über die SAA,
- subjektive Überprüfung auf Verzerrungen bei Wiedergabe der BFD.

Neben den zusätzlichen, unter Umständen auch vermeidbaren, sich auf die Genauigkeit auswirkenden Randbedingungen bei der Messung der Sprachverständlichkeit nach dem STIPA-Verfahren, haben sämtliche Messverfahren systembedingte Fehler. Diese werden in Abschnitt 3.8.8 näher erläutert.

3.8.2 Einstellen der Beschallungsanlage

Die Einstellung der Beschallungsanlage wird in Fachkreisen auch *Einmessung* genannt. Zumeist beinhaltet dies einen iterativen Prozess von mehreren nacheinander folgenden Schritten. Durch wiederholtes Messen des Schalldruckpegels der Sprachdurchsage mit anschließender Veränderung der Pegeleinstellung an der Zentrale sollte der sogenannte *projektierte Schalldruckpegel* als räumlicher Mittelwert reproduziert werden können. Derartige Einstellungen sind in jedem ADA vorzunehmen. Gegebenenfalls kann es dabei erforderlich sein, auch die Anpassung der Lautsprecher am 100 V-Abgriff des Übertragers daraufhin zu verändern. In der Praxis liegen zum Zeitpunkt der Einmessung der SAA oft die normativ geforderten Grundlagen wie der projektierte Schalldruckpegel und das Störgeräuschspektrum nicht vor. Dies erfordert eine besondere Vorgehensweise, die im weiteren Verlauf des Abschnitts noch beschrieben wird.

Zunächst sollte davon ausgegangen werden, dass die normativ geforderten Angaben zum Zeitpunkt der Einmessung vorliegen. Somit erfolgt also die Einstellung des Schalldruckpegels bei Übertragung der Sprachdurchsage je ADA derart, dass der projektierte Schalldruckpegel erreicht wird. Sollte die SAA auch über eine Notfallsprechstelle verfügen, so ist auch die Einstellung der Notfallsprechstelle derart vorzunehmen, dass bei Einsprache über das Mikrofon ebenfalls der projektierte Schalldruckpegel je ADA erreicht wird. Damit hierbei keine erhöhte Fehlerquote durch subjektives Verhalten bei der Einsprache über das Mikrofon entsteht, ist normativ vorgegeben, wie die Übertragung der Sprachdurchsage über das Mikrofon zu erfolgen hat. Bei Vorhandensein eines Brandfallmikrofons muss die Einspielung des Signals über einen geeigneten Messlautsprecher in das entsprechende Brandfallmikrofon erfolgen.

Zur Nachbildung eines Sprechers geeignete Messlautsprecher werden wie folgt zum Brandfallmikrofon positioniert und eingestellt:

- 2 cm … 5 cm Besprechungsabstand für Handmikrofone
- 5 cm … 10 cm Besprechungsabstand für Schwanenhalsmikrofone
- 86 dB(A) … 94 dB(A) am Handmikrofon
- 0 dB(A) … 86 dB(A) am Schwanenhalsmikrofon

Vereinfachend kann man die Einstellung des Pegels und die Positionierung stets mit 5 cm Abstand und 86 dB(A) an der Mikrofonkapsel beginnen. Zur Erreichung des effektiven Sprachsignalpegels kann dann ausgehend von dieser Situation entsprechend der oben genannten Möglichkeiten variiert werden. Die Messungen können mit einem sprachgefilterten Rauschen oder besser noch direkt mit der Wiedergabe einer Sprachdurchsage vorgenommen werden. Dabei ist die Positionierung des Messmikrofons so vorzunehmen, dass das Mikrofon der Sprechstelle keinen wesentlichen Einfluss auf die Messung des Schalldruckpegels hat. Da die Ausführung der Sprechstellen durchaus individuell ist, sollte man zuvor herausfinden, wie der Messlautsprecher vor dem Mikrofon der Sprechstelle mechanisch, zum Beispiel mit einem Stativ, zu positionieren ist und wie die Sprechstelle dauerhaft aktiviert werden kann.

Bei der Positionierung des Mikrofons der Sprechstelle sowie des Messlautsprechers ist darauf zu achten, dass hierbei die akustischen Verhältnisse bei einer realen Nutzung der Sprechstelle erhalten bleiben. Sollte es beispielsweise erforderlich sein, den Schwanenhals einer Sprechstelle so zu verbiegen, dass das Mikrofon 2 cm über der Tischplatte verortet ist, um einen Messlautsprecher vor der Tischplatte passend positionieren zu können, so wäre dies sicherlich keine akustische Situation, bei der die Sprechstelle tatsächlich besprochen werden würde.

Die messtechnische Erfassung der Schalldruckpegel bei der Einmessung der Anlage erfolgt stets als äquivalenter A-bewerteter Dauerschalldruckpegel mit einer Mittelungszeit von 15 s.

Um den projektierten Schalldruckpegel je ADA bei der Einmessung der SAA reproduzieren zu können, kann es erforderlich sein, die Messung nicht nur an einem repräsentativen Punkt je ADA vorzunehmen. Je nach Gleichmäßigkeit der Schalldruckpegelverteilung ist eine darauf angepasste Anzahl von Messpunkten je ADA zu wählen. Die an den einzelnen Messpunkten gemessenen Schalldruckpegel sind zu einem Mittelwert zusammenzufassen. Der Mittelwert muss dann dem projektierten Schalldruckpegel entsprechen.

In der Praxis kommt es leider regelmäßig vor, dass der Errichter der SAA keinen projektierten Schalldruckpegel vom Planer der SAA vorgegeben bekommt. Dennoch muss die Einstellung der SAA derart vorgenommen werden, dass ein Nachweis der Wirksamkeit mit der entsprechend erforderlichen Sprachverständlichkeit erlangt wird. Hierzu ist es unumgänglich erforderlich, zumindest das für die Alarmsituation relevante Störgeräuschspektrum je ADA für die Einstellung der SAA zu verwenden. Es ist also zunächst nicht möglich, die SAA unmittelbar auf Grundlage des projektierten Schalldruckpegels einzustellen. Eine pragmatische Vorgehensweise, diesen normativ nicht vorgesehenen Missstand zu kompensieren, wäre es, den mittleren Schalldruckpegel und ebenso die Sprachverständlichkeit im jeweiligen ADA zu ermitteln. Des Weiteren muss messtechnisch erfasst werden, in welchen Grenzen sich die SAA aussteuern lässt. Im Nachgang, also während der Auswertung der Messergebnisse, wird dann unter Berücksichtigung des Störgeräuschspektrums der Schalldruckpegel in den Aussteuerungsgrenzen der Anlage derart dimensioniert, dass eine optimale Sprachverständlichkeit erlangt wird. Dies macht es oft erforderlich, dass nach einer solchen Auswertung nochmals Einstellungen an der SAA vorgenommen werden müssen, um die Ergebnisse der Auswertung praktisch umzusetzen.

Für den ebenfalls normativ nicht vorgesehenen sehr ungünstigen Umstand, dass zum Zeitpunkt der Einmessung weder der projektierte Schalldruckpegel noch das Störgeräuschspektrum vorliegen, kann im Grunde genommen eine belastbare Sprachverständlichkeit als Grundlage der Wirksamkeit der SAA nicht ermittelt werden. Dennoch wird in der Praxis regelmäßig versucht, in einer solch ungünstigen Ausgangssituation eine Lösung zu finden. Auch bei diesem Lösungsansatz werden zunächst die Messung der Sprachverständlichkeit und die Erfassung der Aussteuerungsgrenzen der SAA je ADA vorgenommen. In der anschließenden Auswertung wird dann überprüft, wie die Sprachverständlichkeit bei Vollaussteuerung der SAA ausfällt. Sollte sich bei Vollaussteuerung der SAA der Maskierungseffekt noch nicht derartig auswirken, dass sich die Sprachverständlichkeit außerhalb der zulässigen Grenzen bewegt, könnte dies als Grundeinstellung der SAA verwendet werden.

Unter der Voraussetzung, dass die Messung der Sprachverständlichkeit außerhalb der üblichen Nutzungszeiten, also in ruhiger Umgebung, vorgenommen wurde, könnten bei der Auswertung auch unterschiedliche laute Störgeräusche hinzugenommen werden, um zu ermitteln, wie laut Störgeräusche im jeweiligen ADA sein dürfen, um bei Vollaussteuerung der Anlage noch eine ausreichende Sprachverständlichkeit zu erzielen. Die beiden hier beschriebenen Ersatzmaßnahmen sind normativ nicht vorgesehen und stellen lediglich eine pragmatische Vorgehensweise dar, um eine annähernd passende Einstellung der SAA überhaupt vornehmen zu können.

Beispiel

In einem ADA (Flur in einem Verwaltungsgebäude) wird auf der Hörerebene ein mittlerer A-bewerteter Dauerschalldruckpegel (L_{Aeq}) bei Übertragung von Sprache von 80 dB(A) gemessen. Bei erster überschlägiger Bewertung scheint diese Anlageneinstellung einen pragmatischen Schalldruckpegel in Bezug auf die Nutzung des ADAs zu sein. Nach Anhebung der Anlagenaussteuerung bis an die Aussteuerungsgrenze, was im Regelfall durch eine entsprechende Anzeige an der Zentrale gekennzeichnet wird, kann ein L_{Aeq} bei Übertragung von Sprache von 93 dB(A) gemessen werden. Anschließend wird die Einstellung der Anlage wieder auf den ursprünglichen Wert zurückgebracht. Somit ergibt sich eine Aussteuerungsreserve von 13 dB. Mit dieser Einstellung wird die Messung der Sprachverständlichkeit in dem Flur des Verwaltungsgebäudes außerhalb der Nutzungszeiten vorgenommen. Bei der anschließenden Auswertung wird dann das planerisch festgelegte Störgeräuschspektrum hinzugefügt. Stellt sich nun heraus, dass die ursprünglichen Annahmen zur Einstellung des Schalldruckpegels nicht zu einer Sprachverständlichkeit innerhalb der gegebenen normativen Grenzen führen, kann in der Auswertung eine Pegelerhöhung vorgenommen werden. In unserem Beispiel zeigt sich dann unter Umständen, dass mit einer Pegelerhöhung um 5 dB ausreichende Ergebnisse der Sprachverständlichkeit erreicht werden. Da sich die Pegelerhöhung um 5 dB im Bereich der Aussteuerungsreserven von 13 dB befinden, sollte dies von der Anlage auch dauerhaft erbracht werden können. Somit hätte man im Nachgang den projektierten Schalldruckpegel von 85 dB(A) ermittelt und die Einstellung der Anlage im entsprechenden ADA müsste auf diesen Pegel erfolgen.

Sollte im vorliegenden Beispiel jedoch auch das zu erwartende Störgeräuschspektrum in der Alarmsituation nicht zur Verfügung gestellt werden, so könnte bei der Auswertung überprüft werden, welche Sprachverständlichkeit sich ergibt, wenn die Aussteuerungsreserve von 13 dB als Pegelerhöhung eingestellt wird. Sollte sich bei dieser Einstellung keine ausreichende Sprachverständlichkeit mehr ergeben, so würde man die Pegelerhöhung in kleinen Schritten wieder reduzieren. Wir nehmen nun an, dass mit einer Pegelerhöhung auf 93 dB(A) nur noch ein 90-%-Mittelwert des STI von 0,48 erreicht wird. Bei einer Pegelerhöhung auf 90 dB(A) würde sich jedoch ein 90-%-Mittelwert des STI von 0,5 ergeben. In erster Näherung könnte man nun annehmen, dass ein L_{Aeq} von 90 dB(A) als lauteste Einstellung der SAA noch zu ausreichenden Ergeb-

nissen führt. Gleichzeitig mit der Auswertung erlangt man auch die Spektren des Nutzschallsignals an jedem Messpunkt.
Nun könnte man ein Störgeräuschspektrum daraus ermitteln. Dieses Spektrum muss in jedem Oktavband um 15 dB leiser sein im Vergleich zu den Oktavbändern des Nutzschalls an jedem Messpunkt. Dies wäre freilich eine sehr sichere Vorgehensweise, das maximale laute Störgeräuschspektrum in gewisser Weise rückwärts festzulegen. Je nach spektralem Verlauf können auch lautere Störgeräusche noch zu ausreichenden Ergebnissen der Sprachverständlichkeit führen. Spätestens wenn sich das Verwaltungsgebäude in Betrieb befindet, sollte die Ermittlung des für den Alarmfall relevanten Störgeräuschspektrums erfolgen und eine erneute Auswertung der Messung vorgenommen werden.

In akustisch kritischen Umgebungen und hohem Störgeräuschpegel kann es erforderlich sein, das ausgegebene Sprachsignal der Beschallungsanlage in der Dynamik zu komprimieren. Mit dieser Maßnahme kann der L_{Aeq} vergrößert werden. Es ergibt sich zudem ein besseres Abstandsverhältnis zum Störgeräuschpegel. Daraus resultiert eine bessere Sprachverständlichkeit.

Bei der oben beschriebenen messtechnischen Erfassung des effektiven Sprachsignalpegels sind gegebenenfalls verwendete Kompressoren zu berücksichtigen. Moderne SAA verfügen zumeist über digitale Signalprozessoren. Diese beinhalten oft auch die Möglichkeit, eine Signalkompression vorzunehmen. Bei einer solchen Kompression werden Signalspitzen des Sprachsignals in der Amplitude verringert, wie in **Bild 3.8** dargestellt. Wird

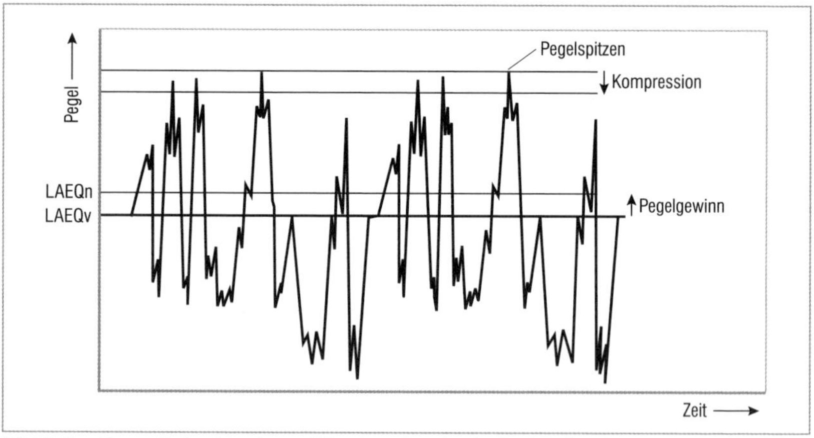

Bild 3.8 Dynamik der Sprache und Kompression des Audiosignals

nun das gesamte Sprachsignal im Pegel um den durch Kompression verringerten Wert wieder angehoben, wird dadurch eine Vergrößerung des Effektivwerts (L_{Aeq}) erreicht. Die Signalspitzen führen bei voller Aussteuerung der Anlage für gewöhnlich an die Systemgrenzen. Verringert man nun die Amplitude der Signalspitzen durch Kompression, steht wieder mehr Pegel für die Aussteuerung der Anlage zur Verfügung.

Genau genommen wird durch die Kompression der Crestfaktor verringert – also das Verhältnis der Spitzenpegel zum Durchschnittspegel des Sprachsignals. Der Crestfaktor von Sprache liegt typischerweise zwischen 9,5 dB und 12 dB. Bei sehr betont gesprochenen klaren Anweisungen kann regelmäßig von einem Crestfaktor um 12 dB ausgegangen werden. Bei vielen längeren Sprechpausen ist aber auch ein größerer Crestfaktor möglich. Die Reduktion auf etwa 9 dB durch eine Kompression um 3 dB kann als pragmatisch bezeichnet werden. Bei sehr widrigen Verhältnissen, bei denen sehr laute Störgeräusche vorhanden sind, kann in Ausnahmefällen auch eine Reduktion um 6 dB zielführend sein. Eine Kompression über dieses Maß hinaus ist jedoch für die Übertragung von Sprache nicht zu empfehlen. Somit ergibt sich durch Anwendung von Kompressoren die Möglichkeit, den Schalldruckpegel bei der Sprachübertragung um 3 dB und in Ausnahmefällen auch um 6 dB zu erhöhen.

Neben der Notwendigkeit, unter Umständen die Signaldynamik zu bearbeiten, kann es auch erforderlich sein, das Spektrum der zu übertragenden Sprache zu verändern. Auch diese Vorgaben müssen normativ eigentlich als Planungsgröße festgelegt werden, falls eine Veränderung des Spektrums erforderlich ist, die Anforderungen an die Sprachverständlichkeit zu erfüllen. Bei akustisch schwierigen Verhältnissen, die beispielsweise dadurch gekennzeichnet sind, dass eine ausgeprägte Nachhallzeit im tieffrequenten Bereich vorhanden ist, kann es zielführend sein, das Sprachspektrum der Alarmierungsdurchsage durch die Anwendung von Filtern zu verändern. Im einfachsten Fall werden dazu Klangsteller an der Sprachalarmzentrale (SAZ) verwendet. Bei modernen Anlagen, in denen digitale Signalprozessoren zur Verfügung stehen, kann zumeist auf umfangreiche Filtermöglichkeiten (Equalizer) zurückgegriffen werden. Da die tieffrequenten Anteile des Sprachsignals keinen wesentlichen Einfluss auf die Sprachverständlichkeit haben, liegt es also nahe, bei einer ausgeprägten tieffrequenten Nachhallzeit das Sprachsignal mit einem Hochpassfilter zu versehen. Dadurch wird der Raum im tieffrequenten Bereich weniger angeregt, was zu weniger Diffusschall führt und einer besseren Sprachverständlichkeit zuträglich ist.

Je nachdem wie also die raumakustischen Verhältnisse ausfallen, kann es erforderlich sein, Veränderungen im Spektrum der Sprachdurchsage vorzunehmen, um überhaupt die Anforderungen an die Sprachverständlichkeit erfüllen zu können. Sollten die entsprechenden Vorgaben zur Einstellung von Filtern als Planungsgröße bei der Einmessung der Anlage nicht zur Verfügung stehen, muss bei der Messung der Sprachverständlichkeit zum Beispiel an einem repräsentativen Messpunkt im jeweiligen ADA schrittweise überprüft werden, mit welcher Filterung eine Verbesserung der Sprachverständlichkeit erzielt werden kann. Bei komplizierten raumakustischen Verhältnissen hätte dies bereits in der Planung durch Simulation festgestellt werden müssen. Eine pauschale Vorgehensweise ist nicht grundsätzlich zielführend. Erste Ansätze, die Sprachverständlichkeit zu verbessern, findet man zumeist bereits bei der Anwendung von Hochpässen. Auch wird regelmäßig überprüft, ob eine Anhebung des Schalldruckpegels im mittelfrequenten Bereich zwischen zum Beispiel 500 Hz und 4 kHz zur Verbesserung der Sprachverständlichkeit beiträgt. Durch empirisches Vorgehen bei der Einmessung der SAA werden im Regelfall die passenden Frequenzen und die Höhe der Veränderungen (± X dB) ausfindig gemacht.

In der allgemeinen Beschallungstechnik gibt es durchaus prinzipielle Vorgaben, eine Entzerrung des Frequenzgangs vorzunehmen. Hier kommt es vorwiegend darauf an, für welche Nutzung die Beschallungsanlage vorgesehen ist. So wird regelmäßig bei Beschallungsanlagen, die zur Übertragung von Musik geeignet sein sollen, ein eher lineares Klangbild oder gar noch eine Anhebung bei tiefen und bei sehr hohen Frequenzen angestrebt. Wird die Beschallungsanlage jedoch vorwiegend zur Sprachübertragung ausgelegt, wird neben der Hochpassfilterung oftmals ein mit steigender Frequenz abfallendes Spektrum realisiert, um den Sprachfrequenzgang damit zu reproduzieren. Ein derartiges Spektrum wird in **Bild 3.9** dargestellt. Hierbei sind die Spektren auf 80 dB(A) normalisiert. Die unterschiedlichen Sprachspektren stammen aus den unterschiedlichen Versionen der DIN EN IEC 60268-16.

3.8.3 Einspielung des Testsignals

Zur Messung der Sprachverständlichkeit soll, wie bereits beschrieben, hier vorwiegend auf die direkte Methode eingegangen werden. Bei dieser Methode ist es im Regelfall erforderlich, die Messung der Sprachverständlichkeit außerhalb der üblichen Nutzungssituation vorzunehmen, also in ruhiger Umgebung. Bei der Verwendung der direkten Methode ist ein zum Messsystem

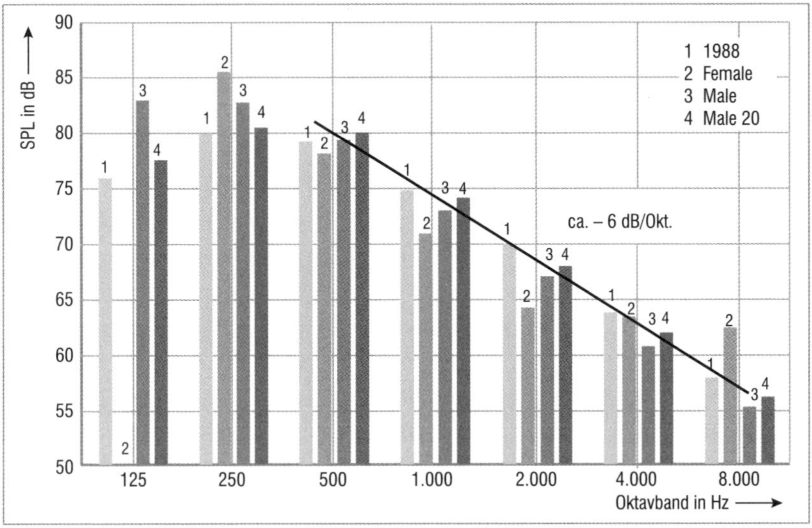

Bild 3.9 Typischer Ziel-Frequenzgang für eine Sprachentzerrung

passendes Testsignal zur Messung der Sprachverständlichkeit notwendig. Die Testsignale der unterschiedlichen Hersteller solcher Messsysteme können sich unterscheiden und führen gegebenenfalls bei nicht korrekter Kombination zu erheblich falschen Ergebnissen. Im Besonderen bei Sprachalarmanlagen, die bereits über die Möglichkeiten eines in der Anlage gespeicherten Testsignals verfügen, muss dringend überprüft werden, ob dieses Testsignal zum verwendeten Messsystem passt. Die Messung der Sprache wird also nicht mit Sprache vorgenommen, sondern mit spezifischen Testsignalen.

Nachdem also die Einstellung der Beschallungsanlage entsprechend der projektierten Parameter vorgenommen wurde, kann die Messung der Sprachverständlichkeit vorbereitet werden. Dazu sollte eine Alarmierungsdurchsage vom Sprachspeicher oder die Einspeisung einer Alarmierungsdurchsage über einen Messlautsprecher in das Brandfallmikrofon erfolgen. Für die Einspielung über einen Messlautsprecher ist normativ festgelegt, mit welchen Abständen und Schalldruckpegel dies zu erfolgen hat. Näheres dazu wurde bereits im vorherigen Abschnitt erläutert.

Die sodann über die Beschallungsanlage wiedergegebene Sprachdurchsage wird an repräsentativen Punkten im ADA messtechnisch untersucht. An den in der Dokumentation genau zu beschreibenden repräsentativen Punkten im ADA wird der gemittelte und A-bewertete äquivalente Dauerschalldruckpegel (L_{Aeq}) gemessen. Die Mittelungszeit muss auf 15 s eingestellt sein. Bei der Messung des L_{Aeq} auf Grundlage einer Sprachdurchsage mit relativ gleichbleibender Dynamik ist oftmals festzustellen, dass bereits bei einer Mittelungszeit von 10 s keine Veränderung des Mittelwerts mehr erfolgt. Zur rationalen Durchführung der Messung ist somit eine Mittelungszeit von 15 s bei der Aufnahme des L_{Aeq} ausreichend. Um das Testsignal im Verhältnis zum Sprachsignal korrekt einzustellen, sind 3 dB als überschlägige Größe zu addieren. Diese Addition ist erforderlich, um die bei der Sprachübertragung vorhandenen Sprechpausen zu kompensieren. Das daraus berechnete Ergebnis wird als effektiver Sprachsignalpegel bezeichnet und wird zur Einspielung des Testsignals verwendet. Demnach ist also am gleichen Referenzpunkt der äquivalente A-bewertete Dauerschalldruckpegel des Testsignals zu messen. Dieser ist so einzustellen, dass das berechnete Ergebnis des effektiven Sprachsignalpegels erreicht wird. Dabei ist darauf zu achten, dass bei der Anpassung des Pegels des Testsignals nicht grundsätzlich die Verstärkung der Beschallung innerhalb des Alarmierungsbereichs oder ADA geändert wird. Es ist zu empfehlen, lediglich die Quelle des Testsignals anzupassen.

Beispiel
An einem Referenzpunkt auf Hörebene in einem ADA (Flur in einem Verwaltungsgebäude) wird ein L_{Aeq} von 80 dB gemessen, wenn die Durchsage für den Brandalarm übertragen wird. Es sind 3 dB hinzuzuaddieren. Somit ergibt sich ein L_{Aeq} auf Hörebene von 83 dB als Zielgröße für das Testsignal am gleichen Referenzpunkt auf gleicher Höhe. Bei diesen Einstellungen ist es sinnvoll, das Messgerät auf einem Stativ zu befestigen. Anstelle der Sprachdurchsage wird nun das Testsignal über die SAA wiedergegeben. Anstatt der Zielgröße von 83 dB wird jedoch in diesem Beispiel 79 dB gemessen. Somit muss eine Anhebung des Testsignals um 4 dB vorgenommen werden.

Wird das Testsignal nicht über einen Signaleingang der SAA, sondern über das Notfallmikrofon eingespielt, kann zum Erreichen des korrekten Schalldruckpegels auch eine Variation der Pegeleinstellung und des Abstands am Messelautsprecher vor dem Notfallmikrofon in den normativ gegebenen Grenzen vorgenommen werden. Grundsätzlich kann davon ausgegangen werden, dass dieser Signalweg zu wählen ist, wenn das Notfallmikrofon bauordnungsrechtlich gefordert ist.

Bei korrekter Einmessung der Beschallungsanlage ist es theoretisch ausreichend, diese Arbeit an einem repräsentativen Messpunkt vorzunehmen, da ja automatisch in allen übrigen ADAs die entsprechend projektierte Lautstärke erreicht werden müsste. Auch hier zeigt sich in der Praxis gelegentlich, dass die Messergebnisse in diesem als repräsentativ ausgesuchten Alarmierungsbereich durchaus passend einstellbar sind und dann in anderen Alarmierungsbereichen ein nicht zur Aufgabenstellung passender Schalldruckpegel herrscht. Dies ist ein deutliches Indiz für eine nicht korrekt vorgenommene Einstellung der Beschallungsanlage.

Im Abschnitt 3.8 zur Einstellung der SAA wurde darauf hingewiesen, dass es zielführend sein kann, Veränderungen des Spektrums der Sprachdurchsage oder die Kompression des Sprachsignals vorzunehmen. Sollten derartige Einstellungen an der SAA vorgenommen worden sein, so erfordert dies besondere Berücksichtigung bei der Messung der Sprachverständlichkeit nach der direkten Methode. Beim Einsatz von Klangfiltern, Equalizer oder ähnlichen Komponenten zur Veränderung des Spektrums müssen diese mit der bei der Einmessung der SAA gefundenen Einstellung auch bei der Messung der Sprachverständlichkeit aktiv bleiben. Im Gegensatz dazu müssen in der SAA aktive Veränderungen der Signaldynamik, wie es bei Kompressoren der Fall ist, bewusst abgeschaltet werden. Nun könnte man vermuten, dass die Aktivierung von Kompressoren im jeweils vorliegenden Fall dazu erforderlich war, um die normativ geforderte Sprachverständlichkeit überhaupt erst erreichen zu können. Würde man diese nun bei der Messung der Sprachverständlichkeit abschalten, würde es zu einer falschen und möglicherweise nicht mehr ausreichenden Sprachverständlichkeit kommen. Da jedoch die Messung der Sprachverständlichkeit nach der direkten Methode mit erhöhter Fehlerquote bei komprimierten Signalen reagiert, muss eine bestimmte Vorgehensweise zur Durchführung der Messung gewählt werden.

Ist also beim Betrieb der SAA eine Kompression erforderlich und muss diese bei der Durchführung der Messung abgeschaltet werden, so muss zunächst herausgefunden werden, wie die Kompression den L_{Aeq} der Sprachdurchsage ändert. Dazu kann man die Messungen am oben beschriebenen Referenzpunkt zur Einstellung des Testsignals ein wenig ausweiten. Bevor die für das Testsignal erforderliche Addition von 3 dB vorgenommen wird, wird der L_{Aeq} des Sprachsignals zunächst mit und dann ohne Aktivierung des Kompressors gemessen. Die Pegeldifferenz ist zu dokumentieren. Die Addition von 3 dB zur Einstellung des Testsignals wird sodann auf den Pegel ohne Aktivierung des Kompressors vorgenommen. Die dokumentierte Pegeldifferenz durch Einsatz des Kompressors wird später bei der Auswertung der Sprachverständlichkeit als Pegelerhöhung berücksichtigt. Somit erfolgt die Auswertung der Sprachverständlichkeit unter Berücksichtigung des L_{Aeq}, der auch im realen Betrieb bei Übertragung der Sprachdurchsage im Alarmfall vorherrscht.

Schwieriger zeigt sich die Situation jedoch, wenn die SAA über Komponenten zur Bearbeitung der Signaldynamik verfügt, jedoch ohne diese explizit abschalten zu können. Dies kann beispielsweise im Audiosignalweg von Notfallmikrofonen vorkommen. Zur Durchführung der Messung nach der direkten Methode ist jedoch sicherzustellen, dass derartige Veränderungen der Signaldynamik nicht aktiv sind. Zumeist verfügen Notfallmikrofone über Kompressoren und/oder Limiter, die die Aussteuerung des Audiosignals begrenzen. Um festzustellen, ob solche Komponenten bei der Einspielung des Testsignals bereits aktiv sind, gibt es eine pragmatische Vorgehensweise. Bei der oben beschriebenen Einstellung des Testsignals mit Einspielung über das Notfallmikrofon erhöht man schrittweise den Schalldruckpegel an der Mikrofonkapsel des Notfallmikrofons zum Beispiel jeweils um 3 dB. Gleichzeitig wird am Referenzpunkt ebenfalls die Messung des äquivalenten A-bewerteten Dauerschalldruckpegels vorgenommen. Bei jeder Erhöhung des Schalldruckpegels an der Mikrofonkapsel muss auch der Schalldruckpegel am Referenzpunkt um den gleichen Betrag erhöht werden. Ist dies ab einem bestimmten Pegel an der Mikrofonkapsel nicht mehr der Fall, befindet sich das System entweder an der Aussteuerungsgrenze oder entsprechende dynamikbearbeitende Komponenten sind bereits aktiv geworden. Die SAA sollte demnach bei der Einspielung des Testsignals in einem Bereich betrieben werden, bei dem eine Erhöhung des Schalldruckpegels an der Mikrofonkapsel noch nicht zu einer reduzierten Erhöhung des Schalldruckpegels am Referenzpunkt führt.

Kurzübersicht der einzelnen Schritte der STI-Messung nach der direkten Methode:

1. Referenzpunkt im ADA auswählen,
2. Messgerät (Mikrofon) auf passende Höhe (1,2 m oder 1,6 m) am Referenzpunkt positionieren,
3. BFD abspielen und im Sprachteil L_{Aeq} (15 s) messen und dokumentieren,
4. sollte ein Kompressor verwendet werden, diesen nun abschalten und erneut L_{Aeq} messen,
5. die Differenz der beiden L_{Aeq} ebenfalls dokumentieren und später bei der Auswertung wieder einrechnen,
6. STIPA-Prüfsignal einspielen,
7. L_{Aeq} (15 s) messen,

8. wenn dieser $L_{Aeq} = L_{Aeq}$ der Durchsage (ohne Kompressor) + 3 dB, ist die Einstellung fertig und zu dokumentieren,
9. ansonsten Pegel des Prüfsignals anpassen, bis die Anforderung erfüllt ist und dann dokumentieren,
10. anschließend mit dieser Einstellung genügend (sichere Mittelwertbildung) STIPA-Messungen vornehmen.

Vor Punkt 10 kann auch eine bewusste Pegelreduktion von X dB vorgenommen werden, um z. B. eine enorme Gehörbelastung zu vermeiden. Diese Reduktion ist auch zu dokumentieren und später bei der Auswertung wieder zu berücksichtigen! Der Pegel sollte jedoch nicht zu gering eingestellt werden, da die Mikrofone der Messgeräte rauschen und bei zu kleinen Signalpegeln somit Fehlmessungen zustande kommen. Eine Empfehlung ist, den L_{Aeq} nicht unter 75 dB(A) einzustellen.

3.8.4 Ermittlung einzelner STI-Werte

Die Ermittlung einzelner STI-Werte bildet die Voraussetzung für die normativ geforderte Auswertung innerhalb des jeweiligen ADA. Sobald die oben beschriebenen Vorbereitungen getroffen sind, kann mit der eigentlichen Durchführung der Messung begonnen werden. Um hier jedoch zügig vorwärtszukommen und im Nachgang eine reproduzierbare Dokumentation zu erhalten, ist eine Festlegung zu treffen, in welchem Messraster die einzelnen Messpunkte im zu untersuchenden ADA verteilt sind. Ein allgemeingültiges Messraster kann aufgrund der individuellen baulichen und akustischen sowie beschallungstechnischen Verhältnisse nicht existieren. Dennoch existieren grundlegende Anforderungen an die Auswahl der Analysepositionen/Messpositionen und die Anzahl der erforderlichen Einzelwerte, die zur Auswertung in einem späteren Schritt erforderlich sind. Die explizite Auswertung der einzelnen Messergebnisse wird in einem separaten Abschnitt beschrieben.

Als Grundlage für die später vorzunehmende Auswertung sind die Mittelwertbildung und die Erfassung des kleinsten Werts erforderlich. Die Notwendigkeit, den Mittelwert innerhalb des ADA ermitteln zu müssen, erfordert eine entsprechende Mindestanzahl von Einzelwerten. Da nicht irgendein Mittelwert gefordert ist, der ja bereits aus zwei Einzelwerten zu bilden wäre, sondern der Mittelwert benötigt wird, ist die Anzahl der Einzelwerte derart hoch zu wählen, dass durch Hinzunahme weiterer Einzelwerte keine signifikante Veränderung des Mittelwerts mehr erfolgt.

In der Praxis kann dies nicht ohne weiteres unmittelbar bei Betrachtung der akustischen Verhältnisse und der Beschallungslösung abgeleitet werden. Dennoch ergeben sich Erfahrungswerte. Sollten die akustischen und beschallungstechnischen Verhältnisse eher dafür sprechen, dass sich auf der Hörerebene eine homogene und wenig voneinander abweichende Verteilung der Einzelwerte ergibt, so wird bereits mit einer relativ kleinen Anzahl von Einzelwerten der Mittelwert recht genau zu erfassen sein. Eine typische, damit vergleichbare Situation findet man in der Praxis in Räumen vor, die beispielsweise mit einem Raster von Deckenlautsprechern beschallt werden. Sogenannte *dezentrale Beschallungslösungen* führen oft zu einer gleichmäßigen Werteverteilung auf der Hörerfläche. Ohne eine Aussage darüber zu treffen, welches das bessere Beschallungsdesign ist, könnte unter Umständen der gleiche Raum auch mit einer zentralen Beschallungslösung versorgt werden. Dabei ist jedoch oft festzustellen, dass die Werte auf der Hörerfläche recht unterschiedlich ausfallen. Um hier den Mittelwert zu finden, ist verständlicherweise eine größere Anzahl von Einzelwerten erforderlich. In der Praxis kann man bei derartigen Beschallungslösungen bei der Messung oft feststellen, dass ab einer bestimmten Anzahl von Einzelmessungen stets Werte gemessen werden, die bereits bei den vorherigen Einzelmessungen festgestellt wurden. Dies ist ein gutes Indiz dafür, dass bereits eine genügend große Anzahl von Einzelmessungen erfasst wurde, wenn auch die übrigen Anforderungen an das Messraster erfüllt sind.

Bei der Auswahl der Messpositionen sollte darauf geachtet werden, dass keine wiederkehrend gleiche Konstellation zwischen Messpunkt und Lautsprecher vorhanden ist. Es sollte beispielsweise nicht immer unter einem Lautsprecher oder immer am Punkt der größten Entfernung zum Lautsprecher gemessen werden. Neben dem Umstand, dass genügend Einzelwerte für die Ermittlung eines belastbaren Mittelwerts zur Verfügung stehen müssen, soll das Messraster die Gleichmäßigkeit der Beschallung berücksichtigen. Dies erfordert unter Umständen eine größere Anzahl von Messpunkten als zuerst angenommen, wenn beispielsweise eine sehr ungleichmäßige Beschallung vorliegt. Ist jedoch zu erkennen, dass die Beschallung eine sehr homogene und gleichmäßige Verteilung der Sprachverständlichkeit auf der Hörerfläche erzielt, kann bereits mit weniger Einzelwerten eine verlässliche Berechnung des Mittelwerts vorgenommen werden. Dennoch kann auch bei diesem Vorgehen eine beträchtliche Anzahl von Einzelwerten erforderlich sein.

Im Gegenzug dazu dürfen jedoch Raumsymmetrien oder sich wiederholende Situationen ausgenutzt werden, um die gesamte Anzahl messtechnisch zu erfassender Bereiche zu minimieren. Bei variablen Räumen, in denen zum Beispiel Trennwände verfahren werden können, ist mindestens stets die ungünstigste Situation messtechnisch zu erfassen.

Beispiele

1. Ein Raum/ADA, zum Beispiel die Aula einer Schule, könnte derart gestaltet sein, dass deren rechte Hälfte exakt spiegelbildlich zur linken Hälfte aufgebaut ist. Hierbei ist nicht nur auf die Positionierung, Ausrichtung und die Typen der Lautsprecher zu achten, sondern auch die akustischen/baulichen Verhältnisse sollten gleichartig sein. Kann also davon ausgegangen werden, dass eine spiegelbildliche Symmetrie vorhanden ist, kann die Erfassung der Einzelwerte für die Sprachverständlichkeit auf eine Raumhälfte reduziert werden. Es ist jedoch zu empfehlen, zur Überprüfung der Symmetrie einzelne Referenzpunkte in beiden Bereichen auszuwählen. Auch sollte bei der Messung nicht nur geprüft werden, dass die Lautsprecher spiegelbildlich positioniert und ausgerichtet sind sondern auch ordnungsgemäß funktionieren. Ebenso ist es erforderlich, dass bei einem derartigen Vorgehen nicht nur die zu messende Hälfte des Raums/ADA von der SAA beschallt wird, sondern die gesamte Beschallungsanlage wie im Falle der Brandalarmierung betrieben wird.
2. Die Klassenräume einer Schule sind baulich exakt gleichartig erstellt worden, und auch die Beschallungskonzeption wiederholt sich von Klassenraum zu Klassenraum. Ist eine exakte Gleichartigkeit vorhanden, könnte mit wenigen Referenzpunkten in unterschiedlichen Klassenräumen festgestellt werden, dass tatsächlich in jedem Klassenraum mit der gleichen Sprachverständlichkeit zu rechnen ist. Folglich könnte die Messung auf einen vollumfänglich zu messenden Klassenraum reduziert werden. Dies ersetzt jedoch nicht die Prüfung jeder einzelnen Beschallung im jeweiligen Klassenraum während der Inbetriebsetzung einer SAA.
3. In einem Konferenzraum eines Hotels ist es möglich, durch Einfahren von zwei Trennwänden den länglichen Raum in drei einzelne Konferenzräume zu unterteilen. In diesem Beispiel verfügen die Trennwände über eine akustisch wirksame Oberfläche (gelochte Oberseite). Es ist damit zu rechnen, dass sich eine weitaus schwierigere Raumakus-

tik ergibt, wenn die Trennwände in ihr Depot eingefahren sind und sich ein größeres Raumvolumen mit insgesamt weniger Absorptionsfläche ergibt. Diese Raumsituation wäre dann vorzugsweise zur Ermittlung der Sprachverständlichkeit zu wählen. Jedoch sollte zumindest stichprobenartig überprüft werden, wie die Situation bei Raumtrennung zu bewerten ist. Gelegentlich ist zu beobachten, dass die Positionierung der Lautsprecher eher nach architektonischen als nach beschallungstechnischen Gesichtspunkten vorgenommen wurde und somit unter Umständen ein kleinerer, abgetrennter Raumbereich dann Defizite in der Beschallungsqualität aufweisen könnte.

Bei der Verwendung der STIPA-Methode ist trotz gleichbleibender Umgebungsverhältnisse damit zu rechnen, dass sich mehrfach durchgeführte Einzelmessungen an einer Messposition im Bereich von einigen Prozenten voneinander unterscheiden können. Diese Toleranz hatte es bei Anwendung der alten nationalen Anwendungsrichtlinie erforderlich gemacht, bis zu sechs Messungen an der gleichen Messposition vorzunehmen. Auf solche Mehrfachmessungen an einer Messposition wird in der neuen SAA-Norm verzichtet. Jedoch wird definiert, dass egal wie klein der ADA ist, mindestens drei Einzelmessungen in jedem ADA vorgenommen werden müssen. Des Weiteren wird definiert, wie viele Einzelmessungen in Abhängigkeit zur Fläche des ADA mindestens vorzunehmen sind. Die Anzahl der mindestens vorzunehmenden Einzelmessungen in Abhängigkeit zur Größe des jeweiligen ADA ist der **Tabelle 3.6** zu entnehmen.

Bei der Durchführung der Messung ist darauf zu achten, dass die Höhe des Messmikrofons daran angepasst wird, ob die Hörerschaft im zu untersuchenden Bereich während der Übertragung der Brandfalldurchsagen vorwiegend steht oder sitzt:

- Bei stehenden oder gehenden Personen sollte eine Höhe des Messmikrofons von 1,6 m eingehalten werden.

Fläche des ADA in m^2	Mindestanzahl der Messpunkte
< 25	3
25 … < 100	10
100 … < 500	20
500 … < 1.500	30
1.500 … < 2.500	40
> 2.500	40 je 2.500 m^2

Tabelle 3.6 Mindestanzahl der Messpunkte in Abhängigkeit zur ADA-Fläche

- Bei vorwiegend sitzenden Person sollte sich das Messmikrofon auf einer Höhe von 1,2 m befinden.

Sind jedoch die üblicherweise im ADA anwesenden Personen nicht dem Durchschnitt erwachsener Menschen entsprechend, ist die Höhe des Messmikrofons darauf anzupassen. Wird beispielsweise in einem Klassenzimmer der ersten Grundschulklasse gemessen, so kann es durchaus erforderlich sein, die Höhe des Messmikrofons darauf anzupassen. Dies sollte dann unbedingt in der Messberichterstellung berücksichtigt werden.

Bei handgehaltenen Messgeräten wird oftmals beobachtet, dass diese sehr nah am Körper gehalten werden. Dies ist in gewisser Weise durchaus verständlich, da selbst die kleinen handgehaltenen Geräte nach mehreren 100 Einzelmessungen zu einer körperlichen Anstrengung führen. Da der menschliche Körper und vor allem auch seine Kleidung akustisch sehr gut absorbieren, sollte dennoch versucht werden, das Messgerät möglichst weit vom Körper entfernt zu halten. In kritischen Situationen oder weil es einfach nicht so anstrengend ist, kann sogar empfohlen werden, das Messgerät auf ein Stativ zu befestigen und sich in angemessenem Abstand zum Messgerät aufzuhalten. Hierbei ist es auch möglich, ein kabelgebundenes oder drahtloses, abgesetztes Mikrofon mit einem Stativ an die verschiedenen Messpositionen zu bringen und das Messgerät zentral oder handgehalten zu positionieren. Ein weiterer Vorteil besteht darin, dass die Höhe des Messmikrofons mit Stativen stets konstant ist.

3.8.5 Ermittlung und Bewertung des Störgeräuschspektrums

Wie im Abschnitt 3.3.1 zu Störgeräuschen bereits beschrieben, sind die für Sprachalarmierung und für elektroakustische Notfallwarnsysteme bereitstehenden Normen kaum in der Lage, weitreichend Hilfe zur Ermittlung des Störgeräuschspektrums zu leisten. Eine fachtechnische Abschätzung eines Spektrums kann bezüglich der mit großer Wahrscheinlichkeit fehlenden Realitätsnähe ausgeschlossen werden. Im Idealfall kann im zu bewertenden Objekt eine messtechnische Aufnahme in einer normalen Nutzungssituation erfolgen. Behelfshalber könnte eine derartige Messung auch in einem vergleichbaren Objekt vorgenommen werden.

Doch eine messtechnische Aufnahme des Störgeräuschspektrums ist keine triviale Angelegenheit. Das Störgeräusch ist danach zu bewerten, ob es zeitlich variiert oder über den zu bewertenden Zeitraum konstant bleibt. Auch eine örtliche Veränderung der Störschallquellen müsste gegebenenfalls berücksichtigt werden. Verläuft das zu bewertende Störgeräusch konstant im relevanten Zeitraum oder ist nur mit einer geringen Dynamik des Störgeräusches im Objekt zu rechnen, kann die messtechnische Erfassung des Spektrums mit einer geschickten Wahl der Mittelungszeit auf direkte Weise erfolgen. Ist beispielsweise das Spektrum des Störgeräusches in einer Pausenhalle einer Schule über den Zeitraum einer großen Pause zu erfassen, kann für die meiste Zeit der Pause von einem relativ konstanten Störgeräusch ausgegangen werden. Einige Messgeräte, die auch zur Messung der Sprachverständlichkeit nach der direkten Methode geeignet sind, verfügen über die Möglichkeit, spektrale Schallpegelmessungen vorzunehmen.

Besteht also der subjektive Eindruck, es handele sich um ein Störgeräusch mit relativ geringer Dynamik, könnte mit einem derartigen Messgerät eine Messung des L_{Aeq} vorgenommen werden. Anfänglich sollte dabei von einer sehr langen Mittelungszeit ausgegangen werden, um bei Beobachtung des Mittelungswerts die tatsächlich erforderliche Mittelungszeit festzustellen, bis sich keine nennenswerten Veränderungen des Mittelungswerts mehr ergeben. Diese so recht einfach herauszufindende Mittelungszeit wird dann verwendet, um ein gemitteltes Störschallspektrum zu messen. Sollte das Störgeräusch jedoch über den zu erfassenden Zeitraum erheblich variieren, ist eine andere Vorgehensweise zur Ermittlung eines geeigneten Störschallspektrums erforderlich. Derartige zeitlich variable Störgeräusche sind oftmals in Sportstätten vorzufinden.

In Fachkreisen hat sich z.B. für Fußballstadien folgendes Vorgehen als sinnvoll erwiesen: Über den relevanten Zeitraum von 30 min vor dem Spiel bis nach dem Abpfiff wird eine Messung des Sprachspektrums derart vorgenommen, dass jede fünfte Sekunde eine Mittelung erfolgt und als spektrales Messergebnis gesichert wird. In der später stattfindenden Auswertung wird dann ermittelt, in welchen fünf aneinanderhängenden Minuten der höchste Mittelwert des Störgeräuschpegels erreicht wurde. Nach Auffinden der lautesten 5 min wird für dieses Zeitfenster der mittlere spektrale Verlauf des Störgeräuschsignals für die weiteren Bewertungen verwendet. Wichtig ist dabei, dass die Suche nach den lautesten 5 min nicht auch pegelstarke Übertragungen der Beschallungsanlage enthält.

Da Störeinwirkungen auch nur wenige Sekunden mit hohem Pegel vorhanden sein können und diese durchaus einen erheblichen Anteil am Mittelungsergebnis haben, wird oftmals eine Filterung dieser sehr kurzen Einwirkung vorgenommen. Dies macht besonders dann Sinn, wenn die Einwirkung sehr kurz gegenüber der Durchsagedauer ist und die Durchsage in einer Schleife wiederholt übertragen wird. So könnten aus den Ergebnissen der Langzeitmessung die lautesten 5 min ohne die lautesten 20 s ermittelt werden. Die lautesten 20 s werden bei einem dynamischen Verlauf des Störgeräusches stets einen höheren Mittelwert erreichen als die lautesten 5 min. Durch Vernachlässigung der lautesten 20 s wird der mittlere Störpegel der lautesten 5 min geringer ausfallen, wobei in Kauf genommen wird, dass die dazu passend ausgelegte Beschallung in den kurzen Intervallen von z. B. 20 s nicht ausreichend dimensioniert ist.

Derartige Festlegungen beruhen auf Erfahrungswerten und haben keinen allgemeingültigen Charakter. Je nach Gestaltung der Evakuierungsdurchsagen oder der zu realisierenden Evakuierungszeiten sind auch durchaus andere Zeiträume der lautesten Minuten oder Sekunden denkbar. Sehr oft erfolgt die Ermittlung der lautesten Periode in der Länge der Reaktionszeit.

Ebenso hat sich in der Praxis gezeigt, dass parallel zu einer Langzeitmessung und der entsprechenden Auswertung auch eine zweite Messung mit individuell und manuell festgelegten Mittelungszeiten sinnvoll ist, um eine Bewertung vorzunehmen. Dabei könnte die Messung zu Beginn eines subjektiv wahrgenommenen Ereignisses (Tor beim Fußballspiel) gestartet werden und über den zuvor festgelegten Zeitraum für z. B. 5 min laufen. Beim Vergleich mit den Auswertungsergebnissen der Langzeitmessung haben sich gut vergleichbare mittlere Störschalldruckpegel ergeben. Da jedoch die subjektive Erfassung des Messzeitraums durchaus individuell sein kann, ist nicht in jedem Fall davon auszugehen, dass Vergleichbarkeit gegeben ist. Eine Langzeitmessung über den relevanten Zeitraum ist hier die deutlich verlässlichere Herangehensweise, auch wenn der Aufwand der Auswertung erheblich größer ist.

3.8.6 Modifikation der Messwerte

Bei vorwiegender Betrachtung der direkten Methode zur Messung der Sprachverständlichkeit ist es erforderlich, darüber nachzudenken, unter welchen Bedingungen die Messung durchgeführt wird. Da die direkte Methode sehr empfindlich auf Umgebungsgeräusche reagiert, wird die Messung üblicherweise in einer ruhigen Umgebungssituation vorgenommen. Natürlich kann dieser Umstand auch bei der Messung der Sprachverständlichkeit nach der indirekten Methode gegeben sein. Diese ruhige Umgebungssituation bei der Messung entspricht jedoch meist nicht der normalen Nutzungssituation beziehungsweise der akustischen Situation zum Zeitpunkt der Brandalarmierung. Bei dieser ist durchaus mit erheblich lauteren Störgeräuschen zu rechnen.

Die somit in ruhiger Umgebung gemessenen STI-Werte müssen also noch derart modifiziert werden, dass die relevanten Störgeräusche darin berücksichtigt werden und so eine Vorhersage der Sprachverständlichkeit bei der Brandalarmierung möglich ist. Nicht selten kommt es vor, dass bestimmte Objekte nur nachts und außerhalb entsprechender Betriebszeiten messtechnisch zu erfassen sind. Oder aber die Messungen sind zwischen entsprechenden Phasen höherer betrieblicher Nutzung zu positionieren. Die im Titel dieses Abschnitts genannte Modifikation ist also eine Anpassung der in ruhiger Umgebung gemessenen STI-Werte, sodass die zu erwartenden Störgeräusche bei der Brandalarmierung darin Berücksichtigung finden.

Diese Modifikation ist nach exakt festgelegten Methoden vorzunehmen und sollte im Idealfall Bestandteil der Auswertungssoftware sein. Explizite Angaben über das anzuwendende Verfahren für die Vornahme dieser Korrektur sind beschrieben in DIN EN IEC 60268-16 „Elektroakustische Geräte – Teil 16: Objektive Bewertung der Sprachverständlichkeit durch den Sprachübertragungsindex“.

Neben den normativen Festlegungen sollten jedoch auch andersartige Definitionen bezüglich einer Korrektur bzw. Modifikation der im Ruhigen gemessenen Sprachverständlichkeit diskutiert werden. Insbesondere werden diese Betrachtungen sinnvoll, wenn die messtechnische Erfassung der Sprachverständlichkeit in speziellen Objekten erfolgt. Hierzu zählen Gebäude wie Fußballstadien, Sportarenen, Eishallen und ähnliche Bauten, in denen zumeist komplizierte raumakustische Verhältnisse vorzufinden sind und mit immens hohen Störgeräuschpegeln zu rechnen ist. Durch die nutzungsbedingten hohen Störgeräuschpegel ist der von der Beschallungsanlage erforderliche Nutzsignalpegel ebenfalls entsprechend hoch.

In der Regel befinden sich diese Nutzsignalpegel bereits in einem Bereich, in dem mit einem erheblichen Maskierungseffekt zu rechnen ist. Dieser hat in diesem Fall einen maßgeblichen Einfluss auf die erreichbare Sprachverständlichkeit. Bei der Durchführung der Messung ist es üblich, den Schalldruckpegel des Testsignals erheblich abzusenken, damit die Lärmbelastung für die anwesenden Personen reduziert werden kann. Ebenfalls ist es möglich, dass eine Pegelsenkung erforderlich ist, weil schallimmissionstechnische Gründe dafür sprechen.

Bei dieser Notwendigkeit, den Pegel des Testsignals zu senken, sind zumeist Wohngebäude in der Nähe des zu messenden Objekts, und es ist sinnvoll oder gar gesetzlich gefordert, einen bestimmten Immissionspegel einzuhalten. Bei einer derartigen Absenkung des Testsignals muss bei der Auswertung ebenfalls eine Korrektur der Messwerte vorgenommen werden. Auch hierzu sollte die vom Hersteller des Messgeräts zur Verfügung gestellte Software eine dazu geeignete Anpassungsmöglichkeit des Nutzschallpegels enthalten. Dabei ist in Anbetracht der eigentlich projektierten, sehr hohen Nutzpegel in oben genannten Objekten wichtig, dass bei der späteren Anpassung des Nutzschallpegels auch der Maskierungseffekt berücksichtigt wird.

Bei der Messung ist also zu dokumentieren, um welchen Pegel das Testsignal abgesenkt wird, um bei der Auswertung diesen Pegel wieder anheben zu können. Den Fachleuten, die die Messung und Auswertung vornehmen, ist es natürlich selbst überlassen, ob die Korrekturen mithilfe der Herstellersoftware oder eigens erstellter Berechnungswerkzeuge vorgenommen werden, solange die normativ dazu vorgegebenen Berechnungen zur Anwendung kommen. Die Aufwendungen zur Korrektur der STI-Werte können je nach Objekt recht umfangreich ausfallen, da die Auswertungen und Korrekturen je ADA vorgenommen werden müssen.

3.8.7 Auswertung der Messung

Die Auswertung von Messungen der Sprachverständlichkeit war in der Vergangenheit auf Grundlage der verschiedenen anzuwendenden Normen für SAA und ENS unterschiedlich, wozu durchaus ein gewisses Unverständnis angebracht war. Mit der neuen DIN VDE 0833-4:2024-06 wurde dieser ungünstige Umstand behoben, indem die grundsätzlichen Anforderungen an die Auswertung von Messungen der Sprachverständlichkeit an die in Deutschland und Europa bereits etablierten Anforderungen an elektroakustische Notfallwarnsysteme und Sprachalarmierungsanlagen angepasst wurden. Daher kann die nachfolgend beschriebene Auswertung dem Grunde nach auch für ENS angewandt werden. Explizite Anforderungen und Handlungsanweisungen zur Messung der Sprachverständlichkeit für elektroakustische Notfallwarnsysteme sind den dazu einschlägigen Normen wie DIN EN 50849/VDE 0828-1 zu entnehmen.

In diesem Abschnitt werden nur die Anforderungen an die Auswertung der Sprachverständlichkeit in Bezug auf Sprachalarmanlagen nach neuer SAA-Norm beschrieben. Auch wenn die Simulation der Sprachverständlichkeit in einem separaten Abschnitt beschrieben wird, kann bereits erwähnt werden, dass im Grunde die Anforderungen an die Auswertung der Sprachverständlichkeit auf Grundlage einer Messung mit den Anforderungen zur Auswertung einer Simulation durchaus vergleichbar sind. Da im Rahmen von Simulationen ohnehin damit zu rechnen ist, dass derart viele Einzelwerte aufgrund der gewählten Auflösung zur Verfügung stehen, ist es hierbei meist nur erforderlich, die Berechnung des 90-%-Mittelwerts und des 90-%-Mindestwerts vorzunehmen. Bei der Simulation ist jedoch wie bei der Auswertung der Messergebnisse wichtig zu beurteilen, welchen Einfluss das zu erwartende Störsignalspektrum auf die Sprachverständlichkeit haben wird.

Das Thema Störgeräusche wird im Abschnitt 3.3.1 separat behandelt. Sind die Gegebenheiten bezüglich der Störgeräusche so, dass diese weiter berücksichtigt werden müssen, sind bei der Simulation wie auch bei der Auswertung der Messungen nach der direkten Methode die Einflüsse der Störgeräusche zu berücksichtigen. Die für die ordnungsgemäße Simulation der Sprachverständlichkeit zur Verfügung stehenden Programme verfügen über die Möglichkeit, ein Störsignalspektrum einzugeben. Bei entsprechender Parametrierung des Simulationsprogramms werden somit die vorgegebenen Störsignale bei der Simulation der Sprachverständlichkeit entsprechend berücksichtigt. Für den Fall, dass eine Messung der Sprachverständlichkeit nach der direkten Methode vorgenommen wurde, ist davon auszugehen, dass diese Messung im ruhigen Zustand der zu messenden Umgebung stattgefunden hat. In der Regel muss eine zweite Messung zu einem typischen Betriebszustand des Objekts vorgenommen werden. In diesem Zustand wird das Störschallspektrum messtechnisch erfasst. Ist dies nicht möglich, muss ein vergleichbares Spektrum verwendet werden. Dieses Thema wird ausführlich in den Abschnitten 3.3.1 und 3.8.5 zu den Störgeräuschen behandelt.

Bei der Auswertung der einzelnen Messergebnisse zur Sprachverständlichkeit ist nun jeder einzelne STI-Wert so zu korrigieren, dass das vorgegebene Störgeräuschspektrum Berücksichtigung findet. Dieser Berechnungsvorgang ist mit den von den Herstellern der Messgeräte zur Verfügung gestellten Softwareprogrammen einfach möglich. Sobald jeder einzelne Wert die entsprechende Korrektur erfahren hat, ist es zumeist einfach, mit den gleichen Programmen den 90-%-Mittelwert und den 90-%-Mindestwert berechnen zu lassen. Die Berücksichtigung des Störschalls ist nicht erforderlich, wenn der Abstand zwischen Störschall und Nutzschall in jedem Sprachfrequenzband mindestens 15 dB beträgt.

Im Vorfeld der Messung stellt sich jedoch die Frage, wie viele einzelne Messwerte erforderlich sind, um belastbare Ergebnisse zu erzielen. Die Aufgabenstellung lautet, den Mittelwert zu bilden. Hierunter ist nicht zu verstehen, mit einer beliebigen Anzahl von Einzelwerten durch einen Berechnungsvorgang einfach das arithmetische Mittel zu erhalten, sondern den tatsächlichen Mittelwert im auszuwertenden Bereich zu erfassen. In jedem zu untersuchenden Bereich kann davon ausgegangen werden, dass eine gewisse Streuung der Einzelwerte vorhanden ist. Es wäre sehr unwahrscheinlich, an jedem Punkt in einem Alarmierungsbereich exakt die gleiche Sprachverständlichkeit zu messen. Theoretisch wären also unendlich viele Einzelwerte erforderlich, um den tatsächlichen Mittelwert berechnen zu können.

Ein Beispiel aus der Praxis soll jedoch den Unterschied zur Theorie verständlich machen.

Beispiel

In einem Raum mit einer Grundfläche von beispielsweise 100 m² (10 m × 10 m) sei bei der ersten Variante eine homogen in der Deckenfläche verteilte dezentrale Beschallung eingebaut. Durch die homogene Lautsprecherverteilung kann davon ausgegangen werden, dass die zu messenden Einzelwerte der Sprachverständlichkeit relativ eng beieinander liegen. Sollte nun aus diesen Einzelwerten der Mittelwert mit hinlänglicher Genauigkeit (zwei Stellen hinter dem Komma) berechnet werden, wird man bei Verwendung nur weniger Einzelwerte bereits bemerken, dass sich dieser Mittelwert kaum mehr ändert, auch wenn weitere Werte hinzugenommen werden.

In der zweiten Variante zur Beschallung des oben genannten Raums werden gerichtet arbeitende Druckkammerlautsprecher in zwei Raumecken positioniert. Ohne darauf einzugehen, welche dieser beiden Varianten zum besseren Ergebnis führt, kann bei der Aufnahme der Einzelwerte für die Sprachverständlichkeit sehr schnell bemerkt werden, dass sich diese erheblich voneinander unterscheiden können. Der sich ergebende Mittelwert aus einer geringen Anzahl von Einzelwerten wird durch Hinzunahme weiterer Einzelwerte mit größerer Wahrscheinlichkeit eine maßgebliche Änderung erfahren. Erst wenn weitere Einzelwerte hinzugenommen werden und der Mittelwert sich nicht mehr erheblich verändert, kann davon ausgegangen werden, einen belastbaren Mittelwert gefunden zu haben.

Weitere Hinweise zu der Vorgehensweise, die korrekte Anzahl der Einzelwerte zu erlangen, sind im Abschnitt 3.8.4 zur Messung der Einzelwerte beschrieben.

Bei der Auswertung der einzelnen Werte für die Sprachverständlichkeit entsprechend der Anwendungsrichtlinie für SAA ist es also erforderlich, den tatsächlichen 90-%-Mittelwert des zu untersuchenden Bereichs zu ermitteln. Eine dafür erforderliche Anzahl an Einzelwerten sowie die Verwendung eines Messrasters kann wegen der individuellen Gestaltung der zu untersuchenden Bereiche keineswegs vorgegeben werden. Es ist also vor der Durchführung der Messung und der Festlegung eines für den zu bewertenden Bereich geeigneten Messrasters und der damit verbundenen Anzahl von Einzelwerten die Überlegung anzustellen, ob der zu untersuchende Bereich eher homogene oder fluktuierende Ergebnisse zur Verfügung stellen wird. Hierzu ist die Berücksichtigung und Bewertung der raumakustischen Verhältnisse und des verwendeten Beschallungskonzepts erforderlich.

Natürlich könnte man auch pragmatisch vorgehen und mit einer kleineren Anzahl von Einzelwerten beginnen. Ist dann während der Messung festzustellen, dass sich die Einzelwerte erheblich unterscheiden, ist zu empfehlen, eine größere Anzahl an Messpunkten hinzuzunehmen. Wichtig ist auch hier eine entsprechende Dokumentation, damit später durch Dritte die Messung reproduzierbar erscheint. Dabei sind die einzelnen Messpunkte so zu deklarieren, dass diese später exakt zugeordnet werden können. Die Auswertung ist in folgenden groben Schritten je zu untersuchendem Bereich zusammenzufassen:

- Bewertung bezüglich zu erwartender Varianz der Einzelwerte,
- Auswahl eines Messrasters und Anzahl der Einzelwerte,
- Untersuchung des ADA auf Bereiche, die nicht gemessen werden müssen,
- messtechnische Ermittlung der Einzelwerte,
- unter Umständen Änderung der Anzahl der zuvor festgelegten Einzelwerte,
- falls erforderlich, Korrektur der Einzelwerte mit Störgeräuschen (Software empfohlen),
- Berechnung des arithmetischen 90-%-Mittelwerts (Software empfohlen),
- Berechnung des 90-%-Mindestwerts (Software empfohlen)
- Dokumentation des Ergebnisses mit allen erforderlichen Randbedingungen.

Bezüglich der Auswertung zur Simulation oder Messung der Sprachverständlichkeit war es nach alter Norm erforderlich, den Mittelwert zu berechnen und vom Mittelwert die Standardabweichung abzuziehen. Diese Vorgehensweise ist nun nicht mehr existent. Stattdessen werden nun der 90-%-Mittelwert und der 90-%-Mindestwert je ADA ermittelt. In der praktischen Anwendung bedeutet dies, dass der zu untersuchende ADA unter Einbeziehung der Anforderungen zur Aufnahme einzelner Werte vollflächig erfasst wird. Sollten dazu mindestens zehn Einzelwerte erforderlich gewesen sein, so ist es möglich, die schlechtesten 10 % der Werte zu streichen und nicht bei der Auswertung einzubeziehen. Bei zehn Einzelwerten wäre es also möglich, den schlechtesten Wert der zehn einzelnen Werte bei der Auswertung auszuschließen, sodass in diesem Beispiel lediglich neun Einzelwerte für den 90-%-Mittelwert verwendet werden. Gleichzeitig ist es erforderlich, von den verbleibenden 90 % der Einzelwerte den kleinsten Wert ausfindig zu machen. Dieser wird dann als sogenannter *90-%-Mindestwert* bezeichnet und im Messbericht dokumentiert.

Neben der Erleichterung, nicht sämtliche Einzelwerte bei der Auswertung verwenden zu müssen, gibt es in der aktuellen SAA-Norm weitere Möglichkeiten, Bereiche mit zumeist schlechter Sprachverständlichkeit nicht in der Auswertung berücksichtigen zu müssen. Befinden sich im zu messenden ADA Teilflächen von weniger als 10 m^2 mit schlechten STI-Werten und werden diese Teilflächen nur kurzzeitig von den mit der BFD zu versorgenden Personen frequentiert, können diese Teilflächen ebenfalls bei der Messung unberücksichtigt bleiben. Typische Beispiele für derartige Flächen sind Nischen in Fluren, Flächen unterhalb von Fahrtreppen und Bereiche hinter akustisch abschattenden Einbauten. Bezeichnend für diese Flächen ist, dass die betroffenen Personen, die sich dennoch kurzzeitig dort aufhalten können, über eine sehr kurze Distanz von im Regelfall weniger als 2 m in den Bereich gelangen können, der mit der SAA ausreichend beschallt wird. Allgemein wird davon ausgegangen, dass die betroffenen Personen mit einem Schritt in den gut versorgten Bereich gelangen können.

In großen ADA von mehr als 1.600 m^2 ergeben sich oftmals größere Komplikationen, in den Randbereichen eine ausreichende Sprachverständlichkeit zu erzielen. Im Gegenzug stellt sich jedoch die Frage, wie wahrscheinlich es ist, dass sich in solch großen ADA Personen exakt in diesen Randbereichen aufhalten. Diesem Umstand entsprechend wurde in der aktuellen SAA-Norm eine weitere Ausnahme definiert.

Wenn ein ADA mit mehr als 1.600 m^2 Grundfläche zu messen ist, kann ein Randstreifen mit einer maximalen Breite von 0,5 m und maximal 5 % der Grundfläche des ADA bei der Auswertung der Messung unberücksichtigt bleiben. Dabei ist jedoch wichtig, dass dieser Randstreifen bezüglich der Nutzung des ADA nicht für den dauerhaften Aufenthalt von Personen vorgesehen ist. Ein passendes Beispiel hierfür wäre die große Eingangshalle eines

Einkaufszentrums, bei dem der Aufenthalt von Personen im Randstreifen zwar grundsätzlich möglich ist, aber die Nutzung der Eingangshalle vorwiegend als Verkehrsfläche einzustufen ist und die Randbereiche nicht explizit zum dauerhaften Aufenthalt der Personen geschaffen wurden.

Zur Dokumentation der Messergebnisse und der Auswertung der Messung ist es normativ vorgeschrieben, einen Messbericht zu verfassen. Dieser soll mindestens folgende allgemeine Angaben enthalten:

- Datum der Messungen,
- Messort (Projekt),
- angewandte Messmethode,
- bei der Messung verwendete Messgeräte und zusätzliche Komponenten,
- nachvollziehbare Angaben zur Anzahl und Positionierung der Messpunkte im ADA,
- Informationen zur Raumakustik während der Messung (Besetzungsgrad),
- Angaben über besondere Umstände während der Messung,
- Angaben über gegebenenfalls durchgeführte Korrekturrechnungen.

Die in der SAA-Norm geforderte Dokumentation der raumakustischen Verhältnisse während der Messung klingt im Kontext der Messung nach dem STIPA-Verfahren leicht irritierend, wobei im Klammerausdruck auf den Besetzungsgrad hingewiesen wird. Wie weiter oben beschrieben und in der Praxis regelmäßig bestätigt, ist die Messung nach der direkten Methode im Regelfall unter Anwesenheit von Publikum nicht durchzuführen. Selbst wenn andere Messverfahren angewendet werden und bei diesen Messverfahren keine wesentliche Fehleranfälligkeit bei Vorhandensein von Publikum entsteht bzw. dass durch das Publikum verursachte Störgeräusch gleich korrekt mit in die Vorhersage der Sprachverständlichkeit einfließt, ist es zumeist nicht möglich, das Publikum mit den entsprechenden Testsignalen zu konfrontieren. Vielmehr zielt dieser Teil der geforderten Dokumentation darauf ab, über Besonderheiten der Raumakustik zu informieren.

Natürlich würde die absorbierende Wirkung von anwesendem Publikum ebenfalls dazu zählen. Jedoch trifft in der Praxis eher zu, dass besondere Raumkonfigurationen mit ein- oder ausgefahrenen Trennwänden, abgesenkten oder angehobenen Publikumsbereichen, offenem oder geschlossenem Orchestergraben, geöffnete oder geschlossene Vorhänge usw. im Messbericht zu erwähnen sind.

Im Messbericht sind zudem Angaben für die Messwerte an Einzelpositionen zu machen. Dazu gehört die Beschreibung der Messposition zum Beispiel durch Kennzeichnung in einem Grundriss. Des Weiteren sind für jede

Einzelposition Angaben zum Testsignalpegel, zum Störgeräuschpegel, zum Nutzsignalspektrum bei Übertragung der BFD sowie der A-bewertete Summenschalldruckpegel zu machen. Für das Nutzsignalspektrum in den Oktavbändern von 125 Hz bis 8 kHz und für den Summenschalldruckpegel wird gefordert, dass hier die Maximalwerte zu ermitteln sind. Diese Forderung ist jedoch nicht grundsätzlich zielführend, da die SAA bei ordnungsgemäßer Einstellung auch durchaus den optimalen Arbeitspunkt, also die optimale Sprachverständlichkeit, nicht immer bei maximal erreichbarem Pegel erlangt. Hier wäre es besser gewesen, in der Norm zu formulieren, dass das Nutzsignalspektrum und der Summenschalldruckpegel bei projektierter Lautstärke messtechnisch zu erfassen wären.

Sollte sich bei der Einmessung der SAA gegenüber dem projektierten Schalldruckpegel ein anderer Pegel als optimal herausstellen, so sollte dieser und nicht der maximal erreichbare Pegel gemessen und dokumentiert werden. Stellt sich dieser Zusammenhang bei der zu messenden SAA heraus, so ist zu empfehlen, eine von der Norm abweichende Dokumentation vorzunehmen und dies im Messbericht zu begründen. Grundlegend ist für jede Einzelposition natürlich der jeweilige STI-Wert zu dokumentieren. Sollten bei der Messung der Einzelpositionen Besonderheiten aufgefallen sein, so sind diese ebenfalls zu dokumentieren. Zu den Besonderheiten zählen unter anderem das vermehrte Auftreten von Fehlmessungen, ungewöhnliche Störgeräusche in der Umgebung, ungewöhnliches Verhalten der Beschallungsanlage, Störgeräusche, die Teil des übertragenen Signals sind und auf den Bereich der Einzelpositionen beschränkte besondere akustische Verhältnisse.

Sind alle Einzelwerte dokumentiert, wird im nächsten Schritt ausgewertet, ob entsprechend der Anzahl der Einzelwerte je ADA ein Verwerfen der schlechtesten 10 % möglich ist. Kann auf dieser Grundlage eine 90-%-Auswertung vorgenommen werden, ist zu deklarieren, welche der Einzelwerte nicht in die Auswertung genommen werden. Von den übrigen 90 % der Einzelwerte sind der 90-%-Mittelwert und der 90-%-Mindestwert auszurechnen und zu dokumentieren. In den meisten Fällen ist es möglich, die von den Herstellern der Messgeräte ebenfalls zur Verfügung gestellte Software für die Darstellung der Ergebnisse zu verwenden. Dies sollte dann um die zusätzlichen Informationen ergänzt werden, damit eine reproduzierbare und belastbare Dokumentation entsteht.

Neben den normativ geforderten Inhalten des Messberichts ist zur Reproduzierbarkeit und zur Erlangung einer höheren Vertrauenswürdigkeit zu empfehlen, auch die Ergebnisse zur Untersuchung der messtechnischen

Randbedingungen im Messbericht zu dokumentieren. So sollten bei Verwendung des direkten STI-Verfahrens im Messbericht Informationen enthalten sein, wie sich impulshafte Störgeräusche auswirken, ob schwankende oder impulshafte Störgeräusche oder Echos vorhanden sind und die Anlage ohne subjektiv wahrnehmbare Verzerrungen überträgt. Weitere Informationen dazu sind im Abschnitt 3.8.1 zum Messen und Prüfen der Randbedingungen enthalten.

In akustisch besonders schwierigen Objekten, die dadurch gekennzeichnet sind, dass die akustisch absorptive Wirkung des anwesenden Publikums erforderlich ist, um eine ausreichende Sprachverständlichkeit zu erlangen, ist die Durchführung der oben beschriebenen Messung und Auswertung der Sprachverständlichkeit zumeist nicht ausreichend. Wird in solchen Objekten die Messung der Sprachverständlichkeit ohne das bei der üblichen Nutzungssituation anwesende Publikum vorgenommen, können sich Werte unterhalb der normativ geforderten Grenzen ergeben. Entsprechend der Beschreibung des Messverfahrens ist bisher also davon ausgegangen worden, jeden ADA außerhalb der üblichen Nutzungszeit – also ohne Publikum – zu messen und anschließend die in ruhiger Umgebung gemessenen STI-Einzelwerte mit dem zu erwartenden Störgeräusch zu korrigieren. Die auf die Raumakustik und somit auf die Sprachverständlichkeit positiv einwirkende absorptive Wirkung des Publikums wird bei dieser Vorgehensweise jedoch vernachlässigt.

Sollte bei Anwendung dieser Vorgehensweise, also die Berücksichtigung des Publikumslärms ohne die Berücksichtigung der Publikumsabsorption, bereits eine ausreichende und den normativen Grenzen entsprechende Sprachverständlichkeit ermittelt werden können, so gilt das Ziel als erreicht. Ist jedoch zu erkennen, dass die Absorption des Publikums erforderlich ist, um eine ausreichende Sprachverständlichkeit zu erreichen, kann der Nachweis oft nur durch Simulation in einem sogenannten *kalibrierten Simulationsmodell* erbracht werden.

Nun könnte man auch umgekehrt argumentieren, dass ein derartiger, akustisch komplizierter Raum auch eine ausreichende Sprachverständlichkeit aufweisen muss, wenn das Publikum nicht vorhanden ist und zum Beispiel nur ein kleines Reinigungsteam im Brandfall die BFD verstehen muss. Dieses Szenario würde dann jedoch auch die Korrektur der in ruhiger Umgebung gemessenen STI-Einzelwerte mit einem dazu passenden Störgeräusch erfordern. Noch komplizierter wird die Situation, wenn ein derartig akustisch anspruchsvoller ADA sich langsam mit Personen füllt, die verhaltensbedingten Lärm verursachen, wie es beispielsweise im Pausenfoyer eines Theaters der Fall wäre. Bei diesem Szenario verändern sich der verhaltensbedingte Lärm sowie die durch das Publikum eingebrachte akustische Absorption im Verlaufe der Zeit.

Bei ADA, in denen derartige Umstände zutreffen, ist es zu empfehlen, zunächst die extremen Bedingungen auszuwerten. Führen diese bereits zu ausreichender Sprachverständlichkeit, so ist es nicht erforderlich, weitere Aufwendungen zu betreiben. Kann mit dieser Vorgehensweise jedoch nicht nachgewiesen werden, dass die vorhergesagte Sprachverständlichkeit den normativen Anforderungen genügt, ist es zumeist unumgänglich, mehrere Simulationsdurchgänge in einem kalibrierten Simulationsmodell zu berechnen. Weitere Informationen dazu können dem Abschnitt 4.4.9 zur Simulation entnommen werden.

3.8.8 Fehlerbetrachtung

Sämtliche Vorhersagen zur Sprachverständlichkeit aus Berechnungen, Simulationen oder Messungen sind fehlerbehaftet. Mit der Benennung von Mindestanforderungen für den Sprachübertragungsindex in numerischen Größen wird suggeriert, dass es sich hierbei um diskrete Übergänge von hinlänglicher Wirksamkeit zu nicht mehr ausreichender Wirksamkeit einer Sprachübertragung handelt. Wie bereits beschrieben, ist es nicht zutreffend, dass es sich um derartige diskrete Übergänge oder gar harte Grenzen handelt. Ebenso könnte der fehlerhafte Eindruck entstehen, dass die durch Simulation oder Messung ermittelten STI-Werte ohne Fehlertoleranz zu verstehen sind.

Im Gegensatz dazu haben Messungen wie auch Simulationen eine gewisse Fehlertoleranz, die nicht konstant ausfällt sondern erheblich von den Eingangsgrößen abhängt. Selbst wenn innerhalb einer Simulation die Abbildung des Raums im virtuellen Modell mit den exakten Dimensionen erfolgt, sowie die Eingabe der raumbegrenzenden Oberflächen mit den dazu passenden Absorptionskoeffizienten vorgenommen wird, muss davon ausgegangen werden, dass der simulierte STI dennoch fehlerbehaftet ist. Von den handelsüblichen und in der Praxis angewandten Simulationsprogrammen können einige in der Realität existente und auf die Sprachverständlichkeit unter Umständen einwirkende akustische Effekte nicht abgebildet werden. Je nach verwendetem Programm gehören dazu Effekte wie Beugung, Streuung, binaurales Hören, richtungsabhängige Absorption der Oberflächen usw. Auch die in der Simulation zu berücksichtigenden Lautsprecher haben eine Fehlerquote bei der Erfassung und in der Simulation zu verwendenden Lautsprecherdaten.

Bei der STI-Messung sind zudem umfangreiche Fehlerquellen vorhanden. Dazu gehören unter anderem nicht korrekt eingeschätzte, aber bei der Messung dennoch vorhandene Störgeräusche, nicht korrekt berücksichtigte Echos oder verzerrte Wiedergaben sowie falsche Positionierung des Messmikrofons oder zu geringe Anzahl von Einzelmessungen. Bei der Durchführung der STI-Messung kommt noch hinzu, dass das Verfahren an sich fehlerbehaftet ist. Grob können die Fehler bei der Ermittlung der STI-Werte in systematische Fehler und in Fehlern bei der Handhabung von Messgeräten und Simulationsprogrammen unterteilt werden. Fehler, die auf Grundlage von falscher Bedienung von Messgeräten oder auf Grundlage von falschen Eingaben in Simulationsprogrammen herrühren, können die gesamte Bandbreite umfassen. Die Bandbreite erstreckt sich über zu vernachlässigende Fehler bis hin zu Fehlern mit nicht mehr akzeptabler Toleranz. Normative Festlegungen innerhalb der Anwendungsrichtlinie für Sprachalarmanlagen existieren dazu nicht. Jedoch wird darauf hingewiesen, dass die Anwender eine dazu erforderliche Kompetenz besitzen und nachweisen müssen, um erhöhtes Fehlerpotenzial aus mangelhafter Handhabung auszuschließen. Es wird ferner vorausgesetzt, dass die virtuellen Raummodelle, die Daten der raumbegrenzenden Oberflächen sowie die Daten der Lautsprecher auf Plausibilität geprüft werden und die Parametrierung des Simulationsprogramms bezüglich maximaler Genauigkeit vorgenommen wird.

Es ist also davon auszugehen, dass stets die ausreichende Kompetenz vorhanden ist und sämtliche Eingangsgrößen geprüft und für optimal befunden werden. Leider ist dies kein generelles Abbild der Praxis, normativ wird davon jedoch ausgegangen. Übrig bleiben die systematischen Fehler.

Die systematischen Fehler bei Verwendung von Simulationsprogrammen entsprechend der normativ gestellten Anforderungen werden im Regelfall als zu vernachlässigend klein bewertet, wenn eine gewissenhafte Beachtung der Einflussfaktoren erfolgt. Wird jedoch das direkte Verfahren zur messtechnischen Ermittlung der STI-Werte angewandt, so ergeben sich durchaus Fehlertoleranzen, die eine weitergehende Betrachtung erfordern. Normativ gibt es leider keine Hinweise mehr darüber, mit welchen Fehlertoleranzen selbst beim ordnungsgemäßen Umgang mit den Messgeräten der direkten Methode zu erwarten sind.

In der messtechnischen Praxis stellt sich häufig heraus, dass ohne scheinbare Veränderung äußerer Einflüsse und bei einer festen Positionierung des

Messgeräts mithilfe eines Stativs dennoch unterschiedliche Messergebnisse angezeigt werden, wenn mehrfach nacheinander gemessen wird. Dafür kann eine relativ einfache Begründung gefunden werden, die das Problem zumindest größtenteils beschreibt. Die Messung eines STI-Werts erfordert einen Messzeitraum von etwa 15 s. Auch wenn das Testsignal den Anschein macht, immer exakt gleichartig zu sein, so ist es tatsächlich 100 s lang und wird anschließend so lange wiederholt, wie das Testsignal übertragen wird. Je nachdem, an welcher Stelle des 100 s langen Testsignals sich die 15 s lange Messung befindet, ergeben sich unterschiedliche STI-Werte. Die Fehlertoleranz unterscheidet sich zudem, in welchem STI-Niveau die Messung erfolgt.

Bei sehr geringen und bei sehr großen STI-Werten ist mit größeren Fehlertoleranzen zu rechnen als im mittleren Wertebereich. Sehr kleine STI-Werte zum Beispiel unter 0,3 und sehr große STI-Werte von über 0,8 haben für Sprachalarmanlagen nur eine sehr untergeordnete Bedeutung. Der mittlere Wertebereich, in dem sich auch die normativ festgelegten Mindestwerte befinden, ist jedoch genauer zu betrachten. Die systematisch bedingt fluktuierenden Messergebnisse könnten statistisch betrachtet durch viele Einzelmessungen zu einem verlässlichen Mittelwert berechnet werden. Daher ist auch die Mindestanzahl von Messpunkten selbst bei kleinen ADA auf drei Messungen angehoben worden. Sollte die SAA jedoch im grenzwertigen Bereich betrieben werden, wäre die Angabe einer Messungenauigkeit durchaus hilfreich.

In der nationalen Anwendungsrichtlinie von 2014 wurde dem Umstand Rechnung getragen, indem verlangt wurde, dass bei kleinen STI-Werten von unter 0,63 am entsprechenden Messpunkt bis zu sechs Einzelmessungen vorzunehmen waren. Die Differenz der Einzelmessungen durfte dabei nicht mehr als 0,05 betragen. Daraus ergibt sich eine Toleranz von etwa ±0,025. Durch die Forderung des mehrfachen Messens an einem Messpunkt sollte bei kleinen STI-Werten eine ausreichend gute Mittelung gewährleistet sein. Nun kann nicht generell davon ausgegangen werden, dass die oben genannte Toleranz grundsätzlich bei der Messung der Sprachverständlichkeit nach der direkten Methode vorliegt. Jedoch lässt die in der alten Norm beschriebene Toleranzbreite durchaus den Schluss zu, dass selbst unter reproduzierbar gleichen Bedingungen nicht stets gleiche Ergebnisse gemessen werden müssen. Typische Abweichungen liegen bei ± 0,01, können jedoch in ungünstigen Situationen auch größer ausfallen.

Nach DIN VDE 0833-4:2024-06 ist nicht gefordert, dass bei der Auslegung der SAA und der Bewertung der Sprachverständlichkeit eine derartige

Messungenauigkeit im Rahmen der Messungen während der Inbetriebsetzung zu berücksichtigen sei. Dem Anwender muss jedoch klar sein, dass die während der Inbetriebsetzung gemessenen STI-Werte eine Fehlertoleranz enthalten und zum Beispiel bei einer Wiederholungsmessung durch den Sachverständigen unter Umständen davon abweichende STI-Werte ermittelt werden. Bei einer grenzwertigen Auslegung der SAA kann dies durchaus zu Irritationen und Diskussionen führen. Für Planer könnte es daher hilfreich sein, zu versuchen, den STI direkt planerisch um 0,02 oder mehr höher auszulegen, um späteren Komplikationen aus dem Weg zu gehen. Normativ wird mithilfe einer Anmerkung darauf hingewiesen, dass eine Fehlerbetrachtung gerade bei grenzwertiger Auslegung der SAA zu empfehlen ist. Demnach sollten Simulationsberichte und Messberichte darüber aufklären, mit welcher Genauigkeit Simulationen und Messungen vorgenommen wurden.

Eine weitere erhebliche Unsicherheit ergibt sich in Objekten, in denen die Störgeräusche maßgeblichen Einfluss auf die prognostizierte Sprachverständlichkeit haben. Die Festlegung der zu berücksichtigenden Störgeräusche ist im entsprechenden Abschnitt 3.3.1 beschrieben. Werden Störgeräusche vorwiegend verhaltensbedingt erzeugt, so ist es bei Anwendung der dazu normativ vorgegebenen Verfahren zur Festlegung dieser Störgeräusche weder im Rahmen einer Prognose noch im Rahmen der Messung möglich, ein absolut zweifelsfreies Ergebnis zu ermitteln. Dies ist auf Grundlage der sehr individuellen Situation verhaltensbedingter Störgeräusche auch nachvollziehbar und erfordert von den Verantwortlichen und kompetenten Planern ein individuelles Handeln. Dieses individuelle Handeln beinhaltet unter Umständen zu treffende Annahmen, die aufgrund ihres individuellen Charakters auch unterschiedlich ausfallen können. Demnach kann ein und dieselbe Situation, in der verhaltensbedingte Störgeräusche entstehen, von unterschiedlichen Planern auch verschiedenartig eingeschätzt und begründet werden.

Haben nun die Störgeräusche projektspezifisch einen wesentlichen Einfluss auf die Sprachverständlichkeit, so können von den Planern zu treffende Annahmen bezüglich der während der Alarmsituation zu prognostizierenden Störgeräusche ebenfalls einen erheblichen Einfluss auf die vorhergesagte Sprachverständlichkeit haben. Sollte sich beispielsweise ein Planer entscheiden, dass die Störgeräusche der üblichen Nutzungssituation in seinem Objekt nicht repräsentativ für die Alarmsituation sind und er einen begründeten Aufschlag definiert, so kann die Variation der zu berücksichtigenden Störgeräusche bereits so große Unterschiede in der vorhergesagten Sprachverständlichkeit verursachen, dass die systematischen Fehler zur Ermittlung des STI bei Simulation oder Messung dagegen klein ausfallen.

Nun könnte man im Gegenzug natürlich argumentieren, wenn die Festlegung der Störgeräusche nachvollziehbar eine relativ große Unsicherheit verursacht, warum dann bei der Messung und Simulation höchste Anforderungen an die Genauigkeit bezüglich Handhabung und Durchführung zu erfüllen sind. Die Antwort darauf fällt jedoch relativ einfach aus. Indem zu sämtlichen Komponenten, die zur Vorhersage der Sprachverständlichkeit erforderlich sind, die jeweils größtmögliche Genauigkeit in Ansatz gebracht wird, desto genauer wird auch das Gesamtergebnis, weil sich die Fehler im ungünstigsten Fall alle addieren könnten.

Eine weitere Fehlerquelle ist ebenfalls im Bereich der Berücksichtigung von Störgeräuschen zu finden. Dass selbst bei gewissenhaft gemessener, berechneter und simulierter Sprachverständlichkeit dies nicht als exaktes Abbild der Realität bezeichnet werden kann, liegt in der Momentaufnahme des verwendeten Störschallspektrums. Egal welches Verfahren angewandt wird, um ein Störschallspektrum zu ermitteln, kann dies nicht allgemeingültig sein und für sämtliche Situationen im Objekt oder ADA gelten. Wird dennoch ein Störschallspektrum zur Korrektur der im Ruhigen gemessenen oder simulierten Sprachverständlichkeit verwendet, ist die sich daraus ergebende Sprachverständlichkeit möglicherweise nur für diesen einen Moment realitätsnah, in dem das Störschallspektrum im ADA exakt diese Form einnimmt. Es ist also davon auszugehen, dass in der meisten Zeit während der Objektnutzung eine andere Sprachverständlichkeit real existent ist. Würde das verwendete Störschallspektrum während der Nutzungszeit im zu betrachtenden ADA etwa 3 min vorhanden sein, was vielleicht 5 % der gesamten Nutzungszeit entsprechen könnte, ist vielleicht in 1 % der Nutzungszeit mit einem lauteren Störschall und in 94 % der Nutzungszeit mit einem leiseren Störschall zu rechnen. Dem gleichbedeutend kann also in diesem Beispiel davon ausgegangen werden, dass die ermittelte Sprachverständlichkeit in 5 % der Nutzungszeit realitätsnah ist, in 1 % der Nutzungszeit zu gut dargestellt wird, aber in 94 % der Nutzungszeit mitunter deutlich schlechter ist als subjektiv im Objekt wahrgenommen.

Diese Überlegungen haben einige Fachleute zur Erkenntnis gebracht, dass die Berücksichtigung des Störschallspektrums in speziellen Objekten weder in der Berechnung noch in der Simulation auf die oben beschriebene Weise sinnvoll erscheint. Hier hat sich eine andere Vorgehensweise als praktikabel herausgestellt. Sie ist jedoch normativ nicht berücksichtigt worden.

Nach wie vor wird die messtechnische Ermittlung des Störschallspektrums vorgenommen. Ebenso wird das Spektrum des Nutzsignals bei maximaler, vorgesehener Aussteuerung der Beschallungsanlage gemessen. Sollte beim Vergleich der beiden Spektren deutlich werden, dass das Nutzsignal in allen Sprachfrequenzbändern zum Beispiel mindestens 10 dB über dem Störschall liegt, wird zwar für die weiteren Betrachtungen der Maskierungseffekt, jedoch nicht mehr der Störschall zur Korrektur der Sprachverständlichkeit verwendet. Ob eine spektrale Differenz zwischen Nutzsignal und Störschall von 6 dB, 10 dB oder 15 dB in Ansatz gebracht wird, sollte bei diesen besonderen Objekten fachtechnisch beurteilt werden. Auch ist eine Abhängigkeit der in Ansatz gebrachten Differenz von der Mittelungszeit bei der Erfassung des Störschalls denkbar.

Würde die Ermittlung des Störschalls zum Beispiel danach erfolgen, die lautesten 2 min während der Veranstaltungszeit zu verwenden, könnte eher auf eine Differenz zwischen Nutzsignal und Störschall von 6 dB eingegangen werden. Würden hingegen die lautesten 10 min bei der Ermittlung des Störschalls berücksichtigt werden, sollte eher eine Differenz von 10 dB Verwendung finden. Hierzu kann keine allgemeingültige Lösungsformel offeriert werden. Vielmehr ist ein entsprechendes Maß an Erfahrung durch Vergleich gemessener und subjektiv wahrgenommener Sprachverständlichkeit in solchen Objekten erforderlich, um geeignete Festlegungen treffen zu können. Sollte die hier beschriebene Vorgehensweise in der Praxis angewandt werden, so ist dies fachtechnisch zu begründen und als Abweichung gegenüber der normativen Forderungen zu dokumentieren.

Dieses Kapitel hat deutlich gemacht, dass die normativ vorgeschriebene Vorgehensweise zur Ermittlung der Sprachverständlichkeit nicht zu einem allgemeingültigen Ergebnis führt, sondern nur zu exakt einem Zeitpunkt, bei dem die berücksichtigten Randbedingungen passen, ein realitätsnahes aber dennoch mit einer Fehlertoleranz versehenes Ergebnis erzielt wird. Wie auch immer die erforderlichen Festlegungen getroffen werden, so ist gerade bei zeitlich dynamischen Störgeräuschen eine mitunter erhebliche Fehlerquote vorhanden. Dies ist vor allem dadurch zu begründen, dass das zur Korrektur zu verwendende Störschallspektrum eine Momentaufnahme darstellt und über die Nutzungszeit des betrachteten Bereichs sehr unterschiedlich sein kann. Das gemessene und anschließend berechnete Ergebnis der Sprachverständlichkeit ist im Falle unterschiedlicher Störpegel über den Zeitraum der Nutzung möglicherweise für die meiste Zeit falsch.

4 SAA nach DIN 0833-4:2024-06

Planung und Projektierung einer SAA sind wie auch die übrigen Meilensteine in Phasen unterteilt. Die aufeinander aufbauenden Phasen sollten sinnigerweise auch nacheinander abgearbeitet werden. Dieses auch in den Normen für SAA übernommene Verfahren sieht es vor, dass eine Phase zunächst abgearbeitet und die Ergebnisse dokumentiert werden. Sodann soll die anschließende Phase auf dieser Grundlage erstellt werden. So liegt es nahe, dass zunächst die Konzeptphase erarbeitet wird und dann auf Grundlage der Konzeptdokumentation die passende Planung erstellt wird. Auf Grundlage der Planungsergebnisse soll dann die Projektierung erfolgen.

Der Prozess setzt sich bis in die Betriebsphase fort. Leider ist es nicht immer die Regel, dass die Planungsingenieure exakt nach den festgelegten Leistungsbildern, zum Beispiel der Honorarordnung für Architekten und Ingenieure, zum richtigen Zeitpunkt im Projektablauf beauftragt sind. Auch sind die einzelnen beschriebenen und mit entsprechenden Verantwortlichkeiten versehenen Phasen nach DIN 14675 „Brandmeldeanlagen – Aufbau und Betrieb für SAA" nicht immer ein exaktes Abbild des realen Ablaufs von Planung und Bauerstellung. Mit kleinen Einblicken in die alltägliche Baupraxis werden in den folgenden Abschnitten die einzelnen Phasen von der Konzeption bis zum Betrieb von Sprachalarmanlagen beschrieben.

4.1 Wer entscheidet, ob eine SAA erforderlich ist?

Natürlich kann es vielfältige Gründe dafür geben, warum eine SAA geplant und gebaut werden soll. Ausgenommen seien in den weiteren Erläuterungen dazu die Fälle, bei denen Bauherren oder andere Entscheider sich freiwillig für die Realisierung einer SAA entscheiden. Dies kann aus den gleichen Gründen, die ohnehin für die Realisation einer SAA sprechen, auch außerhalb der bauordnungsrechtlichen Forderung durchaus sinnvoll sein, lässt jedoch unter Umständen zu, einige Anforderungen auch relativieren zu können. Daher soll in diesem Buch vorwiegend der Normalfall weiter betrachtet werden.

Im Normalfall, also bei der baurechtlich geforderten Sprachalarmanlage, ist es in der Praxis leider oft so, dass der Fachplaner, meist der Elektrofachplaner, entweder meint, selbst darüber zu entscheiden, ob eine Sprachalarmanlage erforderlich wird, oder der Bauherr/Auftraggeber an ihn die Frage stellt, ob eine entsprechende Notwendigkeit gegeben ist. In zahlreichen Seminaren wird immer wieder von Fachplanern oder Errichtern die Frage gestellt, wer denn darüber zu entscheiden hat, ob eine Sprachalarmierung erforderlich ist oder nicht. Fachplaner oder Errichter der SAA entscheiden jedenfalls nicht gänzliche alleine und in Eigenverantwortung.

Verantwortlich für den Betrieb eines Gebäudes ist der Betreiber, der mit dem Bauherrn und Auftraggeber identisch sein kann, aber nicht sein muss. Der Betreiber eines Gebäudes ist dafür verantwortlich, dass die sicherheitstechnischen Aspekte beim Betrieb des Gebäudes den gesetzlichen Anforderungen entsprechen. Um hier wieder den luxuriösen Fall eines Neubaus oder einer Sanierung mit Bauantragsverfahren voranzustellen, kann auch in diesem Zusammenhang darauf verwiesen werden, dass der Betreiber letzten Endes für dieses Verfahren verantwortlich ist. In der Regel wird das Verfahren von Erfüllungsgehilfen für den eigentlichen Betreiber/Bauherr/Auftraggeber durchgeführt. Der Betreiber muss also aus eigenem Wissen heraus oder durch das Wissen seiner Berater dahingehend in Kenntnis gesetzt werden, dass im gegebenen Fall ein Bauantragsverfahren einzuleiten ist und planerische Voraussetzungen für dieses Verfahren gegeben sein müssen. Oftmals ist es sogar erforderlich, einen juristischen Beistand für die baurechtlichen Zusammenhänge einzuschalten.

Im Rahmen dieses Verfahrens ist eine brandschutztechnische Betrachtung des Objekts erforderlich. Diese Betrachtung kann nur von einer dafür ausgebildeten Fachkraft vorgenommen werden. Der Ingenieur für vorbeugenden Brandschutz wird im Rahmen der Genehmigungsplanung oder oftmals auch schon im Rahmen der Entwurfsplanung ein Brandschutzkonzept erarbeiten. Er entscheidet meist auch in Abstimmung mit den örtlichen Feuerwehren und den Behördenvertretern über das Erfordernis einer Sprachalarmanlage. Die exakte zeitliche Verortung des Brandschutzkonzepts innerhalb der unterschiedlichen Phasen einer Projektrealisierung wird zwar oft von der baugenehmigenden Behörde vorgegeben, muss in der Praxis jedoch nicht bedeuten, dass dies bezogen auf den Planungs- und Bauablauf stets zur gleichen Zeit passiert. Oft gibt es recht früh ein erstes Brandschutzkonzept, und in Folge der Planung oder sogar der Ausführungsarbeiten werden weitere Fortschreibungen erstellt.

Wie auch immer der zumeist individuelle Planungs- und Bauablauf im Projekt aussieht, sind die nach Norm in der Konzeptphase auszuarbeitenden

Inhalte oftmals auch in den Planungsphasen noch nicht festgelegt und dokumentiert. Die Folge der Phasen gibt jedoch vor, dass die Festlegungen zu SAA vor dem Planungsbeginn getroffen werden müssen. Dies führt gelegentlich zu mehr oder weniger pragmatischen Lösungen.

Selbst wenn Bauherren unter dem üblichen uns bekannten Kostendruck oft nicht einsehen, dass noch ein weiterer Fachplaner (hier für vorbeugenden Brandschutz) schon sehr früh ins Projekt genommen werden muss, sollte die Fachkraft für Sprachalarmanlagen als Planer oder Errichter nicht dem Druck des Bauherrn nachgeben und eigenständig eine Entscheidung zur Notwendigkeit einer Sprachalarmanlage treffen und die Anforderungen an die Anlage festlegen. Nach DIN 14675 sind die Ingenieurbüros (Planer) und beteiligte Fachfirmen wie auch der Bauherr in der Konzeptphase verantwortlich.

Fachkräfte für Sprachalarmanlagen sollten sich zurückhaltend dazu äußern, ob die Forderung nach einer Sprachalarmanlage in einem gerade zu bearbeitenden Projekt sinnvoll ist oder nicht. Oftmals sind der Fachkraft für Sprachalarmanlagen die tatsächlichen Begründungen zur Forderung oder zur Vermeidung einer SAA nicht einfach ersichtlich, da im Brandschutz durchaus verschiedene Maßnahmen einander kompensierend eingesetzt werden können. Leider fehlen in vielen Brandschutzkonzepten die Begründungen, warum im Einzelfall gegen oder für eine SAA entschieden wurde. Vorgesehen ist die gemeinsame Bearbeitung der Konzeptphase, wobei sich die Fachplaner der SAA und der Verfasser des Brandschutzkonzepts miteinander abstimmen.

Sicher kann es dennoch von Nutzen sein, wenn Fachplaner und Errichter von SAA grundlegende Kenntnisse haben, welche Vorschriften und Verordnungen im Normalfall dazu führen, dass eine SAA gefordert wird. Bei einigen Objektkategorien gibt der Gesetzgeber bereits vor, ob eine SAA erforderlich wird, wenn bestimmte Randbedingungen vorhanden sind.

Fachplaner sollten sich demnach mit mindestens der Versammlungsstättenverordnung [4], der Verkaufsstättenverordnung [5], den Schulbaurichtlinien usw. auseinandersetzen. Diese Verordnungen sind als Muster existent und werden in den Bundesländern durchaus in unterschiedlicher Wirksamkeit in die jeweilige Landesbauordnung integriert. Daher kann es durchaus vonnöten sein, die im jeweiligen Bundesland gültige Variante zu kennen.

Um also die einleitende Frage des Abschnitts zu beantworten, wer darüber entscheidet, ob eine SAA benötigt wird, müsste demnach geantwortet werden, dass diese Entscheidung vom Verfasser des Brandschutzkonzepts getroffen wird. Die expliziten Anforderungen an die SAA sollen jedoch durch gemeinsame Abstimmung zwischen den Fachplanern der SAA und dem Verfasser des Brandschutzkonzepts erarbeitet und dokumentiert werden. Gelegentlich kommt es in der Praxis vor, dass der Brandschutzkonzeptverfasser in bestimmten Bereichen eines Gebäudes SAA fordert und in anderen Bereichen des gleichen Gebäudes nur eine Alarmierung mit DIN-Ton als ausreichend erachtet. Nun ist es der Fachplaner, der den Verfasser des Brandschutzkonzepts darauf aufmerksam machen muss, dass diese Kombination an den akustischen Übergängen zwischen SAA und DIN-Ton-Alarmierung zu erheblichen Schwierigkeiten führen kann.

Eine SAA kann auch in Bereichen des Gebäudes erforderlich sein, in denen eine Alarmierung mit Sprache nicht zielführend ist, wie zum Beispiel eine Industriehalle mit ausschließlich ortskundigen Anwesenden und einem Störgeräuschpegel von mehr als 95 dB(A). Es gibt noch eine Reihe weiterer Beispiele, bei denen es erforderlich ist, dass der Planer mit seiner Fachkompetenz auf die Forderungen des Brandschutzkonzeptverfassers einwirken muss, um letzten Endes Anforderungen an eine planbare SAA zu erhalten. Hierzu gehört auch oftmals die Aufklärung darüber, welche Bedeutung die Sicherheitsstufen einer SAA haben und eine pauschale Entscheidung zur Sicherheitsstufe II nicht immer zielführend sein muss.

4.2 Phasen und Verantwortlichkeiten nach Norm

Die Schritte von der Planung bis zum Betrieb einer SAA sind also in einzelne Phasen unterteilt. Die Phasen sind explizit in der DIN 14675 „Brandmeldeanlagen – Aufbau und Betrieb“ beschrieben. Begonnen wird der Vorgang mit der Konzeptphase, bei der die Fachplaner der SAA ursprünglich gar nicht vorgesehen waren. Für die Konzeptphase waren früher der Bauherr und sein sogenannter *Berater für Sicherheit* verantwortlich. Auch wenn diese Festlegungen schon seit Jahren bestanden, sind sie nach wie vor kein Abbild des üblichen Bauwesens. Auch die Bezeichnung „Berater für Sicherheit“ ist in der Praxis kaum vorzufinden, wenngleich die Funktion durchaus existent ist.

Natürlich ist der Bauherr in aller Regel nicht in der Lage, ohne fachliche Unterstützung die Inhalte der Konzeptphase zu erarbeiten. In Bezug auf eine SAA hieße das, zum Beispiel Festlegungen zu den Sicherheitsstufen, den Alarmierungsbereichen und zum Beschallungsumfang zu treffen beziehungsweise darüber zu entscheiden, ob überhaupt eine SAA erforderlich ist. Derartige Festlegungen sind zumeist nur im Kontext der gesamten Brandschutzplanung und Konzeption zu definieren. Daher ist es doch in den meisten Fällen der Fachingenieur für vorbeugenden Brandschutz, der die konzeptionellen Festlegungen erarbeitet.

Allerdings stimmt in der Praxis der zeitliche Ablauf in der Regel nicht mit den Phasen gemäß DIN 14675 „Brandmeldeanlagen – Aufbau und Betrieb“ überein. Leider ist in diesem Zusammenhang auch zu bemerken, dass die Norm nicht mit den Leistungsphasen der HOAI (Honorarordnung für Architekten und Ingenieure) exakt in Einklang steht. Jedoch ist seit 2020 nach DIN 14675 festgelegt, dass die Ingenieurbüros (also die Fachplaner) ebenfalls in der Konzeptphase mitverantwortlich sind. Im Grunde genommen können dazu passend auch die entsprechenden Leistungsphasen in der HOAI gefunden werden. Im Rahmen der Grundlagenermittlung und der Vorplanung sind durchaus die Leistungen der Konzeptphase nach DIN 14675 „Brandmeldeanlagen – Aufbau und Betrieb“ wiederzufinden. Auch wenn die HOAI mit den darin beschriebenen Leistungsphasen für die Honorierung der Fachingenieure außerhalb der Beauftragungen durch die öffentliche Hand meist keine erhebliche Rolle mehr spielt, werden Neubauprojekte und sehr oft auch Sanierungen dennoch nach den Leistungsphasen durchgeführt. Umso mehr wäre es hilfreich gewesen, die Phasen der DIN 14675 „Brandmeldeanlagen – Aufbau und Betrieb“ auch daran exakt anzupassen.

In 2020 ist die neue Version der DIN 14675 veröffentlicht worden. Hierin sind die Zuordnung der Verantwortlichkeiten zu den Phasen und die Inhalte der Phasen zum Teil der Praxis angepasst worden. Die Norm besteht aus dem Teil 1 mit dem Titel „Brandmeldeanlagen – Teil 1: Aufbau und Betrieb“ und dem Teil 2 mit dem Titel „Brandmeldeanlagen – Teil 2: Anforderungen an die Fachfirma“.

Um die Planungsphase möglichst reibungsfrei beginnen zu können, ist es also ratsam, wenn der Fachplaner der SAA bereits in der Konzeptphase zumindest mitwirkt, was er bei einer Beauftragung mit den üblichen Leistungsphasen eigentlich auch gut leisten kann. Dies würde vermehrt zu inhaltlich sehr guten Brandschutzkonzepten führen, die dann ideal als Grundlage für die Planung der SAA genutzt werden können. Leider ist dies in der Praxis noch immer nicht sehr oft vorzufinden. Zumeist beinhalten Brandschutzkonzepte nicht selten nur Andeutungen oder kryptische Umschreibungen, ob und wenn ja, mit welchen Funktionen eine SAA vorgesehen werden soll, um der Gesamtkonzeption des Brandschutzes zu entsprechen.

Leider sind die Konzeptverfasser nur sehr selten auch Fachplaner von SAA, sodass eine etwas andere Sicht auf die als Planungsgrundlage zu verwendenden Konzeptinhalte besteht. Somit ist es fast schon die Regel, dass der Fachplaner nach Erhalt des Brandschutzkonzepts weiteren Klärungsbedarf hat, aber oft nicht wahrnimmt. Es besteht auch nicht immer der Luxus, dass der Fachplaner der SAA einen Entwurf des Brandschutzkonzepts vorab erhält, um seine Belange noch einbringen zu können. Es ist einfach nachvollziehbar, dass die Planung erschwert wird, wenn die Grundlage der Planung Lücken aufweist. Ebenso ist bei einer nicht genau definierten Grundlage unklar, ob eine angenäherte Planung tatsächlich zu der SAA führt, die der Konzeptverfasser eigentlich fordert, ohne dies ausreichend dokumentiert zu haben.

Leider entspricht dies recht oft der Praxis und führt in späteren Phasen zu Anpassungen der Planung oder gar zu Änderungen der Ausführungen. In völlig ungünstig verlaufenden Fällen müssen sich Sachverständige vor oder schon im gerichtlichen Verfahren damit auseinandersetzen, warum eine Anforderungslage nicht erfüllt wurde und unter Umständen die Anlage nicht abgenommen wurde oder – noch kritischer – das Gebäude nicht in den ordnungsgemäßen Betrieb gehen konnte. Vieles davon wäre vermeidbar, wenn die zeitliche Folge der einzelnen Phasen und die Beteiligung der Fachkräfte besser koordiniert werden würde.

In der Phase 6.1 gemäß DIN 14675 „Brandmeldeanlagen – Aufbau und Betrieb“ wird die Planung der SAA strukturell bezüglich der Verantwortlichkeiten und Qualifikation des Fachplaners beschrieben. Auch die übrigen Phasen werden derart definiert.

DIN 14675-2 (siehe oben) dokumentiert die Anforderungen an die Kompetenz der Planer, der Errichter, der Abnehmenden und derer, die SAA in Betrieb nehmen oder instand halten. Seit dem 1. Oktober 2013 haben sämtliche Firmen/Personen, die mit der Planung, Errichtung und Inbetriebsetzung sowie Wartung von Sprachalarmanlagen beschäftigt sind, die in der Norm definierten Kompetenznachweise zu erbringen. Die sogenannte *Fachkraft* oder *hauptverantwortliche Person für Sprachalarmanlagen* nach DIN 14675 „Brandmeldeanlagen – Aufbau und Betrieb“ muss eine Prüfung zum Nachweis der Fachkompetenz ablegen. Darüber hinaus sind weitergehende Anforderungen an die Unternehmen zu stellen. Das Führen eines Qualitätsmanagementsystems kann hierzu beispielhaft genannt werden.

Ohne den Nachweis der geforderten Kompetenz, also die Zertifizierung des Fachunternehmens mit mindestens einer Fachkraft nach DIN 14675 „Brandmeldeanlagen – Aufbau und Betrieb“ ist die Planung, die Errichtung bis hin zur Inbetriebsetzung und Wartung der SAA nicht mehr gestattet. Eine Ausnahme stellt der Subunternehmer dar, wenn dieser lediglich unter Aufsicht des geprüften und zertifizierten Fachunternehmens zum Beispiel die Leitungsinstallationen vornimmt.

Zahlreiche Unternehmen und Verbände bieten analog zum Brandschutz entsprechende Kurse und Prüfungen zur Fachkraft für SAA (hauptverantwortliche Person für Sprachalarmierungsanlagen) an. Für die Zertifizierung der Unternehmen können oftmals die gleichen Anbieter beauftragt werden.

Die akkreditierten Stellen, die die Prüfung der Fachkräfte abnehmen, haben einen neuen Prüfungsfragenkatalog zu verwenden. Dieser enthält zwar nicht wie die Prüfung im Bereich des Brandschutzes eine separate Projektierungsaufgabe, beinhaltet im Multiple-Choice jedoch mehrere Projektierungsaufgaben, die mit Lösungsweg zu erarbeiten sind. Dadurch wurde der Schwierigkeitsgrad durchaus der verantwortungsvollen Aufgabe der Fachkraft angepasst.

Im Anschluss an die Planungsphase findet nach DIN 14675 „Brandmeldeanlagen – Aufbau und Betrieb“ die Projektierung statt. Die beiden Phasen Planung und Projektierung wurden über Jahre stets als quasi eine Leistungsphase umschrieben. Die grundlegende Norm für Brandmeldeanlagen macht hier spätestens seit der aktuellen Version einen eher praxisnahen Unterschied und definiert in den einzelnen Phasen mit der Benennung der Verantwortlichkeiten auch die tatsächlichen Inhalte. So kann grob festgehalten werden, dass die Planungsphase mit der Erstellung der Ausführungsplanung, der Leistungsverzeichnisse und dem Vergabevorschlag nach Prüfung der Angebote abschließt.

Die Projektierungsphase beinhaltet die Werk- und Montageplanung und somit die explizite Anpassung der eher allgemein gehaltenen Planung an definierte Produkte bestimmter Hersteller. Obwohl in der aktuellen Fassung der DIN VDE 0833-4:2024-06 „Festlegungen für Anlagen zur Sprachalarmierung im Brandfall“ das Ziel verfolgt wurde, die einzelnen Phasen analog zur grundlegenden Norm für Brandmeldeanlagen anzugleichen, ist dies bei der Definition der einzelnen Leistungsinhalte für die Phasen der Planung und Projektierung recht praxisnah gelungen.

In diesem Buch werden die Phasen Planung und Projektierung bezüglich der Anwendungsrichtlinie zusammengefasst und mit den Leistungsbildern eines realen Bauablaufs in Einklang gebracht. Die nach der Projektierung folgenden Phasen werden im weiteren Verlauf dieses Buchs ebenfalls aufgegriffen.

Da die Kompetenzanforderungen an Planer und Errichter in einer nationalen Anwendungsrichtlinie definiert sind, könnte man die Frage stellen, ob dies zu Nachteilen innerhalb des europäischen Binnenmarkts führen könnte, da demnach ja auch ausländische Planer und Errichter dieser nationalen Anforderung genügen müssen, wenn das Projekt in Deutschland zu realisieren ist. Ohne dieses Thema hier weiter von der juristischen Seite betrachten zu wollen, könnte dies ein Indiz dafür sein, dass in der aktuellen MVV TB (Musterverwaltungsvorschrift Technische Baubedingungen) der Teil 2 der DIN 14675 explizit nicht benannt wurde und somit die Kompetenzanforderungen an Planer und Errichter nicht grundsätzlich bauordnungsrechtliche Bedeutung erhalten haben. Was bedeutet dies in der Baupraxis? Sollte in keinem bauordnungsrechtlich relevanten Dokument wie dem Brandschutzkonzept oder der Baugenehmigung die Einhaltung der DIN 14675-2 explizit gefordert sein, dann müssen die Kompetenzanforderungen an die Planer und Errichter nicht unumgänglich erfüllt werden. Somit könnten Planung und Projektierung aber auch die Montage von SAA von nicht zertifizierten Firmen vorgenommen werden.

Hier ist jedoch entsprechende Vorsicht geboten, da auch zumeist kryptische Formulierungen in den bauordnungsrechtlich relevanten Unterlagen darauf hinweisen können, die normativen Anforderungen gänzlich beachten zu müssen. Eine beispielhafte Formulierung in einer der Dokumente könnte lauten, dass in den technischen Gewerken sämtliche aktuellen DIN-Normen einzuhalten seien. Ferner ist es möglich, dass die Vertragsinhalte, die zwischen Auftraggeber und Auftragnehmer gelten, darauf hinweisen, dass die entsprechende Normierung einzuhalten ist oder gar die Zertifizierung eine Voraussetzung darstellt, den Auftrag erfüllen zu können. Es bleibt also festzuhalten, dass es durchaus die Möglichkeit gibt, ohne die Einhaltung der Kompetenzanforderungen als Planer oder Errichter im Gewerk SAA tätig zu werden.

Im gleichen Zusammenhang sollte aber auch einleuchtend sein, dass neben den normativen Forderungen nach Kompetenz das Gewerk auf Grundlage seines technologischen Hintergrunds ohnehin nicht unerhebliche Kenntnisse abfordert, um mangelfreie Werkleistungen erbringen zu können. Neben der Kompetenzanforderungen im Rahmen der Zertifizierung nach DIN 14675 sind in der neuen SAA-Norm DIN VDE 0833-4:2024-06 „Festlegungen für Anlagen zur Sprachalarmierung im Brandfall“ zusätzliche Anforderungen recht zutreffend beschrieben worden. Im vierten Kapitel der Norm wird explizit beschrieben, dass die Fachkräfte für SAA neben der elektrotechnischen Kenntnisse auch die erforderlichen Kenntnisse im Bereich der Akustik haben müssen.

Hier werden die Themen der Raumakustik, Beschallungstechnik und der akustischen Messtechnik in den Vordergrund gestellt. Es wird im Besonderen vorausgesetzt, dass die Zusammenhänge zwischen Nachhallzeit, Störgeräuschen, Nutzschall, Auslegung der Beschallungsanlage und der Sprachverständlichkeit verstanden und angewandt werden. Im gleichen Absatz wird auch beschrieben, dass die erforderlichen Kenntnisse nachgewiesen werden müssen. Als Nachweis gelten geeignete Qualifizierungen und auch Berufserfahrung. Neben den im akustischen und elektrotechnischen Bereich verorteten Kenntnisse werden auch Kompetenzanforderungen im Bereich der IT-Infrastrukturen erwartet, wenn z. B. SAA-Komponenten in einem IT-Netzwerk untergebracht werden sollen. Detaillierte Angaben, wie die Nachweise genau erstellt werden sollen und welche Form die Nachweise haben müssen, sind in der Norm nicht beschrieben.

4.3 Die Konzeptphase

Nach DIN 14675-1:2018-04 „Brandmeldeanlagen – Aufbau und Betrieb" bauen die einzelnen Phasen so aufeinander auf, dass in der vorhergehenden Phase die Grundlagen für die weiteren Phasen erarbeitet werden. In den vorherigen Versionen der Norm waren die Fachplaner der SAA in der Konzeptphase noch nicht vermerkt. In der Praxis und auch bei der üblichen Beauftragung von Fachingenieuren, zum Beispiel nach der Honorarordnung für Architekten und Ingenieure, war dies jedoch durchaus üblich. Der sogenannte *Berater für Sicherheit* übernimmt nach Norm die Konzeption der brandschutztechnischen Anforderungen für das Objekt. Er steht gemeinsam mit dem Betreiber/Bauherrn/Auftraggeber während der Konzeptionsphase in der Verantwortung. In der Praxis hat sich jedoch gezeigt, dass die Fachingenieure zur Planung von SAA bereits in der Konzeptphase regelmäßig mit dem Leistungsbild der Grundlagenermittlung und Vorplanung beauftragt sind. Demnach werden sie bereits zur Konzeptphase tätig und unterstützen den Berater für Sicherheit, der letzten Endes das Brandschutzkonzept dokumentiert.

Neben dieser idealisiert dargestellten Situation ist in der Praxis aber auch das genaue Gegenteil vorzufinden. Oft werden Fachingenieure als Planer der SAA deutlich zu spät beauftragt und ein bereits wenig aussagefähiges Brandschutzkonzept liegt vor, ohne dass daraus die Grundlagen zur Planung einer SAA tatsächlich entnommen werden können. In dieser Situation ist dem Fachplaner dringend anzuraten, durch Rücksprache mit dem Verfasser des Brandschutzkonzepts zu erreichen, dass die notwendigen Informationen als Grundlage zur Planung der SAA innerhalb des Brandschutzkonzepts definiert werden. Es kann demnach unter Umständen erforderlich sein, eine Ergänzung oder Überarbeitung beziehungsweise Fortschreibung des Brandschutzkonzepts zu veranlassen.

Nicht selten beinhalten Brandschutzkonzepte folgende oder ähnlich formulierte Anforderungen: *„Die Brandmeldeanlage wird an eine im gesamten Gebäude vorhandene ELA angeschlossen, und über diese wird im Brandfall alarmiert.“*

Derartige Formulierungen oder ähnlich kryptische Angaben lassen zwar die Vermutung zu, der Verfasser des Brandschutzkonzepts gehe bei der Realisierung des von ihm bearbeiteten Objekts davon aus, dass eine SAA eingebaut wird, handfeste Grundlagen beinhaltet dieses Konzept jedoch nicht.

Wichtige Informationen, wie zum Beispiel Ausnahmen vom Beschallungsumfang, die geforderten Sicherheitsstufen, die Notwendigkeit von Feuerwehr-Einsprechstellen (FES), Informationen zur differenzierten Alarmierung oder Anforderungen an die zu übertragenden Sprachen, fehlen leider oftmals in der Brandschutzdokumentation. Die Konzeptphase dient jedoch zur Schaffung der Grundlagen zur Planung von SAA. Diese Grundlagen müssen im Einklang zur gesamten Brandschutzkonzeption stehen und können nicht davon losgelöst vom Fachplaner der SAA nach bestem Wissen und Gewissen festgelegt werden. Die Verantwortung zur Festlegung dieser Grundlagen liegt beim Verfasser des Brandschutzkonzepts, wobei ihm in der Konzeptphase der Planer fachlich zu Seite stehen soll. Steht am Ende der Konzeptphase also nicht genügend Dokumentation zur Verfügung, um daraus die Grundlagen zur Planung der SAA zu entnehmen, ist der Planer der SAA gehalten, diese Grundlagen einzufordern.

Ob er dies mit einer harten Forderung oder einer gewissenhaften Zuarbeit im Rahmen seiner Grundlagenermittlung und Vorplanung realisiert, sei von ihm selbst abzuwägen. Wichtig ist jedoch, dass diese Grundlagen Bestandteil der Brandschutzdokumentation werden. Das Brandschutzkonzept ist ein baurechtlich relevantes Dokument, das später bei den Abnahmen durch Prüfsachverständige als Grundlage dient, bestimmte Funktionalitäten und Anlagendetails zu prüfen. Selbst wenn der Prüfsachverständige bereits in der Konzeptphase bekannt ist und unter Umständen erforderliche Sonderlösungen und Abweichungen mitträgt, sollten sämtliche Bedingungen zur Planung und zum Betrieb der SAA in der Brandschutzdokumentation enthalten sein, da durchaus der Fall gegeben sein kann, dass ein anderer Prüfsachverständiger bei den wiederkehrenden Prüfungen aktiv wird. Prüfsachverständige richten sich in aller Regel bei ihren Prüfungen nach den baurechtlichen Forderungen. Diese sind bei bestehenden Objekten im Idealfall dem Brandschutzkonzept zu entnehmen.

Neben dem durchaus einfacheren Fall, dass es sich um einen Neubau handelt, werden SAA auch regelmäßig in Bestandsbauten integriert. Hierbei gibt es keine Standardlösung, wie der Fachplaner an die Grundlagen zur Planung der SAA gelangen kann. Grundsätzlich kann auch beim Bauen im Bestand darin unterschieden werden, ob zum Beispiel ein neues Brandschutzkonzept erstellt wird oder ob auf Grundlage einer alten Brandschutzkonzeption zu arbeiten ist. Sollte es sich zum Beispiel um eine Nutzungsänderung handeln, wird üblicherweise auch die Erstellung eines neuen Brandschutzkonzepts von den Behörden verlangt. In diesem Fall kann vom Fachplaner der SAA vorgegangen werden, wie es bei einem Neubau der Fall wäre.

Sollte jedoch auf Grundlage einer Bestandsdokumentation die Einbringung einer SAA erfolgen, kann nicht pauschal davon ausgegangen werden, in der Bestandsdokumentation sämtliche erforderlichen Grundlagen wiederfinden zu können. In einer derartigen Situation ist es ratsam, grundsätzlich zu erörtern, aus welchen Gründen die Einbringung einer SAA erfolgen soll. Ist der Bestandsdokumentation durchaus zu entnehmen, dass die Funktionalität einer SAA gefordert ist, aber alle aktuell erforderlichen Zusatzinformationen (siehe oben) in der Dokumentation fehlen, so müsste ein Berater für Sicherheit hinzugezogen werden, um im Kontext der gesamten Brandschutzkonzeption zu entscheiden, welche aktuellen Anforderungen an die SAA zu stellen sind. Hierbei wird zum Beispiel entschieden, nach welcher Sicherheitsstufe die Anlage auszulegen ist.

Ein typisches Beispiel für eine solche Aufgabenstellung ist die ELA in einer Schule, zu der es keine Möglichkeiten zur Instandhaltung mehr gibt, da die Produkte vom Hersteller nicht mehr unterstützt werden. Hier entscheidet sich der Auftraggeber nicht selten dazu, die Anlage durch eine neue Anlage ersetzen zu lassen. Die juristische Fragestellung des Bestandsschutzes soll hier nicht zur Diskussion stehen. Schwieriger wird die Situation, wenn nicht die gesamte Anlage, sondern zum Beispiel nur die Zentrale und die Lautsprecher erneuert werden sollen, die Leitungsinfrastruktur jedoch erhalten bleiben muss. In einem solchen Fall wäre es kaum möglich, die gesamte Anlage normativ korrekt zu planen und zu erstellen. Eine übliche, aber keineswegs allgemeingültige Bewertung dieser Bestandssituation führt über die Feststellung der wesentlichen Änderung. Da die Fragestellung des Bestandsschutzes juristischer Natur ist und dabei die Feststellung der wesentlichen Änderung oftmals als ausschlaggebendes Kriterium verwendet wird, soll an dieser Stelle lediglich beispielhaft dargestellt werden, wann es sich bei einer SAA mit entsprechenden Modifikationen um eine wesentliche oder nicht wesentliche Änderung handeln kann. Eine tatsächliche Beurteilung des Bestandsschutzes kann eigentlich nur von Juristen vorgenommen werden.

Typischerweise spricht man von einer „wesentlichen Änderung", wenn Funktionsumfang, Funktionalität und Wirkungsweise eine Änderung erfahren. In Bezug auf eine SAA würde es sich demnach nicht um eine wesentliche Änderung handeln, wenn lediglich die Zentrale identischer Funktionalität erneuert wird. Auch der Austausch von Lautsprechern mit gleicher Wirkungsweise und gleichem Funktionsumfang bedeutet nicht automatisch eine wesentliche Änderung. Würde jedoch ein Alarmierungsbereich zum Beispiel durch eine freiwerdende Fläche und Positionierung von weiteren Lautsprechern durch die SAA erschlossen werden, ist deren Funktionsumfang verändert worden. Hier kann durchaus von einer wesentlichen Änderung ausgegangen werden.

Als beispielhaften Leitfaden zur Beurteilung einer Anlagenmodifikation im Bestand kann eine Analyse der Situation anhand von **Bild 4.1** vorgenommen werden.

Wie auch immer im oben geschilderten Fall die Entscheidung zum Bestandsschutz gefällt wird, kann dies entweder bedeuten, Teile der vorhandenen ELA durch eine SAA ersetzen zu können oder aber die gesamte Anlage mit kompletter Leitungsinfrastruktur zu erneuern.

Die Anforderungen beim Bauen im Bestand sind so verschieden, wie es Unterschiede in den Bestandsbauten gibt. Dadurch ist eine einheitliche Beurteilung einer Bestandssituation kaum möglich. Es ist jedoch ratsam zu betrachten, welche Aufgabenstellung die Anlage ursprünglich bei der Einbringung ins Objekt hatte und welche Anforderungen sich in den Betriebsjahren ergeben haben. Führen diese Anforderungen zu einem Anlagenkonzept, was mit SAA vergleichbar ist, sollten keine Anstrengungen unternommen werden, etwas anderes als eine SAA zu planen und einzubringen. In der Vergangenheit war oftmals zu beobachten, dass versucht wurde, eine Anlage, die der Funktionsweise einer SAA gleichkommt, so zu interpretieren, dass der Einbau eines ENS ermöglicht werden sollte. Dies ist auf Grundlage der aktuellen Normensituation nicht mehr möglich. Aber auch die gewissenhafte Bewertung der eigentlichen Aufgabenstellung hätte schon vor der aktuellen

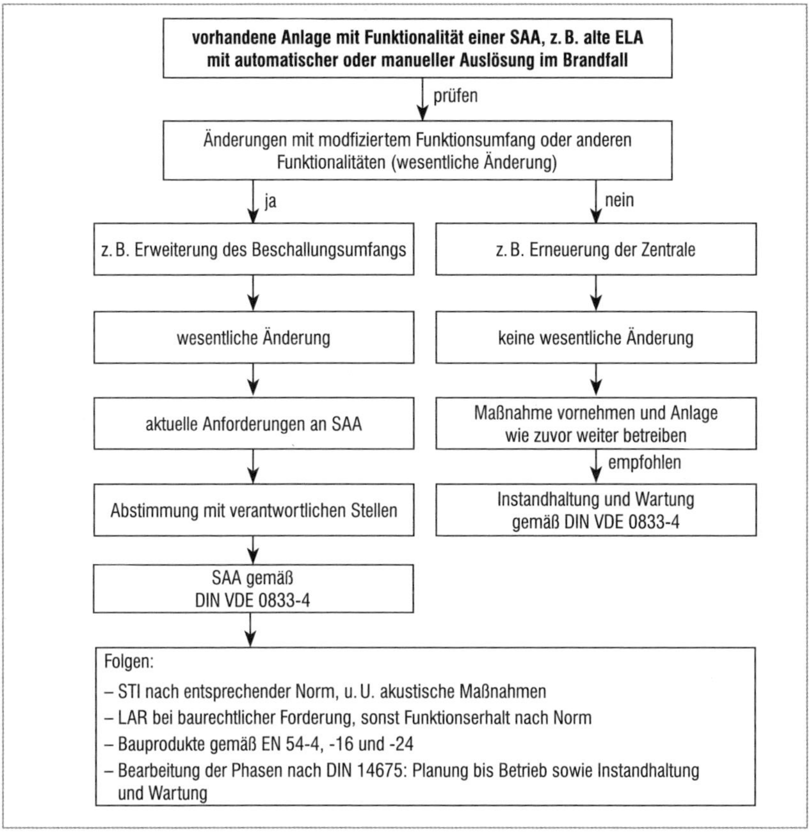

Bild 4.1 Diagramm als Leitfaden zur Bestandsanalyse

Normensituation oftmals nicht zu einem dann doch realisierten ENS führen dürfen.

Das Erarbeiten und Dokumentieren der Grundlagen zum späteren Betrieb einer SAA ist in Abstimmung mit der gesamten brandschutztechnischen Situation vorzunehmen und enthält alle wichtigen Angaben, um den nächsten Schritt nach der Konzeptphase gehen zu können. Zu diesen Grundlagen gehören unter anderem:

- Beschallungsumfang,
- Ausnahmen vom Beschallungsumfang,
- Festlegung der Sicherheitsstufen,
- Festlegen der Betriebsart der SAA (gemäß Alarmorganisation),
- Realisation und Position von Feuerwehr-Einsprechstellen,

- Art der Auslösung (gemäß Alarmorganisation),
- unterschiedliche Alarmierung in verschiedenen Bereichen (gemäß Alarmorganisation),
- Anzahl der unterschiedlichen Sprachen (gemäß Alarmorganisation),
- Abhängigkeiten zu anderen Anlagen,
- Aufstellungsort der SAZ mit Zugänglichkeit.

Es wäre praxisfern, sämtliche Grundlagen bereits in der Konzeptphase abzufragen, da sich die Grundlagen teilweise erst im weiteren Verlauf des Projekts erarbeiten lassen. Grundlegende Anforderungen jedoch, die zur anlagentechnischen Auslegung der SAA erforderlich sind, müssen bereits zum Abschluss der Konzeptphase festgelegt werden, um die Planungsphase starten zu können.

In **Bild 4.2** werden die Grundanforderungen an Sprachalarmanlagen differenziert und grafisch dargestellt. Diese Grafik kann als überschlägige Hilfestellung bei der ersten Konfiguration der SAA dienlich sein und wirft die zu beantwortenden Fragen zum Beginn der projektspezifischen Planung auf.

In der Konzeptphase werden also die Basisdaten als Grundlage zu Planung der SAA erarbeitet, festgelegt und dokumentiert. In diesem Zusammenhang ist das Brandmelde- und Alarmierungskonzept ebenfalls von großer Bedeutung. Nähere Informationen dazu können dem Abschnitt 4.1 entnommen werden.

4.4 Die Planungsphase

Als normative Grundlage zur Planung von Sprachalarmanlagen dient die Anwendungsrichtlinie DIN VDE 0833-4:2024-06 „Festlegungen für Anlagen zur Sprachalarmierung im Brandfall". In der aktuellen Fassung sind die einzelnen Phasen dieser Norm bezüglich der Überschriften und Inhalte an die DIN 14675-1:2020-01 „Brandmeldeanlagen – Aufbau und Betrieb" angepasst worden. Somit sind in der Anwendungsrichtlinie die technischen und planerischen Randbedingungen definiert. Passend dazu sind in der grundlegenden Norm für Brandmeldeanlagen die Phasen grob beschrieben und vor allem die entsprechenden Verantwortlichkeiten geklärt. Zum einfacheren Verständnis und als Abbild zur Baupraxis wurden in diesem Buch die Leistungsinhalte für Planung und Projektierung aus der Anwendungsrichtlinie zusammengefasst und an die Leistungsbilder von Planungsingenieuren und Errichtern angepasst.

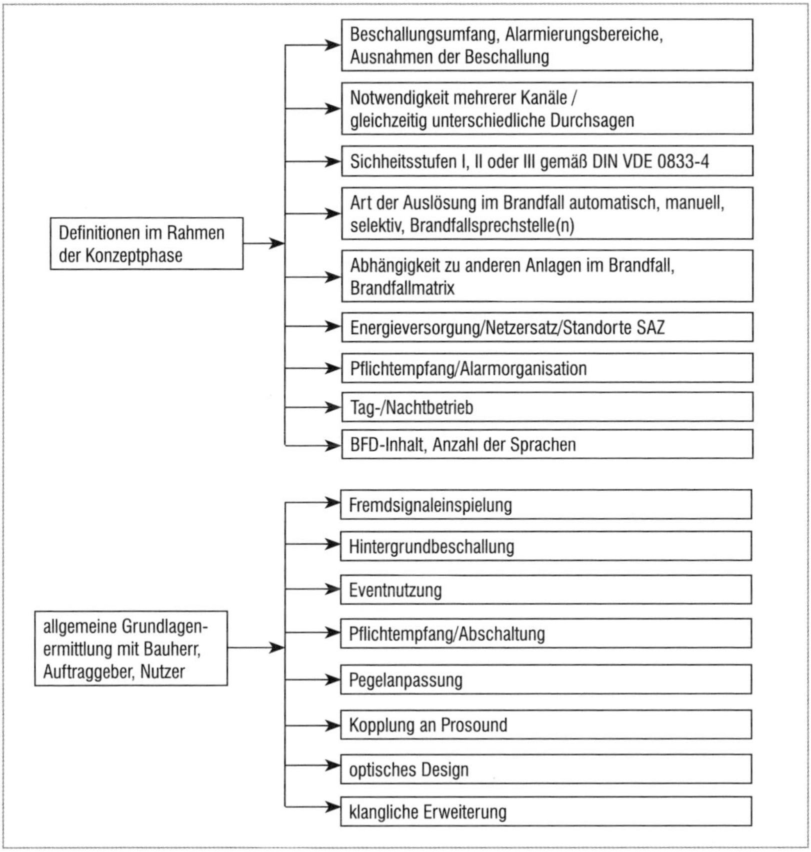

Bild 4.2 Diagramm als Leitfaden zur Grundlagenermittlung bei SAA

Der beispielhafte Ablauf einer SAA-Planung wird in **Bild 4.3** dargestellt.

Durch die in der Konzeptphase festgelegten Grundlagen kann in der Planungsphase eine detaillierte Ausarbeitung zur Lösung der planerischen Aufgabe erfolgen. Dabei ist das grundsätzliche Schutzziel stets im Vordergrund zu halten. Das Ziel einer SAA ist es, im Brandfall Besucher und Bedienstete in einem Objekt über Wiedergabe von Sprache und Aufmerksamkeitssignalen zu informieren, zu leiten und in der Regel möglichst zügig in Sicherheit zu bringen. Dies ist meist mit einer Evakuierung oder mit dem Rückzug in dafür vorgesehene Räume zu bewerkstelligen. Um dieser Anforderung gerecht zu werden, ist es erforderlich, dass die übertragende Sprache von den Zielpersonen in ausreichendem Maße verstanden wird. Die Definition, welches Maß

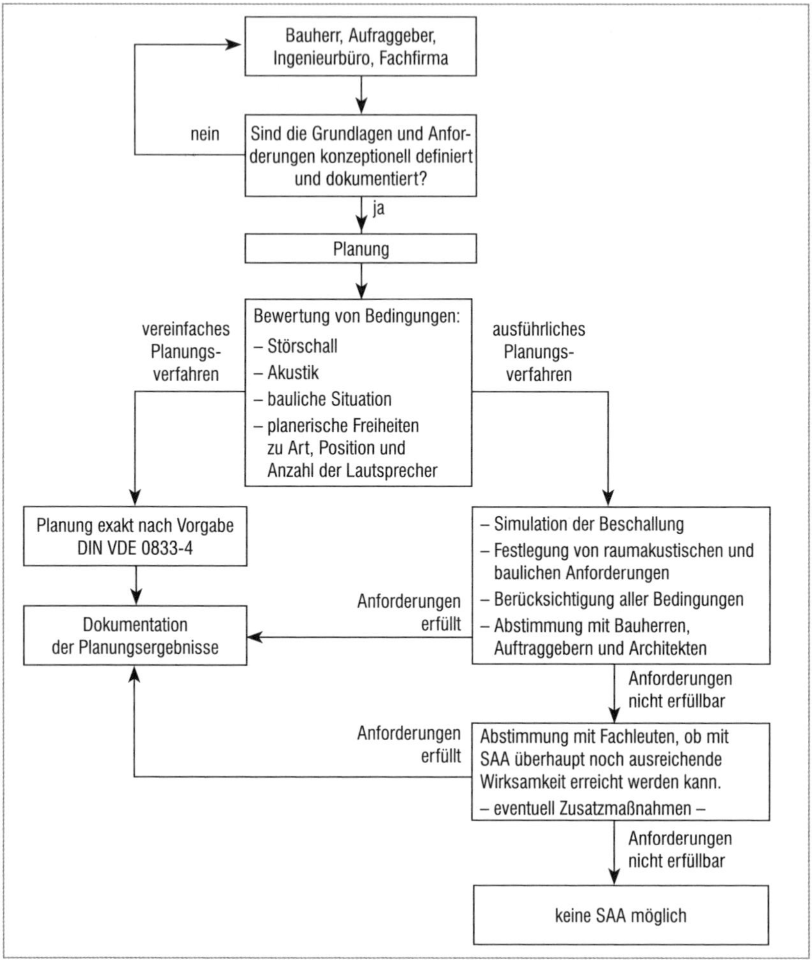

Bild 4.3 Diagramm als Leitfaden zur Planung einer SAA

zur Verständlichkeit von Sprache ausreichend ist, wird in DIN VDE 0833-4:2024-06 „Festlegungen für Anlagen zur Sprachalarmierung im Brandfall“ vorgenommen. Auch werden deutliche Vorgaben dazu gemacht, wie eine Brandfalldurchsage (BFD) zu gestalten ist, damit eine möglichst hohe Erfolgswahrscheinlichkeit bei der Durchführung der Selbstrettung erreicht werden kann.

Neben dieser Hauptanforderung werden weitere Anforderungen an die SAA gestellt. Die Konzeption der Anlage unterscheidet sich maßgeblich danach, welche Sicherheitsanforderungen an die Anlage gestellt werden. Durch die Festlegung der Sicherheitsstufen I, II oder III wird definiert, wie die Anlage zu reagieren hat, wenn es zum Ausfall bestimmter Komponenten kommt.

Darüber hinaus muss definiert werden, in welchen Bereichen des Objekts die Sprachalarmanlage arbeitet und ob während einer Alarmübertragung in allen versorgten Bereichen die gleiche Übertragung oder in mehreren Bereichen zeitgleich unterschiedliche Übertragungen stattfinden müssen.

In Abschnitt 4.4.11 zu den Sicherheitsstufen wird auf die Sicherheitsanforderungen der SAA eingegangen. Die Sicherheitsanforderungen werden grundlegend durch die Auswahl der Sicherheitsstufe festgelegt. In der ersten Version der Anwendungsrichtlinie wurden Empfehlungen ausgesprochen, bei welcher Gebäudegröße und welcher Anzahl von Personen im Gebäude welche Sicherheitsstufe vorgesehen werden könnte. Diese numerischen Empfehlungen sind in der aktuellen Anwendungsrichtlinie nicht mehr enthalten. So bestand eine Empfehlung zur Sicherheitsstufe II darin, diese Sicherheitsstufe anzuwenden, wenn es sich um Gebäude mit mehr als 2.000 m^2 und mehr als 200 Personen handelte.

Da oftmals in der Konzeptphase vom eigentlich verantwortlichen Konzeptverfasser die Auswahl der Sicherheitsstufe nicht vorgenommen wurde, fühlten sich die Planer der SAA verantwortlich, selbst eine Festlegung zu treffen. Meist wurde die Empfehlung der alten Anwendungsrichtlinie zuhilfe genommen. Doch die Auswahl der Sicherheitsstufe ist auf Grundlage einer Risikoanalyse im Kontext der gesamten Brandschutzkonzeption auszuwählen und kann demnach nicht korrekt und umsichtig vom Planer der SAA vorgenommen werden. Daher ist es zu begrüßen, dass in der Norm derartige Empfehlungen nicht mehr numerisch ausgesprochen werden. Vielmehr besteht der Hinweis darauf, die Gebäudestruktur, die Anzahl der Personen sowie deren Ortskenntnisse zu berücksichtigen und gegebenenfalls eine Risikoanalyse vornehmen zu müssen.

Stets mit dem Ziel vor Augen, die Planung der SAA derart vorzunehmen, dass die Schutzziele erreicht werden, muss der Planer also umfangreiche Randbedingungen beachten und die entsprechenden Planungsinhalte abarbeiten. Dabei steht im Vordergrund, dass der Planer die Aufgabe hat, die baulichen Bedingungen abzustimmen und die daraus abzuleitenden akustischen Eigenschaften der zu beschallenden Räume bei der Auslegung der SAA als maßgebliche Planungskomponente zu beachten. Die akustischen Eigenschaften – geprägt durch Nachhallzeit und Störgeräusche – sind untrennbar mit der beschallungstechnischen Dimensionierung der SAA verknüpft. In der nun aktuellen Norm werden dem Planer hierzu entsprechende Hilfestellungen gegeben. Durch die Unterscheidung der SAA-Planung in zwei unterschiedliche Planungsverfahren wird normativ die Möglichkeit eingeräumt, die allermeisten SAA-Projekte mit standardisierten Vorgaben sicher planen zu können. In den Abschnitten 4.4.7 und 4.4.8 zum vereinfachten und zum ausführlichen Planungsverfahren werden die Details dazu ausführlich beschrieben.

Neben den rein normativen Anforderungen an die Planung einer SAA sind vom Planer in der Regel zusätzlich vertragliche Anforderungen aus seiner individuellen Beauftragung zu erfüllen. Oft werden Planer nach der Honorarordnung für Architekten und Ingenieure mit der Planungsleistung beauftragt. Hier ist es von maßgeblicher Wichtigkeit, welche Planungsphase im Auftrag steht und ob die beauftragten Planungsinhalte mit den normativen Inhalten der SAA-Planung zumindest übereinstimmen. Im Regelfall kann dies nur erreicht werden, wenn auch die Ausführungsplanung nach Honorarordnung für Architekten und Ingenieure im Auftrag des Planers steht. Dies wiederum führt dazu, dass neben den ohnehin normativ geforderten Dokumenten ausführliche Planungsdokumente wie Stromlaufpläne, Linienpläne, Detaildarstellungen der verschiedenen Komponenten der SAA, Blockschaltbilder usw. zu erarbeiten sind. Ob die im Falle einer notwendigen Anwendung des ausführlichen Planungsverfahrens im Regelfall erforderlichen Simulationsberechnungen durch die Beauftragung des Planers in seinem Auftrag beinhaltet sind, hängt von der individuellen Beauftragung ab.

4.4.1 Anforderungen an den Schalldruckpegel der SAA

Wie den Abschnitten zur Sprachverständlichkeit entnommen werden kann, ist der Schalldruckpegel einer SAA eine wichtige Eingangsgröße, um letzten Endes die erforderliche Wirksamkeit der SAA überhaupt erreichen zu können. Insbesondere der Abstand des Nutzsignals zum Störsignal, der Einfluss des Schalldruckpegels im Hinblick auf den Maskierungseffekt sowie die Erlangung von Mindestpegeln auf Grundlage der Hörschwelle machen es erforderlich, Anforderungen an den Schalldruckpegel der SAA zu definieren. Daher wird normativ gefordert, neben dem Störgeräuschpegel auch den Alarmierungspegel der SAA planerisch festzulegen. Die planerische Festlegung der Alarmierungspegel erfolgt für das Aufmerksamkeitssignal und für die Sprachdurchsage mit unterschiedlichen Anforderungen. Wie zu erwarten war, wird gefordert, dass der Alarmierungspegel für die Sprachdurchsage so zu erfolgen hat, dass unter Berücksichtigung des Störgeräuschpegels eine ausreichende Sprachverständlichkeit erlangt wird. Zudem wird zusätzlich gefordert, dass der Alarmierungspegel der Sprachdurchsage mindestens einen äquivalenten A-bewerteten Dauerschalldruckpegel von 75 dB erreicht.

Beim Aufmerksamkeitssignal werden die aus der alten Norm bekannten Anforderungen beibehalten. Im störungsfreien Betrieb der SAA muss demnach der A-bewertete Störgeräuschpegel jederzeit um 10 dB vom Aufmerksamkeitssignal überstiegen werden. Dabei ist vom Aufmerksamkeitssignal ebenfalls der äquivalente A-bewertete Dauerschalldruckpegel zu ermitteln. Auch die weiteren Randbedingungen sind aus der alten Norm beibehalten worden. Der niedrigste Schalldruckpegel bei Übertragung des Aufmerksamkeitssignals im Brandfall muss mindestens 65 dB(A) betragen. In Ruhe- und Schlafräumen muss der Mindestpegel 75 dB(A) erreichen, wohingegen ein Maximalpegel von 120 dB(A) nicht zu überschreiten ist. Die angegebenen Schalldruckpegel beziehen sich jeweils auf die Ohrhöhe und sind somit auch an dieser Position nachzuweisen. Weitere Informationen zur Messung von Schalldruckpegeln sind dem Abschnitt 3.5 zu entnehmen.

4.4.2 Akustisch abgrenzbarer Bereich (ADA)

Die Abkürzung ADA steht für „acoustically different area“ und wird in der deutschen Normierung als „akustisch abgrenzbarer Bereich“ übersetzt. Dieser Bereich, der ein Teilbereich eines Alarmierungsbereichs sein kann, ist dadurch gekennzeichnet, dass er spezifische akustische Eigenschaften aufweist. Diese akustischen Eigenschaften wiederum sind daran auszumachen, dass eine von anderen Bereichen unterscheidbare Nachhallzeit und/oder andersartige Störgeräusche vorliegen. Nachfolgendes Beispiel soll die Bedeutung des Begriffs beschreiben.

Beispiel

Der Eingangsbereich einer großen Hotellobby ist so gestaltet, dass man nach dem Eintreten von außen zunächst in einen Bereich gelangt, der dadurch gekennzeichnet ist, dass ein dicker Teppich auf dem Boden liegt, eine gelochte Gipskartondecke in einer lichten Höhe von 3 m abgehangen ist und die beiden seitlichen Flanken aus textilen Vorhängen bestehen. Dieser Eingangsbereich der Lobby ist 20 m breit und 5 m tief. Überschreitet man diesen Eingangsbereich und bewegt sich mehr als 5 m in die Lobby, so erblickt man in zehn Stockwerken über sich eine Trapezblechdecke, steht auf einem gefliesten Boden und erkennt um sich herum ansonsten nur glatte Stahlbetonwände und Glasflächen. Die gesamte Lobby kann durchaus ein einziger Alarmierungsbereich sein, ist jedoch im Eingangsbereich akustisch sehr von dem übrigen Bereich zu unterscheiden. In diesem Beispiel muss deshalb die Hotellobby in zwei ADAs unterteilt werden.

Die mögliche Aufteilung der Alarmierungsbereiche in abgrenzbare akustische Bereiche hat für die Bewertung der Sprachverständlichkeit eine besondere Bedeutung und wird in den nachfolgenden Abschnitten näher erläutert.

4.4.3 Grundanforderungen an die Sprachverständlichkeit bei SAA

Im Abschnitt zur Ermittlung der Sprachverständlichkeit ist die allgemeine Vorgehensweise beschrieben. Die dazu bestehenden Festlegungen können größtenteils der Norm DIN EN IEC 60268-16:2021 „Elektroakustische Geräte – Teil 16: Objektive Bewertung der Sprachverständlichkeit durch den Sprachübertragungsindex" entnommen werden. Die derartig vorhergesagte Sprachverständlichkeit durch Messung oder Simulation wird jedoch bei den unterschiedlichen Anlagen zur sprachlichen Information von Besuchern und Bediensteten eines Gebäudes entsprechend der jeweils für die Art der Anlage anzuwendenden Norm ausgewertet.

In Deutschland kann hier zwischen elektroakustischen Notfallwarnsystemen (ENS) und Sprachalarmanlagen (SAA) unterschieden werden. Jedoch stellt sich dabei die Frage, ob es sinnvoll erscheint, für die eigentlich gleiche Aufgabenstellung unterschiedliche Anforderungen zu stellen. Bis zum Erscheinen der neuen Norm für SAA war dies tatsächlich so, da sich die Anforderungen an die Sprachverständlichkeit durch Anwendung verschiedener Verfahren bei der Auswertung mitunter erheblich unterschieden. Für SAA war es zuvor zur Ermittlung des STI-Werts erforderlich, in jedem Alarmierungsbereich bzw. in jedem einzelnen Raum innerhalb eines Alarmierungsbereichs zunächst den Mittelwert zu berechnen. Dazu war eine ausreichende Anzahl von Einzelwerten erforderlich, um den tatsächlichen Mittelwert zu erhalten. Anschließend wurde vom Mittelwert noch die Standardabweichung abgezogen. Das daraus berechnete Ergebnis musste den entsprechenden Mindestanforderungen genügen.

Dieses Verfahren gehört nun der Vergangenheit an. Mit Erscheinen der DIN VDE V 0833-4-32 „Projektierung, Montage, Inbetriebnahme, Betrieb und Instandhaltung von Sprachalarmsystemen" 2015, welche in Europa auch als technische Spezifikation veröffentlicht wurde, hat man begonnen, eine andersartige Auswertung der STI-Werte zu etablieren. Dies war auch einer der Hauptgründe, die SAA-Norm zu überarbeiten und bezüglich der Auswertung der STI-Werte an diesen Standard anzugleichen. Nach aktueller Normierung für SAA wird die Auswertung der Sprachverständlichkeit nun wie auch bei anderen für Notsituationen verwendete Beschallungsanlagen vorgenommen. Dabei ist in jedem ADA ein mittlerer Sprachübertragungsindex zu ermitteln. Zusätzlich muss der kleinste STI ebenso ermittelt werden. Den Abzug einer Standardabweichung gibt es fortan nicht mehr. Die Auswertung erfolgt jedoch nicht zu 100 %, sondern so, dass 10 % der schlechtesten Werte nicht mehr berücksichtigt werden müssen. Somit wird auch von dem 90-%-Mittelwert und dem 90-%-Mindestwert gesprochen. Bei einer Messung empfiehlt es sich dennoch, 100 % der Hörerfläche im ADA messtechnisch zu erfassen, jedoch die schlechtesten 10 % aller Werte nicht in die Auswertung zu nehmen. Von den übrigen 90 % der Werte werden sodann der Mittelwert und der Mindestwert berechnet.

Bei der Ermittlung der STI-Werte mithilfe einer Simulation ist es zumeist innerhalb der Simulationsprogramme möglich, die 90-%-Werte ausgeben zu lassen. Bei einer Messung ist die 90-%-Auswertung natürlich erst ab zehn Messwerten je ADA möglich. Neben der 90-%-Auswertung werden weitere aus der Praxis abgeleitete Reduktionsmöglichkeiten eingeräumt. Sind innerhalb eines ADA kleine Teilflächen mit maximal 10 m^2 und schlechter Sprachverständlichkeit vorhanden und halten sich in diesem Teilflächen Personen zudem nur kurzzeitig auf, dann können diese Teilflächen ebenso in der Auswertung unberücksichtigt bleiben. Ferner müssen die Teilflächen so in den Baukörper eingebracht sein, dass die darin befindlichen Personen in weniger als 2 m eine ordnungsgemäß mit der SAA versorgte Fläche erreichen können. In einem Einkaufszentrum würde dies typischerweise auf die Fläche unter einer Fahrtreppe zutreffen. In sehr großen Räumen mit mehr als 1.600 m^2 Grundfläche gibt es eine weitere Möglichkeit, eine Teilfläche nicht in die Bewertung aufzunehmen. Hierbei handelt es sich um einen maximal 0,5 m breiten Streifen am Rand des großen Raums, wenn dieser Randstreifen maximal 5 % der ADA-Fläche einnimmt.

Die Grundanforderungen an die Sprachverständlichkeit einer SAA bestehen darin, dass der 90-%-Mittelwert mindestens 0,5 und der 90-%-Mindestwert mindestens 0,45 nach dem STI-Verfahren erreicht.

Innerhalb der Planung ist jedoch zu analysieren, ob nicht muttersprachliche Hörer ebenso äquivalent versorgt werden müssen und daher unter

Umständen entsprechende Aufschläge auf die Grundanforderungen an die Sprachverständlichkeit erforderlich sind. Ferner ist unter dem gleichen Aspekt im Rahmen der Planung festzulegen, ob entsprechende Aufschläge erforderlich sind, weil Personen mit eingeschränktem Hörvermögen berücksichtigt werden müssen. Nähere Informationen dazu finden sich in den Abschnitten 1.2.3 und 3.3 zur allgemeinen Sprachverständlichkeit. In vielen Objekten führen aus diesen Gründen mit Aufschlägen versehene Grundanforderungen oft zum Umstand, dass die Anforderungen kaum oder nur mit erheblichen Aufwendungen zu erfüllen sind. Normativ wird darauf hingewiesen, dass zur Erfüllung der Anforderung und somit zur Optimierung der Sprachverständlichkeit anlagentechnische Hilfsmittel gegebenenfalls erforderlich werden. Dies können Komponenten zur Signalbearbeitung, Filterung, Dynamikveränderung und Signalverzögerung sein.

4.4.4 Absenkung der Anforderungen zur Sprachverständlichkeit

Unter bestimmten Voraussetzungen ist es möglich, die Grundanforderungen an die Sprachverständlichkeit einer SAA zu unterschreiten. Die sogenannte *Absenkung der Anforderungen zur Sprachverständlichkeit* kann grob in drei Möglichkeiten aufgeteilt werden. Jede Möglichkeit führt dazu, wenn die entsprechenden Voraussetzungen dazu erfüllt sind, die abgesenkten Anforderungen bereits planerisch festzulegen.

Eine der drei Möglichkeiten ist dann gegeben, wenn für die Sprachalarmanlage Sicherheitsstufe II oder Sicherheitsstufe III gefordert ist und einer der innerhalb der Sicherheitsstufen behandelten Fehlerfälle vorliegt. Kommt es also beispielsweise in einer SAA, die die Sicherheitsstufe II erfüllen muss, zu einer Unterbrechung auf dem Übertragungsweg zwischen Zentrale und Lautsprechern, dürfen nicht alle Lautsprecher des mit dem Übertragungsweg versorgten Alarmierungsbereichs ausfallen. Eine Festlegung zur Menge der ausfallenden Lautsprecher sowie eine Festlegung über eine mögliche Reduktion des Schalldruckpegels existiert normativ nicht. Aber es ist festgelegt, dass bei diesem Fehlerszenario mindestens die abgesenkten Anforderungen an die Sprachverständlichkeit erfüllt werden müssen.

Eine zweite Möglichkeit, die abgesenkten Anforderungen an die Sprachverständlichkeit zu berücksichtigen, ist dann gegeben, wenn sich ein fester Personenkreis in den entsprechenden ADAs aufhält. Dieser feste Personenkreis muss an regelmäßigen Alarmübungen teilnehmen und die Sprachdurchsagen im Fall des Brandalarms gut kennen. Diese Regelung schließt nicht aus, dass sich absolut keine ortsunkundigen Personen im Objekt aufhalten dürfen. Vielmehr wird gefordert, dass für diese Personen besondere Kompensationsmaßnahmen festgelegt sein müssen. Wie diese kompensierten Maßnahmen jedoch aussehen, wird normativ nicht festgelegt. Hier ist dringend zu empfehlen, dass entsprechende Regelungen bereits in der Alarmorganisation zu beschreiben sind. Diese Regelungen könnten beispielsweise darin bestehen, dass sich im Gebäude aufhaltende ortsunkundige Personen stets in Begleitung von Personen des festen Personenkreises sind oder vor dem Aufenthalt im Gebäude eine entsprechende Schulung erlangen.

In Gebäuden, in denen der überwiegende Anteil der anwesenden Personen ortsunkundig ist, kann diese Reduktion durch Absenkung der Anforderungen an die Sprachverständlichkeit nicht in Ansatz gebracht werden. In vielen Objekten ist auch eine räumliche Unterteilung möglich, wodurch bestimmte Bereiche vorwiegend von Ortskundigen und andere Bereiche von ortskundigen und ortsunkundigen Personen begangen werden können. Die oben beschriebenen Aspekte können somit auch für einzelne Bereiche eines Objekts angewendet werden. Eine Aufteilung kann bis auf die Ebene der ADA vorgenommen werden. Typische, aber nicht allgemeingültige Beispiele von Objekten, in denen von dieser Regelung Gebrauch gemacht werden kann, sind folgende:

- Produktionsgebäude,
- Industriegebäude,
- Schulgebäude,
- Institute,
- Büro- und Verwaltungsgebäude.

Normativ wird darauf hingewiesen, dass ein bestimmter Typus von Gebäuden von dieser Regelung auszunehmen ist. Dazu zählen folgende Gebäude:

- Beherbergungsstätten,
- Versammlungsstätten,
- öffentliche Einrichtungen.

Die Bedingungen zur Reduktion der Anforderungen an die Sprachverständlichkeit sind in der Phase der Planung beschrieben. Daher wird von den Planern normativ erwartet, dass sämtliche Analysen und Festlegungen zur Einhaltung der Grundanforderungen oder zur Bemessung der Sprachverständlichkeit anhand der abgesenkten Anforderungen bereits in der Planung vorgenommen werden.

Dies stellt die Planer in der Realität jedoch oft vor eine unlösbare Aufgabe, da die entsprechenden Eingangsgrößen zum Zeitpunkt der Planung oftmals noch nicht zur Verfügung stehen. Dazu gehören unter anderem die genaue nutzungstechnische Zuordnung von Räumen und die organisatorischen Festlegungen zu Besuchern und zu Beschäftigten im Gebäude. Stehen die erforderlichen Eingangsgrößen zum Zeitpunkt der Planung noch nicht zur Verfügung, so kann diese Möglichkeit zur Reduktion der Anforderungen an die Sprachverständlichkeit nicht angewendet werden.

Eine weitere Möglichkeit, die Anforderungen zu reduzieren, ist ebenfalls unumgänglich in der Planungsphase zu verorten. Liegen besonders komplizierte akustische Verhältnisse vor, so können oft die Grundanforderungen an die Sprachverständlichkeit nicht erreicht werden. Die besonders komplizierten akustischen Verhältnisse sind dadurch gekennzeichnet, dass lange Nachhallzeiten im jeweiligen ADA vorhanden sind und/oder mit lauten Störgeräuschen während der Alarmierung zu rechnen ist. In diesem Fall kann der Planer durch Simulationsberechnung beweisen, dass die Grundanforderungen nicht zu erfüllen sind. Somit können die abgesenkten Anforderungen an die Sprachverständlichkeit herangezogen werden. Dies ist jedoch an bestimmte Bedingungen geknüpft, die nachfolgend aufgelistet werden:

- Der Nachweis muss mithilfe von Simulationsberechnungen erbracht werden, die den normativen Anforderungen genügen.
- Zur Verbesserung der Sprachverständlichkeit sind bereits alle zielführenden und ausführbaren raumakustisch wirksamen Maßnahmen berücksichtigt worden.
- Technische Hilfsmittel, die die Sprachverständlichkeit auch im Hinblick auf die schwierigen akustischen Bedingungen verbessern können, sind innerhalb der Simulation angewandt worden.

Im Folgenden sollen die drei Bedingungen detailliert erläutert werden, wozu es erforderlich ist, die entsprechenden Anforderungen an verschiedenen Stellen der SAA-Norm zu entnehmen. Normativ wird erwartet, dass das Personal, welches die Simulationsberechnungen durchführt, über hinreichende elektroakustische und raumakustische Kenntnisse verfügt. Ferner muss dem Personal bekannt sein, wie das entsprechende Simulationsprogramm gehandhabt wird und wo dessen Grenzen und Möglichkeiten liegen. Wie diese Kompetenzen jedoch nachgewiesen und beurteilt werden können, wird normativ nicht beschrieben. Letzten Endes hätte man auf diese normativen Anforderungen auch verzichten können, wenn nicht gleichzeitig beschrieben wird, wie die Anforderung zu erfüllen ist. Die Formulierung dieser Anforderungen ist ohnehin obsolet, da der Fachplaner für sämtliche Leistungen, die von ihm erbracht werden, ohnehin die komplette Verantwortung trägt.

Somit liegt es in seinem eigenen Interesse, die Aufgabenstellungen mit der erforderlichen Kompetenz zu bearbeiten. Kommt es jedoch zu einem Streitfall und der Planer gerät in die Rechtfertigungslage, könnte durchaus die Frage danach gestellt werden, wie denn die normativ geforderte Kompetenz von ihm nachgewiesen wird.

Neben den Anforderungen an das Personal werden auch Anforderungen an das Simulationsprogramm gestellt. Unter anderem muss die Berechnung der Sprachverständlichkeit auf Grundlage einer simulierten Modulationsübertragungsfunktion erfolgen. Effekte der absoluten Hörschwelle sowie der Maskierungseffekt müssen vom Simulationsprogramm berücksichtigt werden. Weitere Informationen sind dem Abschnitt 4.4.9 „Simulation der Beschallung" zu entnehmen. Von besonderer Bedeutung ist die zeitliche Verortung der Simulation innerhalb der Planungsphase. Eine nachträgliche Durchführung der Simulation, zum Beispiel zum Zeitpunkt der Inbetriebsetzung, ist daher nicht mehr dazu geeignet, die reduzierten Anforderungen an die Sprachverständlichkeit zu begründen.

Mithilfe der Simulation muss ferner gezeigt werden, dass raumakustisch wirksame Maßnahmen entweder nicht zielführend sind, um die Sprachverständlichkeit zu verbessern, oder nicht ausgeführt werden können. Dass entsprechende raumakustisch wirksame Maßnahmen unter Umständen nicht zielführend sind, kann möglicherweise daran liegen, dass deren Absorptionseigenschaften bedingt durch die spezifischen Eigenschaften des Materials und bedingt durch die Gesamtfläche der Absorber keinen wesentlichen Einfluss auf die Sprachverständlichkeit haben. Ebenso ist es möglich, dass die Positionierung der raumakustisch wirksamen Oberflächen in Korrelation zur Beschallung mit der Positionierung und Ausrichtung der Lautsprecher sowie deren Abstrahlverhalten keine wesentliche Verbesserung der Sprachverständlichkeit zulassen. In einem solchen Fall wäre es also möglich, entsprechende Oberflächen in den Raum einzubringen, aber die Einbringung wäre nicht zielführend.

Schwieriger fällt die Interpretation der normativ beschriebenen Bedingung, dass alle ausführbaren raumakustisch wirksamen Maßnahmen bereits berücksichtigt wurden. Wann ist also in diesem Kontext eine raumakustisch wirksame Oberfläche ausführbar und wann nicht? Ist sie nicht ausführbar, wenn der Architekt die Oberfläche, die zur Verbesserung der Sprachverständlichkeit bei einer Brandalarmierung dient, nicht akzeptiert, weil sie optisch nicht zu seinem künstlerischen Empfinden passt? Oder ist die Oberfläche nicht ausführbar, weil der Bauherr die entsprechenden Investitionskosten nicht tragen möchte? Vielleicht ist aber die Oberfläche auch nicht ausführbar, weil sie den entsprechenden brandschutztechnischen, mechanischen oder hygienischen Anforderungen nicht genügt? Diese Aufzählung kann sicherlich noch fortgeführt werden, wobei jedoch festzustellen ist, dass sich normativ nicht mit diesen Fragestellungen auseinandergesetzt wurde. Es bleibt also dem Anwender der Norm, hier also im Besonderen dem Planer überlassen, sich bei der Realisation seiner Planungsaufgabe damit auseinanderzusetzen, die Ausführbarkeit von raumakustisch wirksamen Oberflächen mit den Planungsbeteiligten und Auftraggebern zu diskutieren und festzulegen. An dieser Stelle kann nur empfohlen werden, die entsprechend erforderliche Standhaftigkeit zur Erreichung der Schutzziele einer Sprachalarmanlage beizubehalten. Leider ist in der Praxis oftmals die Akzeptanz, raumakustische Maßnahmen einzubringen, um die Sprachverständlichkeit zu verbessern, äußerst gering, obwohl es offensichtlich ist, dass damit die Funktion einer sicherheitstechnisch relevanten Anlage gefährdet wird.

Neben den raumakustischen Optimierungen stehen auch technische Hilfsmittel der SAA zur Verfügung, die Sprachverständlichkeit zu verbessern. Auch diese Möglichkeiten müssen vollumfänglich ausgeschöpft sein, wenn die reduzierten Anforderungen an die Sprachverständlichkeit gelten sollen. Zu diesen technischen Hilfsmitteln zählen unter anderem Equalizer, Signalverzögerung und dynamikbearbeitende Komponenten wie Kompressoren. Deren Wirksamkeit ist durch geeignete Simulationsprogramme bereits in der Planung nachzuweisen. Equalizer werden zum Beispiel dazu eingesetzt, den Frequenzgang des zu übertragenden Sprachsignals auf die raumakustischen Verhältnisse anzupassen. Auch eine Anpassung im Hinblick auf das Spektrum der Störgeräusche ist damit möglich. Signalverzögerungen werden hingegen dann genutzt, wenn in einem Bereich mehrere Lautsprecher einwirken und dadurch auf der Hörerfläche die Signale zu unterschiedlichen Zeiten beim Hörer eintreffen. Durch Signalverzögerung kann dies ausgeglichen und die Sprachverständlichkeit verbessert werden.

In Objekten mit lauten Störgeräuschen und einem grenzwertigen Betrieb der SAA ist es oftmals erforderlich, die maximale Lautstärke der SAA abzufordern. Mit Signalkompressoren kann der Crestfaktor des Sprachsignals verringert und der effektive Schalldruckpegel der Sprachdurchsage angehoben werden. Damit entsteht ein größerer Abstand zu den Störgeräuschen und zumeist eine Verbesserung der Sprachverständlichkeit. Leider ist an dieser Stelle der Norm zur Definition der Bedingungen zur Reduzierung der Anforderungen an die Sprachverständlichkeit nicht beschrieben worden, dass stets das beste für die Beschallungsaufgabe geeignete Beschallungssystem zu verwenden ist, um eine optimale Sprachverständlichkeit zu erreichen. Auch hier stellt sich, wie bei der Einbringung von raumakustisch wirksamen Oberflächen, oftmals die Frage, ob die vom Planer für optimal befundenen Lautsprecher von Architekten und Bauherren akzeptiert werden. Im weitesten Sinne könnte diese Anforderung jedoch zur beispielhaften Aufzählung der anlagentechnischen Modifikationen hinzugezählt werden.

Es sind also drei Möglichkeiten gegeben, die bei Erfüllung der geforderten Randbedingungen, eine Absenkung der Anforderungen an die Sprachverständlichkeit zulassen. Sind gleichzeitig die Bedingungen mehrerer der drei Möglichkeiten erfüllt, so bedeutet dies nicht, dass eine weitere Absenkung der Anforderungen möglich ist. Befinden wir uns beispielsweise in einem Gebäude der Sicherheitsstufe II, es liegt ein Fehler im Übertragungsweg zu den Lautsprechern vor und in diesem Gebäude ist definiert, dass sich ausschließlich ein fester Personenkreis darin aufhält, gelten dennoch nur die reduzierten Anforderungen.

Die reduzierten Anforderungen stellen sich wie folgt dar:

- Der 90-%-Mittelwert je ADA muss mindestens einen STI von 0,45 erreichen.
- Der 90-%-Mindestwert je ADA muss mindestens einen STI von 0,4 erreichen.

Je nach akustischen Gegebenheiten ist es jedoch durchaus möglich, dass auch die reduzierten Anforderungen an die Sprachverständlichkeit nicht zu erfüllen sind, da die physikalischen Gegebenheiten dies schlicht nicht zulassen. Sind also auch die reduzierten Anforderungen an die Sprachverständlichkeit trotz Realisierung aller optimierenden Maßnahmen nicht zu erreichen, müssen die durch Simulation erlangten Ergebnisse fachtechnisch bewertet werden. Die Bewertung erfolgt im Hinblick darauf, ob mit der SAA überhaupt noch die Schutzziele erreicht werden können.

In diesem Zusammenhang ist fachtechnisch zu analysieren, ob einerseits eine ausreichende Wirksamkeit erzielt werden kann und ob andererseits zusätzliche Alarmierungseinrichtungen oder subjektiv wirkende Maßnahmen erforderlich sind, um die geforderte Wirksamkeit erreichen zu können. Zusätzliche Alarmierungseinrichtungen könnten Hilfsmittel sein, die einen zweiten Sinn ansprechen. Hierzu könnten beispielsweise Displays zum Einsatz kommen, mit denen farblich und textlich auf die Notsituation aufmerksam gemacht werden könnte. Aber auch die Übertragung eines bestimmten

Sprachrhythmus, zum Beispiel mit auf den Nachhall angepassten Pausen zwischen wichtigen Worten der Sprachübertragung, kann die subjektiv empfundene Wirksamkeit der SAA verbessern. Sind also auch die reduzierten Anforderungen an die Sprachverständlichkeit nicht zu erfüllen, so bedeutet dies nicht grundsätzlich, dass die SAA nicht mehr über die erforderliche Wirksamkeit verfügt, sondern dass zusätzliche Maßnahmen möglicherweise doch noch dazu führen, eine ausreichende Wirksamkeit zu gewährleisten.

Ist der 90-%-Mittelwert des STI jedoch kleiner oder gleich 0,38, kann entsprechend einer Anmerkung in der STI-Norm nicht mehr davon ausgegangen werden, dass die erforderliche Wirksamkeit der SAA erreichbar ist. Somit ergibt sich ein weiterer Wertebereich des STI mit einem 90-%-Mittelwert von 0,39 bis 0,44. Liegt der Sprachübertragungsindex in diesem Wertebereich, so wird nicht grundsätzlich davon ausgegangen, dass dies zu einer nicht mehr ausreichenden Sprachverständlichkeit führt, sondern es kann davon ausgegangen werden, dass unter Umständen mit anderen Hilfsmitteln noch eine ausreichende Wirksamkeit der SAA erreicht werden kann.

Die Aufteilung der Grenzwerte für die Sprachverständlichkeit einer SAA erfolgt mit der neuen Norm also eher in Bereichen. Die Norm kommt daher dem subjektiven Empfinden der Sprachverständlichkeit deutlich näher und es sollte den Fachleuten, die Sprachalarmanlagen zu bewerten haben, fortan deutlich leichter fallen, auch eine Unterschreitung der definierten Grenzwerte in einer gewissen Größenordnung zu akzeptieren. Das Verstehen von Sprache erfolgt eben nicht durch Definition diskreter Übergänge zwischen Verstehen und Nichtverstehen. Vielmehr ist ein Wertebereich, in dem sich der STI befindet, stellvertretend für das Verstehen von Sprache bei einer Alarmierungsdurchsage. Dies macht es auch erforderlich, dass sämtliche Festlegungen bereits in der Planungsphase erfolgen und somit in dieser Phase auch die Möglichkeit besteht, festzulegen, an welcher Stelle sich die SAA im zulässigen Wertebereich befindet und welche Auflagen diesbezüglich zu erfüllen sind. Mit einer schlüssigen Dokumentation dieser Vorgänge und Ergebnisse wird es dann den Fachleuten zu Bewertung der SAA deutlich einfacher gemacht, die Wirksamkeit der SAA zu bewerten.

4.4.5 Allgemeine Ansätze zur Lösung der Beschallungsaufgaben

Die Planungsphase dient dazu, die in der Konzeption aufgestellten Anforderungen an die Sprachalarmanlage planerisch so umzusetzen, dass Lösungen erarbeitet werden, die einerseits ausführbar sind und andererseits sämtliche

Anforderungen der ursprünglichen Aufgabenstellung erfüllen. In der Regel liegt der schwierigste Teil dieser Aufgabenstellung in der Planung einer geeigneten Beschallungslösung. In der Beschallungslösung werden sämtliche Randbedingungen akustischer, baulicher umgebungsbedingter und anlagentechnischer Natur widergespiegelt. Eine belastbare Beschallungslösung kann weder in Unkenntnis der baulichen und akustischen Situation noch in Unkenntnis der später im Objekt auftretenden Störgeräuschpegel erarbeitet werden.

Planer haben die Verpflichtung, Planungssicherheit zu erzielen. Dazu gehört es, unter Beachtung aller verfügbaren Randbedingungen eine der Aufgabenstellung entsprechende und realisierbare SAA zu planen und zu dokumentieren. Es ist nicht selten zu beobachten, dass Planer diese Aufgabenstellung nicht sehr ernst nehmen und darauf hoffen, dass die Errichter nach der Ausschreibung eine passende Lösung finden. Dies ist weder durch die Aufteilung der einzelnen Leistungen in Phasen gemäß DIN 14675 noch nach den Leistungsbildern der Honorarordnung für Architekten und Ingenieure so vorgesehen. Der gewissenhaften Planung einer SAA stehen jedoch auch regelmäßig nicht zu vernachlässigende Kräfte entgegen. Im Folgenden soll ein kurzer Überblick zu den Planungsaufwendungen in der Praxis vermittelt werden.

Form folgt Funktion oder umgekehrt? – Die Tücken der Architektur

Jeder Planer und Errichter kennt die Situation: Eigentlich sollte alles ganz einfach gehen und bestens funktionieren, wenn denn da nicht das Hindernis der unterschiedlichen Auffassungen von gutem Aussehen bei der Ausführung von sichtbaren Komponenten existieren würde:

> *„Nein, solche hässlich großen Lautsprecher werden nicht an unsere Decke gebaut."*
>
> *– „Nun, zum einen sind sie doch in einer Höhe von 8 m angebracht und zum anderen können wir sie farblich auch genau nach Ihren Wünschen gestalten."*
>
> *„Nein, das kann ich mir überhaupt nicht vorstellen."*

Derartige oder ähnliche Wortwechsel wird jeder Fachplaner oder Errichter schon geführt haben.

Selbstverständlich ist der Stellenwert der Architektur nicht zu unterschätzen und in vielen Projekten geradezu unabdingbar, um etwa den Charakter eines Gebäudes darzustellen oder dafür zu sorgen, dass sich das Gebäude in ein bestimmtes Thema einreiht. Aus Sicht der Architektur ist es oftmals nicht möglich zu erkennen, ob der Fachplaner oder Errichter den für ihn einfachsten Weg beschreitet oder tatsächlich eine sorgfältige Planung oder Projektierung vorgenommen hat. Leider gibt es zahlreiche Anlagen, die sehr zugunsten der architektonischen Wünsche gebaut wurden und durchaus im Gedächtnis des einen oder anderen Architekten haften bleiben. Ob mit derartigen Anlagen tatsächlich die entsprechend geforderte Wirksamkeit erreicht werden kann, bleibt bei diesen Argumentationen oftmals außen vor.

Nach allgemeiner Einschätzung der Fachleute wird sich die ablehnende Haltung gegenüber zum Beispiel Lautsprechern im Laufe der nächsten Jahre relativieren. Zwar waren sichtbare technische Komponenten immer schon ein Dorn im Auge der puristischen Architektur aus Glas, Beton und Edelstahl. Es wird aber ein gewisser Gewöhnungseffekt eintreten, je häufiger zertifizierte Fachplaner und Errichter Anlagenplanungen und Ausführungen umsetzen, mit denen die Schutzziele tatsächlich erreicht werden. Gleiches war auch im Brandschutz zu beobachten. Auch wenn Fluchtwegpiktogramme oder Sprinklerköpfe sicher nach wie vor keine von Architekten geliebten technischen Komponenten sind, ist eine gewisse Einsicht über die Notwendigkeit mittlerweile vorhanden.

Noch bedeutsam schwieriger als die Einbringung von technischen Komponenten wie Lautsprechern ist es, raumakustisch wirksame Maßnahmen in architektonisch hochwertigen und künstlerisch entworfenen Räumen unterzubringen. Neben dem architektonischen Anspruch an das Aussehen der raumbegrenzenden Oberflächen sind oft Bauteilaktivierungen zur Kühlung oder Heizung vorhanden. Diese architektonischen und haustechnischen Anforderungen stellen ein erhebliches Hindernis dar, raumakustisch wirksame Flächen einbringen zu können. Auch hierzu sollte die Hoffnung nicht verloren gehen, dass die Raumakustik bei der architektonischen Planung an Stellenwert gewinnt, selbst wenn sie im Speziellen auf die Funktion der Sprachalarmierung zugeschnitten ist. Somit können also Lösungen geschaffen werden, die beide Seiten ohne eventuell unzulässige Kompromisse zufriedenstellen. Zur durchsetzungsfähigen Argumentation für die Aspekte der SAA muss bei solchen Auseinandersetzungen auch das schwerwiegende Argument herangezogen werden, dass eine SAA eine sicherheitstechnische Anlage ist und sicherstellen muss, dass sich die anwesenden Personen bei entsprechender Aufforderung dazu selbst retten können müssen. Sollte beispielsweise aus der brandschutztechnischen Planung hervorgehen, dass eine Sprinklerung erforderlich ist und ein vom Planer festgelegtes Raster zur Anordnung der Sprinklerköpfe realisiert werden muss, wird die architektonische Gegenwehr nur äußerst klein sein. Den gleichen Stellenwert muss man zur Positionierung und Auswahl von Lautsprechern einer SAA ebenfalls erreichen.

Da der überwiegende Anteil aller Sprachalarmanlagen in akustisch einfachen ADA geplant und zur Ausführung gebracht wird, lag es nahe, dass normativ eine klare Unterteilung der Planungsverfahren auf Grundlage der unterschiedlichen akustischen Aspekte erfolgt. Damit werden dem Planer zukünftig zwei verschiedene Planungsverfahren an die Hand gegeben. Um zu erkennen, welches der Planungsverfahren anzuwenden ist, muss der Planer in der Lage sein, die akustischen Verhältnisse entsprechend der normativen Vorgaben je ADA zu analysieren. Die dazu explizit erforderliche Vorgehensweise wird in den entsprechenden Abschnitten zu den Planungsverfahren näher erläutert. Zunächst jedoch sollen weitere allgemeine Randbedingungen erörtert werden.

Neben den architektonischen Hindernissen bei der Planung einer Sprachalarmanlage oder der Ausführung raumakustisch wirksamer Maßnahmen im technisch sinnvollen Maße gibt es auch Raumkategorien, die es grundsätzlich nicht erlauben, an ein Optimum zu gelangen.

Historische Räume, die unter Denkmalschutz stehen, Räume, die aufgrund ihrer Nutzung akustisch sehr ungünstige Verhältnisse aufweisen oder Räume, deren Nutzung ein erhebliches Störgeräuschpegelpotenzial besitzt, gelten als akustisch schwierig. Zum Beispiel sind in einem historischen, großvolumigen Foyer eines klassischen Theaters mit annähernd ausschließlich mineralischen Oberflächen leicht Nachhallzeiten von mehr als 3 s zu erreichen. Spielt die Denkmalpflege eine Rolle, ist es selbst bei architektonischem Wohlwollen meist nicht möglich, raumakustische Maßnahmen zur Senkung der Nachhallzeit zu integrieren. Die ausreichende Beschallung solcher Räume mit der normativ geforderten Sprachverständlichkeit unter Berücksichtigung des Störgeräuschpegels stellt eine echte Herausforderung dar. Die Herausforderung wird umso größer, wenn bei der Planung und Errichtung der Beschallungsanlage nicht einmal das gesamte technische Potenzial angewandt werden kann.

Die Lösung der Beschallungsaufgabe in akustisch schwierigen Räumen ist ungeachtet der architektonischen und denkmalpflegerischen Situation oftmals gar nicht so schwierig, wenn hocheffektive und technisch ausgereifte, zum Beispiel im Abstrahlverhalten elektronisch steuerbare Lautsprecher zum Einsatz kommen dürfen. Jedoch ist nach aktueller Version der DIN EN 54-24:2008-06 „Komponenten für Sprachalarmierungssysteme – Lautsprecher“ eine Zertifizierung aktiver Lautsprechersysteme nicht vorgesehen und somit stehen diese hocheffizienten Lautsprecher für schwierige Situationen eigentlich nicht zur Verfügung. Da zur Errichtung einer bauordnungsrechtlich geforderten SAA ausschließlich Bauprodukte verwendet werden dürfen, blieben für solche Lautsprecher nur nur zwei vom Gesetzgeber vorgesehene Verfahren, um sie dennoch einsetzen zu können. Die dahinterstehenden Vorgänge können bezüglich nicht zertifizierter Lautsprecher jedoch noch nicht als Standard bezeichnet werden. Es kann jedoch davon ausgegangen werden, dass verschiedene Hersteller dieser Lautsprechersysteme bemüht sind, diese unter Wahrung der gesetzlichen Bestimmungen als Bauprodukte in Europa in Verkehr bringen zu können. Bis dahin sind auch in schwierigen Umgebungsverhältnissen lediglich die passiven Lautsprechersysteme anwendbar, zumindest sofern keine bauordnungsrechtlich verwertbare Zustimmung im Einzelfall erwirkt wird.

Es ist nicht grundsätzlich auszuschließen, dass mit passiven Systemen auch eine ausreichende Sprachverständlichkeit erreicht werden kann. Dimensionierung, Systemauswahl, Positionierung und Ansteuerung müssen jedoch feinfühlig in Einklang gebracht werden und darüber hinaus noch den architektonischen oder denkmalpflegerischen Randbedingungen genügen. Grundsätzlich kann jedoch davon ausgegangen werden, dass eine lediglich nach Erfahrungswerten ausgelegte Planung meist nicht zum Ziel führen wird, egal ob hoch effektive, aktive Systeme oder „einfache" Lautsprecher zum Einsatz kommen. An dieser Stelle sei dringend empfohlen, moderne Simulationsprogramme zur Überprüfung der Planung und zur Feindimensionierung zu verwenden. Sollte sich die normativ geforderte Sprachverständlichkeit mit bereits zertifizierten Lautsprechern nicht erreichen lassen und eine Simulation zeigen, dass ausreichende Sprachverständlichkeitswerte mit nicht zertifizierten Systemen zu erzielen sind, sollte sich der Planer dringend mit den verantwortlichen Personen über diesen Lösungsweg verständigen.

Die Norm DIN 14675-1:2020-01 „Brandmeldeanlagen – Aufbau und Betrieb" eröffnet die Möglichkeit, eine abnahmefähige Anlage zu erstellen und gleichsam Abweichungen zu definieren. Für solche Abweichungen müssen die verantwortlichen Personen, wie zum Beispiel der Betreiber, der Ingenieur für vorbeugenden Brandschutz, eventuell die ortsansässige Feuerwehr und der Prüfsachverständige sowie die Vertreter der Genehmigungsbehörden, jedoch an einem Strang ziehen. „Das Schutzziel steht über der Norm" kann ein Argument bei derartigen Abweichungen sein. Die Zulassung nicht zertifizierter Lautsprecher als Bauprodukt kann derzeit jedoch nur nach den gesetzlichen Vorgaben erfolgen. Nähere Informationen dazu sind dem Abschnitt 4.4.31 zur Ausführung von Produkten ohne Zertifizierung zu entnehmen.

4.4.6 Allgemeine Planungshilfen für Beschallungsanlagen

Grundsätzlich sind die folgenden dokumentierten Planungshilfen zur Auslegung von Beschallungsanlagen nicht einzig auf SAA zu beziehen. Die technischen Zusammenhänge gelten im Grunde genommen für alle Beschallungsaufgaben. Über Varianten zur Lösung einer Aufgabenstellung nachzudenken, erfordert die Kenntnis darüber, welche Möglichkeiten grundsätzlich zur Verfügung stehen. Welche Variationsmöglichkeiten gibt es also offensichtlich für die unterschiedlichen Auslegungen einer Beschallungsanlage, wie hier der SAA?

- zentrale oder dezentrale Beschallung,
- unterschiedliche Bündelungseigenschaften der Lautsprecher,
- zeitliche Verzögerung räumlich gestaffelter Systeme,
- verschiedene Bauarten der Lautsprecher.

Da mit jeder weiteren in den Raum eingebrachten Quelle auch eine Vergrößerung des Diffusschallfeldes verursacht wird, sollte versucht werden, mit der Maßgabe der Quellenminimierung an ein geeignetes Beschallungsergebnis zu gelangen. Es sollte also bei diesem Ansatz versucht werden, die Beschallungsaufgabe mit möglichst wenigen Lautsprechern im Raum zu lösen. Als Erklärung kann hierzu der Hallradius gut verwendet werden, siehe **Bild 4.4**. Befindet sich ein Hörer sehr nah an einer Quelle, kann davon aus-

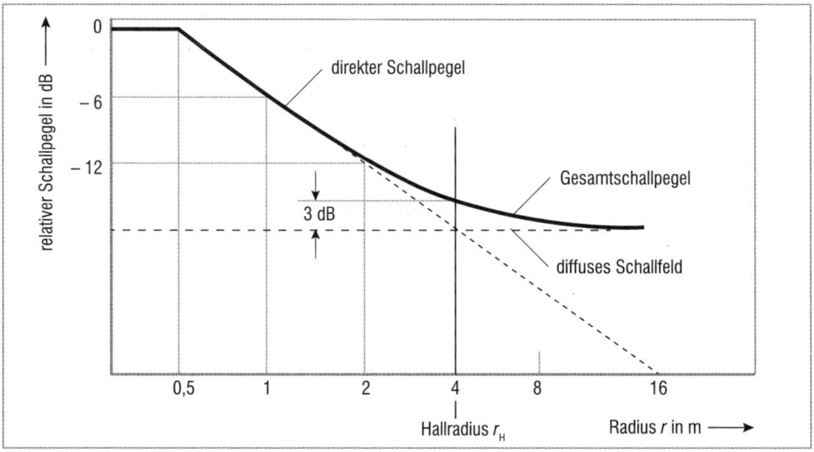

Bild 4.4 Darstellung des Hallradius

gegangen werden, dass der Direktschallpegel, den der Hörer von der Quelle unmittelbar empfängt, deutlich größer ist als der statistisch im Raum verteilte Diffusschalldruckpegel. Wird nun bei ansonsten gleich bleibenden Verhältnissen die Distanz zwischen dem Hörer und der Quelle vergrößert, nimmt verständlicherweise der Direktschalldruckpegel von der Quelle beim Hörer ab. Der Diffusschalldruckpegel bleibt hingegen in etwa gleich groß. Hat der Hörer eine Entfernung zur Schallquelle eingenommen, und bei dieser Entfernung sind die Schalldruckpegel des Direktschalls der Quelle und des Diffusschalls gleich, handelt es sich um den Hallradius. Überschlägig kann davon ausgegangen werden, dass bei Überschreiten des Hallradius keine ausreichende Sprachverständlichkeit mehr erreicht werden kann.
Der Hallradius kann relativ einfach wie folgt überschlägig ermittelt werden:

$$r_H = \sqrt{\frac{\gamma \cdot V}{100\pi \cdot T_{60}}} \approx \sqrt{\frac{\gamma \cdot A}{50}}$$

γ Bündelungsgrad der Schallquelle
V Volumen des Raums [m³]
T_{60} Nachhallzeit des Raums [s]
A äquivalente Absorptionsfläche [m²]

Es ist deutlich erkennbar, dass die baulichen Bedingungen wie Volumen und Nachhallzeit maßgeblich am Hallradius beteiligt sind. Der Bündelungsgrad hingegen ist eine Eigenschaft der Quelle, also der für die SAA verwendeten Lautsprecher. Auch wenn der Bündelungsgrad unter der Wurzel steht, ist er im Zähler positioniert und eine Vergrößerung des Bündelungsgrads bedeutet ebenso eine Vergrößerung des Hallradius. Hieraus ist also erkennbar, dass mit wenigen Lautsprechern und einem hohen Bündelungsgrad der Lautsprecher große Beschallungsdistanzen ermöglicht werden. In der **Tabelle 4.1** sind typische Abstrahlwinkel und sich daraus ergebende Bündelungsgrade

Abstrahlwinkel α	Bündelungsgrad λ	Bündelungsmaß D_i in dB
180 × 40	9	9,5
120 × 40	10	10,0
90 × 90	6	7,8
90 × 40	13	11,1
60 × 40	18	12,6
40 × 40	27	14,3
40 × 20	53	17,2

Tabelle 4.1 Abstrahlwinkel und Bündelungsgrade

gegenübergestellt. Somit kann in einem ersten Schritt der Beschallungsplanung bereits überschlägig betrachtet werden, mit welchen Lautsprechersystemen welche Beschallungsdistanzen zu überbrücken sind.

Wenn also die Beschallungsaufgabe so ist, dass mit wenigen Lautsprechern möglichst zentral gearbeitet werden soll, ist zu überlegen, welche Bauart von Lautsprechern die erforderliche Bündelung hat und auch den erforderlichen Schalldruck liefern kann. Typische Vertreter sind hier Linienstrahler oder horngeladene Systeme. Mit diesen Systemen können große Distanzen überbrückt werden, wodurch wenige Lautsprecher im zu beschallenden Raum benötigt werden. Wenige Lautsprecher verursachen weniger Diffusschall, und auch Räume mit großer Nachhallzeit können erfolgreich beschallt werden.

Es können jedoch triftige Gründe vorliegen, in denen ein zentrales Beschallungskonzept nicht gewählt werden kann. Einer dieser Gründe besteht darin, dass von den geeignet ausgewählten Lautsprechern an zentralen Positionen keine freie Abstrahlung in die Hörerflächen gegeben sein könnte. Ein weiterer Grund, der gegen die Ausführung eines zentralen Konzepts spricht, kann die mangelnde Raumhöhe sein, wodurch die Lautsprecher möglicherweise unmittelbar auf Ohrhöhe positioniert werden müssten. Da die zentralen Positionen jedoch dazu ausgewählt wurden, größere Distanzen zu beschallen, könnte der unmittelbar in der Umgebung der Lautsprecher auftretende Schalldruckpegel als deutlich zu hoch empfunden werden. Zudem kann je nach Positionierung der Lautsprecher bei zu geringer Montagehöhe der Umstand eintreten, dass sich davor befindliche Personen abschattend auswirken und somit eine sichere Beschallung der Hörerflächen gefährdet wird.

Sprechen also maßgebliche Gründe gegen die Ausführung und Planung eines zentralen Beschallungskonzepts, sollte über eine Dezentralisierung der Lautsprecher nachgedacht werden. Wie die oben dargestellte Gleichung zur Berechnung des Hallradius zeigt, wird ein dezentrales Beschallungskonzept mit vielen einzelnen Quellen bei akustisch nicht schwierigen Räumen (kurze Nachhallzeit) eher weniger Probleme bereiten. Verfügt der zu beschallende Raum jedoch über eine ausgeprägte Nachhallzeit, zum Beispiel von mehr als 1,5 s, sind bei einer großen Anzahl von Quellen nur noch sehr kurze Beschallungsdistanzen möglich. Sind also zum Beispiel aus baulichen Gründen zentrale Konzepte nicht planbar, kann ein dezentrales Konzept durchaus ebenso erfolgreich sein, wenn ein geringer Abstand zwischen Lautsprechern und Hörerfläche gewählt wird. Zusätzlich sollte darauf geachtet werden, dass ein möglichst niedriger, gerade noch ausreichender Schalldruckpegel gewählt wird, um möglichst wenig Diffusschall anzuregen. Zum Beispiel in großen Bahnhöfen mit vielen Bahnsteigen ist es oftmals nicht möglich, aufgrund der baulichen Bedingungen zentrale Beschallungskonzepte auszuführen. Wird dann mit vielen Lautsprechern knapp oberhalb der Hörerflächen im Bereich der Bahnsteige gearbeitet, kann es unter Umständen erforderlich sein, einzelne oder wenige Bahnsteige gemeinsam zu beschallen. Dies ergibt in aller Regel deutlich bessere Ergebnisse für die Sprachverständlichkeit, als würden sämtliche Lautsprecher im gesamten Bahnhof gleichzeitig angesteuert werden.

In sehr lang gestreckten Gängen oder Tunnelanlagen wird oftmals ein bisher noch nicht angesprochenes Verfahren zur Beschallung dieser sehr schwierigen akustischen Umgebung geplant. Dieses Verfahren besteht darin, von einem Punkt, der sich meist entweder in der Mitte oder an einem der beiden Anfangspunkte der Anlage befindet, mit der Positionierung von weitreichenden Lautsprechern (hoher Bündelungsgrad) zu beginnen. Sobald von diesem Lautsprecher ausgehend ein Bereich erreicht wird, in dem keine ausreichende Beschallungsgüte mehr erreicht wird, wird ein weiterer Lautsprecher positioniert. Die Abstände der Lautsprecher hängen also direkt mit deren Reichweite zusammen. Um die gesamte langgestreckte Anlage komplett zu beschallen, sind überschlägig so viele Lautsprecher erforderlich, wie sich durch die Gesamtlänge geteilt durch die Reichweite jedes einzelnen Lautsprechers ergibt. Da sich der von den Lautsprechern abgestrahlte Schall mit einer endlichen Geschwindigkeit (Schallgeschwindigkeit) ausbreitet, werden nicht alle Lautsprecher gleichzeitig angesteuert. Es liegt also nahe, den ersten Lautsprecher zum Beispiel am Anfang der Anlage direkt anzusteuern und den nächsten Lautsprecher soweit verzögert anzusteuern, wie es sich durch die Schallgeschwindigkeit und die Distanz zwischen beiden Lautsprechern ergibt. Der dann als nächstes folgende Lautsprecher und alle weiteren Lautsprecher werden nach der gleichen Gesetzmäßigkeit verzögert angesteuert, sodass sich durch die Anlage eine Wellenfront bewegt. Diese Vorgehensweise zur Verbesserung der Sprachverständlichkeit wird gewählt, da Schallanteile mit einer Verzögerung von mehr als 50 ms gegenüber Anteilen des gleichen Signals zu einer Verschlechterung der Sprachverständlichkeit führen. Grundsätzlich sollte versucht werden, dass es beim Einwirken mehrerer Lautsprecher auf eine Position im Hörerbereich nicht zu maßgeblichen Laufzeitunterschieden zwischen den Signalen der Lautsprecher kommt.

Bei der planerischen Auslegung der Beschallung sollten grob folgende Randbedingungen beachtet werden:

- Quellenminimierung – das Beschallungskonzept so wählen, dass möglichst wenige Lautsprecher erforderlich sind, um die zu beschallende Fläche zu versorgen (Diffusschallpegel gering halten).
- Muss ein dezentrales Konzept verwendet werden, sind geringe Beschallungsabstände und möglichst geringe Schalldruckpegel zu wählen (nur so viel, wie Störgeräusche es erfordern).
- Bei der Auswahl und Positionierung der Lautsprecher unbedingt die raumakustischen Eigenschaften beachten (NHZ, Echos, Flatterechos, ...).
- Lautsprecherpositionierung und Abstrahlung so wählen, dass vorwiegend die zu versorgenden Hörerflächen beschallt werden (nicht jedoch reflektierende Wände, Decken, Böden, gebogene Flächen).
- Erreichbarer bzw. eingestellter Beschallungspegel im Hinblick auf Störgeräuschabstand und Maskierung sensibel wählen.
- Bei nicht eindeutig „einfachen" Verhältnissen unbedingt simulieren!

Die oben beschriebenen Beschallungskonzepte und Lösungsansätze stellen eine gewisse Ausgangssituation zur Lösung der Beschallungsaufgabe dar. Die genaue Detaillierung der Lösung kann in den meisten Fällen ohne die Durchführung einer Beschallungssimulation nicht durchgeführt werden.

4.4.7 Vereinfachtes Planungsverfahren

Schon in Jahrzehnte alten Planungshandbüchern wurden Dimensionierungshilfen dokumentiert, um bei „einfachen" Verhältnissen ohne erheblichen Planungs- und Berechnungsaufwand eine Lautsprecherauswahl und Positionierung vorzunehmen. Hier sei als Beispiel der lange Flur mit der darin eingebauten Deckenbeschallung genannt. Aber auch mittelgroße Räume mit einem Raster von Deckenlautsprechern werden in diesen Dimensionierungshilfen beschrieben. Freilich funktionieren solche Dimensionierungshilfen nur in Räumen mit günstigen akustischen Verhältnissen und ohne erheblichen Störgeräuschpegel.

Da in Summe betrachtet der überwiegende Anteil aller Sprachalarmanlagen in akustisch einfachen Umgebungen geplant und ausgeführt wird, liegt es nahe, für ein zumeist angewandtes Beschallungskonzept eine normativ beschriebene und festgelegte Beschallungsvariante zu definieren. Dies ist in der aktuellen SAA-Norm in Form des vereinfachten Planungsverfahrens erfolgt. Zuvor jedoch sollen die grundsätzlichen Anforderungen an eine Sprachalarmanlage bezüglich weniger Aspekte definiert werden:

- Der Schalldruckpegel der SAA ist entsprechend der Störgeräusche zu dimensionieren.

- Der Schalldruckpegel der SAA ist mindestens mit einem L_{Aeq} von 75 dB zu planen.
- Der Aufmerksamkeitston ist mindestens mit einem L_{Aeq} von 65 dB zu planen.
- In Ruhe- und Schlafräumen ist der Aufmerksamkeitston mindestens mit einem L_{Aeq} von 75 dB zu planen.
- Der Aufmerksamkeitston darf nicht höher als mit einem L_{Aeq} von 120 dB geplant werden.
- Alle Angaben sind auf Ohrhöhe zu beziehen!

Diese Anforderungen gelten also grundsätzlich für SAA und sind bei jedem Planungsverfahren zunächst als Grundanforderungen zu berücksichtigen. Sollte sich im Verlauf der Planung jedoch zeigen, dass die Grundanforderungen nicht dazu führen, die erforderliche Sprachverständlichkeit zu erreichen, kann durch Definition einer Abweichung gegenüber normativen Forderungen dargestellt werden, dass die Schutzziele mit anderen und zwar den dann geplanten Vorgaben erreicht werden. Bei bauordnungsrechtlich geforderten Anlagen ist es sehr ratsam, derartige Abweichungen so zu beschreiben, dass sie für den Prüfsachverständigen ersichtlich und verbindlich werden. Im Regelfall ist dies nur zu erreichen, wenn die beschriebene Abweichung in den bauordnungsrechtlich relevanten Dokumenten schriftlich ausgeführt wird.

Zunächst soll jedoch davon ausgegangen werden, dass die grundlegenden Anforderungen nach Norm anwendbar sind und eines der beiden in der Norm beschriebenen Planungsverfahren zielführend angewendet werden kann.

Zur Anwendung des vereinfachten Planungsverfahrens sind zunächst die Randbedingungen abzustimmen, um die grundsätzliche Anwendbarkeit des Verfahrens feststellen zu können. Folgende Randbedingungen müssen zur Anwendung des vereinfachten Planungsverfahrens erfüllt sein:

- Die Nachhallzeit in jedem der Oktavbänder von 500 Hz, 1 kHz, 2 kHz und 4 kHz ist nicht größer als 1,0 s *oder*
- die Anforderungen nach DIN 18041:2016-03 für eine der Raumgruppen B3, B4, B5, A2, A3 oder A4 sind erfüllt.
- Der Störgeräuschpegel ist kleiner als $L_{Aeq} = 65$ dB.
- Der A-bewertete Schalldruckpegel der Sprachdurchsage muss mindestens 15 dB über dem Störgeräuschpegel liegen.
- Geringe Decken-/Lautsprecherhöhen, maximal 6 m.
- Die Montagehöhe der Lautsprecher ist somit auf 6 m über dem Fußbodenniveau begrenzt.

- Der Abstand zwischen den Mittelpunkten benachbarter Lautsprecher ist nicht größer als die doppelte Differenz zwischen Montage- und Ohrhöhe (1,6 m stehend oder 1,2 m sitzend).

Die Dimensionierungsanweisung besteht also darin, die Lautsprecher in oder unter der Decke mit einem maximalen Abstand zu positionieren, wobei der Abstand von der Entfernung zwischen der Hörerebene und der Lautsprecherebene abhängt. Der Anweisung nach soll der maximale Abstand der Lautsprecher untereinander die doppelte Entfernung zwischen Hörerebene und Lautsprecherebene betragen. Bei dieser vereinfachten Dimensionierung wird davon ausgegangen, dass ein an der Decke montierter, senkrecht nach unten strahlender Lautsprecher eine quadratische Projektion auf der Hörerfläche verursacht. Mithilfe des Abstrahlwinkels des Lautsprechers und seiner Montagehöhe kann die quadratische Versorgungsfläche hergeleitet werden. Ferner wird klar, dass die oben beschriebene Dimensionierungsanweisung für Lautsprecher mit einem Abstrahlwinkel von mindestens 90° gilt.

Diese Voraussetzung führt zu einer weiteren normativen Anforderung, nämlich dass eine derartige Dimensionierung im Regelfall mit Lautsprechern mit einem maximalen Chassisdurchmesser von 13 cm zielführend ist. Bei größeren Lautsprechern ist in der Regel zu beobachten, dass im oberen Frequenzbereich eine Bündelung erfolgt, die im Zweifelsfall nicht mehr zu einer homogenen Abdeckung der Hörerfläche führt. Sollte in der Planung jedoch ein Lautsprechertyp mit einem Chassisdurchmesser von mehr als 13 cm verwendet werden, muss dieser auch im oberen Frequenzbereich (bis 8 kHz) einen Mindestabstrahlwinkel von 90° aufweisen. In **Bild 4.5** wird der hier beschriebene Zusammenhang grafisch dargestellt. Bei einer Deckenhöhe von maximal 6 m ergeben sich folgende Zusammenhänge:

s_{max} = 6 m – Höhe der Hörebene

$L_{max} = S_{max} \cdot 2$

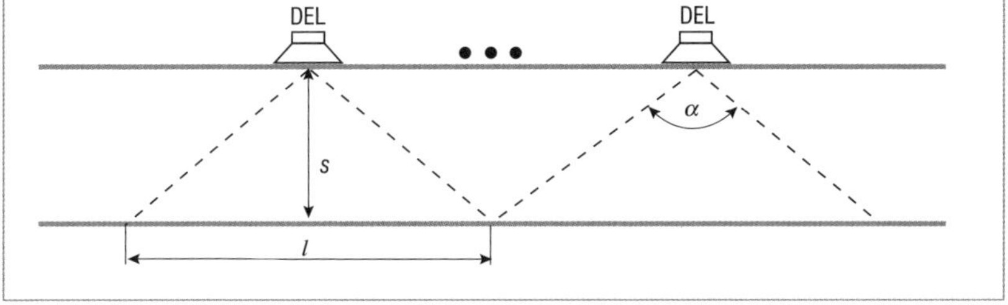

Bild 4.5 Einfaches Planungsbeispiel

Beispiel
Bei einer Deckenhöhe von 4,10 m ergibt sich für die Beschallung von stehenden oder gehenden Personen eine Hörerebene von 1,60 m. Somit ergibt sich für s eine Entfernung von 2,50 m. Unter Berücksichtigung der oben genannten Formel ergibt sich somit ein Lautsprecherabstand von 5 m.

Das oben genannte Beispiel kann auch rechnerisch unter der Annahme überprüft werden, dass ein Abstrahlwinkel von 90° bei den verwendeten Lautsprechern gegeben ist. Dazu kann folgende Formel angewendet werden:

$$\tan\left(\frac{\alpha}{2}\right) = \frac{1/2 \cdot l}{s} \quad \Rightarrow \tan\left(\frac{\alpha}{2}\right) = \frac{l}{2s} \quad \Rightarrow \quad l = 2s \cdot \tan\left(\frac{\alpha}{2}\right) = 5\ \text{m}$$

Nun ist es auch denkbar, nicht nur mehrere Lautsprecher aneinander zu reihen, sondern ein Raster von Lautsprechern so zu positionieren, dass die quadratischen Versorgungsflächen der einzelnen Lautsprecher aneinandergesetzt die gesamte zu beschallende Fläche ergeben.

Von einer solchen Dimensionierung von Beschallungsanlagen ist dringend Abstand zu nehmen, wenn nicht die normativ definierten Randbedingungen eingehalten werden können. Einfache Dimensionierungen, wie oben beschrieben, führen meistens zu nicht ausreichenden Ergebnissen, wenn die akustischen Verhältnisse unterschätzt werden.

Daher soll in den folgenden Abschnitten im Besonderen darauf eingegangen werden, wie die normativ beschriebenen akustischen Anforderungen zu verstehen sind.

Eine der Anforderungen bezieht sich auf die spektrale Nachhallzeit. Demnach ist folgende Anforderung zu erfüllen:

Die Nachhallzeit in jedem der Oktavbänder von 500 Hz, 1 kHz, 2 kHz und 4 kHz ist nicht größer als 1,0 s.

Diese Anforderung macht es nötig, die Nachhallzeit spektral zu berechnen. Als Berechnungsgrundlage ist es in der Regel ausreichend, die in den Abschnitten zur Raumakustik in Ansatz gebrachten Berechnungsverfahren für die statistische Ermittlung der Nachhallzeit anzuwenden. Sollte im Objekt kein Akustiker tätig sein und auch der Architekt nicht über die Kompetenz verfügen, solche Berechnungen durchzuführen, muss der Planer der SAA die erforderlichen Berechnungen anstellen. Dazu wird es von besonderem Interesse sein, dass sich der Planer mit der architektonischen Planung bezüglich der zu verwendenden raumakustisch wirksamen Raumbegrenzungsoberflächen auseinandersetzt. Nur mit einer planerischen Festlegung dieser Materialien lassen sich auch die dazu passenden raumakustischen Eigenschaften ermitteln und bei der Berechnung der Nachhallzeit berücksichtigen.

Oftmals zeigt sich genau dieser Schritt als besonders schwierig, da zu einem so frühen Planungszeitpunkt oft keine architektonischen Festlegungen zur Verwendung bestimmter Materialien im Innenausbau getroffen werden. In einem solchen Fall ist es ratsam, zumindest Kategorien raumakustisch wirksamer Oberflächen mit der Architektur abzustimmen und die dazu passenden raumakustischen Eigenschaften bei der Berechnung der Nachhallzeit zu berücksichtigen. Als planerische Festlegung und als Abstimmungsergebnis werden dann die Materialkategorien und die sich daraus ergebende maximale Nachhallzeit dokumentiert. Auf dieser Grundlage kann entschieden werden, ob die Grundvoraussetzungen zur Anwendung des vereinfachten Planungsverfahrens gegeben sind.

Sollte dem so sein, wäre es erforderlich, in den nachfolgenden Planungsphasen aus den zuvor festgelegten Materialkategorien explizite Oberflächen für den Innenausbau zu machen. Zumeist führt das an einer erneuten Berechnung der Nachhallzeit nicht vorbei. Bei der erneuten Berechnung der Nachhallzeit muss wiederum erkennbar sein, dass der normativ vorgesehene spektrale Verlauf der Nachhallzeit als Grundbedingung für die Anwendung des vereinfachten Planungsverfahrens weiterhin gegeben ist.

Neben dem Nachweis, dass der normativ vorgegebene spektrale Verlauf der Nachhallzeit in den genannten Oktavbändern bei maximal 1 s liegt, ist es alternativ auch möglich, bestimmte Raumkategorien und die dazu passenden raumakustischen Anforderungen nach DIN 18041 nachzuweisen, um die Randbedingungen zur Anwendung des vereinfachten Planungsverfahrens zu erfüllen. Somit müssen die Anforderungen nach DIN 18041:2016-03 für eine der Raumgruppen B3, B4, B5, A2, A3 oder A4 erfüllt werden.

Sollte ein Akustiker im Projekt beteiligt sein, um den raumakustischen Nachweis zu erbringen, so können aus seinem Gutachten zumeist die entsprechenden Räume bzw. ADA bereits entnommen werden. Ansonsten sind im Abschnitt 1.1.2 zur Raumakustik die entsprechenden Anforderungen an die verschiedenen Raumgruppen beschrieben und der Planer kann nach dieser Vorgabe mit verhältnismäßig einfachen Berechnungsvorgängen einen eigenen Nachweis zur Erfüllung der Anforderungen nach DIN 18041 erstellen. In Projekten, bei denen ein Raumakustiker tätig wird, ist es zudem ratsam, dass sich der Planer der SAA und der Akustiker über die besonderen akustischen Anforderungen je ADA verständigen und gemeinsam die erforderlichen Festlegungen treffen.

Auch wenn bei annähernd allen übrigen Betrachtungen der Sprachverständlichkeit die Störgeräusche stets spektral zu bewerten sind, so reicht es für die Anwendung des vereinfachten Planungsverfahrens hier ausnahmsweise, den Einzahlenwert des Störgeräuschpegels als sogenannten *A-bewerteten äquivalenten Dauerschalldruckpegel* zu bewerten. Dieser muss unter 65 dB(A) liegen. Nähere Informationen zur Ermittlung und Festlegung des Störgeräuschpegels können Abschnitt 3.6 entnommen werden.

Darüber hinaus wird beim vereinfachten Planungsverfahren zunächst darauf verzichtet, das Sprachsignal spektral zu bewerten. Es wird lediglich gefordert, dass der A-bewertete äquivalente Dauerschalldruckpegel der Sprachdurchsage 15 dB über dem Störgeräuschpegel liegen muss. Würde also der maximal zulässige Störgeräuschpegel ausgeschöpft werden, so müsste die SAA einen Sprachsignalpegel bei Wiedergabe der Sprachdurchsage von 80 dB(A) erreichen. Natürlich handelt es sich bei diesen Schalldruckpegelangaben um räumliche Mittelwerte. Dabei werden Sprachsignale zusätzlich zeitlich über 15 s gemittelt.

Können die Randbedingungen zur Anwendung des vereinfachten Planungsverfahrens nicht nachgewiesen werden, so ist das ausführliche Planungsverfahren anzuwenden. An dieser Stelle ist zu erkennen, dass normativ zwar ein sehr einfaches Verfahren beschrieben wird, mit dem bei Einhaltung der Randbedingungen immer ein ausreichendes Ergebnis der Sprachverständlichkeit zu erreichen ist, aber dieses eine Verfahren ist nicht stellvertretend für alle akustisch einfachen Situationen, die ebenfalls mit einfachen Planungsaufwendungen zu lösen sind. Dennoch schreibt die Norm auch bei diesen vermeintlich einfachen akustischen Verhältnissen vor, dass ein ausführliches Planungsverfahren anzuwenden ist. Im Rahmen des ausführlichen Planungsverfahrens wird jedoch genau für diesen Zusammenhang ein „Hintertürchen" offengehalten. Detaillierte Informationen dazu sind dem folgenden Abschnitt zu entnehmen.

Abschließend zum vereinfachten Planungsverfahren sollen nun die maßgeblichen Aspekte kurz zusammengefasst werden:

- Die akustischen Anforderungen an die Räume/ADA müssen entsprechend der Definitionen zur Nachhallzeit bzw. zu den Anforderungen nach DIN 18041 erfüllt sein.
- Die Anforderungen an Störgeräuschpegel und Sprachpegel müssen ebenso erfüllt sein.
- Es ist eine Beschallungslösung mit in oder an der Decke positionierten Lautsprechern zu realisieren (auch von der Decke abpendeln ist möglich).

- Die Ausrichtung der Lautsprecher ist nach unten und frei abstrahlend.
- Die Lautsprecher sind gleichmäßig im Raum/ADA zu verteilen.
- Der Abstand zwischen den Mittelpunkten benachbarter Lautsprecher ist nicht größer als die doppelte Differenz zwischen Montage- und Ohrhöhe.
- Es sind Lautsprecher mit einem maximalen Chassisdurchmesser von 13 cm einzusetzen (Ausnahme möglich).
- Werden die Anforderungen nicht erfüllt, so ist das ausführliche Planungsverfahren zu verwenden.

Abschließend sei darauf hingewiesen, dass ADA, deren raumakustische Verhältnisse nicht den Mindestanforderungen nach DIN 18041 sprechen, oftmals mit verfügbaren Mitteln nur schwer oder gar nicht derart zu beschallen sind, dass eine ausreichende Sprachverständlichkeit erreicht wird. Sollte ein Raum/ADA der Raumgruppe B1 zugeordnet sein, so muss eine individuelle Betrachtung erfolgen, da die Norm hierzu keine hinlänglichen Anforderungen bereithält.

4.4.8 Ausführliches Planungsverfahren

Sollten für ein Projekt oder einzelne ADA bzw. Räume die Anforderungen an das vereinfachte Planungsverfahren nicht erfüllt werden können, so ist also das ausführliche Planungsverfahren anzuwenden. Beim ausführlichen Planungsverfahren ist grundsätzlich die Berechnung der Sprachverständlichkeit als wesentliches Kriterium zur Wirksamkeit einer SAA mithilfe einer Simulation durchzuführen. Ferner wird gefordert, dass solche Simulationsberechnungen bei denjenigen, die sich planerisch mit den Simulationsrechnungen auseinandersetzen, programmspezifische, elektroakustische und raumakustische Kompetenzen voraussetzen. Darüber hinaus wird normativ darauf verwiesen, dass die Berechnungen nach DIN EN IEC 60268-16 vorzunehmen sind. Weitere Anforderungen an die Durchführung von Simulationsberechnungen sind dem normativen Anhang der neuen SAA-Norm zu entnehmen. Die maßgeblichen Inhalte sind in diesem Fachbuch in Abschnitt 4.4.9 zur Simulation beschrieben.

Wie bereits zu den Erläuterungen zum vereinfachten Planungsverfahren beschrieben, ist die dort dargestellte Lösung allgemeingültig, jedoch nicht stellvertretend für alle Lösungen in akustisch einfachen Umgebungsbedingungen. Dennoch wird definiert, dass das ausführliche Planungsverfahren stets dann angewandt werden muss, wenn nicht alle Randbedingungen des vereinfachten Planungsverfahrens eingehalten werden. Dies würde zwangsläufig dazu führen, dass eine Vielzahl von möglichen einfachen Lösungen unter einfachen akustischen Bedingungen ebenfalls durch eine Simulationsberechnung hinsichtlich der ausreichend erreichten Sprachverständlichkeit nachgewiesen werden müssten. Der Aufwand hierzu ist jedoch regelmäßig weder sinnvoll noch wirtschaftlich und erfordert eine gewisse Umgehung der normativen Forderung.

Diese Umgehungsmöglichkeit wurde bereits in den abschließenden Sätzen zum ausführlichen Planungsverfahren in die Norm integriert. Sollte es sich bei dem zu planenden Raum/ADA um eine raumakustisch, elektroakustische und bezüglich der Abmessungen repräsentative Situation handeln, könnte dies an der grundsätzlichen Forderung vorbeiführen, simulieren zu müssen. Liegen beispielsweise zu einem vergleichbaren Raum/ADA bereits Messergebnisse oder Simulationsergebnisse vor, die zeigen, dass mit der darin verwendeten Beschallungslösung eine ausreichende Sprachverständlichkeit entsprechend der normativen Forderungen erreicht wird, so können diese Lösungsansätze auch auf den aktuell zu planenden Raum/ADA angewandt werden.

Als Grundlage für diese Vorgehensweise muss natürlich vorausgesetzt sein, dass der repräsentative Raum/ADA mit dem aktuell zu planenden Raum/ADA hinreichend genau übereinstimmt. Die Hinlänglichkeit dieser Übereinstimmung wird jedoch normativ nicht exakt beschrieben. Letztlich bleibt es natürlich in der Verantwortung des Planers, bereits vorliegende Ergebnisse aus Messungen oder Simulationen auch für andere Räume/ADA anzuwenden, um sich erneute Simulationsberechnungen zu ersparen. Es ist durchaus denkbar, dass sich im Laufe der nächsten Jahre der Anwendung der neuen SAA-Norm zu sehr vielen typischen Standardräumen Musterlösungen ergeben werden. Zu solchen Standardräumen könnten Klassenräume, Vortragsräume, Gerichtssäle, Schulsporthallen, Schwimmhallen oder auch Pausenhallen usw. zählen.

4.4.9 Simulation der Beschallung

Wie aus den vorherigen Abschnitten bereits hervorgeht, ist bei der Planung einer Beschallungsanlage, im Besonderen bei einer SAA, stets eine Vielzahl von Randbedingungen zu beachten. Einfache Abschätzungen oder überschlägige Berechnungsverfahren mit Berücksichtigung der unterschiedlichen Beschallungskonzepte, der komplexen raumakustischen Verhältnisse und des

Störsignalpegels sind normativ nur im Rahmen des vereinfachten Planungsverfahrens existent. Nur bei idealen Bedingungen, zum Beispiel bei den in der Norm beschriebenen Randbedingungen zur Anwendung des vereinfachten Planungsverfahrens, können überschlägige Betrachtungen zu ausreichenden Ergebnissen führen. In der Regel ist die erforderliche Planungssicherheit nur durch Simulation der Beschallung zu erreichen. In der Anwendungsrichtlinie DIN VDE 0833-4:2024-06 „Festlegungen für Anlagen zur Sprachalarmierung im Brandfall“ wird bei Anwendung des ausführlichen Planungsverfahrens grundsätzlich erwartet, dass die Berechnung der Sprachverständlichkeit mithilfe einer Simulation erfolgt.

Bei der Simulation wird ein virtuelles Raummodell erstellt. Dieses Raummodell enthält, je nach Komplexität des Raums, die raumbegrenzenden Oberflächen sowie deren Absorptionsverhalten in einem oftmals sehr hohen Detaillierungsgrad. Hier stehen die Anzahl der Flächen und deren Dimensionierung in direktem Zusammenhang mit den zu erwartenden Rechenzeiten. Der Detaillierungsgrad des virtuellen Raums ist der Aufgabenstellung anzupassen. Hier ist im Besonderen die Berücksichtigung akustisch relevanter Flächen und nicht architektonisch aussagefähige Gestaltung erforderlich.

Nachdem der virtuelle Raum mitsamt der Oberflächeneigenschaften erstellt ist, wird das zuvor auf Erfahrungswerten geplante Beschallungssystem ebenfalls in den Raum eingegeben. Existieren für den zu simulierenden Raum bereits raumakustische Berechnungen zur Nachhallzeit, sollte dafür Sorge getragen werden, dass die Simulation diese bestätigt. Für den Fall, dass das Objekt bereits besteht, ist anzuraten, raumakustische Messungen in den zu simulierenden Räumen vorzunehmen. Mithilfe der Messergebnisse, zum Beispiel der Nachhallzeit, ist das Simulationsmodell zu kalibrieren. Ein so kalibriertes Modell entsteht, indem das Modell so lange modifiziert wird, bis dadurch die im realen Objekt gemessenen Ergebnisse auch in der Simulation bestätigt werden können.

Neben der korrekten Virtualisierung des zu simulierenden Raums ist auch die Verwendung und Einstellung der Lautsprecher im Simulationsmodell realitätsnah vorzunehmen. Für SAA ist es obligatorisch, dass die entsprechenden Daten der zertifizierten Lautsprecher zu verwenden sind. Hierzu stehen in den Simulationsprogrammen in der Regel autorisierte Daten zur Verfügung. Die Leistungszufuhr in der Simulation ist so vorzunehmen, dass die spektrale Leistungsverteilung auch in der Realität von den Lautsprechern verarbeitet werden kann. Natürlich ist auch darauf zu achten, dass diese Leistung von den geplanten Verstärkern geliefert werden kann. Oftmals wird in der Simulation der Fehler begangen, die zur Verfügung stehende Leistung jeweils auf ein Frequenzband zu konzentrieren. Hierdurch entstehen deutlich höhere Schalldruckpegel, als sie in der Realität erreicht werden können. Häufig wird auch außer Acht gelassen, dass besonders bei leistungsstarken Installationen eine Leistungskompression (Power compression) entsteht. Die in der Regel durch Erwärmung des induktiven Antriebs von Lautsprechern verursachte Leistungskompression vermindert ebenfalls den erreichbaren Schalldruckpegel.

Ferner ist bei der Simulation zu berücksichtigen, dass nicht Sinussignale, sondern Sprache als Signal zu verwenden ist. Sprachsignale haben ein Sprachspektrum, welches beschreibt, welche energetischen Anteile in welchem Frequenzbereich innerhalb des Signals untergebracht sind. Die Spektren der Sprachsignale werden danach unterschieden, ob männliche oder weibliche Sprecher oder Sprecherinnen Berücksichtigung finden sollen. Bei durchschnittlicher Betrachtung ist das Oktavband um 125 Hz bei weiblichen Stimmen nicht existent. In Bezug auf die Gewichtung für die Berechnung der Sprachverständlichkeit nach dem STI-Verfahren fehlt bei weiblichen Stimmen annähernd das Oktavband um 125 Hz. Im Gegenzug dazu ist die Gewichtung bei 4 kHz größer als bei den männlichen Stimmen. In der Regel kann davon ausgegangen werden, dass sich bei Verwendung eines weiblichen Sprachspektrums unter sonst gleichen Bedingungen eine etwas bessere Sprachverständlichkeit ergibt, als würde ein männliches Sprachspektrum verwendet werden.

In der zu beachtenden Norm DIN EN IEC 60268-16 wird ein Sprachspektrum zur Berechnung der Sprachverständlichkeit explizit vorgegeben.

Sprache ist ein dynamisches Signal, das in Abhängigkeit zum zeitlichen Verlauf stets unterschiedliche Schalldruckpegel aufweist. In **Bild 4.6** ist eine beispielhafte Darstellung des Verlaufs der Schalldruckpegel bei einem Sprachsignal grafisch dargestellt. Die Geschwindigkeit der Sprache, Sprachpausen und die Vortragsart entscheiden also darüber, wie dynamisch das Sprachsignal gestaltet ist. Über den zeitlichen Verlauf des Signals lässt sich ein Mittelwert berechnen. Dieser gemittelte Dauerschalldruckpegel steht bei einer Beschallungsanlage im direkten Zusammenhang mit der durchschnittlichen Leistung der Lautsprecher (Dauerbelastbarkeit).

Für die korrekte Einstellung der Leistung an den Lautsprechern ist bei einer Simulation von entscheidender Bedeutung, wie das Verhältnis zwischen Spitzenwert und Mittelwert des Schalldruckpegels ausfällt. Hierzu können auch die Informationen zur Einstellung der SAA für die Messung des STI im

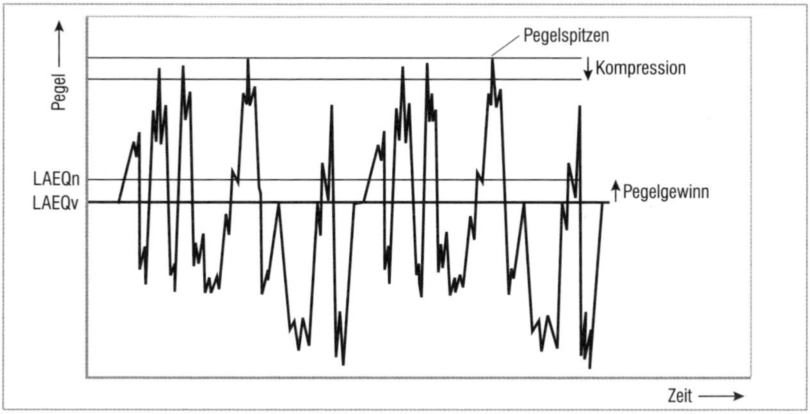

Bild 4.6 Sprachsignal und Kompression

Abschnitt 3.8.2 zum Verständnis beitragen. Der sogenannte *Crestfaktor* (CF) beschreibt genau dieses Verhältnis.

$$CF\ [dB] = 20 \cdot \log(U_{max}/U_{rms})$$

Bei Sprache kann die Dynamik des Signals stark davon abhängen, wie gesprochen wird. In der Regel sollte jedoch bei Alarmierungstexten und flüssig gesprochenen Durchsagen davon ausgegangen werden, dass ein Crestfaktor von 12 dB vorhanden ist. Allgemein wird davon ausgegangen, dass Sprachsignale ein Crestfaktor im Bereich von 9,5 dB bis 12 dB haben.

Durch die Verwendung von Signalkompressoren ist es möglich, den Crestfaktor (Verhältnis zwischen Spitzenwert und Mittelwert) zu verringern, um den Energiegehalt des Sprachsignals zu erhöhen. Hierdurch können größere Schalldruckpegel mit der Beschallungsanlage erreicht werden. Durch Kompression des Audiosignals wird eine Begrenzung der Aussteuerungsspitzen vorgenommen. Das Signal wird verdichtet, wodurch der Mittelwert steigt und sich ein größerer energetischer Gehalt ergibt, wenn die Aussteuerung der Anlage nach wie vor so vorgenommen wird, dass die verbleibenden Spitzen die gleiche Aussteuerung wie vor der Kompression erreichen.

Die Kompression eines Sprachsignals bewirkt eine Vergrößerung des Schalldruckpegels, jedoch auch eine Verschlechterung der Sprachverständlichkeit. Eine Verringerung des Crestfaktors bei einem Sprachsignal von unter 9 dB ist bezüglich der Sprachverständlichkeit meist nicht mehr tolerierbar. Nur in absoluten Ausnahmefällen kann eine Reduktion auf einen Crestfaktor von 6 dB vorgenommen werden, etwa wenn sehr große Störgeräuschpegel vorherrschen. Sollte das Simulationsprogramm über die Möglichkeit verfügen, den Crestfaktor des verwendeten Signals zu definieren, kann dies zur Simulation der Schalldruckpegel berücksichtigt werden.

Nun zurück zur korrekten Einstellung der Lautsprecherleistungen innerhalb der Simulation. Hierzu sollten zuerst die Herstellerdaten des zu verwendenden Lautsprechers betrachtet werden. Typischerweise werden Werte für die Dauer- und Spitzenbelastbarkeit angegeben.

Die Herstellerdaten könnten zum Beispiel wie folgt lauten:

- Impulsleistung (peak power): 1.000 W
- Dauerleistung (continous power): 250 W
- maximaler Schalldruckpegel: 132 dB
- Kennschalldruck: 102 dB @ 1 W und 1 m

Der maximale Schalldruckpegel ist dabei in der Regel eine berechnete Größe. Hier wird ausgehend vom Kennschalldruck bei 1 W und der Entfernung von 1 m hochgerechnet, welcher Schalldruckpegel entstehen müsste, wenn eine Eingangsleistung wie beim oben gewählten Beispiel von 1.000 W vorhanden wäre. Durch die Leistungserhöhung von 1 W auf 1.000 W ergibt sich eine Pegeldifferenz von 30 dB. Somit berechnet sich der maximale Schalldruckpegel aus der Addition des Kennschalldrucks und der Pegeldifferenz auf Grundlage der Impulsleistung

$$102 \text{ dB} + 30 \text{ dB} = 132 \text{ dB}.$$

Um nun auf die Durchschnittsleistung bei Einspeisung eines typischen Sprachsignals zu kommen, ist der Crestfaktor zu beachten. Somit sind z. B. 12 dB vom maximalen Schalldruckpegel abzuziehen, da die Sprachsignalspitzen bei voller Aussteuerung in diesem Beispiel die Impulsleistung erreichen. Im oben genannten Beispiel ergeben sich somit 120 dB bei einem Abstand von 1 m zum Lautsprecher. Sollte der Kennschalldruck vom Hersteller für einen Halbraum angegeben worden sein, sind nochmals 6 dB abzuziehen.

Analog dazu kann nun auch die Durchschnittsleistung berechnet werden. Wenn also im oben genannten Beispiel eine Impulsbelastbarkeit von 1.000 W gegeben ist, ergibt sich durch Beachtung eines Crestfaktors von 12 dB eine Durchschnittsleistung von nur rund 63 W. Die von den Herstellern angegebene Dauerbelastbarkeit der Lautsprecher stellt in der Regel durch thermische Einwirkung bedingte Belastungsgrenzen der Lautsprecher dar. Außerdem ist zu beachten, dass eine Leistungskompression bei Lautsprechern eintritt, wenn diese über einen langen Zeitraum mit großer elektrischer Leistung angesteuert werden. Durch Erwärmung verändert sich die Effektivität bei der

Umwandlung elektrischer Leistung in akustische Leistung. Die sogenannte „Power Compression“ ist unter anderem bauartbedingt und kann durchaus Werte von zum Beispiel 3 dB annehmen. Die Leistungskompression wird von den Herstellern meist nicht angegeben, sollte jedoch bei der Prognose von erreichbaren Schalldruckpegeln durchaus berücksichtigt werden, wenn über einen langen Zeitraum hohe Schalldruckpegel erzeugt werden sollen.

Bei der Einstellung der korrekten Leistung im Simulationsprogramm ist also in der Regel nicht die vom Hersteller vorgesehene maximale Belastbarkeit auszuwählen, sondern die Durchschnittsleistung auf der Grundlage, dass Sprachsignale übertragen werden. Im oben aufgeführten Beispiel sind also weder 1.000 W Spitzenbelastbarkeit noch 250 W Dauerbelastbarkeit, sondern 63 W Durchschnittsleistung einzutragen. Hierbei ist jedoch unbedingt zu beachten, wie das Simulationsprogramm die eingegebenen Daten verarbeitet. Sollte neben der Auswahl bzw. Eingabe der Leistung je Lautsprecher auch die Wahl des Crestfaktors des bei der Simulation zu verwendenden Signals gegeben sein, könnte es fälschlicherweise zur doppelten Berücksichtigung der Sprachdynamik kommen. Es ist also wichtig zu wissen, ob bei der Ausgabe des Simulationsprogramms der berechnete äquivalente Dauerschalldruckpegel bereits unter Berücksichtigung des Crestfaktors vorgenommen wurde.

Leider ist oftmals zu beobachten, dass die Angaben der Lautsprecherdaten nicht plausibel erscheinen und die Werte vermuten lassen, dass hier unrealistische Grundlagen vorhanden sind, obwohl es sich um autorisierte Lautsprecherdaten handelt. Beim Vergleich der im Simulationsprogramm verfügbaren Lautsprecherdaten mit den Daten im Datenblatt des Herstellers sind auch gelegentlich Unterschiede festzustellen. Hier empfiehlt es sich, stets eine Plausibilitätsprüfung vorzunehmen, bevor eine unrealistische Simulation durchgeführt wird.

Durch messtechnischen Vergleich der Beschallungsanlage im Objekt mit den simulierten Ergebnissen ist bei gewissenhafter Durchführung der Simulation meist festzustellen, dass die Simulationsergebnisse geringfügig schlechter ausfallen als die gemessenen Werte.

Dies liegt oftmals daran, dass die richtungsabhängige raumakustische Wirksamkeit der Materialien im Simulationsmodell oft nur mit einem Diffusitätsgrad angegeben werden kann. Zudem werden Effekte wie Beugung und Streuung im Simulationsmodell nicht berücksichtigt. Dies sind nur einzelne Beispiele, die den Unterschied zwischen virtuellem Modell und der Realität widerspiegeln.

In akustisch schwierigen Räumen ist es oftmals angemessen, eine Entzerrung im Signalweg vorzunehmen. Durch das Einfügen eines Hochpassfilters oberhalb von 125 Hz kann zum Beispiel eine höhere Sprachverständlichkeit erreicht werden, da unter anderem weniger Diffusschall angeregt wird. Zudem trägt das Sprachfrequenzband bei 125 Hz nicht erheblich zur Sprachverständlichkeit bei. Derartige Entzerrungen sind ebenfalls in der Simulation zu berücksichtigen.

Die Simulationsprogramme der unterschiedlichen Hersteller ermöglichen meist eine sehr weitreichende Parametrierung. Wie auch bei Durchführung einer akustischen Messung ist die Einstellung des Messgeräts entscheidend. So ist die richtige Wahl der Parameter zur Durchführung der Simulation entscheidend dafür, ob das Simulationsergebnis realitätsnah ist. Darüber hinaus entscheidet das Berechnungsverfahren in Bezug auf die zu simulierende Beschallungsaufgabe in Abhängigkeit zur Raumakustik, ob realistische oder eher überschlägige Ergebnisse erwartet werden können. Handelt es sich um einen Raum, in dem aufgrund der darin positionierten Flächen mit einer erheblichen Ausbildung von Reflexionen zu rechnen ist und somit keine einfachen Verhältnisse vorliegen, sollte das Simulationsprogramm nicht mit der Eingabe einer statistischen Nachhallzeit parametriert werden. Dies ist nicht mit der Kalibrierung des Simulationsmodells zu verwechseln.

Ebenso sind große Räume, die Absorptionsmaterial nur an einer Wand aufweisen, nicht so zu betrachten, als wären die zu erwartenden raumakustischen Verhältnisse überall im Raum gleich. Auch bei solchen Verhältnissen wäre es falsch, das Simulationsprogramm lediglich mit statistischer Berücksichtigung der Raumakustik rechnen zu lassen.

Nach DIN VDE 0833-4:2024-06 „Festlegungen für Anlagen zur Sprachalarmierung im Brandfall“ ist zur Simulation der Sprachverständlichkeit ein Simulationsprogramm zu verwenden, das mit einer simulierten Modulationsübertragungsfunktion die Sprachverständlichkeit berechnet. Alternativ dazu kann die Modulationsübertragungsfunktion nach der Schröder-Methode aus der Impulsantwort abgeleitet werden. Ebenso sind die psychoakustischen Effekte der Maskierung wie auch das Störgeräuschspektrum in der Simulation zu berücksichtigen. Sollte aufgrund der Raumdimensionen das Auftreten von Echos und energetisch starken Reflexionen bzw. bei Laufzeitverzögerungen zwischen mehreren Lautsprechern ein erheblicher Einfluss auf die Sprachverständlichkeit gegeben sein, so müssen in der Simulation Berechnungsverfahren verwendet werden, die eine realitätsnahe Berücksichtigung dieser Effekte beinhalten.

Letzten Endes sind die Wahl der Parameter sowie das verwendete Berechnungsverfahren dafür verantwortlich, ob das Simulationsergebnis zuverlässig ist. Natürlich lassen sich mit derartigen Programmen schnell beeindruckende Grafiken erstellen. Der Erzeuger der Grafiken sollte sich jedoch im Klaren darüber sein, ob er die hübschen Darstellungen für vertriebliche Zwecke oder zur Sicherstellung des Planungsergebnisses für eine Anlage verwendet, die zur Rettung von Menschen dient.

Zur Bewertung der Sprachverständlichkeit ist, wie weiter oben beschrieben, ein statistisches Verfahren anzuwenden. In den beiden grafischen Darstellungen **Bilder 4.7** und **4.8** werden die Ergebnisse einer Simulation der Sprachverständlichkeit abgebildet. Zwar liefert die Darstellung zur Verteilung der Sprachverständlichkeit örtliche Informationen, woraus im gegebenen Fall Abschattungen und ähnliche Effekte erkennbar sind, einen Nachweis zur Erfüllung der geforderten Grenzwerte kann diese Darstellung jedoch nicht liefern. Die grafische Darstellung zur statistischen Auswertung hingegen kann in den meisten Simulationsprogrammen so parametriert werden,

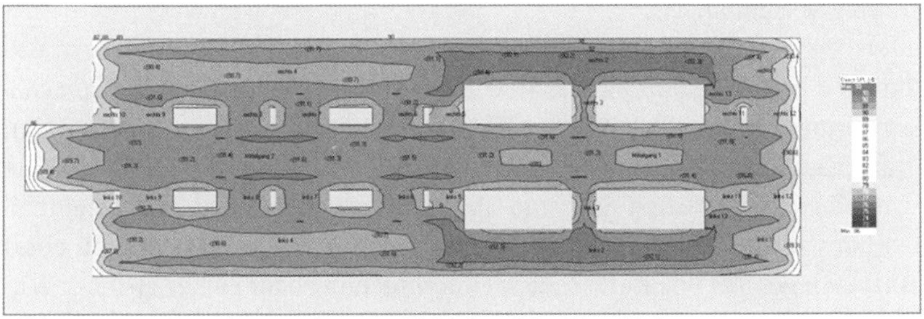

Bild 4.7 Verteilung der Sprachverständlichkeit auf der Hörerfläche

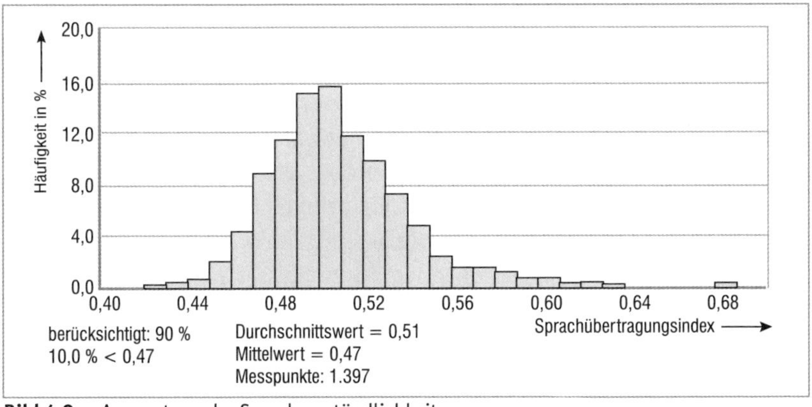

Bild 4.8 Auswertung der Sprachverständlichkeit

dass sogleich die Erfüllung oder Nichterfüllung der geforderten Grenzwerte darstellbar ist.

Hieraus können also bei darauf angepasster Parametrierung des Simulationsprogramms zum Beispiel die Grundanforderungen an die Sprachverständlichkeit mit einem 90-%-Mittelwert von mindestens 0,5 und einem 90-%-Mindestwert von 0,45 nach dem STI-Verfahren abgelesen werden.

4.4.10 Übertragungswege

Mit Erscheinen der ersten Anwendungsrichtlinie für SAA im Jahr 2007 wurde die Leitungsverbindung zwischen der Zentrale und den Lautsprechern als Übertragungsweg verstanden. Auf diesen Übertragungsweg wurden sodann die Anforderungen der Sicherheitsstufen angewandt. Mit der anschließenden SAA-Norm aus dem Jahr 2014 wurden Übertragungswege genauer differenziert. Von da an galten die Anforderungen der Sicherheitsstufen zur Ausfallsicherheit von Übertragungswegen für die in der Norm beschriebenen Leitungsverbindungen.

Neben dem Leitungsweg zwischen Zentrale und den Lautsprechern galten nach DIN VDE 0833-4:2014-10 „Festlegungen für Anlagen zur Sprachalarmierung im Brandfall" ebenso die Verbindungen zwischen SAZ und den Brandfallmikrofonen, die Verbindungen zwischen mehreren SAZ und die Verbindungen zwischen SAZ und abgesetzten Bedien- und Anzeigeeinheiten normativ als Übertragungswege. Die Anforderungen bei Auftreten eines einzelnen Fehlers wie Kurzschluss, Unterbrechung oder Fehler gleicher Wirkung sind auch für diese Übertragungswege den Anforderungen der Sicherheitsstufen zu entnehmen.

Am Beispiel des Übertragungsweges zwischen SAZ und einem Brandfallmikrofon bei einer Ausfallsicherheit der Sicherheitsstufe II kann dies anschaulich verdeutlicht werden. Würde dieser Übertragungsweg aus einer einzelnen Leitung bestehen und ein einzelner Kurzschluss auf dieser Leitung existieren, kann davon ausgegangen werden, dass das Brandfallmikrofon nicht mehr zu betreiben ist. Betroffen wäre dann nicht nur ein Alarmierungsbereich, sondern unter Umständen die gesamte Anlage. Es besteht also nun die Anforderung, trotz des bestehenden Kurzschlusses auf dem Versorgungsweg des Brandfallmikrofons dieses weiterhin wie vorgesehen verwenden zu können bzw. die Anforderungen der Sicherheitsstufen II und ggf. III weiterhin zu erfüllen. Mittlerweile halten die Hersteller von Sprachalarmanlagen entsprechende Brandfallmikrofone mit redundanter Einspeisung bereit. Somit besteht die Möglichkeit, das Brandfallmikrofon mit zwei Leitungen zu versorgen.

In der nun gültigen Anwendungsrichtlinie DIN VDE 0833-4:2024-06 „Festlegungen für Anlagen zur Sprachalarmierung im Brandfall“ werden die Anforderungen der Vorgängerversion der Norm weiterhin aufrechterhalten, jedoch um Aspekte der Verortung von Komponenten in der IT-Infrastruktur erweitert.

In der SAA-Norm wird weiterhin definiert, dass das Auftreten der vorgenannten Fehler an mehreren Stellen eines Übertragungsweges oder in mehr als einem Übertragungsweg durchaus zu größeren Ausfällen führen darf als in den Sicherheitsstufen beschrieben. Zur Ausfallsicherheit entsprechend der Sicherheitsstufen wird stets das Auftreten eines Einzelfehlers betrachtet. Auf das Auftreten von Mehrfachfehlern, auch wenn diese in der Praxis durch einen einzigen Vorgang oder ein Geschehen verursacht werden können, wird weder eingegangen noch erwartet, dass die entsprechend der jeweiligen Sicherheitsstufe geforderte Ausfallsicherheit gegeben ist.

Bei der Vorbereitung oder Durchführung von Abnahmen wird hierauf von den Prüfern oftmals keine Rücksicht genommen. Es werden Fehlerszenarien frei erfunden und die nach Norm eigentlich ordnungsgemäß geplante und installierte Anlage soll weiterhin ausfallfrei funktionieren. Sind in der entsprechenden Konzeptdokumentation keine besonderen Anforderungen, zum Beispiel auf Grundlage einer Risikoanalyse, definiert und lediglich die Sicherheitsstufen zur Definition der Ausfallsicherheit festgelegt, ist bei der Vorbereitung und Durchführung von Abnahmeprüfungen dringend angeraten, auf die Forderungen der Anwendungsrichtlinie zu verweisen. Oftmals muss der Prüfer eventuell auch die Frage beantworten, wo in der Norm beschrieben ist, dass auch Mehrfachfehler von der Ausfallsicherheit abgedeckt sind.

Die aufeinander aufbauenden Phasen von Konzeption über Planung und Projektierung bis hin zum Betrieb schließen jeweils mit einer Dokumentation als Grundlage für die nächste Phase ab. Solange jeder Verantwortliche seiner Phasen den normativen Anforderungen nachkommt, die erforderlichen Leistungen erbringt und dokumentiert, können bei einer sehr späten Phase, zum Beispiel der Abnahme, keine neuen Anforderungen auftreten.

Grundsätzlich kann davon ausgegangen werden, dass sämtliche Übertragungswege der SAA überwacht werden müssen, und vorwiegend die, die explizit definiert werden. Sollten diese Überwachungsfunktionen nicht vom Hersteller der Zentrale zu parametrieren sein, kann davon ausgegangen werden, dass mit der erfolgreichen Zertifizierung der Zentrale die entsprechenden Funktionen bereits gegeben sind. Besonders interessant wird die Überwachung der Übertragungswege, wenn Komponenten der SAA auf einer IT-Struktur verortet werden. Hier ist im Besonderen zu betrachten, ob die IT-Struktur auch noch andere Signale außerhalb der Gefahrenmeldeanlagen beinhaltet. Sollte die IT-Struktur nicht explizit für Gefahrenmeldeanlagen zur Verfügung stehen, sondern unter Umständen auch noch von fremden Signalen beeinflusst werden, so ist normativ gefordert, dass eine zweite Verbindung (redundante Leitung) als Übertragungsweg für die auf der IT-Struktur verorteten SAA-Komponenten zur Verfügung gestellt wird.

Diese Anforderung gilt natürlich auch für den eher unwahrscheinlichen Fall, dass Übertragungswege der SAA auch außerhalb einer IT-Struktur für andere Gewerke genutzt werden. Sollten beispielsweise SAA-Komponenten im IT-Netzwerk betrieben werden, so hat der Betreiber sicherzustellen, dass die erforderliche Bandbreite für die SAA-Komponenten stets bereitgestellt wird. Hat eine Bandbreitenreduktion Auswirkungen auf die Audiobandbreite der SAA-Komponenten, so gelten die Mindestanforderungen an die Audiobandbreite nach DIN EN54-16. Ferner muss sichergestellt werden, dass ausschließlich autorisierte Komponenten auf die Netzwerktechnik zugreifen dürfen und entsprechende Überwachungsfunktionen dazu vorhanden sind.

Sollte der Hersteller einer SAZ die Möglichkeit vorsehen, eine Verortung der SAA-Komponenten auf einer „allgemeinen" Netzwerkstruktur vornehmen zu können, können Planer und Errichter im einfachsten Fall davon ausgehen, dass die erforderlichen anlagentechnischen Funktionen dazu bereits gegeben sind. Da jedoch die Netzwerkunterhaltung oft nicht in der Hand der SAA-Fachleute liegt, birgt dieser Zusammenhang ein gewisses Risiko zum sicheren Betrieb der SAA. Hier kann ausdrücklich empfohlen werden, die SAA auf einer eigenen IT-Infrastruktur zu betreiben und auszuschließen, dass zusätzlich andere Gewerke im gleichen Netzwerk verortet und betrieben werden.

Ein weiterer schwieriger Aspekt bei der Verwendung von IT-Leitungen für SAA stellt im Regelfall die bauordnungsrechtliche Forderung zur Installation derartiger Leitungen mit Funktionserhalt dar, wenn keine Ausnahme zur Ausführung in Funktionserhalt besteht. Zwar kann theoretisch die Überprüfung von IT-Leitungen bezüglich des Funktionserhalts nach einschlägiger Norm DIN 4102-12 vorgenommen werden, jedoch findet im Rahmen dieser Prüfung keine Sicherstellung der erforderlichen Bandbreite statt. Mit Veränderung der brandbedingten Temperatur einer IT-Leitung, die zwar in Funktionserhalt installiert ist, aber keine geprüfte Sicherheit zum Erhalt der Bandbreite hat, kann auch nicht beurteilt werden, ob der Funktionserhalt der mit der IT-Leitung versorgten SAA-Komponenten gegeben ist. Daher wird in der SAA-Norm empfohlen, die IT-Leitungen räumlich und brandschutztechnisch getrennt zu verlegen. Inwiefern dann noch die funktionalen und wirtschaftlichen Vorteile einer IT-Infrastruktur gegeben sind, sollte im individuellen Fall entschieden werden.

4.4.11 Sicherheitsstufe I

Im Rahmen der Konzeptphase ist die Ausfallsicherheit einer SAA festzulegen. Dazu stehen nach normativen Festlegungen verschiedene Sicherheitsstufen zur Verfügung. Die niedrigste Sicherheitsstufe ist die Sicherheitsstufe I.

Innerhalb der zur Verfügung stehenden Sicherheitsstufen wird darin unterschieden, bei welchen Defekten auf Übertragungswegen, in Verstärkern oder in Zentralen, mit welchen Ausfällen der Anlage gerechnet werden kann. Bei der Sicherheitsstufe I kann das Auftreten eines einzelnen Fehlers in einem Übertragungsweg dazu führen, dass die Beschallung in einem gesamten Alarmierungsbereich ausfällt. Der einzelne Fehler in einem Übertragungsweg kann der Kurzschluss, die Unterbrechung oder ein Fehler gleicher Wirkung sein. Auch wird zukunftsorientiert an die Verordnung von SAA-Komponenten auf einer IT-Topologie Rücksicht genommen und demnach zusätzlich definiert, dass ein entsprechender Fehler einer IT-Komponente im Übertragungsweg bei Sicherheitsstufe I dazu führen kann, dass die Beschallung des daran angeschlossenen Alarmierungsbereichs in einer Ebene gänzlich ausfallen kann.

Sollte es sich bei diesem Alarmierungsbereich um den Alarmierungsbereich eines turmartigen Gebäudes handeln, wie zum Beispiel einem Treppenraum, so kann bei Auftreten der vorgenannten Defekte auch dieser Alarmierungsbereich komplett ausfallen. Eine typische Konsequenz der Anlagenauslegung ist es, ohne redundante Leitungswege zu arbeiten. Die Leitungsinfrastruktur ist so zu planen, dass durch einen Fehler auf einem Übertragungsweg lediglich ein Alarmierungsbereich nicht mehr beschallt wird. Somit sind Alarmierungsbereiche auch bei der Sicherheitsstufe I jeweils mit mindestens einer Leitung zu den Lautsprechern zu versorgen. Dabei erstrecken sich Alarmierungsbereiche im Regelfall nur über eine Geschossebene. Eine Ausnahme bilden turmartige Bauteile wie Treppenräume oder Schächte. In diesem Gebäudeteil darf sich ein Alarmierungsbereich auch über mehrere Geschossebenen erstrecken. Diese Ausnahme gilt ebenso für die Sicherheitsstufen II und III.

Sollte somit in der Konzeptphase für eine SAA festgelegt sein, dass diese nach Sicherheitsstufe I auszuführen ist, kann das Auftreten eines einfachen Fehlers auf einem Übertragungsweg dazu führen, dass die Beschallung in einem Alarmierungsbereich gänzlich ausfällt. Sollte es bei einer derartigen Anlage dazu kommen, dass ein Fehler in einem Verstärker oder gar ein Ausfall der Zentrale auftritt, so sind die damit verbundenen Ausfälle in den betroffenen Alarmierungsbereichen zu tolerieren.

4.4.12 Sicherheitsstufe II

Im Gegensatz zur Sicherheitsstufe I ist die SAA bei der Forderung nach Sicherheitsstufe II konzeptionell anders zu planen. Kommt es bei einer SAA, die der Sicherheitsstufe II genügt, zum Ausfall eines Verstärkers, zu einem einzelnen Fehler oder zu einem Ausfall einer IT-Komponente in einem Übertragungsweg, darf dies nicht dazu führen, dass die Beschallung innerhalb eines Alarmierungsbereichs gänzlich ausfällt. Vielmehr besteht die Forderung darin, dass bei Vorliegen eines derartigen Fehlers der betroffene Alarmierungsbereich nach wie vor weiterhin beschallt wird. Jedoch kann toleriert werden, dass die abgesenkten, also reduzierten Anforderungen an die Sprachverständlichkeit im betroffenen Alarmierungsbereich mindestens erreicht werden. Daher sind in einem solchen Fall der 90-%-Mittelwert von 0,45 und der 90-%-Mindestwert von 0,4 nach dem STI-Verfahren mindestens zu erreichen.

Um dieser Anforderung gerecht zu werden, bestehen mehrere Lösungsansätze. Eine übliche Lösung ist es, den jeweiligen Alarmierungsbereich mit einer sogenannten A/B-Leitungsführung zu versehen. Dabei werden die im Alarmierungsbereich erforderlichen Lautsprecher in zwei Gruppen aufgeteilt (A/B), wie dies beispielhaft in den **Bildern 4.9** und **4.10** dargestellt ist. Die Auswahl, Positionierung und Ausrichtung der Lautsprecher muss derart erfolgen, dass bei Ausfall einer dieser Gruppierungen A oder B die oben beschriebenen Anforderungen an die Sprachverständlichkeit nach wie vor erfüllt sind. Die Lautsprechergruppe A und die Lautsprechergruppe B erhalten jeweils eine eigene Leitung, sodass beim Auftreten eines einzelnen Fehlers wie Kurzschluss, Unterbrechung oder Fehler gleicher Wirkung auf einer dieser Leitungen zwar die betroffene Lautsprechergruppe möglicherweise gänzlich ausfällt, aber die jeweils andere Lautsprechergruppe nach wie vor durch die separate Leitung ordnungsgemäß versorgt wird.

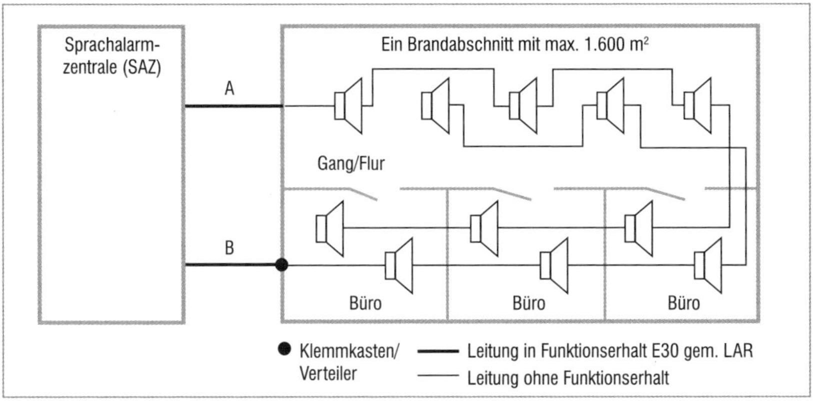

Bild 4.9 Prinzip der A/B-Installation in einem Brandabschnitt

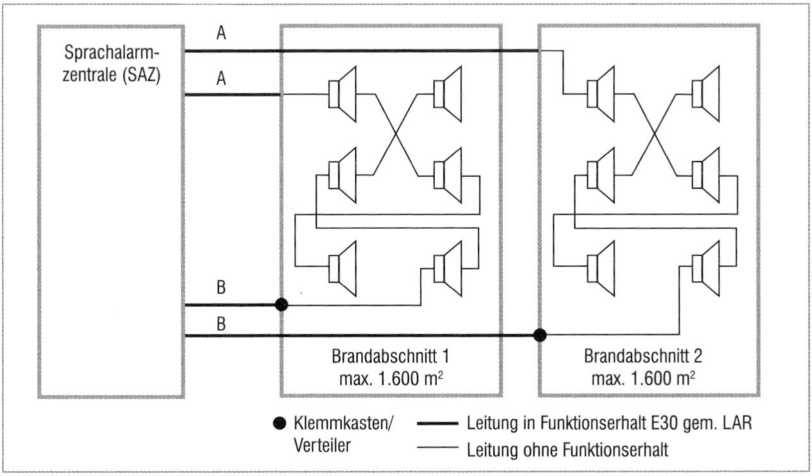

Bild 4.10 Prinzip der A/B-Installation in mehreren Brandabschnitten

Unabhängig davon, ob einkanalige oder mehrkanalige Verstärker verwendet werden, sind bei der Verstärkerauswahl und deren Aufteilung auf die Alarmierungsbereiche die Anforderungen der geltenden Sicherheitsstufe zu erfüllen. Wie nachfolgend beschrieben wird, können mehrkanalige Verstärker jedoch entscheidende Vorteile haben. Ausgefallene Verstärker können durch sogenannte Havarieverstärker ersetzt werden, wodurch in erster Linie keine Beeinflussung des Beschallungsergebnisses zu erwarten ist. Dies würde jedoch oberhalb der Anforderungen der Sicherheitsstufe II liegen. Es wäre auch ausreichend, wie in **Bild 4.11** dargestellt, wenn ein mehrkanaliger Verstärker so auf die Lautsprechergruppen aufgeteilt wird, dass beim Ausfall die-

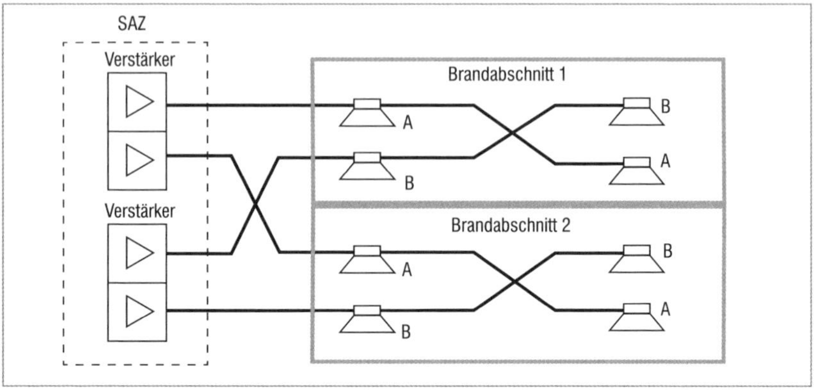

Bild 4.11 Prinzip der A/B-Aufteilung auf mehrere Verstärker ohne Havarieverstärker

ses Verstärkers in keinem Alarmierungsbereich gleichzeitig die Lautsprechergruppe A und die Lautsprechergruppe B ausfallen. Diese Art der geschickten Aufteilung der zur Verfügung stehenden Verstärkerkanäle auf die einzelnen Lautsprechergruppen verschiedener Alarmierungsbereiche bietet sich vor allem bei größeren Anlagen an. Zusätzliche Havarieverstärker sind normativ nicht gefordert, erhöhen jedoch das vorhandene Sicherheitspotenzial.

Das Konzept zur Aufteilung der Lautsprecher auf mehrere Gruppen innerhalb eines Alarmierungsbereichs ist jedoch nicht bindend. Bei einer darauf ausgelegten Konzeption der Beschallungsanlage kann die Aufteilung auf zwei Lautsprechergruppen zum gewünschten Ergebnis führen. Dies kann jedoch nicht verallgemeinert werden und ist im Einzelfall durch Berechnung oder Simulation während der Planung zu prüfen. Sollte sich also der Planer dazu entscheiden, bei bestehender Sicherheitsanforderung der Sicherheitsstufe II die Beschallung eines Alarmierungsbereichs mit zwei Lautsprechergruppen vorzunehmen, hat er nicht nur die Aufgabe, bei Funktion aller Lautsprecher die geforderte Sprachverständlichkeit nach dem STI-Verfahren nachzuweisen, sondern auch beim Ausfall einer dieser Lautsprechergruppen die dann geforderte Mindestsprachverständlichkeit einzuhalten.

Bei einfachen Beschallungsaufgaben können hierbei durchaus Erfahrungswerte verwendet werden. Dies wird im Zusammenhang mit dem vereinfachten Planungsverfahren explizit beschrieben. Handelt es sich hingegen um komplexe Beschallungsaufgaben, wird der Fachplaner diesen Nachweis in der Regel nur durch Simulation erbringen können. Nähere Informationen dazu sind dem Abschnitt 4.4.8 zum ausführlichen Planungsverfahren zu entnehmen.

Die Aufteilung der Lautsprecher innerhalb eines Alarmierungsbereichs auf zwei Gruppen (A/B-Leitungsführung) stellt nicht den einzigen Lösungsweg dar, die Anforderungen zu erfüllen. Mittlerweile gibt es handelsübliche Produkte, die mit einer in **Bild 4.12** beispielhaft dargestellten Ringverkabelung und den dazu geeigneten Installationskomponenten, die ebenfalls wie die Lautsprecher im Übertragungsweg positioniert sind, den Anforderungen gerecht werden.

Bei der Ringverkabelung stellt die Unterbrechung auf dem Übertragungsweg zumeist kein Problem dar, da stets eine Einspeisung von beiden Seiten erfolgen kann. Ein Kurzschluss auf dem Übertragungsweg darf jedoch ebenfalls nicht dazu führen, dass die Sprachverständlichkeit unter die Mindestanforderungen sinkt. Somit ist sicherzustellen, dass der Kurzschluss aus dem Übertragungsweg ausgekoppelt wird. Die in Bild 4.12 dargestellten Module trennen den Übertragungsweg mit dem Kurzschluss ab. Je nach Positionierung derartiger Module kann die Anzahl der dann abgeschalteten Lautsprecher gesteuert werden. Soll kein Lautsprecher ausfallen, müsste jeder Lautsprecher an einem solchen Modul betrieben werden. Das dargestellte Beispiel zeigt eine Lösung, bei der maximal ein Lautsprecher ausfällt, wenn in einem Teilstück des Übertragungsweges ein Kurzschluss auftritt.

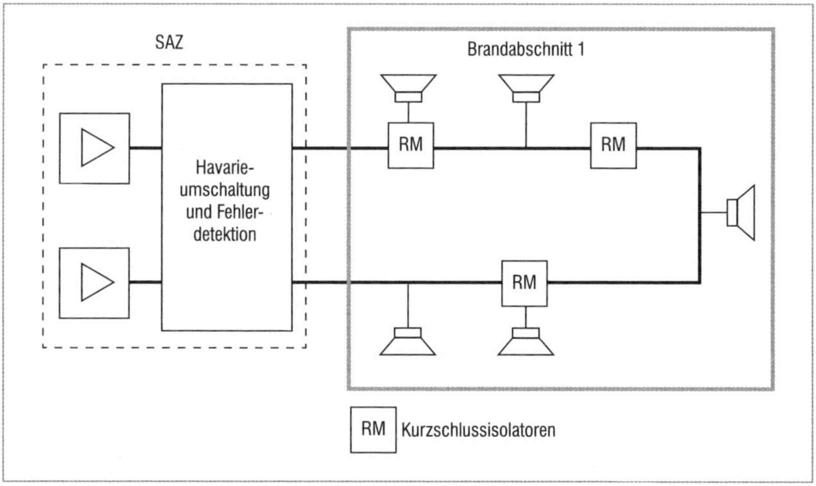

Bild 4.12 Beispiel einer Ringverkabelung für Sicherheitsstufe II

4.4.13 Sicherheitsstufe III

Die Sicherheitsstufen II und III unterscheiden sich dahingehend, dass bei der Sicherheitsstufe III auch der Ausfall einer Systemkomponente in der Zentrale nicht zum gänzlichen Ausfall der Anlage führen darf. In DIN VDE 0833-4:2024-06 „Festlegungen für Anlagen zur Sprachalarmierung im Brandfall" wird dies als Fehler in der SAZ beschrieben. Die übrigen Anforderungen der Sicherheitsstufe II haben auch bei der Sicherheitsstufe III Gültigkeit. Eine typische Konsequenz dieser Forderung ist es, die Zentrale redundant auszulegen. Dies muss nicht unumgänglich durch eine zweite, gespiegelte Zentrale erfolgen, sondern kann durch in der Regel von den Herstellern definierten redundanten Auslegungen einzelner Komponenten der Zentrale erreicht werden. In der Norm ist der Fehler in der SAZ nicht näher beschrieben. Es kann jedoch davon ausgegangen werden, dass hiermit der Ausfall einer maßgeblichen Steuerungskomponente gemeint ist, zum Beispiel eines Controllers. Je nach Hersteller der SAZ werden hierzu bei der Anforderung der Sicherheitsstufe III unterschiedliche Möglichkeiten zur Verfügung gestellt, damit es nicht zum gänzlichen Ausfall des Systems kommt, sobald ein Fehler vorliegt. Neben den Möglichkeiten der redundanten Auslegung könnte beim Vorhandensein mehrerer Zentralen auch eine Überschneidung ihrer Wirkungsbereiche die Anforderungen an die Sicherheitsstufe III erfüllen. Hierbei sind die Überschneidungen derart auszulegen, dass durch Ausfall einer Zentrale die betroffenen Alarmierungsbereiche noch ausreichend von den anderen Zentralen versorgt werden.

Mit der aktuell gültigen DIN VDE 0833-4:2014-06 „Festlegungen für Anlagen zur Sprachalarmierung im Brandfall" wird nun deutlich auf die Fragestellung eingegangen, wie die Installation von sogenannten Stammleitungen zu erfolgen hat. Im Kontext der Anforderung zu den Sicherheitsstufen werden Stammleitungen dahingehend definiert, die Versorgung von mehreren Lautsprechergruppen (A und B) in einem Leitungsmaterial zu realisieren. Die somit mehrpaarigen Leitungen können zur Versorgung mehrerer Alarmierungsbereiche und mehrerer Lautsprechergruppen verwendet werden.

Um dies normativ korrekt zu planen, ist die Installation dieser Stammleitungen in schwerer Ausführung in Elektroinstallationsrohren nach DIN EN 50086-1 (VDE 0605-1) vorzusehen. Auch die Installation von Erdkabeln zur Führung von Übertragungswegen zwischen zwei Gebäuden ist hierzu geeignet. Werden diese Anforderungen jedoch nicht erfüllt, sind die Übertragungswege für A und B getrennt zu planen und zu installieren. Leider fehlte in der alten Normen an dieser Stelle die genaue Definition der getrennten Leitungsführung. Hier gingen die Meinungen der Fachkräfte deutlich auseinander. Zum einen wurde regelmäßig gefordert, dass Leitungen mit A-Stromkreisen in anderen Trassen als Leitungen mit B-Stromkreisen zu installieren seien oder gar noch die beiden Leitungen durch unterschiedliche Brandabschnitte zu verlegen seien. Alle denkbaren Varianten der Leitungsverlegung von A/B-Stromkreisen wurden in der Vergangenheit diesbezüglich gefordert, weil Regelwerke keine Definition dazu lieferten, was unter getrennter Verlegung zu verstehen ist.

In der neuen und aktuellen Version der Norm ist mit einer klaren Definition der getrennten Verlegung Abhilfe geschaffen worden. Demnach gelten A/B-Stromkreise als getrennt, wenn sie in unterschiedlichen Leitungen installiert werden. Dabei spielt das Leitungsträgermaterial keine Rolle mehr. Demnach könnte eine mehrpaarige Leitung mit A-Stromkreisen und eine Leitung mit B-Stromkreisen unmittelbar nebeneinander in Sammelhaltern geführt installiert werden. Es ist also der kleinste gemeinsame Nenner gewählt worden, um die Installation von Leitungen mit A/B-Stromkreisen möglichst wirtschaftlich und sinnvoll in den Baukörper einbringen zu können.

Abschließend sei zum Abschnitt der Sicherheitsstufen noch erwähnt, dass die Festlegung der Ausfallsicherheit, die fest mit den Sicherheitsstufen verknüpft ist, im Rahmen der Konzeptphase zu erfolgen hat. Auch wenn dies oft entgegen des typischen Bauablaufs in der Praxis schwer möglich erscheint, sollte klar sein, dass die Entscheidung zu den Sicherheitsstufen keine reine planerische Entscheidung im Zusammenhang der SAA-Planung sein kann. Hier geht es im Besonderen darum festzulegen, welche Wichtigkeit der SAA beigemessen wird, um selbst beim Auftreten von Fehlern eine gewisse Aufrechterhaltung der Funktion zu gewährleisten.

Eine solche Beurteilung kann nur unter dem Gesichtspunkt der gesamten Gefährdungssituation im Brandfall erfolgen. Dabei sind die Anzahl der Personen im Gebäude, die Art der Entfluchtung, die Komplexität der Fluchtwege, die Struktur des Gebäudes, die Ortskenntnis der im Gebäude anwesenden Personen und gegebenenfalls eine Gefährdungsanalyse ausschlaggebend, welche Ausfallsicherheit für die SAA individuell zu wählen ist. Dieser Zusammenhang macht deutlich, dass nicht der Planer der SAA alleine, sondern nur gemeinsam mit dem Verfasser des Brandschutzkonzepts festlegen kann, wie die Ausfallsicherheit der SAA zu gestalten ist.

In der Praxis werden Planer regelmäßig mit fertig erstellten Brandschutzkonzepten konfrontiert. Darin fehlen oftmals sämtliche Informationen zur

Auslegung der SAA und auch zur Wahl der entsprechenden Sicherheitsstufe. So unangenehm die ersten Schritte des Planers infolge dieser Dokumentation auch sein mögen, ohne eine entsprechende Abstimmung mit dem Verfasser des Brandschutzkonzepts wird es nicht möglich sein, gewissenhaft und spezifisch passend für das Objekt die richtige Ausfallsicherheit der SAA zu definieren.

4.4.14 A/B-Lautsprecher

Zur Realisation der Sicherheitsstufen II und III besteht also die Möglichkeit, den Alarmierungsbereich bzw. einzelne Räume innerhalb eines Alarmierungsbereichs mit zwei unabhängig voneinander funktionierenden Lautsprecherlinien zu versorgen. Gerade in kleinen Räumen, deren Beschallung bereits mit einem Lautsprecher ausreichend funktionieren würde, wird oftmals ein sogenannter A/B-Lautsprecher vorgesehen. Aber auch größere Räume und Bereiche lassen sich je nach Gegebenheiten mit solchen Lautsprechern ausreichend beschallen.

Auch wenn diese Lautsprecher bereits als Bauprodukt verfügbar sind, wird in diesem Zusammenhang oftmals die Frage gestellt, ob eine damit aufgebaute Beschallung den normativen Anforderungen genügen kann. Grundsätzlich sollten sich Planer und Errichter darüber im Klaren sein, dass der Nachweis der Sprachverständlichkeit nicht nur für den Fall erbracht werden muss, dass sämtliche Lautsprecher in Betrieb sind. Auch im Falle des Ausfalls einer Lautsprecherlinie zum Beispiel durch Unterbrechung oder Kurzschluss auf einem Übertragungsweg sowie Ausfall eines Verstärkers muss noch die zulässig verminderte Sprachverständlichkeit erreicht werden (Sicherheitsstufen II und III).

Um diese Anforderung zu bewerten, muss bei sogenannten *A/B-Lautsprechern* danach unterschieden werden, wie diese aufgebaut sind.

Grundsätzlich können solche Lautsprecher in zwei Kategorien aufgeteilt werden. Bei der einen Kategorie (Typ 1) befinden sich zwei Übertrager und zwei Lautsprecherchassis in einem Lautsprechergehäuse. Je nach Lautsprechermodell erfolgt der Anschluss an einer gemeinsamen Klemme oder aber an zwei getrennten Klemmen, jedoch innerhalb des gleichen Lautsprechergehäuses.

Bei der zweiten Kategorie (Typ 2) dieser Lautsprecher befinden sich zumeist ebenfalls zwei Übertrager im oder am Gehäuse, wobei auch hier die Einspeisung über eine oder über zwei Anschlussklemmen erfolgen kann. Die

Besonderheit dieser Kategorie von A/B-Lautsprechern ist, dass nicht zwei Chassis, sondern ein Chassis mit einer sogenannten Doppelschwingspule angesteuert wird. Bei der Doppelschwingspule sind die beiden Lautsprecherstromkreise mit Kupferlackdraht nebeneinander auf den Schwingspulenträger gewickelt.

Beim A/B-Lautsprecher Typ 1 mit zwei separaten Chassis kann davon ausgegangen werden, dass bei dem Ausfall einer Lautsprecherlinie das Abstrahlverhalten der Lautsprecher geringfügig und frequenzabhängig geändert wird. Durch die sehr geringe Entfernung beider Chassis wird in der Regel bei Ausfall eines Lautsprecherchassis ein breiterer Abstrahlcharakter die Folge sein. Ebenso ist damit zu rechnen, dass der Schalldruckpegel verringert wird. Diese Abhängigkeiten sollten bei der Planung und Projektierung einer SAA mit dieser Art von Lautsprechern berücksichtigt werden. Mittlerweile stehen für diese Lautsprecher oft Simulationsdaten zur Verfügung, welche einerseits die komplette Funktion und andererseits die Funktion mit nur einem Chassis im Betrieb wiedergeben.

In einem solchen Fall ist zu empfehlen, dass der Einsatz dieser Lautsprecher nur erfolgt, wenn es sich um einfache Beschallungsverhältnisse handelt. Durch die Verbreiterung des Abstrahlwinkels bei Ausfall eines Chassis kann bei einfachen Beschallungsverhältnissen durchaus damit gerechnet werden, dass weiterhin eine flächendeckende Versorgung stattfindet. Außerdem ist die Reduktion des Schalldruckpegels eher einfach zu bewerten, wenn bei den unkomplizierten Beschallungsverhältnissen nur ein sehr geringer Störgeräuschpegel herrscht.

Nun könnte in diesem Zusammenhang die Argumentation aufkommen, dass die sehr dichte Annäherung beider Linien (A und B) ein Sicherheitsrisiko im Sinne der Anwendungsrichtlinie darstellt. Tatsächlich aber beschäftigt sich die Anwendungsrichtlinie nicht mit solchen Lautsprechern, sondern mit verschiedenen, wesentlich allgemeineren Themen, wie zum Beispiel der Ausführung von Klemmverbindungen und der Sicherheit der Übertragungswege mit Beeinflussung durch äußere Einflüsse. Bei Anwendung all dieser Anforderungen und gleichzeitigem Vergleich der Ausführung von A/B-Lautsprechern (Typ 1, also mit zwei Chassis) mit der Ausführung von einzelnen Lautsprechern der Linie A und der Linie B, die durchaus eng beieinander positioniert sein können, sprechen keine in der Norm genannten Kriterien gegen die Ausführung der A/B-Lautsprecher des Typs 1. Ein Mindestabstand von Lautsprechern ist der Norm an keiner Stelle zu entnehmen.

Neben dieser Argumentation wird oft ins Feld geführt, dass bei einem Fehler auf einem Übertragungsweg wie Kurzschluss, Unterbrechung oder Fehler gleicher Wirkung nicht auch andere Übertragungswege in Mitleidenschaft gezogen werden dürfen, da ansonsten die Anforderungen der Sicherheitsstufen II und III nicht zu erfüllen seien. Wenn also nach dieser Argumentation durch äußeren Einfluss ein A/B-Lautsprecher mit zwei Chassis so beschädigt wird, dass beide Chassis und möglicherweise beide Lautsprecherstromkreise in Mitleidenschaft gezogen werden, dann würde unter Umständen der gesamte Alarmierungsbereich nicht mehr beschallt werden können. Wäre eine derartige Ausführung nun normenkonform?

Darüber kann viel diskutiert werden. Es ist jedoch zu beachten, dass die Sicherheitsanforderungen der Sicherheitsstufen auf den Übertragungsweg bezogen sind. Im Bereich der Lautsprecherlinien sind die Übertragungswege per normativer Definition diejenigen Leitungsverbindungen zwischen der SAZ und den Lautsprecherklemmen. Der Lautsprecher ist somit nicht Bestandteil des Übertragungsweges. Überdies bestehen die Sicherheitsanforderungen stets für das Auftreten eines einzelnen Fehlers und nicht für das Auftreten multipler Fehler. Es sind unendlich viele Szenarien denkbar, die bei Ausführung von A/B-Lautsprechern mit zwei Chassis (Typ 1) aber auch bei Ausführung einzelner Lautsprecher der beiden Linien dazu führen, dass beide Lautsprecherlinien durch eine äußere Einwirkung nicht mehr funktionieren. Kommt es beispielsweise zum Brand in einem Raum eines Alarmierungsbereichs, können beide Lautsprecher ausfallen, unabhängig davon, ob es A/B-Lautsprecher sind.

In der Anwendungsrichtlinie wird zudem gefordert, dass die Verbindungen und Gehäuseeinführungen von Leitungen (zum Beispiel Lautsprecherleitungen) nicht zu einer Herabsetzung der Zuverlässigkeit und der erforderlichen Brandwiderstandsfähigkeit gegenüber durchlaufenden Leitungen führen dürfen. Sollte diese Argumentation wiederum zu einem Vergleich zwischen einzelnen Lautsprechern auf den Linien A und B und den A/B-Lautsprechern herangezogen werden, sind die brandschutztechnischen Anforderungen an die Leitungen näher zu betrachten. In der Regel fordert die Leitungsanlagenrichtlinie [6] keine besonderen brandschutztechnischen Eigenschaften bezüglich der Leitungen innerhalb eines Brandabschnitts. Somit ist die Brandwiderstandsfähigkeit der Leitungen bei Gehäusedurchführungen und Leitungsverbindungen in Bezug auf A/B-Lautsprecher nicht als Argument gegen die Ausführung derartiger Lautsprecher anzuführen. Die nicht näher spezifizierte Herabsetzung der Zuverlässigkeit trifft auf beide

Varianten, den einzelnen Lautsprecher und den A/B-Lautsprecher, zu. Jede Verbindung und jede Gehäusedurchführung führt zu einer Herabsetzung der Zuverlässigkeit, da ein gewisses Fehlerpotenzial besteht. Da dies jedoch für beide Varianten der Lautsprecherausführungen gilt, kann dies nicht als Argument gegen A/B-Lautsprecher verwendet werden.

Bei der anderen Kategorie von A/B-Lautsprechern (Typ 2) mit einer Schwingspule und zwei Wicklungen (Doppelschwingspule) muss die Beurteilung der Lautsprecher anhand der in der Norm definierten Anforderungen etwas anders erfolgen. Bei diesen Lautsprechern sind die beiden Stromkreise elektromechanisch und elektromagnetisch miteinander gekoppelt. Zudem sind die beiden Stromkreise lediglich durch eine hauchdünne Lackschicht auf der gemeinsamen Schwingspule voneinander isoliert. Da bei den typischen Lautsprechern mit Doppelschwingspule relativ geringe Leistungen, zum Beispiel 6 W, eingespeist werden, ist die Wahrscheinlichkeit gering, dass die thermische Einwirkung auf einer Hälfte der Schwingspule so hoch ist, dass die Isolation versagt und es zum Kurzschluss zwischen beiden Lautsprecherstromkreisen kommt.

Eine Fehlanpassung am Übertrager, am Verstärkerausgang oder eine massive Übersteuerung könnten auf Dauer zu thermischen Schäden führen. Beim Anschluss und der Installation solcher Lautsprecher ist jedoch unbedingt darauf zu achten, dass keine Vertauschung der Polarität stattfindet. Bei entgegengesetzter Polarität der beiden Schwingspulen auf einem Schwingspulenträger kommt es zu entgegengesetzter Magnetisierung und einer erheblichen Reduktion des Schalldruckpegels bei annähernd gleicher Leistungsaufnahme. Dies kann ebenfalls zu einer thermischen Überlastung führen. Bei einer Vertauschung der Polarität bei A/B-Lautsprechern des Typs 1 ist ebenfalls mit einer erheblichen Verschlechterung der akustischen Eigenschaften zu rechnen.

Viel wichtiger als diese Erkenntnis ist jedoch, dass durch die elektromechanische Kopplung beider Lautsprecherstromkreise des Typs 2 keine Rückwirkungsfreiheit gegeben ist. Kommt es beispielsweise irgendwo im Lautsprecherstromkreis, siehe **Bild 4.13**, etwa auf dem Übertragungsweg zwischen SAZ und Lautsprecher, zu einem Kurzschluss, bewirkt dieser immer eine Pegelreduktion auf den Lautsprechern mit Doppelschwingspule. Die normative Anforderung besagt, dass bei einem Kurzschluss in einem Lautsprecherstromkreis dieser so zu trennen ist, dass es nicht zu einer Beeinflussung anderer Lautsprecherstromkreise kommt. Selbst wenn zum Beispiel eine Bedämpfung um nur 6 dB bei Auftreten eines Kurzschlusses in einem

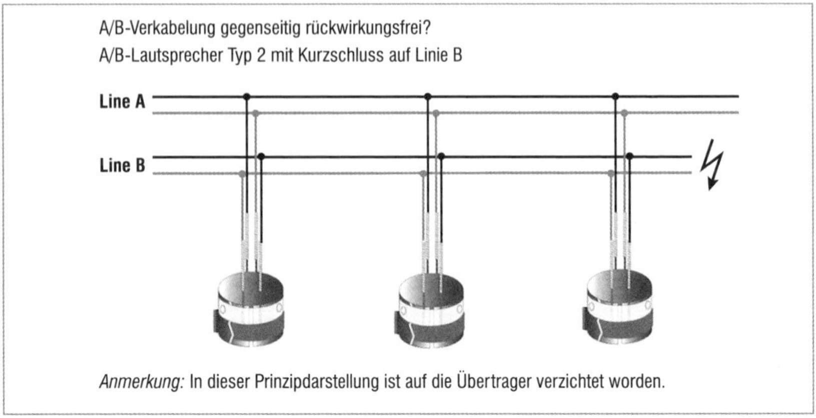

Bild 4.13 Kurzschluss beim Einsatz von A/B-Lautsprechern des Typs 2

Lautsprecherstromkreis und der Einsatz von Lautsprechern mit Doppelschwingspule typisch wären und damit unter Umständen nach wie vor das Schutzziel der erforderlichen Sprachverständlichkeit erreicht werden kann, wird der normativen Forderung einer Entkopplung der Lautsprecherstromkreise nicht entsprochen.

Im gesamten Kontext aller normativen Forderungen könnte jedoch eine Abwägung des Risikos vorgenommen werden. Einerseits wird das Auftreten eines Kurzschlusses auf einem Übertragungsweg binnen 100 s als Fehler gemeldet, andererseits kann je nach Konfiguration und Auslegung der Sprachalarmierung auch eine um 6 dB verminderte Übertragung noch zur geforderten Sprachverständlichkeit führen. Im Rahmen der Planung und Projektierung sollte dies überprüft werden, wenn A/B-Lautsprecher vorgesehen sind. Die ursprüngliche normative Forderung, von einem Verstärker gespeiste Lautsprecherstromkreise bei Auftreten eines Kurzschlusses von den noch intakten Lautsprecherstromkreisen zu trennen, sollte vermeiden, dass sämtliche am gleichen Verstärker betriebenen Lautsprecherstromkreise ausfallen. Es sollte somit eine Rückwirkungsfreiheit des kurzgeschlossenen Lautsprecherstromkreises von den übrigen Lautsprecherstromkreisen in diesem Sinne erlangt werden. Rein physikalisch betrachtet, ist eine gänzliche Rückwirkungsfreiheit auch dabei nicht gegeben. Die Rückwirkungen sind jedoch so gering, dass das Ziel einer fortbestehenden Beschallung mit den unbeschädigten Lautsprecherstromkreisen nach wie vor erreicht wird.

Das einfache Abtrennen des kurzgeschlossenen Lautsprecherstromkreises mit A/B-Lautsprechern des Typs 2 (mit Doppelschwingspule) bewirkt durch die elektromagnetische Kopplung beider Lautsprecherstromkreise ebenfalls keine gänzliche Rückwirkungsfreiheit. Die Beschallung über den nicht beschädigten Lautsprecherstromkreis kann um ca. 6 dB vermindert werden. Durch die in der Norm nicht spezifizierte Forderung einer Rückwirkungsfreiheit sollte das Ziel derselben näher betrachtet werden. Dieses Ziel, mit dem intakten Lautsprecherstromkreis nach wie vor beschallen zu können, kann unter Berücksichtigung des verminderten Schalldruckpegels weiterhin erreicht werden.

Sollte die Auslegung der Beschallungsanlage jedoch auch in Bezug auf raumakustische Gegebenheiten und auftretende Störsignale nur äußerst grenzwertig an die geforderte Sprachverständlichkeit gelangen, könnte eine Verminderung des Schalldruckpegels eher kritisch betrachtet werden. Bei sogenannten einfachen Verhältnissen mit der Chance, diesem Umstand von vornherein durch eine geringfügige Überdimensionierung entgegenzuwirken, ist es in der Regel möglich, auch bei um ca. 6 dB verringertem Schalldruckpegel noch die geforderte herabgesetzte Sprachverständlichkeit bei Auftreten eines Kurzschlusses im Übertragungsweg, zum Beispiel bei Sicherheitsstufe II, von 0,45 (90-%-Mittelwert) und 0,4 (90-%-Mindestwert) nach dem STI-Verfahren nachzuweisen.

Der Einsatz von A/B-Lautsprechern im Kontext der normativen Forderungen kann wie folgt zusammengefasst werden:

Auch wenn sich die Norm DIN VDE 0833-4:2024-06 „Festlegungen für Anlagen zur Sprachalarmierung im Brandfall“ nicht explizit mit A/B-Lautsprechern befasst, sind die Anforderungen unter Umständen dennoch auf diese Lautsprecher anzuwenden. Um hier eine klare Beurteilung vorzunehmen, ist stets der Vergleich solcher Lautsprecher mit der Ausführung normaler Lautsprecher zu führen.

A/B-Lautsprecher mit zwei Chassis (Typ 1) können auf Grundlage der Norm eher als unkritisch betrachtet werden, wobei jedoch die Veränderung des Abstrahlverhaltens bei Ausfall eines Chassis explizit bei schwierigen raumakustischen Verhältnissen planerisch zu berücksichtigen ist.

A/B-Lautsprecher mit Doppelschwingspule (Typ 2) führen jedoch dazu, dass bei einem Kurzschluss auf einem Lautsprecherstromkreis keine Entkopplung von dem jeweils anderen Stromkreis mit derzeit verfügbaren technischen Gegebenheiten möglich ist. Daher ist der Einsatz dieser Lautsprecher eher als kritisch einzustufen. Durch eine Risikoabwägung und eine Berücksichtigung der zu erwartenden Pegelreduktion während der Planung und Projektierung kann jedoch unter Umständen ein Nachweis erfolgen, dass die geforderte Sprachverständlichkeit dennoch erreicht werden kann. Durch die in der Norm nicht näher spezifizierte Rückwirkungsfreiheit kann lediglich eine Zielbetrachtung erfolgen. Das Ziel der Norm besteht darin, bei Auftreten eines Kurzschlusses in einem Lautsprecherstromkreis weiterhin mit den übrigen Lautsprecherstromkreisen am gleichen Verstärker eine Beschallung aufrechterhalten zu können. Dies ist mit vermindertem Schalldruckpegel auch beim Einsatz von A/B-Lautsprechern des Typs 2 in der Regel gegeben.

Planern ist unbedingt zu raten, dass sie den zu erwartenden Pegelverlust bei kritischen Bedingungen kompensieren und dies in der Planung darstellen. Idealerweise ist der Einsatz von A/B-Lautsprechern bereits in der Konzeptphase zu klären. Sollte die Art des Gebäudes und der darin befindlichen Räume den Einsatz von A/B-Lautsprechern begünstigen, ist dem Planer zu empfehlen, die unter Umständen vorhandenen Nachteile dieser Lautsprecher in der Planung zu thematisieren. Bei genauer Analyse der normativen Forderungen kann kein eindeutiger Hinweis darauf abgeleitet werden, diese Lautsprecher nicht zu verwenden, auch wenn es sich um komplizierte Verhältnisse handelt. Die Deutsche Kommission Elektrotechnik Elektronik Informationstechnik (DKE) hat diesbezüglich ein Papier erarbeitet, welches die Thematik der A/B-Lautsprecher im Kontext zur Norm behandelt und die oben beschriebenen Anforderungen an Planung und Projektierung stellt, wenn diese Art von Lautsprechern zum Einsatz kommen soll.

4.4.15 Brandmelde- und Alarmierungskonzept

Das Brandmelde- und Alarmierungskonzept beinhaltet das SAA-Konzept mit einer Fülle von Randbedingungen, die bei Planung, Errichtung und Betrieb der Sprachalarmanlage von äußerster Bedeutung sind. Es ist nicht das alleinige Werk der Fachkraft für Sprachalarmanlagen, sondern vielmehr ein ausgereiftes Ergebnis auf Grundlage des Brandschutzkonzepts und entsteht in der Regel durch Festlegungen zwischen dem Fachplaner für den vorbeugenden Brandschutz, dem Betreiber, gegebenenfalls der örtlichen Feuerwehr und oftmals auch den Vertretern der Genehmigungsbehörden. Nach DIN 14675-1:2018-04 „Brandmeldeanlagen – Aufbau und Betrieb“ wäre es erforderlich, ebenso die Alarmorganisation im Rahmen der Konzeptphase zu erstellen. Dies ist jedoch zumeist etwas praxisfern, da weitreichende Informationen zur Erstellung der Alarmorganisation erst im fortgeschrittenen Verlauf des Projekts zu erarbeiten sind.

Für die Fachkraft einer SAA finden sich im Brandmelde- und Alarmierungskonzept Hinweise darauf, welche Alarmierungstexte zur Verfügung zu stellen sind, an welchen Positionen sich Sprechstellen befinden, ob und wie eine differenzierte Gebäudeevakuierung vorgenommen wird, wie bei mehreren Sprechstellen Priorisierungen vorgenommen werden, wo sich Alarmierungsbereiche befinden usw.

Allgemein ausgedrückt beschreibt das Brandmelde- und Alarmierungskonzept unter anderem den kompletten Ablauf der Alarmierungsszenarien. Innerhalb dieser Szenarien sind auch die für die Fachkraft für SAA erforderlichen Informationen enthalten.

Entsprechend der Nutzung des Gebäudes und der darauf angepassten Alarmierungskonzeption werden im Brandmelde- und Alarmierungskonzept zum Beispiel die Interventionszeit der Feuerwehr, aber auch die besonderen Aufgaben der Bediensteten im Alarmierungsfall sowie – falls erforderlich – die unterschiedlichen Arten der Alarmierung dokumentiert. Aus der Beschreibung des komplexen Vorgangs der Gebäudeevakuierung im Brandfall können für den Planer der SAA auch Informationen entnommen werden, ob unterschiedliche Bereiche, Gebäudeteile oder zusammenfassbare Räume auch unterschiedlich mit der SAA versorgt werden müssen. Neben diesen direkt für die Alarmsituation relevanten Randbedingungen werden auch Anforderungen zum Störungsmanagement, zur Instandhaltung, zur Notstromversorgung, aber auch zu Maßnahmen beschrieben, die einzuhalten sind, wenn das System begründet abgeschaltet werden muss.

In einigen Projekten wird neben dem Begriff der Alarmorganisation auch von einer Brandfallmatrix gesprochen. Die Brandfallmatrix dokumentiert oftmals zahlreich miteinander verknüpfte und in Abhängigkeit zueinander stehende Prozesse und Szenarien bei Alarmauslösung. Auch hier hat die SAA zum Beispiel neben der Steuerung von Fahrstühlen oder Rauchabzügen eine ihr zugeordnete Aufgabenstellung, die Fachplaner und Errichter als Randbedingung verwenden müssen.

Das Brandmelde- und Alarmierungskonzept beinhaltet also als Basis für eine qualifizierte Planung der SAA alle erforderlichen Grundlageninformationen. Verantwortlich für die Erstellung des Brandmelde- und Alarmierungskonzepts ist der Betreiber, der jedoch für die Leistungen dazu in aller Regel die entsprechenden Fachkräfte beauftragt. Zeitlich betrachtet verlaufen die Konzeptphase, die Erstellung der bauordnungsrechtlich relevanten Unterlagen und die Erstellung des Brandmelde- und Alarmierungskonzepts nicht immer so ideal, dass eine in sich stimmige Aufbereitung der Inhalte erfolgen kann. Dieser Umstand führt dann oft zu erheblichen Mehraufwendungen und auch zu schwierigen Korrektur- und Anpassungsschritten.

Sollte in diesem Zusammenhang ein Brandschutzkonzept erstellt worden sein und erst deutlich später mit der Erarbeitung des Brandmelde- und Alarmierungskonzepts begonnen werden, kann dies regelmäßig zur Folge haben, dass die jüngsten und durchaus erforderlichen Abstimmungsergebnisse keinen Eingang in das Brandschutzkonzept oder die Baugenehmigung haben. Normativ wird an dieser Stelle empfohlen, die bauordnungsrechtlich relevanten Dokumente fortzuschreiben, was in der Praxis nicht selten zu Schwierigkeiten führt, aber durchaus erforderlich ist. Vor allem dann, wenn im Brandmelde- und Alarmierungskonzept zur SAA besondere Spezifikationen abgestimmt und dokumentiert werden, ist eine Übernahme in die bauordnungsrechtlich relevanten Dokumente obligatorisch, da es sonst spätestens bei der bauordnungsrechtlichen Prüfung zu erheblichen Abweichungen kommen kann.

Daher bietet es sich an, des Brandmelde- und Alarmierungskonzept in das Brandschutzkonzept einzupflegen oder aber das Brandmelde- und Alarmierungskonzept als Anlage zum Brandschutzkonzept zu deklarieren. Auch wäre es denkbar, das Brandmelde- und Alarmierungskonzept als verwiesenes Dokument im Brandschutzkonzept zu erklären. Natürlich sind die üblichen baurechtlichen Schritte nach einer Fortschreibung des Brandschutzkonzepts ebenso zu vollziehen, was je nach Bundesland z. B. die erneute behördliche Vorlage oder die Prüfung durch den Sachverständigen erfordert.

Neben den bauordnungsrechtlichen Inhalten des Brandmelde- und Alarmierungskonzepts kann es möglich sein, dass privatrechtliche Forderungen oder Anforderungen von Versicherungen in das Konzept eingearbeitet werden müssen. Sollten diese Anforderungen additiv bewertet werden können, stellt dies im Regelfall keine Schwierigkeit dar. Sind die Anforderungen jedoch konträr, so ist eine entsprechende Abstimmung zur Priorisierung mit den zuständigen Stellen erforderlich. Zumeist wird in einer solchen Situation entschieden, dass die bauordnungsrechtlichen Anforderungen Vorrang besitzen, was jedoch nicht allgemeingültig ist. Ebenso existieren in verschiedenen Regionalbereichen z. B. Muster-Brandmelde- und Alarmierungskonzepte unter Berücksichtigung der dort geltenden Schulbaurichtlinien, in denen festgelegt ist, dass die Alarmierung im Amokfall eine größere Priorität besitzt als der Brandalarm. Dies darf ebenfalls nicht als allgemeingültig betrachtet werden.

Auch Anforderungen, die nicht unmittelbar die SAA betreffen, sind im Brandmelde- und Alarmierungskonzept zu dokumentieren und erfordern nicht selten eine vorhergehende Abstimmung. Dazu zählt unter anderem die Abstimmung, ob die Brandalarmierung im Zwei-Sinne-Prinzip erfolgen soll.

Sollte die Abstimmung mit der örtlich zuständigen Feuerwehr ergeben, dass eine oder mehrere Feuerwehr-Einsprechstellen (FES) zur Ausführung gebracht werden müssen, so ist dies nicht nur im Brandmelde- und Alarmierungskonzept zu dokumentieren, sondern es sind dazu auch weitere funktionale Festlegungen zu treffen. Hierbei ist sicherzustellen, dass die FES den Anforderungen der DIN EN 54-16 genügen muss.

Bei Bauwerken, die im Auftrag der öffentlichen Hand erstellt oder saniert werden bzw. mit einer SAA ausgestattet werden sollen, ist es ratsam, vor einer individuellen Aufstellung eines Brandmelde- und Alarmierungskonzepts zu prüfen, ob es regional im jeweiligen behördlichen Zuständigkeitsbereich bereits ein Muster eines Brandmelde- und Alarmierungskonzepts gibt. Dies könnte eine sehr gut geeignete Vorlage zur Erstellung des Brandmelde- und Alarmierungskonzepts sein. Auch können entsprechende Muster bei entsprechenden Verbänden bezogen werden.

4.4.16 Beschallungsumfang

Die Bezeichnungen Vollschutz/Teilschutz werden zur Definition des Beschallungsumfangs schon seit Jahren nicht mehr verwendet, um zu beschreiben, ob im gesamten Gebäude oder nur in definierten Teilen des Gebäudes eine SAA wirksam sein soll. Hierzu haben sich die Begriffe Vollbeschallung und Teilbeschallung etabliert.

Im Brandmelde- und Alarmierungskonzept muss eine Festlegung darüber getroffen werden, welche Bereiche des Gebäudes von der Sprachalarmanlage versorgt werden müssen.

Ist das gesamte Gebäude und sämtliche Räume, in denen sich Personen aufhalten können, mit der Sprachalarmanlage zu versorgen, handelt es sich um eine Vollbeschallung (Kategorie 1), die vom Ersteller des Brandschutzkonzepts oftmals mit dem Begriff Vollschutz beschrieben wird oder einfach zum Ausdruck gebracht wird, dass das gesamte Gebäude zu versorgen ist.

Sind nicht sämtliche Räume des Gebäudes mit der Sprachalarmanlage zu beschallen, obwohl sich darin Personen aufhalten können, ist lediglich eine Teilbeschallung (Kategorie 2) erforderlich. Gelegentlich ist im Brandschutzkonzept hierzu der Begriff Teilschutz dokumentiert. Beim Beschallungsumfang der Kategorie 2 muss also in einer bauordnungsrechtlich relevanten Dokumentation exakt beschrieben sein, welche Bereiche des Gebäudes mit der

SAA zu versorgen sind und welche nicht. Normativ ist jedoch festgelegt, dass mindestens sämtliche von der BMA überwachten Bereiche bzw. sämtliche Meldebereiche der BMA auch von der SAA beschallt werden müssen.

Leider werden nicht in allen Brandschutzkonzepten tatsächlich die Begriffe Vollschutz oder Teilschutz bzw. besser noch die Begriffe Vollbeschallung oder Teilbeschallung verwendet. Vielmehr erfährt der wissbegierige Fachplaner oder Errichter der Sprachalarmanlage auf Nachfrage beim Planer des vorbeugenden Brandschutzes, dass nach dessen Konzept zwar das Gebäude flächendeckend mit einer Sprachalarmanlage auszustatten ist, einzelne Bereiche wie Toiletten oder Treppenhäuser jedoch nicht zu versorgen sind. Obwohl der Inhalt des Brandschutzkonzepts auf eine Vollbeschallung schließen lässt, wäre nach Rückfrage doch nur eine Teilbeschallung auszuführen.

Dieser in der Praxis leider sehr häufig auftretende Umstand, dass der zuvor dokumentierte Inhalt durch Absprachen eine andere Bedeutung erhält, kann spätestens bei der Abnahme durch den Prüfsachverständigen zu verheerenden Folgen führen. Sollten die Absprachen, dass also doch keine Vollbeschallung, sondern nur eine Teilbeschallung geschuldet wird, nicht so dokumentiert werden, dass daraus hervorgeht, welche Gebäudebereiche nun tatsächlich erfasst sind, oder sollte das Dokument keinen baurechtlichen Charakter erhalten, so hat der Prüfsachverständige zur Prüfung in der Regel keine andere Möglichkeit, als die Baugenehmigung und das dazugehörige Brandschutzkonzept als Grundlage für die Prüfung zu verwenden. Selbst wenn im Vorfeld auch unter Einbeziehung des Prüfsachverständigen derartige Abstimmungen getroffen worden sind, heißt dies nicht, dass bei Wiederholungsprüfungen durch einen anderen Prüfsachverständigen nicht mit Schwierigkeiten zu rechnen ist.

Um das oben aufgeführte Praxisbeispiel des Fehlens der Sprachalarmierung in Treppenräumen oder Toiletten aufzugreifen, sollte nach dem Sinn eines solchen Teilschutzes gefragt werden. Übliche, der Praxis entsprechende Begründungen sind, dass es doch ausreiche, den Vorraum vor einer Toilette zu beschallen, da ohnehin nicht damit zu rechnen sei, dass die Türen zu den Toiletten hoch schalldämmend sind und diese im Regelfall nur halbhoch ausgeführt würden. Eine weitere Argumentation ist, dass die Personen, die sich in den Treppenräumen befänden, ja bereits auf der Flucht seien, da sie im restlichen Gebäudeteil durch die Sprachalarmierung informiert worden seien und sich die nicht informierten Personen in den Treppenhäusern ohnehin den Fliehenden anschlössen.

Beispiel

Der Beschallungsumfang in einem Gebäude wurde so beschrieben, dass die SAA in den notwendigen geschossübergreifenden Treppenräumen nicht betrieben werden muss. Normativ ist anstelle einer SAA somit eine alternative Alarmierungsmöglichkeit entweder optisch oder akustisch erforderlich. Eine weitere Randbedingung, die Treppenräume nicht in den Schutz der SAA einzuschließen ist, dass die direkt an die Treppenräume anschließenden Alarmierungsbereiche ordnungsgemäß durch die SAA versorgt werden. Für den Fall, dass die alternative Alarmierung in den Treppenräumen akustisch vorgenommen wird, kann davon ausgegangen werden, dass dies mit der Übertragung des sogenannten DIN-Alarmtons erfolgt. Im Falle der Alarmierung kann ferner davon ausgegangen werden, dass die Türen der notwendigen Treppenräume zu den anliegenden Alarmierungsbereichen für den Fluchtstrom geöffnet werden. Nun gelangt der in den Treppenräumen übertragene DIN-Alarmton in die durch die SAA zu versorgenden Alarmierungsbereiche, wodurch eine Verringerung der erreichten Sprachverständlichkeit gegeben ist. Sollte es sich bei diesen Alarmierungsbereichen ohnehin um Räumlichkeiten mit schwierigen raumakustischen Verhältnissen handeln, kann davon ausgegangen werden, dass die zu erreichende Sprachverständlichkeit erheblich gefährdet ist.

Ein weiteres Argument, sich gegen diese Teilbeschallungslösung auszusprechen, wäre gegeben, wenn im gleichen Objekt Feuerwehr-Einsprechstellen gefordert sind. Die Nutzung einer Feuerwehr-Einsprechstelle stellt in Bezug auf eine SAA eine Funktion mit höchster Priorität dar. Sämtliche anderen Betriebsarten werden für den Fall der Nutzung dieser Sprechstelle zurückgenommen. Sollte es also für dieses beispielhafte Gebäude die Forderung nach derartigen Sprechstellen geben, hat die Feuerwehr die Möglichkeit, mit diesen individuell auf die Brand- oder Rauchentwicklung zu reagieren und die zu evakuierenden Personen entsprechend zu lenken. Sollten jedoch die notwendigen Treppenräume nicht mit der SAA versorgt werden, sind die Personen in diesen Bereichen nicht mehr anzusprechen, obwohl das Brandschutzkonzept diese hochpriorisierte Funktion der SAA mit der Forderung nach Feuerwehr-Einsprechstellen verlangt.

Die Argumentation, in Treppenräumen sei die geforderte Sprachverständlichkeit beim Betrieb einer SAA nur schwerlich zu erreichen, kann hier nicht gewissenhaft in den Vordergrund gestellt werden, da mittlerweile unzählige, preislich sehr unterschiedliche und optisch durchaus ansprechende raumakustisch wirksame Materialien zur akustischen Ertüchtigung von Treppenräumen zur Verfügung stehen.

Bei der Abstimmung des Beschallungsumfangs kann es eine Rolle spielen, in welchen Bereichen des Gebäudes sich ortskundige bzw. ortsunkundige Personen aufhalten und in welchen Bereichen eine Personengefährdung vorliegen könnte. Bei Personengefährdung bzw. bei Personen, die auf fremde Hilfe angewiesen sind, und bei Anwesenheit ortsunkundiger Personen kann stets davon ausgegangen werden, dass die davon betroffenen Räume und dazu angrenzende Räume mit der SAA zu versorgen sind. Normativ wird ferner definiert, dass sämtliche Personen in zu versorgenden Alarmierungsbereichen die Brandfalldurchsagen verstehen können. Sollten keine expliziten Regelungen dazu getroffen werden, so können beispielsweise auch Sanitärräume, Nasszellen und Technikbereiche davon betroffen sein. Sollten im Objekt spezielle Räume eingerichtet sein, in denen sich die betroffenen Personen in Sicherheit bringen können, so sind für diese Räume separate Übertragungswege zu realisieren, um gezielte individuelle Ansagen und Informationen übertragen zu können.

In Krankenhäusern und Pflegeeinrichtungen, in denen nicht davon auszugehen ist, dass der überwiegende Teil der anwesenden Personen eine Selbstrettung durchführen kann, sondern stets auf fremde Hilfe angewiesen ist, muss eine spezielle darauf angepasste Alarmorganisation mit möglicherweise dazu geeigneten technischen Maßnahmen erarbeitet werden. Im Regelfall erfolgt in derartigen Einrichtungen zunächst ein stiller Alarm bei den Pflegekräften und sonstigen Verantwortlichen, um anschließend eine organisierte Evakuierung durchführen zu können.

4.4.17 Ausnahmen vom Beschallungsumfang

Mit Ausnahme von Treppenräumen oder anderen turmartigen Gebäudeteilen erstrecken sich Alarmierungsbereiche nicht über mehrere Gebäudeebenen. Die Alarmierungsbereiche werden durch das Brandmelde- und Alarmierungskonzept festgelegt. Oftmals entsprechen Alarmierungsbereiche auch den Brandabschnitten eines Gebäudes. Da aus Sicht der Sprachalarmierung ein Alarmierungsbereich eine maximale Fläche von 1.600 m² einnehmen darf, sind größere Brandabschnitte in einzelne Alarmierungsbereiche aufzuteilen. Brandabschnitte können durchaus die Größe eines gesamten Gebäudes einnehmen.

Nähere Anforderungen an die Beschallung eines Alarmierungsbereichs gehen aus den Sicherheitsstufen hervor. Maßgaben für die Installation von Leitungen bis zu einem Alarmierungsbereich und durch Alarmierungsbereiche hindurch bzw. durch Brandabschnitte werden im Abschnitt 4.4.21 zur Leitungsinstallation erläutert. Zur Bewertung der Sprachverständlichkeit innerhalb eines Alarmierungsbereichs kann es erforderlich sein, den Alarmierungsbereich in einzelne ADA aufzugliedern und für jeden ADA eine eigene Bewertung der Sprachverständlichkeit vorzunehmen.

Der Beschallungsumfang ist so zu planen, dass die Brandfalldurchsagen von allen Personen in den Alarmierungsbereichen verstanden werden können. Lediglich die Ausnahmen vom Beschallungsumfang können aus dieser Forderung herausgenommen werden. Zu den Ausnahmen des Beschallungsumfangs zählen unter anderem Räume, die für Personen nicht zugänglich sind. Ebenso ist es nicht erforderlich, Schächte und Kabelkanäle zu beschallen, die Personen nicht zugänglich sind. Eine weitere Ausnahme besteht darin, Kühlräume mit einem Bruttovolumen von weniger als 20 m^3 vom Beschallungsumfang auszunehmen. Des Weiteren wird in der aktuellen SAA-Norm die Möglichkeit eingeräumt, in Geräte- und Technikräumen mit zu erwartenden hohen Störgeräuschpegeln keine SAA zur Ausführung zu bringen, wenn diese Bereiche andersartig alarmiert werden. Sollte von dieser Möglichkeit Gebrauch gemacht werden, ist dies derart bauordnungsrechtlich relevant zu dokumentieren, dass es als Ausnahme zu erkennen ist und als klare Vorgabe zur Auslegung der SAA dient. Natürlich sind die erforderlichen Abstimmungen dazu im Vorfeld zu führen.

Im vorherigen Abschnitt wurde bereits die Ausnahme vom Beschallungsumfang bezüglich der Treppenräume beschrieben. Demnach können Treppenräume, deren Zugänge in Bereichen liegen, die von der SAA versorgt werden, ebenfalls aus dem Beschallungsumfang genommen werden. Eine weitere Bedingung für diese Ausnahme ist, dass es in den Treppenräumen eine Alternative gibt, zum Beispiel eine optische oder akustische Alarmierung im Brandfall. Aufgrund der im vorherigen Abschnitt beschriebenen Randbedingungen ist es jedoch nicht empfehlenswert, diese Ausnahme vom Beschallungsumfang zu realisieren. Neben den bereits dazu beschriebenen Gegenargumenten muss noch erläutert werden, wie in einem solchen Fall die Auslösung der alternativen Alarmierungseinrichtungen erfolgt.

Für den Fall, dass ausschließlich der automatische Brandfallbetrieb für die SAA realisiert werden soll, wäre es theoretisch einfach, die alternativen Alarmierungseinrichtungen im Brandfall gleich durch die BMA mit auszulösen.

Da jedoch die SAA auch über die Möglichkeit des manuellen Brandfallbetriebs verfügen muss, stellt sich nun die Frage, wie denn die alternativen Alarmierungseinrichtungen im Falle des manuellen Brandfallbetriebs ausgelöst werden können. Nun könnte der findige Planer oder Errichter auf die Idee kommen, im Falle des manuellen Brandfallbetriebs eine Meldung an die BMA zu realisieren, um dann sogleich nach Aktivierung des manuellen Brandfallbetriebs auch die alternativen Alarmierungseinrichtungen durch die BMA zu aktivieren. Selbst wenn dies anlagentechnisch durchaus oftmals möglich ist, darf eine derartige Verschaltung nicht realisiert werden, da BMA ausschließlich von Meldeeinrichtungen wie Brandmelder ausgelöst werden dürfen.

Eine SAA ist keine zulässige Meldeeinrichtung. Somit bliebe also nur noch die Möglichkeit, die alternativen Alarmierungseinrichtungen im Treppenraum ebenfalls von der SAA auszulösen. Dies stellt in der Praxis jedoch regelmäßig eine Herausforderung dar, da entweder die SAZ nicht dazu geeignet sein könnte, DIN-Alarmtongeber oder Blitzlampen anzusteuern, oder aber sich vorgenannte Komponenten nicht an einer SAA betreiben lassen. Oft wird bei einer derartigen Aufgabenstellung eine Lösung realisiert, bei der die Lautsprecher der SAA einzig dazu verwendet werden, DIN-Alarmton zu übertragen. Um für diesen Teil der SAA nicht die Anforderungen an Alarmierungseinrichtungen gemäß DIN VDE 0833-2 erfüllen zu müssen, ist dringend zu empfehlen, diese Vorgehensweise als Abweichung zu formulieren, genauestens zu dokumentieren und in die bauordnungsrechtlich relevante Dokumentation einzupflegen. In diesem Zusammenhang sollte auch erwähnt werden, dass in den betroffenen Treppenräumen kein Nachweis der Sprachverständlichkeit erforderlich ist.

Sind im Brandschutzkonzept Bereiche definiert, in denen sich keine oder nur selten Personen aufhalten, können diese Bereiche ebenfalls aus dem Beschallungsumfang genommen werden. Auch bei dieser Formulierung sollte sich der Fachplaner nicht verleiten lassen, eigenständig eine Entscheidung darüber zu treffen, ob ein Bereich so beschaffen ist, dass sich Personen dort nur selten aufhalten. Eine weitergehende Definition des Begriffs „selten“ ist in der Norm nicht enthalten. Hier sollte der Fachplaner strikt die Forderungen des Brandschutzkonzepts einhalten und darauf achten, ob darin Bereiche explizit beschrieben sind, in denen keine SAA vorzusehen ist.

Fehlt die explizite Angabe dieser Bereiche und kann daraus geschlossen werden, dass eine Vollbeschallung gefordert wird, sind nur die oben beschriebenen allgemeinen Ausnahmen vom Beschallungsumfang möglich.

Somit sind auch Technikbereiche, Sanitärflächen, Toiletten und Toilettenvorräume, Flure und Gänge vom Beschallungsumfang zu erfassen.

4.4.18 Betriebsarten der SAA

Zumeist werden Sprachalarmanlagen bauordnungsrechtlich gefordert, wodurch eine Umgehung dieser Forderung im Regelfall ausgeschlossen wird. Jedoch besteht durch die Realisation einer SAA auch ein großes Potenzial, diese Anlage außerhalb des eigentlichen Verwendungszwecks einzusetzen. Der sogenannte Nichtbrandfallbetrieb kann die Wirtschaftlichkeit einer solchen Anlage durchaus positiv erscheinen lassen. In vielen Gebäuden, wie Flughäfen, Bahnhöfen und Einkaufszentren, sollte stets die Hoffnung bestehen, dass der eigentliche Anwendungsfall der SAA nie zum Tragen kommt. Dennoch werden diese Anlagen in solchen Objekten täglich intensiv gefordert. In vielen Gebäuden ist eine Nutzung ohne den betrieblichen Einsatz der SAA kaum denkbar.

Viele tausend Betriebsstunden einer SAA gehen beispielsweise in einem Flughafen auf das Konto von betrieblichen Durchsagen, die jeder für selbstverständlich hält, wenn er in einem Flughafen unterwegs ist. Ebenso ist es kaum vorstellbar, dass in einem Bahnhof keine Durchsagen über eine Beschallungsanlage ertönen. Am Beispiel von Einkaufszentren, in denen Rufdurchsagen, aber auch die Übertragung von Hintergrundmusik geübte Praxis sind, kann ebenfalls der Mehrwert einer SAA erkannt werden. Durch die mittlerweile gegebenen technischen Möglichkeiten und ausgereiften Produkte für Sprachalarmanlagen ist es in den meisten Fällen nicht mehr erforderlich, separate Anlagen für die beschriebenen betrieblichen Nutzungen und für die Sprachalarmierung auszuführen. Auch für große Sportstätten, die dadurch gekennzeichnet sind, dass hohe Störgeräuschpegel und oftmals auch eine lange Nachhallzeit vorhanden sind, hält der Markt mittlerweile Sprachalarmzentralen und Lautsprecher bereit, die für den Einsatz als SAA wie auch für den Eventbetrieb geeignet sind.

Mit der Ausführung einer solchen Anlage kann somit vermieden werden, dass zwei unterschiedliche Beschallungsanlagen in das Objekt eingebracht werden müssen. Regelmäßig ist bei solchen Lösungsansätzen zu erkennen, dass die Übertragung von Sprache mithilfe zertifizierter SAA-Komponenten für die Übertragung der Brandfalldurchsagen wie auch für die Übertragung von Sprache im Eventbetrieb verwendet werden und diese durch separate Lautsprecher für die Tieftonübertragung ergänzt werden, wenn im Rahmen des Eventbetriebs Musik übertragen wird. Natürlich sind einige Randbedingungen bei der Planung und Ausführung einer solchen Anlage zu beachten. Im Regelfall zeigt es sich zumeist, dass dies ein durchaus wirtschaftlicher und technisch sinnvoller Lösungsansatz ist.

Da der eigentliche Verwendungszweck der Sprachalarmanlagen aber in der Brandalarmierung besteht, ist bei der Ausführung des sogenannten Nichtbrandfallbetriebs darauf zu achten, dass dieser mit niedrigster Priorität betrieben wird.

Sämtliche Brandfallbetriebe sorgen dafür, dass alle andersartigen Nutzungen der SAA eingestellt werden, sobald ein Brandfallbetrieb aktiv wird.

Beim automatischen Brandfallbetrieb, der die niedrigste Priorität der Brandfallbetriebe besitzt, wird die Sprachalarmanlage durch die Brandmeldeanlage angesteuert und dazu veranlasst, die gespeicherten Brandfalldurchsagen mit einem vorangestellten Aufmerksamkeitssignal wiederzugeben. Als Aufmerksamkeitssignal wird das einheitliche Notsignal nach DIN 33404-3 „Gefahrensignale für Arbeitsstätten – Akustische Gefahrensignale, Einheitliches Notfallsignal“ verwendet. Aufeinanderfolgende Brandfalldurchsagen dürfen nicht länger als 30 s auseinanderliegen.

Der automatische Brandfallbetrieb wird so lange fortgesetzt, bis die Sprachalarmanlage zurückgesetzt wird, durch Stummschalten dazu veranlasst wird, nicht weiter Audiosignale zu übertragen oder die Anlage in einen anderen Brandfallbetrieb versetzt wird. Die Stummschaltung der SAA wird zum Beispiel mit der Taste „Akustik ab“ an der Brandmeldeanlage vorgenommen. Durch wiederholte Betätigung dieser Taste wird die Übertragung fortgesetzt. Es ist sicherzustellen, dass bei Fortführung der Übertragung die Brandfalldurchsage wieder am Anfang beginnt.

Zusammenfassung des automatischen Brandfallbetriebs

- niedrigste Priorität der Brandfallbetriebe,
- aufeinanderfolgende Brandfalldurchsagen im Abstand von max. 30 s,
- im Regelfall maximale Verzögerung der SAA 3 s,
- im Regelfall maximal 30 s ab Meldedetektion BMA bis Übertragung durch SAA,
- einheitliches Notfallsignal vor Brandfalldurchsage,
- Unterbrechung der Übertragung, zum Beispiel durch Betätigung der Taste „Akustik ab“,
- Rückstellung aus dem automatischen Brandfallbetrieb durch Rückstellung der BMA.

Als weitere Betriebsarten für den Brandfall gelten die manuelle Auslösung oder das Live-Besprechen eines Brandfallmikrofons. Für den Fall, dass sich die Anlage im automatischen Brandfallbetrieb befindet und eine autorisierte Person zum Beispiel an einer Sprechstelle oder anderen Bedienoberfläche der SAA manuell einen anderen Sprachspeicherinhalt abruft, wird der automatische Brandfallbetrieb unterbrochen, auch wenn nach wie vor eine Auslösung durch die BMA vorliegt. Demnach hat die manuelle Auslösung eine höhere Priorität als der automatische Brandfallbetrieb. Der manuelle Brandfallbetrieb, ausgelöst durch ein Bedienelement der SAA, kann ebenfalls durch ein Bedienelement der SAA wieder zurückgestellt werden. Die Möglichkeit der manuellen Auslösung muss bei jeder SAA gegeben sein.

Sollte sich die SAA im automatischen oder im manuellen Brandfallbetrieb befinden und exemplarisch die Feuerwehr eine Feuerwehr-Einsprechstelle für die Durchsage von Anweisungen nutzen, wird der bestehende Brandfallbetrieb unterbrochen, solange die Sprechstelle verwendet wird. Wird die Feuerwehr-Einsprechstelle wieder deaktiviert, würde ein zuvor unterbrochener Brandfallbetrieb automatisch fortgesetzt werden. Die Prioritätenfolge ist ebenso normativ festgelegt, kann jedoch durch eine andersartige Prioritätenfolge ersetzt werden, wenn dies zum Beispiel im Brandschutzkonzept gefordert wird.

In der alten SAA-Normierung war festgelegt, dass vor jeder Brandfalldurchsage stets das entsprechende Aufmerksamkeitssignal voranzustellen ist. Dies betraf auch die live eingesprochene Brandfalldurchsage. Mit der aktuellen SAA-Norm ist diese Anforderung entfallen. Normierte Aufmerksamkeitssignale sind lediglich vor gespeicherten Brandfalldurchsagen wiederzugeben. Bei Durchsagen über das Notfallmikrofon sind Aufmerksamkeitssignale optional.

Der automatische Brandfallbetrieb, ausgelöst durch die BMZ, muss durch Rückstellung der BMZ ebenfalls automatisch zurückgestellt werden. Sollte die SAA über Bedieneinrichtungen verfügen, die eine Rückstellung bewirken, so ist die Rückstellung nur dann möglich, wenn keine Auslösung durch die BMZ mehr vorliegt. Eine derartige Rückstellung kommt für Sprachalarmanlagen infrage, die durch die BMZ im automatischen Brandfallbetrieb ausgelöst werden und dann auch fortwährend im Alarmierungszustand bleiben, selbst wenn die BMZ bereits zurückgestellt wurde.

Diese widersprüchliche normative Formulierung erscheint theoretisch nicht ganz selbstverständlich, hat jedoch in der Praxis durchaus einen Stellenwert. Sollte die SAA eine vom Hersteller vorgesehene Einstellungsmöglichkeit besitzen, so ist stets zu raten, die automatische Rückstellung der SAA durch Rückstellung der BMZ zu realisieren.

4.4.19 Anforderungen an die SAZ und deren Aufstellungsort

Die Sprachalarmzentrale (SAZ) ist entsprechend DIN EN 54-16:2008-06 „Sprachalarmzentralen" in einem dafür geeigneten Raum unterzubringen. Neben den bereits beschriebenen Anforderungen nach Leitungsanlagenrichtlinie bei bauordnungsrechtlich geforderten SAA sind diesbezüglich weitere Anforderungen zu erfüllen. Der Raum zur Unterbringung der SAZ muss trocken und ausreichend beleuchtet sein. Bedienelemente und Anzeigen müssen so beleuchtet sein, dass deren Beschriftungen und optische Anzeigen leicht gesehen und gelesen werden können. Die Vorgabe einer Mindestbeleuchtungsstärke wird normativ nicht explizit für SAA definiert.

Die Ausführung der SAZ ist dem jeweiligen Produkt entsprechend und nach der dazugehörigen Zertifizierung vorzunehmen. Insbesondere auf Grundlage der Zertifizierungen sind Randbedingungen des Herstellers einzuhalten. Den Randbedingungen übergeordnet sind der Einbau der Komponenten in den Gestellschrank und die Positionierung der Gestellschränke im dafür geeigneten Raum. Dies ist neben der Beleuchtung so vorzunehmen, dass die Anforderungen für Sichtbarkeit und Erkennbarkeit von Anzeigen und die Bedienung von Schaltelementen oder Steuerungsoberflächen erfüllt sind. Näheres dazu ist in **Bild 4.14** beschrieben. Selbst die Farben der optischen Signalgeber für Betrieb, Störung und Alarmierungszustand sind festgelegt. In **Bild 4.15** sind die maßgeblichen Anforderungen an die Positionierung und an die Eigenschaften der SAZ dargestellt.

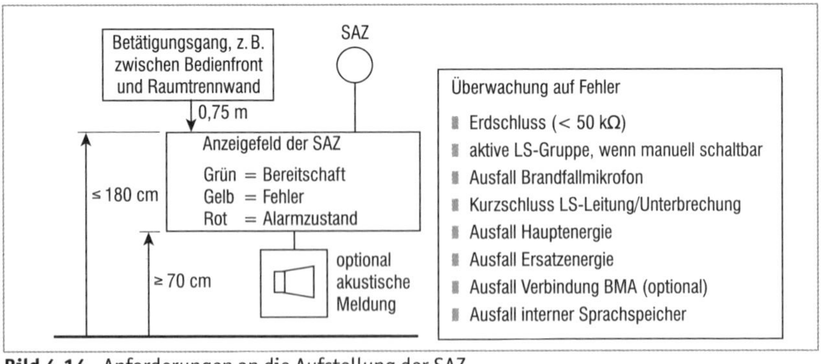

Bild 4.14 Anforderungen an die Aufstellung der SAZ

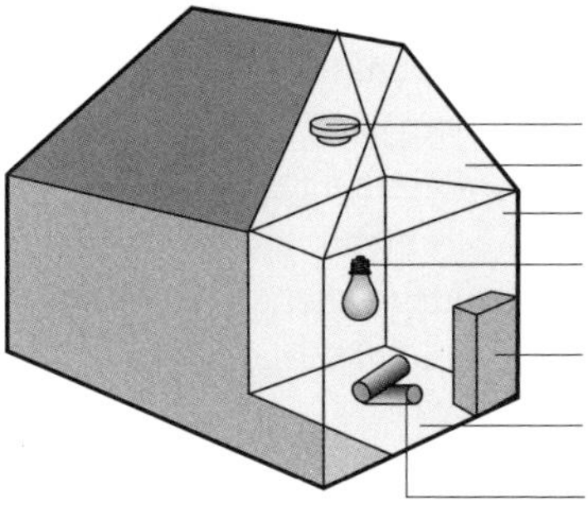

Bild 4.15 Anforderungen an den Aufstellungsort der SAZ

Akustische Signalgeber sind für die Meldung von Fehlern oder für die Meldung des Alarmzustands möglich. Hierbei ist zu beachten, dass es sich zwar um dasselbe Signal handeln darf, der mindestens zu erreichende Schalldruckpegel für die optionalen akustischen Signale bei Fehlern aber bei 50 dB(A) liegt und der Schalldruckpegel für die optionalen akustischen Alarmierungsmeldungen mindestens 60 dB(A) erreichen muss. Bei der Positionierung der SAZ im dafür geeigneten Raum ist darauf zu achten, dass Hintergrundgeräusche die akustischen Signale nicht beeinträchtigen. Auch wenn hierzu normativ keine weitere Festlegung getroffen wird, kann empfohlen werden, dass der Störgeräuschpegel mindestens 10 dB unter den entsprechenden akustischen Signalen liegen sollte.

Besteht die Zentrale aus mehreren im Gebäude verteilten Einheiten, sind diese über redundante Übertragungswege miteinander zu verbinden. In DIN VDE 0833-4:2024-06 „Festlegungen für Anlagen zur Sprachalarmierung im Brandfall“ wird darauf verwiesen, dass gegebenenfalls eine brandschutztechnische Trennung der einzelnen redundanten Übertragungswege zu erfolgen hat. Es wird an dieser Stelle indirekt auf die Leitungsanlagenrichtlinie verwiesen, die jedoch explizit für diesen Fall keine eindeutige Antwort liefert.

An dieser Stelle ist zu empfehlen, eine Risikoabschätzung vorzunehmen. Sollte es sich beispielsweise um eine Anlage mit der Forderung nach Sicherheitsstufe II handeln, ist abzuwägen, ob die Verbindung zwischen zwei Zentralen und brandbedingtem Auftreten eines einzelnen Fehlers auf einem Übertragungsweg wie Kurzschluss, Unterbrechung oder Fehler gleicher Wirkung durch die redundante Ausführung dieses Übertragungsweges im gleichen Bereich der Brandeinwirkung sinnvoll ist. Zwar wird in der Anwendungsrichtlinie eingeräumt, dass bei Auftreten mehrfacher Fehler auch mehr ausfallen darf, dennoch ist dem brandbedingten Ausfall besondere Aufmerksamkeit zu widmen. In diesem Zusammenhang ist auch zu bewerten, ob der durch die Leitungsanlagenrichtlinie geforderte Funktionserhalt gegeben ist.

Es kann also durchaus sinnvoll sein, bei einem verteilten System mit mehreren SAZ im Gebäude deren Verbindung untereinander über brandschutztechnisch getrennte Wege zu realisieren. Auch hierzu kann empfohlen werden, im Vorfeld während der Planung eine entsprechende Abstimmung mit den verantwortlichen Stellen durchzuführen und das Ergebnis entsprechend dokumentieren zu lassen.

Die entsprechenden Meldungen für Betrieb, Störung und Alarmierung sind also mindestens optisch auszuführen. Wenn eine optionale akustische Meldung erfolgt, hat diese ebenfalls nach den Anforderungen entsprechend DIN EN 54-16:2008-06 „Sprachalarmzentralen" zu erfolgen. Diese Vorgehensweise bzw. Definition der Anforderungen sind in der genannten Norm üblich. An einigen Stellen wird der Umstand beschrieben, dass Optionen möglich sind. Wenn die Optionen vom Hersteller für sein Produkt vorgesehen sind, müssen diese den Anforderungen der Norm genügen. Der Errichter hat mit einem zertifizierten Produkt in der Regel nicht mehr die Möglichkeit, über Optionen zu entscheiden, wenn diese bereits als gegebene Gerätefunktion in der Zertifizierung berücksichtigt wurden.

Für den Fall der akustischen Störungsmeldung ist es ratsam bzw. erforderlich, eine Bestätigung dieser akustischen Störungsmeldung zu realisieren, um ohne die kontinuierlich anstehende akustische „Belästigung" zum Beispiel eine Fehlerbeseitigung vornehmen zu können. Sollte jedoch bei einmaliger Bestätigung einer Fehlermeldung eine weitere Fehlersituation eintreten, hat auch eine neue akustische Signalisierung zu erfolgen. Ebenso kann es je nach optionaler Herstellung der SAZ erforderlich sein, dass Fehlermeldungen automatisch zurückgestellt werden, wenn der Fehler nicht mehr vorliegt.

Bei größeren Anlagen ist es sinnvoll, eine der Sprachalarmzentralen als Hauptzentrale auszulegen. An dieser Hauptzentrale ist es durchaus zulässig, auch die Meldungen der übrigen Zentralen angezeigt zu bekommen. Eine klare Differenzierung ist hier jedoch erforderlich. Meldungen von fremden Anlagen sind nicht zulässig.

In großen Einkaufszentren wird oft Hintergrundmusik ins Gebäude eingespielt. So kann dem Planer und Errichter die Aufgabe übertragen werden, zum Beispiel einen Medienserver als Zuspieler für die Hintergrundmusik zu berücksichtigen. Wie bereits beschrieben, ist diese Nebennutzung durchaus üblich und zulässig. Nicht zulässig ist jedoch, sofern es sich nicht um im gleichen Zuge zertifizierte Produkte handelt, diesen Zuspieler/Medienserver ebenfalls in den Gestellschrank der SAA mit einzubauen oder auch nur Systemmeldungen dieses Mediums auf den Meldeoberflächen der SAZ anzuzeigen. Bei baurechtlich geforderten Anlagen ist festzustellen, dass ein Medienserver nicht dem Zweck der Brandalarmierung dient und somit auch nicht im gleichen Raum untergebracht sein darf.

Die Unterbringung der Gestellzentrale einer SAA muss nicht zwangsläufig ebenerdig erfolgen, und auch die Positionierung an einer Außenwand ist nicht erforderlich, wie es schon von Fachleuten diskutiert wurde. Vielmehr sollte im Besonderen für den Zeitraum des Betriebs beachtet werden, dass der Raum tatsächlich keiner anderen Nutzung unterliegt, also ausschließlich als Aufstellungsort von Brandmeldeanlagen und SAZ dient. Die gemeinsame Unterbringung der BMZ und der SAZ in einem Raum wird in der aktuellen SAA-Norm explizit befürwortet.

Oftmals ist bei der in den meisten modernen Gebäuden gegebenen Raumnot zu beobachten, dass solche Räume im Laufe des Betriebs zum Beispiel als Lager- und Aufbewahrungsort unterschiedlichster Gegenstände genutzt werden. Dies ist keinesfalls zulässig und sollte bei den Wiederholungsprüfungen unbedingt als Mangel definiert werden. Bild 4.15 stellt die Anforderungen an den Aufstellungsort der SAZ bildlich dar. Als mit der Wartung beauftragte Fachkraft für SAA ist diese verpflichtet, mindestens der Hinweispflicht nachzukommen, wenn durch eine andersartige Nutzung des Raums (Lagerhaltung) ein Mangel entsteht. Dieser Hinweispflicht sollte auf jeden Fall schriftlich nachgekommen werden.

Vom Planer und Errichter ist ferner zu beachten, dass die SAZ – baurechtlich betrachtet – ein Bauprodukt darstellt. Das Bauprodukt SAZ ist gut daran zu erkennen, dass es auf Grundlage einer harmonisierten Norm (hier: DIN EN 54-16:2008-06 „Sprachalarmzentralen") geprüft und zertifiziert wurde. Das Bauprodukt erhält die entsprechende CE-Kennzeichnung. Eine Veränderung des Bauprodukts außerhalb der gegebenen Möglichkeiten führt in der Regel zum Verlust der Zertifizierung.

Die Hersteller der Bauprodukte entscheiden entsprechend ihrer Produktlinie, welche einzelnen Komponenten einer Zentrale zur Prüfung eingereicht werden. Hierbei kann es durchaus vorkommen, dass ein Hersteller zum Beispiel eine Serie mehrerer unterschiedlicher Verstärker mit den übrigen Komponenten der gesamten Zentrale zur Prüfung und Zertifizierung einreicht. Nun ist es keineswegs so, dass der Planer oder der Errichter sämtliche Komponenten, die zur Zertifizierung des Bauprodukts SAZ geführt haben, auch tatsächlich für sein individuelles Projekt benötigt. Die einzelnen Komponenten werden in den Zertifizierungsdokumenten aufgeführt. Die zum Betrieb der jeweiligen SAZ erforderlichen Komponenten sind entsprechend dieser Auflistung auszuwählen. Fremde, nicht dieser Auflistung zu entnehmende Komponenten, dürfen nicht verwendet werden.

Befinden sich beispielsweise unterschiedlich große Verstärker in dieser Auflistung und werden für das individuelle Projekt aber nur eine oder wenige Verstärkervarianten benötigt, ist eine spezifische Auswahl durchaus zulässig. Entgegen der gelegentlich vertretenen irrtümlichen Meinung, sämtliche Komponenten der Zertifizierungsliste müssen auch in der jeweiligen SAZ vorzufinden sein, ist eine individuelle, jedoch funktionsfähige Auswahl statthaft.

Die meisten Sprachalarmzentralen wurden von den Herstellern in Form der einzelnen Komponenten eines Produkttyps gemeinsam mit einem Gestellschrank zur Zertifizierung gebracht. Ist der Schrank innerhalb der Zertifizierungsunterlagen näher definiert, ist die Verwendung eines anderen Schrankes nicht möglich, auch wenn technische Gründe dafür nicht erkennbar sind und oftmals technisch gleichwertige Schränke als preiswertere Alternative erscheinen.

4.4.20 Mehrere Audiokanäle der SAA

Der Begriff der selektiven Übertragung wird normativ nur angeschnitten und mit der Überschrift „Audiokanäle" beschrieben. Im fortgeschrittenen Zustand eines Projekts sollte die Alarmorganisation über einen sogenannten Räumungsplan verfügen. Obwohl die Alarmorganisation Bestandteil der Konzeptphase sein soll, ist die detaillierte Erstellung in der Praxis aus verständlichen Gründen oftmals nicht möglich. Da jedoch die Anzahl der Audiokanäle, die eine Sprachalarmanlage für eine selektive Übertragung benötigt, eine grundlegende technische Eigenschaft betrifft, sollte mit dem verantwortlichen Planer für den vorbeugenden Brandschutz (Konzeptverfasser) sehr frühzeitig abgestimmt werden, ob es erforderlich sein wird, das Gebäude in bestimmten Bereichen selektiv alarmieren zu müssen.

Besteht also die Forderung, zeitgleich in unterschiedlichen Bereichen des Gebäudes verschiedene Alarmierungstexte zu übertragen, kann dies mit einer einkanaligen Anlage nicht realisiert werden. Auch andersartige Forderungen können dazu führen, dass eine einkanalige Anlage nicht einsetzbar ist und demzufolge die Anzahl der Audiokanäle entsprechend den Anforderungen aus dem Brandschutzkonzept zu dimensionieren ist. Dazu folgendes Beispiel:

Beispiel

Die Brandmeldeanlage löst die SAA im automatischen Brandfallbetrieb aus. Soll nun während des automatischen Brandfallbetriebs in einzelnen Bereichen des Gebäudes über die Feuerwehr-Einsprechstelle live eingesprochen werden, muss die Anlage mindestens über zwei Audiokanäle verfügen. Im gleichen Szenario könnte auch die Feuerwehr-Einsprechstelle dazu genutzt werden, den manuellen Brandfallbetrieb in bestimmten Bereichen zu aktivieren. Auch bei dieser Forderung wären mindestens zwei Audiokanäle erforderlich.

Hierzu ein weiteres Beispiel aus der Praxis:

Beispiel

Die SAA in einem Schulkomplex soll mit einer großen Zentrale das Schulgebäude wie auch die an das Schulgebäude angeschlossenen Sporthallen versorgen. Die Brandmeldeanlage erstreckt sich ebenfalls über den Schulkomplex und verfügt über die Möglichkeit, differenzierte Alarmauslösungen aus dem Schulgebäude wie auch aus den Sporthallen an die SAA zu übergeben. Bezüglich der unterschiedlichen Alarmierung hat der Konzeptverfasser die Anforderungen gestellt, dass das jeweils andere Gebäude, in dem keine Brandsituation detektiert wurde, nicht evakuiert werden muss. So würde ein detektierter Brand im Schulgebäude dazu führen, dass die dort befindliche SAA entsprechende Alarmierungstexte im Rahmen des automatischen Brandfallbetriebs überträgt, um hier eine Evakuierung durchzuführen. In den angeschlossenen Sporthallen jedoch soll die SAA Alarmierungstexte übertragen, die die Schüler veranlassen, innerhalb der Sporthallen zu verweilen und sich nicht in Richtung des Schulgebäudes zu bewegen. Im umgekehrten Fall, der Branddetektion in den Sporthallen, würden die Alarmierungstexte exakt entgegengesetzt übertragen werden müssen. Ein weiteres Szenario wurde entwickelt, wenn sich der Brand über den gesamten Komplex ausbreitet. Technisch hatte dies zur Folge, dass eine mehrkanalig arbeitende SAA zum Einsatz kommen musste.

Die mangelfreie Planung einer SAA passend zu den brandschutztechnischen Anforderungen kann also bezüglich selektiver Alarmierung nur erfolgen, wenn die Anzahl der Audiokanäle passend ausgewählt wird. Da es sich hierbei um eine Planungsgrundlage zur Auslegung der SAA handelt, sind solche Festlegungen bereits in der Konzeptphase zu treffen, was in der Praxis gegebenenfalls schwer zu realisieren ist.

4.4.21 Leitungsinstallationen und Forderungen aus den LAR

Die Musterleitungsanlagenrichtlinien (MLAR) werden durch die Arge Bau (Arbeitsgemeinschaft der Bauministerien der Länder) bundesweit erlassen und sind von den Bundesländern entweder gleichlautend in die Leitungsanlagenrichtlinie des entsprechenden Bundeslandes zu überführen oder können Anforderungen enthalten, die über die Musterleitungsanlagenrichtlinien hinausgehen [6]. Es ist auch nicht zu erwarten, dass jedes Bundesland auf Grundlage der gleichen Version der MLAR seine spezifische Leitungsanlagenrichtlinie aufgebaut hat. Da Bauen Ländersache ist und die einzelnen Bundesländer innerhalb ihrer Landesbauministerien durchaus unterschiedlich mit dieser Aufgabenstellung umgehen, kann keineswegs von einer bundeseinheitlichen Lösung gesprochen werden.

Wenn die Fachkraft für SAA nicht immer im gleichen Bundesland tätig ist, wird empfohlen, die im jeweiligen Bundesland gültige Leitungsanlagenrichtlinie zu beschaffen und zu beachten. Die Unterschiede in den Leitungsanlagenrichtlinien können mitunter baulich relevante Anforderungen beinhalten. Diese Anforderungen können so weitreichend sein, dass ohne erhebliche Maßnahmen im Baukörper eine nachträgliche Berücksichtigung oftmals nicht möglich ist.

Im Folgenden werden einige Zitate der Musterleitungsanlagenrichtlinie aufgeführt:

„Leitungsanlagen sind demnach Anlagen aus Leitungen, insbesondere aus elektrischen Leitungen oder Rohrleitungen, sowie aus den dazugehörigen Armaturen, Hausanschlusseinrichtungen, Messeinrichtungen, Steuer-, Regel- und Sicherheitseinrichtungen, Netzgeräte, Verteiler und Dämmstoffe für die Leitungen." (Zitat aus (M)LAR 2021, 2. Begriffe, 2.1 Leitungsanlagen)

„Die elektrischen Leitungsanlagen für bauordnungsrechtliche vorgeschriebene sicherheitstechnische Anlagen und Einrichtungen müssen so beschaffen oder durch Bauteile abgetrennt sein, dass die sicherheitstechnischen Anlagen und Einrichtungen im Brandfall ausreichend lang funktionsfähig bleiben (Funktionserhalt)." (Zitat aus (M)LAR 2021, 5. Funktionserhalt von elektrischen Leitungsanlagen im Brandfall)

„Verteiler für elektrische Leitungsanlagen mit Funktionserhalt müssen in eigenen, für andere Zwecke nicht genutzten Räume untergebracht werden, die gegenüber anderen Räumen durch Wände, Decken und Türen mit einer

Feuerwiderstandsfähigkeit entsprechend der notwendigen Dauer des Funktionserhaltes und – mit Ausnahme der Türen – aus nichtbrennbaren Stoffen abgetrennt sind.“ (Zitat aus (M)LAR 2021, 5.2.2 Verteiler für elektrische Leitungsanlagen)

„Die Dauer des Funktionserhaltes der Leitungsanlagen muss mindestens 30 min betragen bei ... Anlagen zur Alarmierung und Erteilung von Anweisungen an Besucher und Beschäftigte, sofern diese Anlagen im Brandfall wirksam sein müssen, ausgenommen sind Leitungsanlagen, die der Stromversorgung der Anlagen nur innerhalb eines Brandabschnitts in einem Geschoss oder nur innerhalb eines TreppenRaums dienen; die Grundfläche je Brandabschnitt darf höchstens 1.600 m² betragen ...“ (Zitat aus (M)LAR 2021, 5.3 Dauer des Funktionserhalts).

Bei bauordnungsrechtlich geforderten SAA sind beispielsweise die Inhalte aus oben aufgeführten Zitaten bezüglich des Funktionserhalts zu berücksichtigen. Sprachalarmanlagen enthalten mehrere Komponenten, die den Anforderungen der Leitungsanlagenrichtlinien genügen müssen. Die Sprachalarmzentrale (SAZ) ist in diesem Sinne eine Leitungsanlage, ebenso wie die Leitungen und Trägermaterialien zwischen einzelnen Komponenten der Sprachalarmanlage, wie zum Beispiel der Übertragungsweg zwischen SAZ und Lautsprechern, Sprechstellen und Unterzentralen sowie der Brandmeldeanlage.

Des Weiteren geht aus den Leitungsanlagenrichtlinien hervor, dass diese Leitungen bis zum Erreichen des Brandabschnitts, in dem diese Leitungen zur Versorgung der entsprechenden Komponenten dienen, in Funktionserhalt auszuführen sind. Ab Erreichen des zu versorgenden Brandabschnitts kann die weiterführende Installation im Brandabschnitt ohne Funktionserhalt erfolgen.

Die SAZ ist in einem eigenen, für andere Zwecke nicht vorgesehenen Raum aus nichtbrennbaren Materialien (abgesehen von Türen) unterzubringen. Nun stellt sich die Frage, ob auch die Zentrale der Brandmeldeanlage im gleichen Raum untergebracht werden darf. Handelt es sich hierbei um einen anderen Zweck? Diese Frage wird von Prüfsachverständigen kontrovers beantwortet. Eine oft vertretene Ansicht ist, dass die Zentrale der Brandmeldeanlage im gleichen Raum untergebracht werden kann, da es sich um den gleichen Zweck handelt, den Zweck der Brandalarmierung. Darüber hinaus ist davon auszugehen, dass in Zukunft Brandmeldeanlagen und Sprachalarmanlagen in ein und derselben Zentrale untergebracht sein können. Hier wäre eine Trennung der Anlagen technisch gar unmöglich.

Ein weiteres Argument für die Unterbringung der beiden Zentralen im gleichen Raum ist, dass die SAA auch normativ als Teil der Brandmeldeanlage bezeichnet wird. In der aktuellen SAA-Norm wird die gemeinsame Unterbringung von SAZ und BMZ in einem Raum wörtlich befürwortet. Auch bereits in der MVV TB von 2020 wird explizit erwähnt, dass sich beide Zentralen an einem Aufstellungsort befinden dürfen.

Andererseits kann jedoch die Meinung vertreten werden, dass die beiden Zentralen innerhalb der Brandalarmierung unterschiedliche Aufgaben erfüllen und der brandbedingte Ausfall der einen Zentrale nachteilige Beeinflussungen auf den Fortbetrieb der anderen Zentrale haben kann. Es wird auch oftmals davon gesprochen, dass die eine Zentrale eine Brandlast für die andere Zentrale darstellt. Bei größeren Objekten kommt es gelegentlich vor, dass die Zugänglichkeit zu entsprechenden Räumen personell differenziert wird. Auch daraus kann sich die Anforderung ergeben, beide Zentralen in unterschiedlichen Räumen zu positionieren.

Durch den Gesetzgeber (MVV TB) und durch die normativen Beschreibungen wird jedenfalls die Möglichkeit eingeräumt, beide Zentralen in einem Raum unterzubringen. Sollten darüberhinausgehende Anforderungen im Projekt bestehen, so ist Fachplanern und Errichtern an dieser Stelle zu empfehlen, eine frühzeitige Abstimmung dieser Thematik vorzunehmen.

Gerne werden in die Leitungsanlagenrichtlinien auch Anforderungen zu funktionserhaltenden Lautsprechern oder zur Überwachung von Übertragungswegen hineininterpretiert. Solche Anforderungen können ohne die Definition weiterer Randbedingungen nicht den Leitungsanlagenrichtlinien entnommen werden.

In der alten Version der DIN VDE 0833-4 wurden neben den Anforderungen für bauordnungsrechtlich geforderte SAA auch Anforderungen an die Leitungsinstallationen beschrieben, wenn die Sprachalarmanlage nicht bauordnungsrechtlich gefordert war. Diese Forderungen sind in der aktuellen SAA-Norm nicht mehr enthalten.

In der aktuellen Anwendungsrichtlinie sind jedoch weitere allgemeine Anforderungen an die Leitungsinstallationen dokumentiert. So ist der Querschnitt der Leitungen so zu wählen, dass der Betriebsspannungsbereich unter Berücksichtigung der Ströme und Leitungslängen entsprechend den angeschlossenen Geräten eingehalten werden soll. Es wird ein Mindestdurchmesser der Leitungsadern von 0,8 mm gefordert. In vielen Seminaren und Schulungen kommt es immer wieder zu der Frage, welcher zulässige Spannungsfall zum Beispiel in Form einer prozentualen Angabe auf den Übertragungswegen zu den Lautsprechern zulässig ist.

Die aktuelle Anwendungsrichtlinie beschreibt dies in einer nicht normativen Anmerkung. Demnach soll der maximale Spannungsfall 10 % betragen dürfen. Dies ist auf Lautsprecherleitungen bezogen und gilt für den Fall, dass die entsprechenden Verstärker mit maximaler Ausgangsleistung betrieben werden. Ebenso wird in der Anmerkung eingeräumt, dass der empfohlene maximale Spannungsfall von 10 % überschritten werden darf, wenn nach wie vor die projektierte Lautstärke und die normativ erforderliche Sprachverständlichkeit gewährleistet werden können. Neben dem Spannungsfall auf langen Lautsprecherleitungen sollte zudem der Aspekt berücksichtigt werden, dass durch die Länge der Leitung eine Veränderung des Frequenzspektrums auftreten kann und dies unter Umständen die Sprachverständlichkeit reduziert.

In der Planungsphase sind sämtliche Übertragungswege, also die Leitungen der SAA, detailliert festzulegen. Dazu gehört, dass die elektrischen Kennwerte aller Leitungen, wie Spannungsfall, Strombelastbarkeit, Impedanz, Kapazität, Durchschlagsspannung und Isolationswiderstand passend zur SAA dimensioniert werden. Bei der Planung der Verlegesysteme, des Leitungsaufbaus und der örtlichen Positionierung im Baukörper ist zudem unter Umständen zu berücksichtigen, dass Übersprechen und elektromagnetische Störungen Einfluss auf die Sprachverständlichkeit haben können. Die Wahl des Leitungsmaterials und der Verlegungsart sind zudem nach Herstellerangaben systemspezifisch vorzunehmen. Aber auch die räumlichen und bauordnungsrechtlichen Bedingungen müssen bei der Wahl Berücksichtigung finden.

Da in Zukunft unter Umständen damit zu rechnen ist, dass auch eine IT-Infrastruktur als Übertragungsweg zwischen den Komponenten einer SAA Verwendung findet, gelten die beschriebenen Anforderungen an Leitungen und Leitungsinstallation im übertragenen Sinne auch für eine IT-Infrastruktur.

Abgesehen vom Funktionserhalt der Leitungsinstallationen sind die Vorgaben zur Ausfallsicherheit aus DIN VDE 0833-4:2024-06 „Festlegungen für Anlagen zur Sprachalarmierung im Brandfall“ zu entnehmen. Hier sind vorwiegend die Sicherheitsstufen I, II und III von Bedeutung. In den Definitionen der Sicherheitsstufen wird beschrieben, welche Auswirkungen ein einfacher Fehler auf einem Übertragungsweg, wie Kurzschluss, Unterbrechung oder Erdschluss, haben darf. Darüber hinaus besteht die Anforderung, dass ein Beschallungssektor (Alarmierungsbereich) nicht größer als 1.600 m^2 sein darf.

Für die verschiedenen Verkabelungsvarianten zu den Lautsprechern ist vorwiegend die Definition des einfachen Fehlers auf einem Übertragungsweg zu verwenden.

Ab Sicherheitsstufe II darf das Auftreten eines einzelnen Fehlers auf einer Übertragungsleitung nicht dazu führen, dass der gesamte damit betriebene Alarmierungsbereich nicht mehr beschallt wird. Dies wurde bereits im Abschnitt 4.4 beschrieben. Somit ist lediglich eine Verschlechterung der Sprachverständlichkeit auf die reduzierten Anforderungen erlaubt. Dieser Anforderung ist meist sehr einfach zu entsprechen, wenn in jedem Alarmierungsbereich eine Aufteilung auf zwei Linien vorgenommen wird. Hierbei handelt es sich um die sogenannte A/B-Verkabelung (**Bild 4.16**), bei der jeder zweite Lautsprecher an der jeweiligen Linie A bzw. B angeschlossen ist. Die Einspeisung der beiden Linien muss jedoch sicherstellen, dass eine Rückwirkungsfreiheit, zum Beispiel bei Auftreten eines Kurzschlusses, gewährleistet ist bzw. die Auswirkungen eines Kurzschlusses in Bezug auf das Beschallungsziel berücksichtigt werden.

Je nach Anlagenkonzept ist die Überwachung großer Lautsprecherlinien mit vielen Lautsprechern mithilfe einer Impedanzüberwachung nicht mehr verlässlich möglich. Bei der Impedanzüberwachung wird die entsprechende Lautsprecherlinie von der Zentrale (SAZ) meist mit einem Pilotton beaufschlagt, um über die Strommessung zur Impedanz zu gelangen. Einerseits wirken sich Schallereignisse durch Umgebungsgeräusche an Membranlautsprechern auf die Impedanz aus und andererseits ändert sich die Impedanz der Lautsprecher in Abhängigkeit von der Temperatur mehr als die der Leitung. Im Rahmen der Impedanzüberwachung wird somit ein Fenster ge-

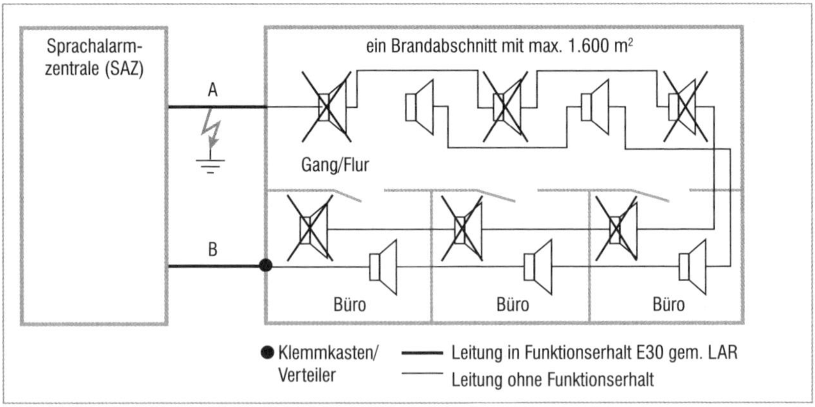

Bild 4.16 Prinzipdarstellung eines Einfachfehlers

wählt, das es ermöglicht, die Veränderungen zum Beispiel durch Temperatur zu berücksichtigen.

Bei sehr großen Lautsprecherlinien mit vielen Lautsprechern muss das Überwachungsfenster jedoch so groß gewählt werden, dass auch die Unterbrechung der Übertragungsleitung unter Umständen nicht mehr erkannt werden kann, da die Veränderung im Toleranzfenster liegt. Bei solchen Randbedingungen bietet es sich an, Systeme mit sogenannten *„End of line"-Gliedern* zu verwenden, wie es in **Bild 4.17** dargestellt ist. „End of line"-Glieder (EOL-Glieder) werden, wie der Name es schon verrät, am Ende einer Linie positioniert. Die SAZ hat somit die Gelegenheit, bis zum Ende der Lautsprecherlinie zu überwachen, indem eine definierte Rückantwort vom „End of line"-Glied erwartet wird.

„End of line"-Glieder können herstellerspezifisch an unterschiedlichen Stellen positioniert werden. Auch die „Rückleitung" kann bei manchen Systemen direkt wieder über die Lautsprecherleitung erfolgen, wieder andere Systeme erfordern eine separate Rückleitung, wie in Bild 4.17 angedeutet. Bei den unterschiedlichen Systemen ist stets zu entscheiden, ob es sinnvoller ist, das „End of line"-Glied tatsächlich am letzten Lautsprecher zu positionieren oder in der SAZ unterzubringen, um eine Auffindbarkeit zu erleichtern.

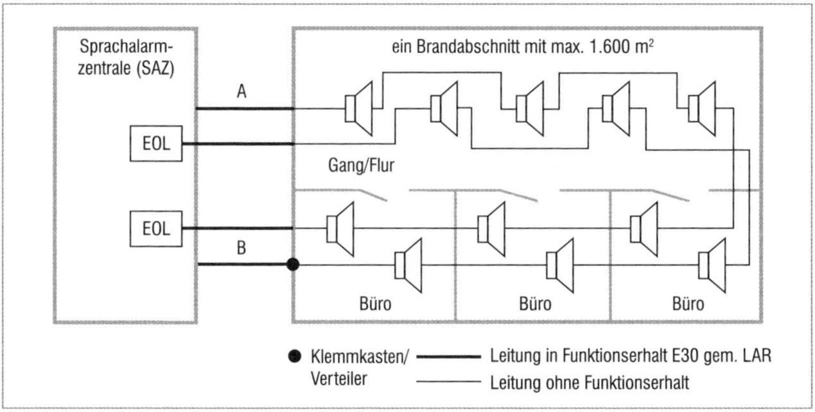

Bild 4.17 Darstellung der A/B-Verkabelung mit EOL-Gliedern

4.4.22 Überspannungsschutz/Blitzschutz

In der alten Anwendungsrichtlinie DIN VDE 0833-4:2014-10 „Festlegungen für Anlagen zur Sprachalarmierung im Brandfall" wurde an mehreren Stellen darauf hingewiesen, dass die Sprachalarmanlage vor Überspannung zu schützen ist. Hier wurde im Besonderen darauf hingewiesen, dass vorhandene Blitzschutzmaßnahmen nach den einschlägigen Vorschriften auch auf SAA anzuwenden sind. Mit diesen sehr allgemeinen Formulierungen konnten Planer und Errichter jedoch keine ausreichenden Erkenntnisse erlangen.

Mit der aktuellen SAA-Norm wurde das Thema lediglich noch durch Benennung der entsprechenden Normierung für Blitzschutz im Literaturverzeichnis erwähnt. Demnach sind für die Installation von Sprachalarmanlagen – soweit anwendbar – DIN E 62305-3 „Blitzschutz – Teil 3: Schutz von baulichen Anlagen und Personen“ und DIN 62305-4 „Blitzschutz – Teil 4: Elektrische und elektronische Systeme in baulichen Anlagen“ zu beachten. Eine unmittelbare Ableitung von expliziten technischen Anforderungen bei der Auslegung von Sprachalarmanlagen geht durch die schlichte Benennung der Normen im Literaturverzeichnis nicht hervor.

Für die elektrischen Anlagen eines Neubaus gilt seit Oktober 2016 der Einbau von Überspannungsschutzmaßnahmen als verpflichtend.

Um der allgemeinen Aufgabenstellung ein größeres Verständnis entgegenbringen zu können, soll an dieser Stelle kurz erläutert werden, wie Überspannungen zustande kommen und die Sprachalarmanlage gefährden.

Grundsätzlich können zwei Arten der Einwirkung unterschieden werden:

- Durch einen direkten Blitzeinschlag in das Gebäude, in dem auch die SAA installiert ist, entsteht ein sehr starkes elektromagnetisches Feld. Dieses elektromagnetische Feld kann unmittelbar auf die Komponenten der SAA einwirken. Die Einwirkung ist in der Regel induktiv, da zum Beispiel auch einadrige Leiter in einem geschlossenen Stromkreis vereinfachend als Spule mit einer Windung bezeichnet werden können. Bei Auftreten eines äußeren elektromagnetischen Felds können somit in sehr viele Komponenten der SAA erhebliche Spannungen induziert werden. Gerade bei Komponenten mit kleinen Betriebsspannungen, wie sie in der Vorverstärkung, aber auch in der Steuerung der Anlage vorkommen, können induzierte Überspannungen zu erheblichen Schäden führen. Selbstredend kann es durch den Blitzeinschlag ebenso unmittelbar zu enorm hohen Strömen in Leitungen und Komponenten der SAA kommen.
- Durch metallische Leitungen, die in das Gebäude geführt werden und bei einem Blitzeinschlag in der Nähe einen erheblichen Spannungsanstieg verzeichnen, unterliegen sämtliche ebenfalls daran angeschlossenen Anlagen wie die SAA diesem Spannungsanstieg. Sollte die SAA darüber hinaus eigene Leitungen haben, die gebäudeübergreifend installiert sind, trifft dieser Aspekt besonders zu.

Welche Maßnahmen sind zum Schutz vor Überspannungen zu treffen?
Die Maßnahmen hängen sehr stark davon ab, an welcher Stelle und bezüglich welcher Einwirkung ein Schutz erzielt werden soll. Es kann davon ausgegangen werden, dass ein ausreichender Schutz der empfindlichen Geräte erst am Ende einer Kette mehrerer Schutzmaßnahmen erreicht wird. Sind zum Beispiel in der Niederspannungshauptverteilung (NSHV) Blitzstromableiter als Überspannungsschutzeinrichtung vorhanden, sind diese unter Umständen bezüglich ihres Ansprechverhaltens und der Verringerung der Überspannung für den direkten Blitzeinschlag vorgesehen. Ohne weitere Überspannungsschutzeinrichtungen wäre die noch verbleibende Überspannung so hoch, dass empfindliche Geräte beschädigt werden könnten.

Daher werden in der NSHV oder in den nachfolgenden Unterverteilungen zusätzlich spezifische Überspannungsableiter vorgesehen. Diese haben ein Ansprechverhalten, das auf den typischen Spannungs-/Zeitverlauf bei einen Blitzeinschlag in der Peripherie anspricht. Überspannungsableiter wie auch Blitzstromableiter stellen beim Ansprechen einen Erdschluss her, wodurch die auf den zu schützenden Leitungen verbleibende Überspannung erheblich verringert wird. Doch auch nach dem spezifischen Überspannungsableiter kann die verbleibende Überspannung zu Schäden an empfindlichen Geräten führen.

Für empfindliche elektronische Geräte sollten demnach weitere Überspannungsableiter zum Einsatz kommen, um die verbleibenden Überspannungen auf ein Minimum zu reduzieren. Diese Überspannungsableiter werden in der Regel vom Hersteller der Geräte bereits innerhalb der Geräte vorgesehen. Ob dies im Einzelfall bei der geplanten oder zu errichtenden SAA tatsächlich so ist, sollte im Rahmen der Planung ermittelt werden. Bei Bedarf können derartige Überspannungsableiter auch separat vorgesehen werden.

4.4.23 Brandfalldurchsage

Die Brandfalldurchsage (BFD) kann in zwei Untergruppen aufgeteilt werden. Sollte die Brandfalldurchsage live über das Notfallmikrofon eingesprochen werden, können von der technischen Seite lediglich die Eigenschaften und die Funktion des Notfallmikrofons sowie dessen Positionierung und Umgebungsbedingungen beeinflusst werden. Dies kann erheblichen Einfluss auf die Wirksamkeit der Brandfalldurchsage haben. Einer der Hauptfaktoren ist jedoch das Verhalten der Person, die die Durchsage spricht. Die dazu erforderlichen Fähigkeiten, um eine hohe Wirksamkeit zu erlangen, sind von Planern und Errichtern der SAA kaum zu beeinflussen. Auch normativ sind dazu nur wenige Anforderungen dokumentiert. Da der menschliche Faktor bezüglich der Wirksamkeit einer direkt eingesprochenen Durchsage in erheblichem Umfang darüber entscheidet, ob eine ausreichende Sprachverständlichkeit erreicht wird und dies auch nur in sehr engen Grenzen technisch beeinflusst werden kann, sollte die Übertragung von Brandfalldurchsagen vorzugsweise von einem Sprachspeicher erfolgen.

Ist jedoch auf Grundlage der Alarmorganisation festgelegt, dass vorwiegend eine Alarmierung mit direkt eingesprochenen Durchsagen zu erfolgen hat, so sind die im weiteren Verlauf des Abschnitts beschriebenen inhaltlichen Anforderungen an die BFD auch für den Live-Betrieb zu berücksichtigen. Demnach müssen diese Vorgaben im SAA-Konzept auch explizit für die direkt eingesprochenen Durchsagen dokumentiert werden. Ansonsten erfolgt die Dokumentation, soweit dies bezüglich des Bauablaufs bereits möglich ist, natürlich auch in Bezug auf die gespeicherte BFD. Die Auslösungen können dabei im automatischen Brandfallbetrieb oder manuell erfolgen.

Natürlich ist die Wirksamkeit bei Übertragung einer Brandfalldurchsage vom Sprachspeicher auch davon abhängig, mit welcher Qualität die Aufzeichnung und Produktion der Brandfalldurchsage erfolgte. Es erscheint einleuchtend, dass eine Sprachalarmanlage, die technisch dazu geeignet ist, eine hohe Sprachverständlichkeit zu erzielen, dennoch ihr Ziel verfehlt, wenn die gespeicherte Brandfalldurchsage von minderer Qualität ist. Dieser Umstand ist in der Praxis regelmäßig vorzufinden. Im praktischen Baualltag ist das Arbeitsaufkommen gegen Ende des Bauprojekts zumeist sehr hoch und es kommt nicht selten vor, dass kurz vor Inbetriebnahme oder gar Nutzung bzw. Prüfung durch den Sachverständigen noch schnell ein Techniker mit laienhaften Mitteln eine Brandfalldurchsage aufzeichnen muss, um sie anschließend auf dem Sprachspeicher abzulegen. Leider entspricht dann die Qualität der Brandfalldurchsage oft nicht den Anforderungen, die an die SAA von der technischen Seite gestellt werden. Bei einer solchen Situation mit einer SAA, die eigentlich allen technischen Anforderungen genügt, die erforderliche Sprachverständlichkeit zu erzielen, wird die Wirksamkeit aufgrund einer mangelhaften Brandfalldurchsage dennoch gefährdet. Damit zukünftig die Brandfalldurchsage mit den an die SAA gestellten technischen Anforderungen harmoniert, sind normativ umfangreiche Bedingungen und Anforderungen für Brandfalldurchsagen dokumentiert. Da dies nicht nur aus technischen, sondern auch aus planerischen und organisatorischen Aspekten besteht, müssen sich bereits die Fachplaner mit der BFD auseinandersetzen.

Im Regelfall müssen bereits in der Planung folgende Aspekte bearbeitet und dokumentiert werden:

- Der Inhalt einer BFD ist auf Grundlage der Alarmorganisation abzustimmen. Demnach kann es durchaus sein, dass der Ablauf einer Brandalarmierung unmittelbar vom Inhalt der BFD tangiert wird. Die dazu erforderlichen Abstimmungen müssen mit den zuständigen Stellen vorgenommen werden. Es ist also ratsam, dass sich der SAA-Planer mit dem Verfasser des Brandschutzkonzepts, gegebenenfalls mit der Feuerwehr und mit den Vertretern der zuständigen Behörde (z. B. Bauordnungsamt) abstimmt, um einen auf den Ablauf der Brandalarmierung zugeschnittenen BFD-Inhalt zu erstellen. Bei der Abstimmung des Inhalts sollte unbedingt die Maßgabe eingehalten werden, dass die BFD so kurz wie möglich gehalten, jedoch mit allen erforderlichen Inhalten versehen wird, damit die betroffenen Personen eine zweifelsfreie Umsetzung der gesprochenen Anweisungen ermöglicht bekommen.
- In der Planungsphase ist vom Planer im Regelfall durch Abstimmung mit dem Auftraggeber oder Betreiber zu untersuchen, welche Personen im Brandfall von der SAA mit der BFD informiert werden sollen. Dabei spielt es eine besondere Rolle, welche Sprache die betroffenen Personen sprechen bzw. welche Sprachen sie auf welchem Niveau verstehen können. Diese Untersuchung ist erforderlich, um darüber zu entscheiden, ob es ausreichend ist, die BFD in deutscher Sprache zu übertragen oder ob zusätzlich andere Sprachen ebenfalls übertragen werden müssen. Sollten mehrere Sprachen zum Einsatz kommen, so ist zu entscheiden, welche Sprachen verwendet werden müssen. Die Ergebnisse dieser Untersuchung sind im Rahmen der Planung zu dokumentieren. Sollte die BFD nicht nur in deutscher Sprache übertragen werden müssen, so gelten alle Anforderungen an die BFD auch für die übrigen Sprachen der BFD.
- Je nach Alarmorganisation und Komplexität des Gebäudes sowie unter Umständen der damit verbundenen komplexen Evakuierungssituation kann es erforderlich sein, dass unterschiedliche Brandfalldurchsagen im Gebäude gleichzeitig übertragen werden müssen. Sind die Gebäudebereiche, die mit unterschiedlichen BFD versorgt werden, akustisch aneinander gekoppelt, sodass die BFD eines Bereichs akustisch auch in den angrenzenden Bereich einwirken kann, in dem eine andere BFD übertragen wird, ist dieser Umstand detailliert zu untersuchen. Die gleichzeitige Übertragung mehrerer BFD darf nicht dazu führen,

dass die Mindestanforderungen an die Sprachverständlichkeit unterschritten werden. Unter Umständen ist dies, je nach akustischer Einwirkung, jedoch nicht zu vermeiden, wodurch die Anforderung begründet werden kann, von einer gleichzeitigen Übertragung unterschiedlicher Brand-
falldurchsagen abzusehen. In einem solchen Fall müsste bereits in der Alarmorganisation eine zeitliche Abfolge zur Übertragung der unterschiedlichen Durchsagen festgelegt werden. Neben dem Umstand der möglichen gegenseitigen akustischen Beeinflussung muss überdies analysiert werden, welchen Einfluss die unterschiedlichen Brandfalldurchsagen auf die zu informierenden Personen haben und ob damit der gewünschte Verlauf der Evakuierung gewährleistet werden kann.

Neben den unmittelbar in der Planung zu erarbeitenden und zu dokumentierenden Aspekten werden weitere Anforderungen an die BFD gestellt.

Bei der Messung der Sprachverständlichkeit wird davon ausgegangen, dass ein idealer Sprecher verwendet und durch das Testsignal repräsentiert wird. Damit bei der Übertragung der BFD eine mit der Messung vergleichbare Situation erlangt wird, muss die BFD unter professionellen Gegebenheiten produziert werden. Demnach muss die Aufnahme der BFD in einem Tonstudio oder einer damit vergleichbaren technischen und akustischen Umgebung erfolgen. Ferner wird normativ beschrieben, welche audiotechnischen Anforderungen an die BFD zu erfüllen sind. Die Aufnahme muss frei von Störungen sein. Derartige Störungen können zum Beispiel Verzerrungen, ungewollte Klangveränderungen, nicht vorgesehene Dynamikveränderungen, Nachhall, Rauschen oder einzeltonhaltige Störgeräusche sowie wahrnehmbare Veränderungen des Audiosignals durch digitale oder analoge Wandlungen sein. Solche Störungen treten in Tonstudios gewöhnlich nicht auf.

In der neuen SAA-Norm wird eine weitere Möglichkeit zur Produktion der BFD beschrieben. Bei dieser Art von Produktion wird nicht klassisch eine Sprachaufnahme von einem Sprecher oder einer Sprecherin hergestellt, sondern es wird ein System verwendet, bei dem eine Texteingabe zu einer Sprachausgabe umgewandelt wird. In Zukunft ist es auch denkbar, dass ein System aus Textfragmenten nach definierten Vorgaben selbstständig eine BFD generiert. Eine Sprachnachricht nicht unmittelbar von einer Person sprechen zu lassen, sondern eine „synthetische" Sprachausgabe vorzunehmen, wird auf Grundlage erheblich unterschiedlicher Verfahren realisiert. Es ist damit zu rechnen, dass die Entwicklung in diesem Bereich in den nächsten Jahren deutliche Fortschritte machen wird. Einer der Ansätze ist es, Sprachfragmente (einzelne Worte, kurze Sätze, Satzbestandteile usw.) menschlicher Sprecher oder Sprecherinnen zu verwenden und mithilfe eines Softwareprogramms daraus eine komplette Sprachnachricht erstellen zu lassen. Auch gibt es Ansätze, Sprache komplett ohne menschliche Sprachfragmente synthetisch zu produzieren. Wie auch immer die Sprachausgabe hergestellt wird, so wird normativ derzeit davon ausgegangen, dass der Inhalt der BFD bei Nutzung solcher Systeme zunächst in Textform abgestimmt, dokumentiert, erstellt und dem System vorgegeben wird.

Systeme, die aus Text oder Textbestandteilen eine Sprachausgabe herstellen können, sind derzeit bereits in sehr unterschiedlicher Qualität verfügbar. Werden die beschriebenen audiotechnischen Anforderungen an die klassisch produzierte BFD auch von solchen Systemen erfüllt, so stellt dies eine zumeist auch wirtschaftlich interessante Alternative dar. Die Systeme müssen bezüglich ihrer Qualität so ausgereift sein, dass der Eindruck real sprechender Personen vermittelt wird. Mehr oder weniger hochqualitative Systeme zur Wandlung von Text in Sprache werden mittlerweile auch in einigen anderen Bereichen der Sprachwiedergabe verwendet. In Flughäfen und Bahnhöfen sind derartige Systeme zum Teil bereits für betriebliche Durchsagen etabliert, aber auch bei der Vertonung von Dokumentarfilmen wird diese Technologie bereits genutzt. Ein weiterer Vorteil bei der Nutzung eines derartigen Systems liegt darin, dass die Veränderung der BFD mit relativ geringem Aufwand möglich ist und sich die BFD somit einer geänderten Situation im Objekt auch kurzfristig anpassen lässt.

In Objekten mit schwierigen akustischen und beschallungstechnischen Voraussetzungen ist es oftmals nur möglich, die SAA bezüglich der Sprachverständlichkeit im grenzwertigen Bereich zu betreiben. In einer solchen Situation kann die Wirksamkeit der BFD verbessert werden, wenn zusätzlich subjektive Maßnahmen bei der Produktion der BFD berücksichtigt werden. Ausgebildete Sprecher und Sprecherinnen beherrschen in der Regel eine auf diese akustisch grenzwertige Situation angepasste Sprechweise durch Verwendung geeigneter Artikulation, Betonung, geschickte Wahl der Sprechpausen, Sprechtempo und Stimmlage.

Sind solche subjektiven Maßnahmen zur Optimierung der Wirksamkeit einer BFD erforderlich, so muss dies bei der Produktion der BFD berücksichtigt werden. Die Sprechweise ist jedoch nicht nur in akustisch grenzwertigen Situationen, sondern grundsätzlich so zu wählen, dass damit die erforderliche Autorität für eine BFD gewährleistet wird. Eine besonders souveräne Sprechweise sorgt zudem dafür, dass die zu informierenden Personen den Eindruck haben, dass es sich um eine direkt eingesprochene Durchsage handelt und damit die Dringlichkeit nochmals gesteigert wird. Der Inhalt der BFD muss aus klaren, kurzen und maximal verständlichen Anweisungen bestehen, ohne komplizierte Ausdrucksweisen, Fremdwörter und bürokratische Formulierungen zu verwenden. Die Dringlichkeit der Durchsage kann gegebenenfalls dadurch gesteigert werden, dass in der BFD erwähnt wird, wer die Durchsage tätigt (z. B. die Feuerwehr).

Der Ablauf einer Evakuierung im Brandfall kann je nach Gebäudetyp sehr individuell sein. Dabei spielen die Nutzung des Gebäudes, die Länge und Komplexität der Fluchtwege, die anwesenden Personen und die gebäudetechnischen Gegebenheiten eine wichtige Rolle. Gegebenenfalls müssen Hinweise zur Nutzung von Aufzugsanlagen, Hinweise für benachteiligte Personen oder Anweisungen zur Hilfeleistung in der BFD untergebracht werden. Dennoch ist dafür Sorge zu tragen, dass die BFD so kurz wie möglich zu halten ist. Ebenso kann es erforderlich sein, dass in Abhängigkeit der vorgenannten Aspekte eine bestimmte Anzahl von Wiederholungen der BFD sinnvoll ist, um einen möglichst hohen Evakuierungserfolg zu erzielen.

In der Vergangenheit wurde regelmäßig eine bewusste Falschinformation bei der Brandalarmierung verwendet. Bei derartigen Falschinformationen wurde im Brandfall oft eine technische Störung vorgeschoben, um eine Evakuierung durchzuführen. Solche Falschinformationen werden durch die neue SAA-Norm für unzulässig erklärt. Stattdessen muss eine klare und ernst zu nehmende Information über den Brandfall erfolgen. Die mit der BFD übertragenen Handlungsanweisungen müssen den betroffenen Personen Klarheit über die Situation verschaffen und eine unmittelbare Umsetzung ohne eine verzögernde Entscheidungsphase ermöglichen.

Da SAA nicht nur für den Brandfall sondern auch für andere Notfallsituationen zum Einsatz kommen dürfen, gelten diese Anforderungen im übertragenen Sinne auch jeweils für die anderen Notsituationen. Die deutliche und unmissverständliche Information der betroffenen Personen soll bewirken, dass die Anweisungen unmittelbar befolgt werden und panisches Verhalten vermieden wird. Dies stellt freilich eine Gratwanderung dar, da Informationen, die zu wenig konkret sind, die betroffenen Personen eher zu langsamen und verzögerten Reaktionen bewegen. Im Gegenzug dazu können jedoch zu drastische Informationen dafür sorgen, dass die betroffenen Personen ängstlich reagieren und möglicherweise nicht ruhig und besonnen bleiben. Dazu zwei Beispiele:

Beispiel 1
„Im Gebäude ist ein Feuer ausgebrochen. Bitte verlassen Sie das Gebäude umgehend auf den gekennzeichneten Fluchtwegen."

Beispiel 2
„Im Gebäude ist ein Feuer ausgebrochen. Sie befinden sich in Lebensgefahr. Bitte verlassen Sie schnellstmöglich das Gebäude auf den gekennzeichneten Fluchtwegen."

Sicher beschreibt das Beispiel 2 die Situation deutlicher und vermittelt den Ernst der Situation etwas vehementer. Jedoch ist die Frage zu stellen, ob der Evakuierungserfolg und das unmittelbare Befolgen der Anweisungen nicht möglicherweise durch die brisantere Information verlangsamt wird, weil die betroffenen Personen durch den Hinweis auf die Lebensgefahr eventuell weniger besonnen reagieren. Dies hängt freilich auch von den Personen sowie der Nutzungssituation ab und ist individuell zu entscheiden.

Oft wird die SAA auch für betriebliche Durchsagen außerhalb einer Notsituation verwendet. Während der Notsituation ist jedoch zumeist durch technische Maßnahmen sicherzustellen, dass zum Beispiel betriebliche Durchsagen und die Durchsagen im Notfall nicht konkurrierend übertragen werden. Die Unterscheidung muss absolut eindeutig sein. Während der Notsituation sind andere, nicht mit dem Notfall zusammenhängende Durchsagen auszuschließen.

Bei der Produktion der BFD sind die anlagentechnischen Gegebenheiten der SAA ebenfalls zu berücksichtigen. Die Produktion muss immer im Hinblick auf eine maximal erreichbare Sprachverständlichkeit erfolgen. Sind beispielsweise auf Grundlage der akustischen und beschallungstechnischen Gegebenheiten Veränderungen in der Bandbreite oder Signaldynamik (Equalizer und Kompressoren) erforderlich, die SAA über diese Eigenschaften jedoch nicht verfügt, so müssten im Hinblick auf eine optimale Sprachverständlichkeit derartige Signalveränderungen bereits bei der Produktion berücksichtigt werden.

Zusammengefasst sind nun also umfangreiche Anforderungen an die BFD normativ dokumentiert und haben zur Folge, dass sich Fachplaner und Errichter mit dieser Thematik auseinandersetzen müssen, um eine auf das Objekt individuell zugeschnittene BFD zur Verfügung zu stellen. Sicher wird sich dies auch im Laufe der nächsten Jahre in der Anwendung der neuen SAA-Norm relativieren. Es ist durchaus denkbar, dass für verschiedene Gebäudetypen mit festgelegten Nutzungen auch jeweils standardisierte und mehrfach anzuwendende BFD hergestellt werden. Dies könnte zum Beispiel auf Objekte wie Einkaufszentren, Freizeitbäder, Sportstätten, Beherbergungsbetriebe, Verwaltungsgebäude usw. zutreffen, solange die maßgeblichen Kriterien zur Auslegung der BFD je Objekttyp übereinstimmend sind.

Auch wenn die Zusammenhänge zur Herstellung der BFD einleuchtend sind, werden die Anwender jedoch in der Baupraxis oftmals bemerken, dass eine Umsetzung aller Anforderungen kaum möglich ist. Die Anforderungen bezüglich der BFD, die aus dem logischen Verständnis heraus bereits in der Planungsphase umzusetzen sind, können oftmals von den Planern nicht abgearbeitet werden, da die erforderlichen Eingangsinformationen schlicht nicht zur Verfügung gestellt werden. Oft sind Bauwerke zu planen und zu erstellen, ohne dass bereits explizite Nutzungen und die im Gebäude befindlichen Personen sowie die Betreiber feststehen. Erst während oder nach der Fertigstellungsphase wird beispielsweise mit der Verpachtung und Vermietung einzelner Flächen im Gebäude begonnen, sodass maßgebliche Entscheidungen zur BFD auch erst zu diesem Zeitpunkt getroffen werden können. In anderen Objekten wiederum werden Festlegungen zur expliziten Durchführung einer Evakuierung im Brandfall oder in anderen Notsituationen in der Planungsphase noch für deutlich verfrüht empfunden und man verschiebt die erforderlichen Festlegungen und Analysen auf einen Zeitraum kurz vor oder bereits nach der Fertigstellungsphase.

Dies stellt für Planer und Errichter freilich eine erhebliche Herausforderung dar, einerseits den projektspezifischen Anforderungen zu genügen und andererseits die normativen Vorgaben zu erfüllen. Für solche Projekte wird sich in Zukunft ein bestimmter Umgang mit den Anforderungen an die BFD ergeben. Dies kann dadurch gekennzeichnet sein, dass man aufgrund mangelnder Eingangsgrößen zunächst offen lässt, welche Spezifizierungen der BFD später zu treffen sind und zum Beispiel durch geschickte Ausschreibung eigentlich in der Planungsphase festzulegende Eigenschaften in die Errichtungsphase verschiebt. Auch wenn dies normativ eigentlich nicht vorgesehen ist, ist ein solches Vorgehen manchmal der einzige Weg, um eine Lösung im Sinne des Projekts zu erreichen.

4.4.24 Notfallmikrofon und Feuerwehr-Einsprechstelle (FES)

Notfallmikrofone werden bei SAA als eine Komponente der Zentrale betrachtet. Dies ist durch DIN EN 54-16 geregelt, indem das Notfallmikrofon eine Option mit Anforderungen ist. Der Begriff *Notfallmikrofon* wird jedoch für gewöhnlich bei SAA nicht verwendet. Anstelle dessen werden die beiden Begriffe *Brandfallmikrofon* oder *Feuerwehr-Einsprechstelle* regelmäßig verwendet. Die beiden so bezeichneten technischen Komponenten sind mit dem Notfallmikrofon der europäischen Normierung gleichzusetzen. Sie werden an der Zentrale der SAA angeschlossen und haben bezüglich ihrer Funktionalität die höchste Priorität im Brandfallbetrieb. Dies bedeutet, dass sämtliche anderen Brandfallbetriebe (also der automatische oder der manuelle Brandfallbetrieb) gestoppt werden, sobald die Aktivierung des Brandfallmikrofons oder der Feuerwehr-Einsprechstelle erfolgt.

Ist vom Konzeptverfasser ein Brandfallmikrofon oder eine Feuerwehr-Einsprechstelle vorgesehen, ist diese Komponente an einem für Unbefugte unzugänglichen Ort zu positionieren. Typische Positionen sind neben der BMZ oder am Feuerwehranlaufpunkt. Werden mehrere Brandfallmikrofone oder FES vorgesehen, so sind spätestens in der Alarmorganisation entsprechende Regeln zu definieren, wie die verschiedenen Mikrofone untereinander zu koordinieren sind. Dies kann dazu führen, dass Prioritäten vergeben werden müssen. Auch hier ist wieder erkennbar, dass sich mit dem Fortschritt des Projekts durchaus Details ergeben können, die während der Projektierungs- und Montagephase zu berücksichtigen sind, aber bereits während der Planungsphase in gewissen Grenzen bekannt sein müssen, um möglicherweise die korrekte Beschreibung der SAZ zum Beispiel bei der Erstellung der Leistungsverzeichnisse vornehmen zu können.

Bei der Positionierung der Mikrofone ist darüber hinaus darauf zu achten, dass der Störgeräuschpegel unter normalen Betriebsbedingungen nicht größer als 60 dB(A) ist. Ebenfalls ist zu beachten, dass die Positionierung des Mikrofons möglicherweise mit in der Nähe positionierten Lautsprechern in Korrelation steht. Würde also bei Aktivierung des Mikrofons auch die Wiedergabe der eingesprochenen Durchsage über Lautsprecher in der Nähe erfolgen, kann damit gerechnet werden, dass sich eine geringere Rückkopplungsgrenze einstellt. Wirksame Gegenmaßnahmen sind zum Beispiel eine mit geringerer Leistung vorgesehene Anpassung der Lautsprecher, eine Veränderung der Lautsprecher- oder Mikrofonposition oder – falls dies anlagenseitig möglich ist – die Stummschaltung des betreffenden Lautsprechers bei Betätigung des Mikrofons. Ferner verfügen manche Sprachalarmanlagen, meist unter Zuhilfenahme digitaler Signalprozessoren, über die Möglichkeit, eine Unterdrückung von Rückkopplungen vorzunehmen.

Die Überwachung der Übertragungswege zum Brandfallmikrofon bzw. der Feuerwehr-Einsprechstelle erfolgt bis zur Mikrofonkapsel. Weitere Anforderungen an die Überwachung der Übertragungswege sind dem entsprechenden Abschnitt 4.4.10 zu entnehmen. Die grundlegenden Anforderungen an Brandfallmikrofone sind in **Bild 4.18** zusammengefasst.

Brandfallmikrofon

- Überwachung bis Mikrofonkapsel
- keine Rückkopplung
- $P_{Stör}$ sollte < 60 dB(A) sein
- für Unbefugte unzugänglich
- wenn mehere Brandfallmikrofone, dann Koordination der Abläufe
- auf dem Feuerwehr-Hauptangriffsweg
- eindeutige Identifikation
- Wege und Eingänge zum Brandfallmikrofon werden gekennzeichnet nach DIN 4066
- nach EN 54-16

Bild 4.18 Anforderungen an Brandfallmikrofone

Die Feuerwehr-Einsprechstelle hat in den vergangenen Jahren nicht nur bezüglich der verwendeten Termini eine erhebliche Entwicklung erfahren, sondern auch normativ neue Regelungen gefunden. Mit DIN 14664 „Feuerwehrwesen – Feuerwehr-Einsprechstelle" wurde versucht, die Funktionalitäten und das Erscheinungsbild des Brandfallmikrofons zu vereinheitlichen und die Begriffe Feuerwehr-Einsprechstelle und FES zu etablieren. Wie in **Bild 4.19** zu erkennen ist, kann das Erscheinungsbild der Feuerwehr-Einsprechstelle durchaus mit den übrigen, typischerweise von der Feuerwehr zu bedienenden, Komponenten verglichen werden. Hierzu in Deutschland einen entsprechenden Standard zu definieren, kann durchaus als sehr sinnvoll bezeichnet werden.

Bild 4.19 Beispielhafte Abbildung einer Feuerwehr-Einsprechstelle

Es kann jedoch nicht außer Acht gelassen werden, dass auch dieses Brandfallmikrofon als Teil der Zentrale gemeinsam mit den übrigen Komponenten der Zentrale nach DIN EN 54-16:2008-06 „Sprachalarmzentralen" geprüft und zertifiziert wird. Demnach gehört die Feuerwehr-Einsprechstelle zum Bauprodukt Zentrale der SAA. Genauer betrachtet handelt es sich bei der FES um ein Notfallmikrofon und eine Steuereinrichtung.

Nach DIN EN 54-16 wäre es zwar möglich, „externe" Steuereinrichtungen an die SAA anzuschließen, ohne dass diese ebenfalls mit der Zentrale der SAA geprüft und zertifiziert sein müssen. Aber diese Steuereinrichtungen dürfen die verbindlichen Funktionen der SAA nicht beeinflussen. Würden diese Steuereinrichtungen jedoch in den Ablauf der Brandalarmierung eingreifen, wäre dies eine Beeinflussung der verbindlichen Funktionen der SAA. Beim Mikrofon der FES handelt es sich nach DIN EN 54-16 um ein Notfallmikrofon. Hat sich der Hersteller der SAA entschieden, derartige Mikrofone vorzusehen, dann sind diese bei der Zertifizierung ebenfalls zu prüfen. Im gleichen Zusammenhang ist jedoch auch festgelegt, dass ein bereits nach DIN EN 54-16 zertifiziertes Bauprodukt nicht durch eine nationale Anwendungsrichtlinie wie die DIN 14664 mit weiteren Anforderungen belegt werden darf. Dies sei nur ein Beispiel für die kontroverse Betrachtung, das Brandfallmikrofon neben der Anforderung, dass es Teil eines zertifizierten Bauprodukts ist, noch mit einer weiteren deutschen Normierung zu standardisieren.

Eine der Konsequenzen dieser kontroversen Betrachtung ist, dass es auch mit der aktuellen Normierung für die FES DIN 14664:2022-08 „Feuerwehrwesen – Feuerwehr-Einsprechstelle" leider nicht gänzlich gelungen ist, die Funktionalitäten und Begrifflichkeiten so zu wählen, dass eine Übereinstimmung mit der SAA-Norm erlangt wurde. Mit der jüngsten Überarbeitung der SAA-Norm in Form der DIN VDE 0833-4:2024-06 wurde nun versucht, diesen Missstand auszuräumen. Die Feuerwehr-Einsprechstelle hat unter anderem Tasten mit der Bezeichnung „Automatik ab" oder „Räumungsalarm ab". Die Bezeichnung dieser Taste suggeriert, dass mit ihrer Betätigung ein anstehender automatischer Brandfallbetrieb abgeschaltet wird. Derartige Lösungen sind in der Praxis bereits mehrfach vorzufinden. Nun könnte man argumentieren, dass es sich bei der FES um eine externe Steuereinrichtung handelt. Nur dann dürfte die Beeinflussung der verbindlichen Funktionen der SAA im automatischen Brandfallbetrieb nicht gegeben sein. Also bleibt nur noch die Möglichkeit, dass die FES eine Komponente der Zentrale der SAA ist. Dann wird jedoch nach DIN VDE 0833-4 gefordert, dass die Rückstellung aus dem automatischen Brandfallbetrieb ausschließlich nur dann erfolgen kann, wenn die BMA nicht mehr auslöst. Somit wäre es nicht normkonform, die Funktion der Taste derart auszulegen. Die Betätigung der Taste „Automatik ab“ würde in diesem Fall dazu führen, dass die SAA aus dem automatischen Brandfallbetrieb genommen wird, obwohl eine Auslösung durch die BMA noch anstehen könnte.

Sollte diese Funktion dennoch unumgänglich gefordert sein, so muss dies als Abweichung gegenüber der SAA-Norm in den bauordnungsrechtlich relevanten Dokumenten, wie zum Beispiel dem Brandschutzkonzept, beschrieben sein. In der aktuellen SAA-Norm wurde die Funktion der Taste „Automatik ab“ mit der Taste „Akustik ab“ oder „akustische Signale ab“ gleichgesetzt, die zum Beispiel auf dem Feuerwehrbedienfeld (FBF) positioniert ist. Bei dieser Funktion wird mit Betätigung der Taste keine Rückstellung der SAA aus dem Alarmzustand vorgenommen, sondern lediglich eine Stummschaltung zur Übertragung der Sprachdurchsage aktiviert, sodass die SAA dennoch im Brandfallbetrieb bleibt, solange sie weiterhin von der BMA ausgelöst wird – nur überträgt sie eben keine Audiosignale. Des Weiteren wird in der SAA-Norm beschrieben, dass bei Vorhandensein beider Tasten, also der Taste am FBF und der Taste an der FES, in der Konzeptphase das Zusammenwirken beider Tasten und Funktionen festgelegt und beschrieben werden sollte.

Eine weitere mögliche Komplikation ergibt sich gegebenenfalls bei der Nutzung des Mikrofons der FES. Je nach Auslegung ist in der Praxis bereits mehrfach festgestellt worden, dass bei Aktivierung des Mikrofons der FES die SAA verstummt, während sich die SAA im automatischen Brandfallbetrieb befindet, sobald das Mikrofon der FES wieder deaktiviert wurde. Eigentlich wäre nun gefordert, dass die Übertragung der gespeicherten Brandfalldurchsage nach der Live-Einsprache fortgesetzt wird, solange die Auslösung durch die BMA noch ansteht. Aus dem praktischen Gedanken heraus ist das Verstummen der SAA nach der Live-Einsprache durchaus logisch, entspricht jedoch nicht den Anforderungen nach DIN VDE 0833-4. Auch hier kann der Umstand einfach behoben werden, indem in der bauordnungsrechtlich relevanten Dokumentation beschrieben wird, dass diese Funktion als Abweichung gegenüber der normativen Forderung bewusst vorgesehen werden soll.

Leider ist nach wie vor festzustellen, dass nicht alle Hersteller von Sprachalarmanlagen auch eine Feuerwehr-Einsprechstelle mit der Zentrale gemeinsam zertifizieren lassen, sodass die Feuerwehr-Einsprechstelle eine Komponente der Sprachalarmzentrale nach DIN EN 54-16 ist. In solchen Fällen kommt es regelmäßig dazu, dass eine Feuerwehr-Einsprechstelle von einem

Drittlieferanten an die Sprachalarmzentrale angeschlossen wird, die auch die Funktion eines Notfallmikrofons mit der höchsten Priorität im Brandfall übernimmt sowie als externe Steuereinrichtung in die verbindlichen Funktionen der SAA eingreift. Dies könnte einerseits eine Abweichung gegenüber normativen Forderungen sein und andererseits zudem von der Anforderung abweichen, ausschließlich Bauprodukte einzusetzen. Planern und Errichtern von Sprachalarmanlagen kann also dringend empfohlen werden, ausschließlich Feuerwehr-Einsprechstellen zu berücksichtigen, die von den entsprechenden Herstellern der SAA als Teil der zertifizierten Zentrale angeboten werden, sofern es sich um bauordnungsrechtlich geforderte Sprachalarmanlagen handelt.

4.4.25 Überwachung von Komponenten und Übertragungswegen

Die Begriffe Überwachung, Ausfallsicherheit und Funktionserhalt werden bei SAA gelegentlich verwechselt oder falsch interpretiert. Anforderungen an den Funktionserhalt gehen bei baurechtlich geforderten Anlagen aus den Leitungsanlagenrichtlinien des entsprechenden Bundeslandes hervor. Bei nicht baurechtlich geforderten Anlagen werden die Anforderungen individuell abgestimmt und gehen nicht mehr aus der SAA-Norm hervor. Die Überwachung von Übertragungswegen oder anderen Komponenten der SAA wird in den Leitungsanlagenrichtlinien wiederum nicht beschrieben. Hierzu wird in der Anwendungsrichtlinie eine Fülle von Anforderungen definiert. Obwohl Planer und Errichter ausschließlich zertifizierte Produkte zur Auslegung von Sprachalarmanlagen verwenden und die Mechanismen zur Überwachung der einzelnen Komponenten bereits durch die Produkte definiert sind, ist es ratsam, sich über die tatsächlichen Anforderungen im Klaren zu sein. Dies erlangt im Besonderen dann einen größeren Stellenwert, wenn es sich um Produkte handelt, die nicht ausschließlich für den europäischen Markt hergestellt werden und erst über Programmierung der verschiedenen Parameter eine Anpassung erfahren müssen.

Eine Definition der Übertragungswege und die damit verbundenen Sicherheitsanforderungen je nach Sicherheitsstufe sind im Abschnitt „Übertragungswege" bereits enthalten. Die Überwachung hingegen ist erforderlich, um eine anlagentechnische Reaktion bei Auftreten eines einzelnen Fehlers wie Kurzschluss, Unterbrechung oder Fehler gleicher Wirkung auszulösen. Neben der Überwachung der Übertragungswege sind weitere Funktionseinheiten von der SAA selbsttätig zu überwachen.

In der Regel kann davon ausgegangen werden, dass die meisten Überwachungen derart funktionieren müssen, eine Störung innerhalb von 100 s nach Auftreten der Störung zu melden. Eine Meldung ist stets optisch erforderlich und kann, sofern der Hersteller diese Option vorgesehen hat, zusätzlich akustisch erfolgen. Um bei der Beseitigung von Störungen konzentriert arbeiten zu können, empfiehlt es sich, die akustischen Störungen zu quittieren bzw. in einer geschützten Zugangsebene zu deaktivieren. Nach Fertigstellung der Störungsbeseitigung ist es obligatorisch, in der geschützten Zugangsebene wieder eine Aktivierung der Störungsmeldung einzuschalten. Um zu überprüfen, ob in der Vergangenheit Störungen vorhanden gewesen sind, verfügt die Zentrale über die Möglichkeit, eine Störungshistorie aufzuzeichnen. Neben der akustischen Unterdrückung, um anstehende Meldungen stummzuschalten, besteht zusätzlich die Möglichkeit, eine manuelle Rückstellung der Fehlermeldungen vorzunehmen. Sollten jedoch die Störungen nach wie vor anliegen, erfolgt eine neue Ausgabe der Störmeldung.

Folgende Störungen an der SAA sind beispielsweise nach Auftreten innerhalb von 100 s zu melden:

- Ausfall eines Verstärkers,
- Ausfall eines Übertragungsweges zum Brandfallmikrofon,
- Ausfall eines Übertragungsweges zu einer schaltbaren Lautsprecherlinie,
- Ausfall des Übertragungsweges zu abgesetzten Bedien- und Anzeigeeinheiten,
- Ausfall eines Übertragungsweges zwischen zwei oder mehreren Zentralen,
- Ausfall der Hauptenergieversorgung,
- Ausfall der Mikrofonkapsel eines Brandfallmikrofons,
- Ausfall des Übertragungsweges zum Hausalarmtaster, falls an die SAA angebunden,
- Ausfall der Verbindung zur BMA, falls von der SAA überwacht.

Für folgende Komponenten werden andere Zeiten festgelegt, die nach Auftreten der Störung bis zur Übertragung der Störungsmeldung einzuhalten sind:

- Ausfall des Sprachspeichers nach 1 h,
- Ausfall der Ersatzenergieversorgung nach 15 min.

Regelmäßig wird die Frage gestellt, von wo aus der Übertragungsweg zur Brandmeldeanlage überwacht wird. Die Anwendungsrichtlinie gibt hierüber keine klare Anweisung mehr. Der Übertragungsweg zwischen SAZ und BMZ ist von der Brandmeldeanlage oder der SAA zu überwachen. Im Regelfall findet die Überwachung der Verbindung in der BMA statt. Je nach technischer Ausführung der Verbindung beider Zentralen kann zusätzlich auch eine Überwachung dieses Übertragungsweges von der SAZ vorgenommen werden. Die Überwachung des Übertragungswegs zwischen BMA und SAA ist Pflicht. Jedoch ist entgegen der alten SAA-Norm nicht mehr definiert, welche der beiden Anlagen die Überwachung übernehmen muss.

Des Weiteren sind sämtliche Fehlermeldungen der SAA mindestens als Sammelmeldung an die BMA zu übergeben. Nur selten und wenn, dann in sehr großen Anlagen mit einer Datenschnittstelle zwischen SAZ und BMZ, kommt es vor, dass differenzierte Störmeldungen aus der Sprachalarmanlage einzeln an die Brandmeldeanlage übergeben werden. Ein solches Vorgehen ist sinnvoll, wenn auch alle Meldungen der Brandmeldeanlage beispielsweise an eine ständig besetzte Stelle übergeben werden und dort eine Gebäudeleitzentrale viele Parameter des Objekts anzeigt.

Neben der Forderung, dass Störungen angezeigt werden müssen, ist je nach Auftreten der Störung auch eine differenzierte Reaktion der Anlage erforderlich. So ist bei Auftreten eines Kurzschlusses auf einem Übertragungsweg, zum Beispiel eines Lautsprecherstromkreises, nicht nur die Meldung dieser Störung, sondern gleichzeitig ein Abschalten dieses defekten Stromkreises erforderlich, um eine Rückwirkungsfreiheit auf andere Stromkreise zu erreichen. Je nach Anlagenkonzept kann die Detektion eines defekten Verstärkers das Einschleifen eines Havarieverstärkers steuern, wobei natürlich dennoch die Ausgabe einer Störungsmeldung bezüglich des defekten Verstärkers erfolgen muss. Wird der Ausfall der Hauptenergieversorgung erfasst, erfolgt hier nicht nur die entsprechende Störungsmeldung, sondern gleichzeitig das Aktivieren der Ersatzenergieversorgung. Je nach Sicherheitsstufe der SAA lassen sich für die zentralen Komponenten der Anlage eine Reihe weiterer Szenarien erdenken, bei denen die Überwachung nicht lediglich zur Meldung einer Störung, sondern zu einer weitergehenden Reaktion der Anlage führt.

Bei der Vernetzung von Sprachalarmanlagen ist es durchaus üblich, an einer Zentrale auch die Meldungen der übrigen Zentralen als übergeordnete Position zu deklarieren. Die Anzeige- und Bedieneinheiten einer komplexen SAA mit im Gebäude verteilten einzelnen Zentralen können an einer Position zusammengefasst werden. Dabei ist jedoch zu berücksichtigen, dass die Anzeigen und Bedienungen klar differenziert werden können. Eine Zuordnung zu den einzelnen im Gebäude verteilten Zentralen muss eindeutig gegeben sein.

Anzeigen von fremden Anlagen, wie zum Beispiel eines Servers zur Zuspielung von Hintergrundmusik, sind nicht zulässig.

Unter dem Aspekt, dass in Zukunft auch IT-Infrastrukturen für die Verortung von SAA-Komponenten verwendet werden können, gelten die informationstechnischen Verbindungen innerhalb der IT-Infrastruktur aus dem Blickwinkel der SAA ebenfalls als Übertragungswege. Diese Übertragungswege können auch aktive Komponenten der IT-Infrastruktur beinhalten. Sämtliche normativen Anforderungen an Übertragungswege und deren Überwachung sowie die Anforderungen an Fehlermeldungen gelten in diesem Sinne auch für die Übertragungswege einer IT-Infrastruktur, wenn diese zum Betrieb der Sprachalarmanlage verwendet werden. An dieser Stelle bleibt zu hoffen, dass sich die Hersteller die Mühe machen, entsprechende technische Lösungen zu erarbeiten, mit denen die oben beschriebenen Anforderungen bereits erreicht werden, ohne dass sich Planer und Errichter im Detail damit auseinandersetzen müssen.

4.4.26 Schnittstelle zur BMZ

In der Vergangenheit wurde die Schnittstelle zwischen der Brandmeldeanlage und der Sprachalarmanlage verhältnismäßig genau beschrieben, auch wenn die Anforderungen an diese Schnittstelle an verschiedenen Stellen in der Norm dokumentiert waren und damit der Umstand entstanden ist, dass von Planern und Errichtern nicht alle Anforderungen beachtet und umgesetzt wurden. Ein hauptsächliches Merkmal dieser dokumentierten Schnittstelle war, dass eine technische Lösung recht detailliert vorgegeben wurde. Eine Anwendungsrichtlinie darf jedoch genau genommen keine Lösung vorgeben, und so wurde mit der Überarbeitung der SAA-Norm eine völlig neue Dokumentation der Schnittstelle zwischen SAA und BMA geschaffen. Zwar wurden dabei einzelne Aspekte und Anforderungen an die Schnittstelle aus der alten Normierung übernommen, aber es wird keine technische Lösung mehr vorgegeben. Vielmehr werden Leistungsmerkmale der Schnittstelle beschrieben.

Die Verbindung zwischen der Sprachalarmanlage und der Brandmeldeanlage (BMA) ist zu überwachen. Störungen der Verbindung müssen an der BMZ optisch und akustisch angezeigt werden. Sollte es zu einer Störung auf diesem Übertragungsweg kommen, darf die Beschallung in maximal acht Alarmierungsbereichen beeinträchtigt werden. Eine nähere Definition, wie diese Beeinträchtigung aussehen kann, wird normativ nicht festgelegt. Da jedoch dieser Übertragungsweg ebenfalls entsprechend der Sicherheitsstufen zu realisieren ist, könnte ab Sicherheitsstufe II davon ausgegangen werden, dass die Beeinträchtigung mit einer Verminderung der Sprachverständlichkeit auf die reduzierten Anforderungen verbunden ist.

Die Schnittstelle dient nicht nur dazu, die Sprachalarmanlage von der Brandmeldeanlage aus in den Alarmzustand zu versetzen, sondern muss einige Aufgaben mehr erfüllen. Findet eine selektive Alarmierung einzelner Gebäudebereiche statt, ist die entsprechende Information von der Brandmeldeanlage an die Sprachalarmanlage zu übermitteln. Darüber hinaus ist auch die Rückstellung eines Alarms von der Brandmeldeanlage zur Sprachalarmanlage zu übertragen. Von der SAA wiederum ist mindestens eine Störmeldung als Sammelstörung an die BMA zu melden. Die exakten Anforderungen zur Übertragung von Störungsmeldungen sind in der Konzeptphase individuell festzulegen und zu dokumentieren. Im Alarmierungszustand kann von der BMA aus die Audioübertragung der SAA unterbrochen werden. Dies erfolgt zumeist am Feuerwehrbedienfeld (FBF) der BMA oder der Feuerwehr-Einsprechstelle (FES) der SAA. In der Regel wird diese Funktion als „Akustik ab", „Akustische Signale ab", „Automatik ab" oder „Räumungsalarm ab" bezeichnet. Im weiteren Verlauf des Textes wird die Funktion als „Akustik ab" bezeichnet.

In einigen Anlagen wurde die Funktion so gelöst, dass die Alarmierungsmeldung in Richtung SAA zurückgestellt wurde und somit fälschlicherweise an der SAA gar keine Alarmierung mehr vorlag, obwohl lediglich bezweckt werden sollte, dass das Audiosignal unterbrochen wird. Obwohl also die BMA sich noch im Alarmierungszustand befand, wurde die SAA zurückgestellt und auch die Alarmsignalisierung an der SAA meldete keine Alarmierung mehr. Dies war bereits im Sinne der alten Norm und ist im Sinne der neuen SAA-Norm eine mangelhafte Ausführung.

Auch wenn augenscheinlich damit die Funktion „Akustik ab" erreicht wurde, kann so keine eindeutige Funktionalität zwischen beiden Anlagen hergestellt werden. Wäre die SAA vor dem automatischen Brandfallbetrieb im Nichtbrandfallbetrieb zum Beispiel durch Übertragung von Hintergrundmusik genutzt worden, würde diese nicht korrekte Ausführung der Funktion „Akustik ab" bei Betätigung dazu führen, dass der automatische Brandfallbetrieb zurückgestellt und unter Umständen wieder die Hintergrundmusik übertragen wird. Solange die Brandmeldeanlage noch im Alarmierungszustand ist, darf die SAA nicht aus dem Alarmierungszustand genommen werden, es sei denn, es wird ein Brandfallbetrieb höherer Priorität ausgelöst. Das Abschalten der akustischen Übertragung (Stummschalten) darf keineswegs zur Rückstellung der SAA führen.

Nach nochmaliger Betätigung der Funktion „Akustik ab“ an der BMA muss die Brandfalldurchsage von Beginn an fortgesetzt werden. Wird die Information von der BMA in die SAA dazu verwendet, um lediglich das Audiosignal zu unterbrechen, läuft bei vielen Anlagen die Alarmierungsschleife aus dem Sprachspeicher der SAA im Hintergrund weiter, sodass nun die Hersteller gefordert sind, die Anforderungen zu erfüllen, dass nach einer Stummschaltung und erneuter Aktivierung die Brandfalldurchsage wieder am Anfang beginnt. Bei einigen Anlagen wird die Audioübertragung nach Beendigung der Stummschaltung dort fortgesetzt, wo sich die Schleife gerade befindet. Dies wäre in Zukunft im Sinne der neuen SAA-Norm ein Mangel.

Prinzipiell sollte die Verbindung der beiden Anlagen (SAZ und BMZ) so erfolgen, dass das jeweilige Gewerk Messungen an der Schnittstelle vornehmen kann, ohne in die Fremdanlage eingreifen zu müssen. Auch wenn in der aktuellen SAA-Norm keine zeichnerische oder symbolische Darstellung der Schnittstelle mehr enthalten ist, sondern lediglich eine textliche Beschreibung der Leistungsmerkmale erfolgt, werden diese in **Bild 4.19** erläutert.

Wie bereits beschrieben, werden mit der neuen SAA-Norm lediglich die Leistungsmerkmale der Schnittstelle festgelegt. Dazu sind von der Schnittstelle mindestens folgende Leistungsmerkmale zu erfüllen:

- Alarmauslösung mit Informationsfluss von BMA zu SAA,
- Störungsmeldung mit Informationsfluss von SAA zu BMA,
- Rückstellung der Alarmauslösung mit Informationsfluss von BMA zu SAA,
- Stummschaltung mit Informationsfluss von BMA zu SAA,
- Die Alarmauslösung ist entsprechend den Anforderungen aus der Konzeptphase auszuführen.

Wie die Schnittstelle im Detail technisch ausgeführt werden muss und welche Technologie zur Realisation der Leistungsmerkmale an dieser Schnittstelle eingesetzt wird, gibt die neue SAA-Norm nicht mehr vor. Es besteht auch in Zukunft die Möglichkeit einer analogen Informationsübertragung mithilfe von potentialfreien Kontakten. Ebenso ist es möglich, eine IT-Infrastruktur zur Verbindung beider Anlagen zu verwenden. Auch andere, zum

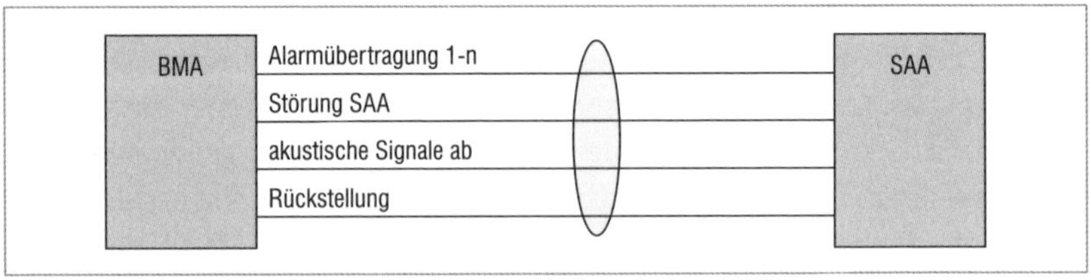

Bild 4.19 Prinzipdarstellung der Anlagenverbindung SAZ und BMZ

Beispiel digitale Schnittstellen mit den oben genannten Anforderungen können zur Verbindung von BMA und SAA verwendet werden.

Eine praxiserprobte Vorgehensweise, die BMZ mit der SAZ zu verbinden, führt über Koppler im Ring der BMA. Diese Koppler stellen mithilfe der potentialfreien Ein- und Ausgänge der SAZ eine analoge Verbindung her. Mit derartigen Verbindungen können sämtliche geforderten Schaltvorgänge und Meldungen bis zu einer sinnvollen Größenordnung übertragen werden. Handelt es sich um die Verbindung großer Anlagen mit beispielsweise vielen selektiven Auslösungen, würde die Verbindung der Anlagen über eine Datenschnittstelle wahrscheinlich wirtschaftlicher und sinnvoller sein.

In der Praxis wird der Koppler der BMA zur Ausführung sehr kurzer Verbindungsleitungen oftmals in die SAZ positioniert. Auch wenn dies anlagentechnisch eine sinnvolle Lösung darstellt, ist eine Positionierung des Kopplers der BMA innerhalb des Schrankes der SAA genau genommen aufgrund des Umstands nicht möglich, dass im Schrank der SAA ausschließlich mit dem Produkt gemeinsam zertifizierte Einzelkomponenten untergebracht werden dürfen. Da diese Lösung technisch sehr vorteilhaft ist und das Schutzziel an keiner Stelle verletzt wird, bleibt zu hoffen, dass die Hersteller von SAA und BMA durch eine gemeinsame Zertifizierung diesen nachteiligen Umstand beseitigen.

Kommt es zum Auslösen eines Melders in der Brandmeldeanlage, führt dies im automatischen Brandfallbetrieb auch zum Auslösen der Sprachalarmanlage. Die maximale Verzögerungszeit zwischen dem Ansprechen eines Melders und dem Beginn der Übertragung durch die SAA darf 30 s nicht überschreiten. Sollte hingegen die Betätigung eines an der SAA angeschlossenen Hausalarmtasters erfolgen, muss spätestens nach 3 s die Übertragung durch die SAA beginnen. Ist der Hausalarmtaster Teil der Sprachalarmanlage, ist die Leitungsverbindung zum Hausalarmtaster auch durch die SAA zu überwachen. Im Alarmierungskonzept können individuelle Verzögerungszeiten vereinbart werden, um zum Beispiel Selbsterkundungen zu realisieren. Diese können auch eine Abweichung zu den normativen Forderungen darstellen und sind bei bauordnungsrechtlich korrekter Dokumentation somit ebenfalls zulässig.

4.4.27 Schnittstellen zu anderen Komponenten

Der mit Sicherheit überwiegende Anteil aller Sprachalarmanlagen wird auf Grundlage bauordnungsrechtlicher Forderungen geplant und realisiert. Die

Ausführung einer Sprachalarmanlage stößt bei Bauherren nicht gerade auf großen Zuspruch, da diese Anlage oftmals als notwendiges Übel gesehen wird und hoffentlich niemals zum Einsatz in einem Notfall kommt. In vielen Gebäuden stellt die SAA jedoch einen erheblichen Zusatznutzen dar oder ist sogar für die Nutzung des Gebäudes unumgänglich. In diesen Fällen wird die SAA jedoch nicht hauptsächlich für den Brandfall genutzt, sondern übernimmt betriebliche Aufgaben in Form des Nichtbrandfallbetriebs. Diese Nutzung der Anlage bringt in der Regel die Anforderung mit sich, Schnittstellen zu anderen Komponenten und Anlagen bereitzustellen.

Im einfachen Beispiel der Hintergrundmusikzuspielung kommen hierfür CD-Spieler, Medienserver oder andere Musikdatenträger infrage. Aber auch Audioinformationssysteme, Notrufsysteme für andere Gefahren als Brandalarm, Signaleinspielungen von Prosoundanlagen und die Übertragung von Maskierungssignalen sind hier vorzufinden. So wie die Sprachalarmanlage auch fremde Audiosignale weiterverarbeiten kann, so ist in einigen Objekten die Anforderung gegeben, dass innerhalb der SAA verarbeitete Audiosignale oder Fehlermeldungen ausgegeben werden müssen. Abkürzend wird somit verdeutlicht, dass die Notwendigkeit von Schnittstellen zu fremden Anlagen durchaus gegeben ist. Alle diese Schnittstellen, unabhängig davon, ob sie analog oder digital arbeiten, müssen so geplant und ausgeführt werden, dass die daran angeschlossenen Komponenten und fremden Anlagen keinerlei störende Einwirkungen auf einen Brandfallbetrieb der SAA haben. Dies gilt auch bei Defekt der fremden Komponenten und Anlagen sowie bei Fehlern auf dem Übertragungsweg.

Sämtliche Funktionen, die bei einer betrieblichen Nutzung der SAA realisierbar sind, haben eine geringere Priorität als eine Brandfallbetriebsart. Daraus folgt, dass sämtliche betrieblichen Nutzungen ausgeschaltet werden, wenn eine Brandfallbetriebsart aktiviert wird. In **Bild 4.20** ist die Reihenfolge der Prioritäten dargestellt.

Natürlich können die betrieblichen Nutzungen untereinander ebenfalls mit unterschiedlichen Prioritäten versehen werden, unterliegen jedoch sämtlichen Alarmierungsarten.

In Veranstaltungsstätten ist oftmals neben der SAA eine Prosoundanlage installiert. Diese überträgt den Veranstaltungston und erreicht in der Regel Schalldruckpegel, die eine gleichzeitige Übertragung von Brandfalldurchsagen über die SAA mit ausreichender Sprachverständlichkeit ausschließen. Im Idealfall ist dafür zu sorgen, dass eine anlagentechnische Schaltung realisiert wird, mit der die Prosoundanlage im Falle eines Brandfallbetriebs stumm

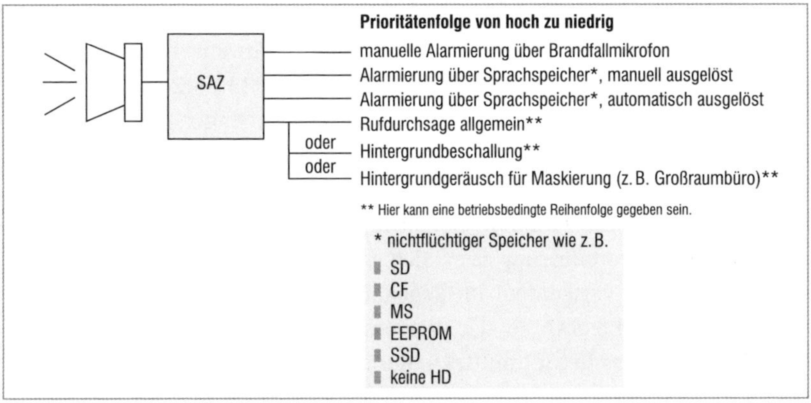

Bild 4.20 Prioritätenfolge der zu übertragenden Signale und Auslösungen

geschaltet wird. Da jedoch sichergestellt werden muss, dass diese Schaltung eine hohe Verfügbarkeit besitzt und eine ständige Information über mögliche Fehler in dieser Schaltung erforderlich ist, stellt sich die Lösung dieser Aufgabe als nicht trivial dar. Neben der anlagentechnischen Möglichkeit, auf die Übertragung durch die Prosoundanlage Einfluss zu nehmen, stehen betriebliche Verfahren zur Verfügung. Diese sind auch dann einzusetzen, wenn die Veranstaltungsstätte mit mobilen Prosoundanlagen bespielt wird. Hierbei lassen die Veranstalter oftmals keine anlagentechnische Verkopplung zu. Bei betrieblichen Verfahren ist durch Abstellen verantwortlicher Personen sicherzustellen, dass bei Erlangen eines Brandfallbetriebs die Unterbrechung der Wiedergabe über die Prosoundanlage manuell herbeigeführt wird. Solche betriebliche Verfahren werden auch als auch organisatorische Maßnahmen bezeichnet.

4.4.28 Varianten der Energieversorgung

Grundsätzlich muss die Energieversorgung einer SAA dafür geeignet sein, die Anlage ordnungsgemäß in Betrieb halten zu können. Die von der SAA geforderte Funktion muss durch die Energieversorgung gewährleistet werden. Besteht die Energieversorgung einer Sprachalarmanlage aus mehreren Komponenten bzw. einzelnen Energieversorgungen, müssen diese stets überwacht und Störungen jeder dieser Energieversorgungskomponenten angezeigt werden. Die Energieversorgungen müssen DIN EN 54-4 [9] entsprechen und gelten demnach als zertifiziertes Bauprodukt. Für die elektrische Versorgung der SAA müssen bei Anschluss an das Versorgungsnetz eigene gekennzeichnete Stromkreise verwendet werden. Dabei ist sicherzustellen, dass durch Abschalten anderer Betriebsmittel die Stromkreise für die SAA davon nicht betroffen sind. Die hierfür in DIN VDE 0833-4:2024-06 verwendete Formulierung ist so zu verstehen, dass eine entsprechende Selektivität bei der Absicherung der verschiedenen Stromkreise gewählt werden muss.

Demnach dürfen in einer Absicherungsebene keine Betriebsmittel vorhanden sein, die die Funktion der Stromkreise für die SAA beeinflussen. Eine derartige Beeinflussung lässt sich in der darüber liegenden Absicherungsebene nicht vermeiden. Im Regelfall findet dazu die Absicherung der Stromkreise für die SAA in der Niederspannungshauptverteilung (NSHV) statt. Sollten andere Betriebsmittel in der NSHV oder Verbraucher an der NSHV zum Beispiel durch Überlast abschalten, so darf dies die Stromkreise für die Versorgung der SAA nicht tangieren. Sollten RCD zum Einsatz kommen, so dürfen an diesen Betriebsmitteln ebenfalls keine anderen Verbraucher als die SAA angeschlossen sein. Die Energiezufuhr zur NSHV ist jedoch ebenfalls abzusichern. Kommt es in dieser Absicherung zu einer Auslösung, können durchaus größere Teile der NSHV oder gar die gesamte NSHV dann vom Energieausfall betroffen sein. Dies trifft ebenso auf die Zuleitung zur NSHV oder auf die davor vorliegenden Schutzorgane zu. Anhand dieses Beispiels ist zu erkennen, dass die grundlegende Energieversorgung der SAA zumeist aus dem öffentlichen Versorgungsnetz oder einem damit vergleichbaren Netz erfolgt und als Hauptenergieversorgung bezeichnet werden kann.

Sollte es nun zum Ausfall der Hauptenergieversorgung kommen, so ist für jede SAA vorgeschrieben, über mindestens eine weitere Energieversorgung zu verfügen. Diese weitere Energieversorgung, auch Ersatzenergieversorgung genannt, muss aus wiederaufladbaren Batterien bestehen. Unter Umständen vorhandene Umschaltzeiten sind so auszulegen, dass sich bezüglich des Betriebs der SAA keine Auswirkungen ergeben. Sämtliche Anforderungen an die Energieversorgung einer Sprachalarmanlage sind auch dann zu erfüllen, wenn beispielsweise aktive Komponenten der SAA innerhalb einer IT-Infrastruktur positioniert werden. Bei bauordnungsrechtlich geforderten Anlagen besteht also die Energieversorgung ebenfalls aus einem zertifizierten Bauprodukt. Nach DIN EN 54-4 zertifizierte Energieversorgungen sind aufgrund damit vergleichbarer Anforderungen für Brandmeldeanlagen mittlerweile seit Jahrzehnten verfügbar. Da jedoch Sprachalarmanlagen erheblich mehr Energie erfordern, als es bei Brandmeldeanlagen der Fall ist, haben die Hersteller darauf angepasste Energieversorgungen entwickeln und zertifizieren lassen müssen.

Gerade im Hinblick darauf, dass diese Energieversorgungen in der Regel bei 24 V funktionieren, muss man sich Gedanken über die entstehenden Ströme bei den üblichen Leistungsaufnahmen von SAA machen. Schon bei einer Leistungsaufnahme von 1 kW stellt sich bei 24 V etwa ein Strom von 42 A ein. Dies stellt besondere Anforderungen an die Energiespeicher, deren Ladegeräte und die gesamte Leitungsinstallation für den Fall, dass der Betrieb mit 24 V aufrechterhalten werden muss. Leistungsaufnahmen von 1 kW stellen keine Seltenheit dar, wobei in großen Anlagen durchaus mit dem Vielfachen davon zu rechnen ist. Neben dem Betrieb der Einzelkomponenten der SAA zum Beispiel mit 24 V (auch 12 V und 48 V Einspeisungen sind vorzufinden) sind Lösungen am Markt, bei denen die einzelnen Komponenten der SAA lediglich mit 230 V Netzspannung betrieben werden können. In diesem Fall enthält die Ersatzenergieversorgung Wechselrichter, um die für die Komponenten erforderliche Netzspannung zur Verfügung zu stellen.

Eine wichtige Erkenntnis bei der Dimensionierung der Ersatzenergieversorgung mit wiederaufladbaren Batterien ist also, dass einerseits erhebliche Kapazitäten zur Verfügung gestellt werden müssen und andererseits mitunter sehr große Ströme fließen können. Zur Dimensionierung der Ersatzenergieversorgung sind die Überbrückungszeit und die Betriebszeit der SAA für den Evakuierungsfall zu berücksichtigen.

Für die Betriebszeit der SAA im Evakuierungsfall ist die doppelte Evakuierungszeit, aber mindestens 0,5 h anzunehmen. Ferner ist zu berücksichtigen, ob stets das gesamte Gebäude oder eine selektive, stufenweise Evakuierung vorgenommen wird. Für die Dimensionierung der Ersatzenergieversorgung ist der Mittelwert zum größtmöglichen Energiebedarf entscheidend.

Grundsätzlich ist davon auszugehen, dass die Dimensionierung der Ersatzenergieversorgung so vorgenommen wird, dass der Betrieb der SAA nach Ausfall der Hauptenergieversorgung für 30 h aufrechterhalten bleibt. Nach dieser sogenannten Überbrückungszeit muss noch eine vollständige Evakuierung durchgeführt werden können. Hierbei ist also von einer Evakuierung über die doppelte Räumungszeit bzw. mindestens 0,5 h auszugehen. Bei der Berechnung der Kapazität der Ersatzenergieversorgung sind somit zwei zeitliche Komponenten ausschlaggebend. Zum einen ist die Überbrückungszeit mit der während der Überbrückungszeit erforderlichen Energie der SAA für die Berechnung der Batteriekapazität heranzuziehen, zum anderen die Evakuierungszeit mit der dann zumeist deutlich höheren erforderlichen Energie der SAA bei Übertragung der Brandfalldurchsage.

Oftmals wird bei wiederaufladbaren Batterien eine Parallel- oder Reihenschaltung einzelner Batterien vorgenommen. Hierbei sind besondere Bedingungen zu beachten. Bei der Reihenschaltung dürfen nicht mehr als zwölf Zellen ohne Regelung der Zellenspannungen verwendet werden. Bei der Parallelschaltung einzelner Batterien (maximal drei) mit einer jeweiligen Kapazität von weniger als 36 Ah muss eine Überwachung bzw. eine Entkopplung vorhanden sein. Darüber hinaus sind maximal zwei Reihenschaltungen parallel zu betreiben. Es dürfen ausschließlich für den stationären Betrieb vorgesehene Batterien verwendet werden. Die Batterien müssen für die ständige Aufrechterhaltung der Erhaltungsladespannung geeignet sein. Die Ladeeinrichtung muss so dimensioniert werden, dass innerhalb von 24 h 80 % der Kapazität geladen werden kann. Bei Zusammensetzung mehrerer Batterien sind diese entsprechend gleichen Typs, gleichen Alters, gleicher Kapazität und gleicher Typenbezeichnung (Herstellercode) auszuwählen.

Im Regelfall übernehmen die Hersteller oder Systemhäuser die exakte Berechnung der Kapazität für eine individuell erstellte SAA. Gelegentlich werden Planern und Errichtern auch entsprechende Softwareprogramme dazu zur Verfügung gestellt. Die zuvor in der SAA-Norm enthaltene einfache Formel zur überschlägigen Berechnung der Kapazität ist in der aktuellen Norm nicht mehr enthalten. Einer der Gründe dafür ist, dass die Kapazitäten der Batterien mitunter stark von den Belastungsströmen abhängen und demnach die vereinfachte Formel zu nicht belastbaren Ergebnissen bei der Dimensionierung führen kann. Dieser Umstand sollte bei einer Prüfung der Kapazität einer sich zum Beispiel in Betrieb befindlichen SAA unbedingt berücksichtigt werden.

Durch die verhältnismäßig lange Überbrückungszeit von 30 h sind je nach Auslegung der SAA entsprechend große Kapazitäten erforderlich. Daher sind unterschiedliche Varianten der Ersatzenergieversorgung sinnvoll, wenn bestimmte Randbedingungen erfüllt werden können.

Variante 1: Reduktion der Überbrückungszeit auf 4 h
Hierzu sind folgende Randbedingungen zu erfüllen:

- Zum Betrieb der SAA steht zusätzlich eine Netzersatzversorgung zur Verfügung.
- Die Netzersatzversorgung ist in der Lage, die SAA mindestens 30 h lang zu betreiben.
- Ein Ausfall der Netzersatzversorgung muss jederzeit erkannt und angezeigt werden.
- Ein Instandhalter der Netzersatzversorgung muss ständig verfügbar sein.

Variante 2: Reduktion der Überbrückungszeit auf 1 h
Hierzu sind folgende Randbedingungen zu erfüllen:

- Zum Betrieb der SAA steht zusätzlich eine Sicherheitsstromversorgung zur Verfügung.
- Die Sicherheitsstromversorgung ist in der Lage, die SAA mindestens 30 h lang zu betreiben.
- Die Sicherheitsstromversorgung ist bauordnungsrechtlich gefordert.
- Die Sicherheitsstromversorgung ist bereits in der Konzeptphase im Brandschutzkonzept beschrieben.
- Ein Ausfall der Sicherheitsstromversorgung muss jederzeit erkannt und angezeigt werden.
- Ein Instandhalter der Sicherheitsstromversorgung muss ständig verfügbar sein.
- Die Auslegung der Sicherheitsstromversorgung erfolgt so, dass der größtmögliche Energiebedarf der SAA zu 100 % nachgewiesen werden kann.

Variante 3: Reduktion der Überbrückungszeit auf 0,5 h
Hierzu sind folgende Randbedingungen zu erfüllen:

- Für den Fall des Ausfalls der Hauptenergieversorgung wird das Gebäude unmittelbar und bezüglich aller relevanten Alarmierungsbereiche geräumt.
- Dies muss in der Alarmorganisation des Betreibers als Bestandteil des SAA-Konzepts beschrieben sein. Es wird dringend empfohlen, diese Dokumentation bauordnungsrechtlich relevant zu verfassen.
- Ein Ausfall der Netzersatzversorgung muss jederzeit erkannt und angezeigt werden.
- Ein Instandhalter der Netzersatzversorgung muss ständig verfügbar sein.

Bei allen Varianten ist zu berücksichtigen, dass nach Ablauf der Überbrückungsphase anschließend noch genügend Kapazität vorhanden sein muss, um eine komplette Evakuierung durchführen zu können. Sollte es zu einer verzögerten Meldung des Ausfalls der Hauptenergie kommen, so ist diese Verzögerungszeit zur Überbrückungszeit zu addieren.

Zur grob überschlägigen Überprüfung der Kapazität einer sich im Betrieb befindlichen SAA kann die in der alten SAA-Norm dokumentierte Formel weiterhin angewandt werden. Dazu erfolgt die Berechnung der Ersatzenergieversorgung in Abhängigkeit zu den Stromaufnahmen während der Überbrückungszeit und während der Alarmierungszeit. In **Bild 4.21** wird die Berechnung der Kapazität mit einer Formel dargestellt. Das Berechnungsbeispiel in **Bild 4.22** veranschaulicht, wie eine Kapazitätsberechnung für eine überschlägige Prüfung in der Praxis funktionieren kann.

Für den Fall, dass eine der Varianten zur Reduktion der Überbrückungszeit zur Ausführung gekommen ist, kann also die Überbrückungszeit entsprechend der Variante minimiert werden. Bei der Berechnung der Kapazität sollte jedoch der Faktor a_s auf 1,25 gesetzt werden. Diese Kapazitätsvergrößerung um 25 % ist unter anderem sinnvoll, um die zum Beispiel durch induktive Lasten verursachten Schaltströme durch die Ersatzenergieversorgung aufbringen zu können. Je kleiner die Batterien ausfallen, desto geringer ist in aller Regel auch der maximal zu erbringende Strom. Daher ist der Aufschlag um 25 % bei kleineren Kapazitäten durchaus sinnvoll.

Kapazitätsberechnung

$$C = a_s \, [I_ü \cdot (t_ü + t_v) + I_A \cdot t_A]$$

$a_s = 1$ – wenn $t_ü > 24\,h$ (z. B. 30 h)

$a_s = 1{,}25$ – wenn $t_ü < 24\,h$ (z. B. 4 h)

$t_ü$ Überbrückungszeit

t_A Alarmierungszeit

t_v Verzögerungszeit zur Meldung des Ausfalls der Hauptquelle

$I_ü$ Strom in A während der Überbrückungsphase

I_A Strom in A während der Alarmierungsphase

Bild 4.21 Formel zur überschlägigen Kapazitätsberechnung

Berechnungsbeispiel

Ruhestrom der SAA: 1,5 A
Alarmstrom der SAA: 10 A
Notstromdiesel zum Netzersatz
keine Verzögerung

$$C = 1{,}25 \cdot [(1{,}5\,A \cdot 4\,h) + (10\,A \cdot 0{,}5\,h)] = 1{,}25 \cdot 11\,Ah = 13{,}75\,Ah$$

Es ist also mindestens eine Ersatzenergieversorgung mit einer Kapazität von 13,75 Ah einzubauen. Sollte die nächst größere lieferbare Kapazität z. B. 15 Ah betragen, so ist diese zur Ausführung zu bringen. Es ist jedoch weiterhin darauf zu achten, dass die Vorrichtung zum Laden der Batterien in der Lage ist, 80 % der Kapazität innerhalb von 24 h zu laden.

Bild 4.22 Beispiel zur überschlägigen Kapazitätsberechnung

Sollte während der Betriebszeit einer SAA bei den regelmäßigen Wartungsarbeiten festgestellt werden, dass die Batterien die maximale Betriebsdauer erreicht haben bzw. vor den nächsten Wartungsarbeiten erreichen werden, ist ein Austausch der Batterien vorzunehmen.

4.4.29 Lautstärkesteller

Viele Sprachalarmanlagen werden für den Nichtbrandfallbetrieb eingesetzt. Bei einigen betrieblichen Nutzungen der SAA wird die Anforderung aufgestellt, einzelne Lautsprecher oder gar bestimmte Bereiche manuell vom Nutzer im Schalldruckpegel zu verändern oder gar gänzlich abzustellen. Ein typisches Praxisbeispiel hierfür sind die Künstlergarderoben in einem Festspielhaus, in denen der Ton der Veranstaltung live übertragen wird, der Künstler oder die Künstlerin jedoch selber darüber entscheiden möchte, wie laut diese Übertragung erfolgt. Ein ähnliches Beispiel ist in Flughäfen zu finden, in denen die Betreiber der Geschäfte entweder ganz von den betrieblichen Durchsagen des Flughafens „verschont“ bleiben, diese mit einem deutlich geringeren Schalldruckpegel wahrnehmen wollen oder gar ihr eigenes Audiomaterial einspielen möchten.

Bei einer derartigen Anforderung sind mehrere Randbedingungen zu berücksichtigen. Die zur Veränderung des Schalldruckpegels oder gar zur Abschaltung der entsprechenden Lautsprecher eingesetzten Komponenten wie Lautstärkesteller müssen ebenfalls auf der Liste der mit der Zentrale nach DIN EN 54-16 geprüften und zertifizierten Einzelbauteile sein, wenn sie Bestandteil der SAA sind. Es ist sicherzustellen, dass bei Vorhandensein derartiger Komponenten die Überwachung der Übertragungswege bis zu den Lautsprechern erhalten bleibt, auch wenn dazwischen Lautstärkesteller verwendet werden. Die Überwachung der Übertragungswege muss Fehler wie Kurzschluss, Unterbrechung oder Fehler gleicher Wirkung detektieren und innerhalb von 100 s anzeigen. Im übertragenen Sinne gilt dies auch, wenn die Komponenten der SAA in einer IT-Infrastruktur verortet sind. Und zu guter Letzt ist sicherzustellen, dass im Falle eines Brandfallbetriebs die Übertragung in der sogenannten *projektierten Lautstärke* erfolgen kann. Eine derartige Anforderung wird auch Pflichtempfang genannt. Sollte eine solche betriebliche Nutzung bereits während der Planung zu berücksichtigen sein, wird dies in aller Regel Einfluss auf die infrage kommenden Produkte und auf die Erstellung der Leistungsverzeichnisse haben. Auch in der Planungsdokumentation sind diese Anforderungen bereits einzupflegen.

4.4.30 Lautsprecher der SAA

Die Lautsprecher einer SAA sind neben der Zentrale und der Energieversorgung als Bauprodukt zu bezeichnen. Hierbei ist der Zusammenhang wichtig, dass nicht die Menge aller Lautsprecher als Bauprodukt, sondern jeder einzelne Lautsprecher als Bauprodukt bezeichnet werden kann. Auch ist es nicht erforderlich, dass die Lautsprecher gemeinsam mit der Zentrale zertifiziert wurden. Es ist jedoch sicherzustellen, dass die verwendeten Lautsprecher an der vorgesehenen Zentrale betrieben werden können und dabei sämtliche von den Herstellern vorgesehenen Betriebsparameter eingehalten werden. Die Lautsprecher sind nach der harmonisierten Norm DIN EN 54-24 „Brandmeldeanlagen – Komponenten für Sprachalarmierung in Brandmeldeanlagen, Lautsprecher“ zu prüfen und zu zertifizieren. Ferner müssen sie das entsprechende in **Bild 4.23** beispielhaft dargestellte CE-Kennzeichen tragen.

Lautsprecher können sehr unterschiedlichen Umgebungsbedingungen ausgesetzt sein. Diesen Bedingungen ist bei der Auswahl der Lautsprecher zu entsprechen. So sind Lautsprecher in Schwimmbädern so zu wählen, dass die unter Umständen vorhandene chlorhaltige und feuchte Umgebung nicht zu einem frühzeitigen Versagen führt. Auch thermische Anforderungen, wie sie in Saunen oder Eishallen bestehen, sind bei der Produktauswahl zu berücksichtigen. In der Industrie wird oftmals an die dort einzubauenden

Bild 4.23 Lautsprecher mit CE-Kennzeichen

Komponenten die Anforderung gestellt, in explosionsgefährdeten Bereichen eingesetzt werden zu können. Dazu sind diese Komponenten in der Regel von den Herstellern den vorgeschriebenen Prüfungen und Zertifizierungen zu unterziehen. Oftmals ergibt sich bei solchen Forderungen an die Lautsprecher eine gewisse Produktarmut, wenn diese Lautsprecher gleichzeitig nach der harmonisierten Norm als Bauprodukt für SAA zugelassen sein sollen.

Werden beispielsweise Deckeneinbau-Lautsprecher in brandschutzklassifizierte Decken mit einem exemplarischen Funktionserhalt von 30 min eingebaut, ist in der Regel für das Produkt ein erhältlicher Feuertopf nur dann brandschutztechnisch zulässig, wenn der Feuertopf als Umhausung des Lautsprechers ebenfalls mindestens dem für die Abhangdecke geforderten Funktionserhalt entspricht. Hierbei ist nicht der Funktionserhalt des Lautsprechers, sondern der Funktionserhalt der brandschutzklassifizierten Decke ausschlaggebend. Ist eine solche Umhausung für den zum Einsatz kommenden Lautsprecher nicht bereits im Kontext zum geprüften Bauprodukt erhältlich, so kann diese auch nachträglich durch bauliche Maßnahmen erstellt werden. Hierbei ist jedoch darauf zu achten, dass sich unter Umständen die akustischen Eigenschaften des Lautsprechers ändern. Gegebenenfalls ist sogar eine messtechnische Überprüfung der noch verbleibenden Funktion erforderlich.

Sollte jedoch ein Deckeneinbau-Lautsprecher als Bauprodukt mitsamt eines Feuertopfs geprüft worden sein und besteht innerhalb der Zertifizierungsunterlagen keine dokumentierte Möglichkeit, auf den Einbau des Feuertopfs verzichten zu können, so ist dieser einzubauen. Dies führt bei geringer lichter Höhe zwischen Abhangdecke und Rohdecke oder zwischen Abhangdecke und innerhalb der Decke installierter Anlagentechnik regelmäßig zu Schwierigkeiten. Im Regelfall führt das Weglassen des Feuertopfs zum Verlust der Zertifizierung, da auch seine akustischen Parameter mit der Verwendung des rückseitig abgeschlossenen Volumens im Rahmen der Zertifizierung festgestellt und geprüft worden sind.

Daher ist dringend zu empfehlen, bereits in der Planungsphase dafür zu sorgen, die für die jeweilige bauliche Situation geeigneten Komponenten auszusuchen und in die Planungsdokumentation zu übernehmen. Sicherlich sind einfach funktionierende Lautsprecher zum Einbau in oder unter Decken bzw. an Wänden in Summe betrachtet die für SAA am häufigsten verwendete Bauform. Je nach baulicher und vor allem akustischer Situation sind jedoch auch andere Bauformen von besonderem Interesse. Folgende Auflistung, ohne Anspruch auf Vollständigkeit, liefert einen kurzen Überblick über die verschiedenen Bauformen:

- Decken- oder Wand-Einbaulautsprecher,
- Decken- oder Wand-Aufbaulautsprecher,
- Druckkammerlautsprecher,
- Hornlautsprecher,
- Schallzeilen,
- Line-Array-Lautsprecher,
- Flächenlautsprecher,
- Mehrwege-Kompaktlautsprecher.

Verallgemeinernd hat jede Bauform von Lautsprechern seine Daseinsberechtigung. Im Rahmen der Planung ist die Auswahl der geeigneten Lautsprecher in Abhängigkeit der individuellen baulichen Situation, der Umgebungsbedingungen, der Nachhallzeit und des Störgeräuschpegels zu erarbeiten.

4.4.31 Einsatz von Produkten ohne Zertifizierung

Für bauordnungsrechtlich geforderte Sprachalarmanlagen gelten neben den entsprechenden Normen wie DIN VDE 0833-4:2024-06 auch obligatorisch die gesetzlichen Vorgaben aus Verordnungen und Vorschriften. Hier sind im Besonderen die technischen Regeln aus der Musterverwaltungsvorschrift Technische Baubestimmung (MVV TB), die Bauordnungen und die Leitungsanlagenrichtlinie zur Planung und Projektierung von SAA zu beachten. Durch den staatlichen Erlass von Musterrichtlinien kann der Bund das föderale System im Bauwesen in gewissen Grenzen steuern. Dies gewinnt besonders dann an Bedeutung, wenn die Bundesrepublik Deutschland auf europäischer Ebene verpflichtet wird, europäische Gesetzgebung, die das Bauwesen betrifft, bis ins Landesrecht durchzusetzen. Hier wird regelmäßig auch die Steuerung über sogenannte Muster verwendet. Schon vor geraumer Zeit wurde in der EU beschlossen, dass baurechtlich geforderte Sprachalarmanlagen (Alarmierungseinrichtungen zum Einsatz im Brandfall) aus Bauprodukten bestehen müssen.

Um dies standardisiert realisieren zu können, wurde ein Zertifizierungsverfahren für derartige Produkte realisiert. Damit Klarheit darüber besteht, wie diese Zertifizierungsprüfung funktionieren soll, wurden in Europa harmonisierte Prüfnormen mit der Beschreibung von Leistungsmerkmalen und den erforderlichen Prüfungsinhalten verfasst. Sogenannte *akkreditierte und notifizierte Stellen*, die in ganz Europa verteilt sind, übernehmen die Prüfung der Produkte anhand der harmonisierten Normen. Für SAA sind dies die Normen der DIN-EN-54-Reihe. Dazu gelten DIN EN 54-4 für die Energieversorgung, DIN EN 54-16 für die Zentrale der SAA und DIN EN 54-24 für die Lautsprecher. Verkürzt erläutert funktioniert die Produktzertifizierung anhand eines Lautsprechers wie folgt:

Ein Hersteller sucht sich eine akkreditierte Stelle aus, die zur Prüfung von Lautsprechern zulässig ist, und stellt dieser den zu prüfenden Lautsprecher zur Verfügung. Sodann wird der Lautsprecher bezüglich der vom Hersteller gewünschten und in der Norm aufgeführten Leistungsmerkmale geprüft. Für Bauprodukte, die in Deutschland zur Anwendung kommen sollen, kann davon ausgegangen werden, dass alle in der DIN EN 54-24 für Lautsprecher aufgeführten Leistungsmerkmale zu prüfen sind. Dies kann in anderen europäischen Ländern gegebenenfalls anders gehandhabt werden. Für den Fall, dass die Prüfung erfolgreich verläuft, wird das Produkt zertifiziert, in diesem Fall also der Lautsprecher. Der Hersteller kann fortan eine Leistungserklärung zu diesem Lautsprecher abgeben, das CE-Zeichen daran anbringen und den Lautsprecher als Bauprodukt in Europa in Verkehr bringen. Planer und Errichter können diesen Lautsprecher nun für SAA verwenden. Im übertragenen Sinne läuft dieser Prozess analog für alle Bauprodukte der SAA ab.

Um der Forderung zum Einsatz von Bauprodukten die erforderliche Schwere zu geben, wurde dies natürlich in die europäische Gesetzgebung eingepflegt. In Form der Bauproduktenverordnung (BauPVO) wurde der Prozess gesetzlich etabliert. Der Bund steuerte infolgedessen über die MVV TB, dass dies bis in die Landesgesetzgebung für das Bauwesen Eingang gefunden hat. Für SAA wurde in der MVV TB explizit dokumentiert, dass die Produkte nach der EN-54-Reihe zu verwenden sind. Zudem wurden alle Leistungsmerkmale benannt. Ebenso wurde die Forderung auch in die Normierung wie der DIN VDE 0833-4:2024-06 integriert. Nun stellt sich jedoch die Frage, wie man Produkte, die keine Bauprodukte sind, bei einer SAA dennoch verwenden kann. Die grundsätzliche Forderung lautet, Bauprodukte zu verwenden. Es bestehen jedoch mehrere Möglichkeiten, von dieser gesetzlichen und normativen Anforderung abzuweichen.

Zunächst sollte jedoch klar sein, warum die Verwendung von Bauprodukten umgangen werden soll. Bei SAA besteht das Schutzziel darin, Anweisungen und Informationen an die im Gebäude anwesenden Personen zu übertragen, damit diese sich im Regelfall vor einer Brandgefahr selbst retten können. Um dies zu gewährleisten, hat der Gesetzgeber festgelegt, dass dazu Produkte erforderlich sind, die entsprechend festgelegte Leistungsmerkmale erfüllen. Nun sind zum Erreichen der Schutzziele nicht einzig bestimmte Produkte erforderlich, sondern die gesamte Anlage muss in der Lage sein, unter Beachtung der Umgebungsverhältnisse und im Besonderen der baulichen Verhältnisse die notwendige Wirksamkeit und Betriebssicherheit zu erlangen. Bei baulichen Verhältnissen mit einer langen Nachhallzeit kann es beispielweise sein, dass mit den verfügbaren Lautsprechern keine ausreichende Wirksamkeit erzielt werden kann. Nun könnte der Planer auf die Idee kommen, für die baulichen Verhältnisse besser geeignete, jedoch nicht zertifizierte Lautsprecher für die SAA einzusetzen, um die Wirksamkeit in Form ausreichender Sprachverständlichkeit zu gewährleisten. Dies ist jedoch grundsätzlich nicht möglich. Allein die Argumentation, mit dem nicht zertifizierten Produkt würden die Schutzziele zu erreichen sein sowie einer baurechtlich verwendbaren Dokumentation einer Abweichung würde der gesetzlichen Forderung nicht entsprochen werden.

Jedoch räumt der Gesetzgeber dennoch Möglichkeiten ein, nicht zertifizierte Produkte einzusetzen. Zwei der für SAA zumeist einsetzbaren Verfahren sollen hier kurz beschrieben werden. Über die BauPVO wird ein Prozess beschrieben, der voraussetzt, dass es für das einzusetzende Produkt keine passende harmonisierte Prüfnorm gibt. In der Regel beantragt dann ein Hersteller eine europäische technische Bewertung (ETA) und ein europäisches Bewertungsdokument (EAD) bei der EOTA (europäischen Organisation für technische Bewertung). Dies führt dann dazu, dass das Produkt entsprechend alternativer, anwendbarer Leistungsmerkmale geprüft wird. Sollte es eine Prüfnorm dazu geben, die nicht harmonisiert ist, kann diese zumeist dennoch verwendet werden. Bei Aktivlautsprechern wäre dies zum Beispiel DIN VDE V 0833-4-1:2018-01, die in angepasster Form in Europa als EN 54-33 erscheinen wird. Sollte die Prüfung erfolgreich verlaufen, kann der Hersteller zu dem Produkt eine Leistungserklärung abgeben, das CE-Zeichen darauf anbringen und das Produkt in Europa als Bauprodukt in Verkehr bringen. Zu Erläuterung dieses Prozesses sollte natürlich nicht unerwähnt bleiben, dass der Vorgang durchaus kosten- und zeitintensiv sein kann.

Als Alternative zu dem beschriebenen Prozess wird in der BauPVO auch eingeräumt, dass überdies vorhandene nationale Verfahren angewandt werden können, um nicht zertifizierte Produkte bei einer bauordnungsrechtlich geforderten Sprachalarmanlage einsetzen zu dürfen. Eines dieser in Deutschland dazu zulässigen Verfahren ist die Zustimmung im Einzelfall durch Erlangen eines nationalen Verwendbarkeitsnachweises. Ein weiteres, aber für SAA kaum anwendbares Verfahren, wäre durch den Nachweis der Verwendbarkeit des Produkts mittels allgemeiner bauaufsichtlicher Zulassung (abZ) auf der Grundlage der Musterbauordnung (MBO) § 18 in Verbindung mit dem (Ü)-Kennzeichen gegeben.

Da Bauen Ländersache ist, kann leider nicht davon ausgegangen werden, dass es ein in Deutschland einheitliches Verfahren dazu gibt. Für gewöhnlich wird das Verfahren innerhalb eines Planungs- und Bauprozesses zur Anwendung gebracht. Je nach Bundesland wird die Zustimmung im Einzelfall bei der zuständigen unteren Baubehörde oder bei einer darüber positionierten Baubehörde beantragt. Sollte der Antrag angenommen werden, erfolgt im Laufe des Prozesses ebenfalls eine Prüfung des Produkts. Hierbei werden zusätzlich spezifische Eigenschaften des expliziten Projekts berücksichtigt, was im Idealfall bereits in die Antragsdokumentation eingeflossen ist. Sollte die Beantragung der Zustimmung im Einzelfall erfolgreich gewesen sein, darf das Produkt im jeweiligen Bauprojekt an der vorgesehenen Stelle zum Einsatz kommen. Auch hierzu ist unbedingt zu erwähnen, dass der Prozess durchaus erhebliche Kosten verursachen kann und oft einen Zeitraum erfordert, der im Rahmen des Planungs- und Bauablaufs zu Komplikationen führt. Nachfolgendes Flussdiagramm in **Bild 4.24** soll die Möglichkeiten zur Verwendung von Produkten für Sprachalarmanlagen nochmals verdeutlichen.

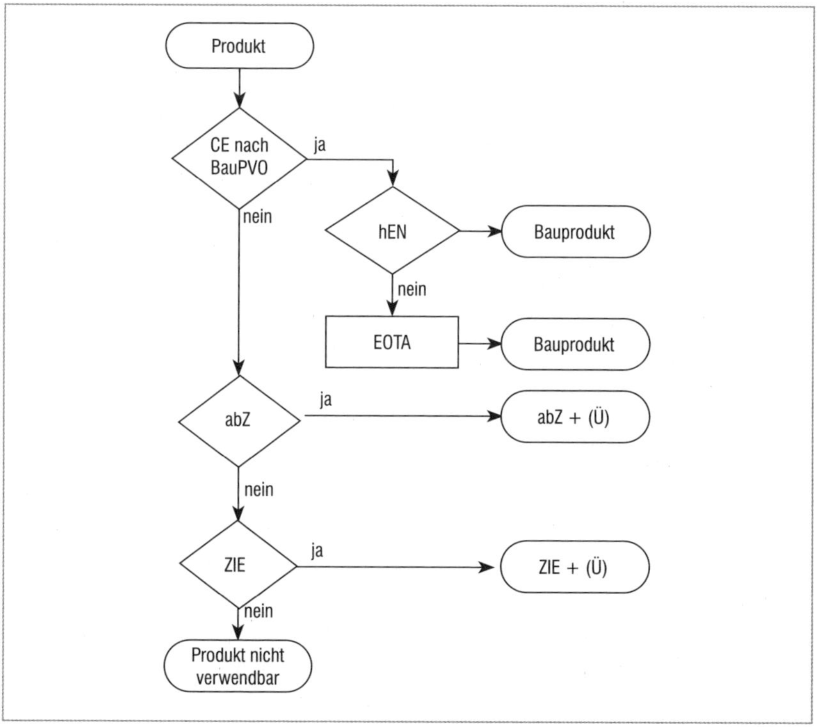

Bild 4.24 Flussdiagramm zur Verwendung von Produkten für SAA

Es ist also durchaus möglich, von der grundsätzlichen Forderung abzuweichen, ausschließlich Bauprodukte für SAA zu verwenden. Die dazu rechtlich zulässigen Verfahren sind jedoch aufwendig und kostenintensiv.

4.4.32 Dokumentation der Planungsergebnisse

Die Dokumentation der Planungsergebnisse stellt die Grundlage für die Projektierungsphase dar. Nach der Anwendungsrichtlinie DIN VDE 0833-4:2024-06 „Festlegungen für Anlagen zur Sprachalarmierung im Brandfall" sind die Ergebnisse der Planungsphase in Form von Ausführungsunterlagen zu dokumentieren. Gleichzeitig stehen die Ausführungsunterlagen für die genaue Definition von Dokumenten in einer Leistungsphase für Architekten und Ingenieure. Diese Leistungsphase wird mit Ausführungsplanung bezeichnet. Die Ausführungsplanung dokumentiert die Lösung der Aufgabenstellung in einer Reife, wie sie unmittelbar zur Ausführung kommen könnte. Unter Voraussetzung gleichbleibender Randbedingungen bedeutet dies, dass die vom Fachplaner erstellte Planung für eine SAA unter den gegebenen baulichen und raumakustischen Verhältnissen eine Beschallungslösung beinhaltet, die zweifelsfrei nach Ausführung sämtlichen Anforderungen genügt. Durch den zu erwartenden hohen Detaillierungsgrad der Ausführungsplanung sind beispielsweise stellvertretende Lautsprechertypen, deren Positionierung, Ausrichtung und Ansteuerung exakt festgelegt. Damit diese Festlegungen zielführend sind, müssen in der Planungsphase auch die baulichen und akustischen Bedingungen passend zur Beschallungslösung definiert sein. Nach Norm wird eine Abstimmung zur Nachhallzeit und zu den Störsignalen zwischen Planer und Bauherren/Betreiber vorausgesetzt. Ändern sich im Verlaufe der Baurealisierung diese abgestimmten Bedingungen, ist eine Überprüfung der Planung erforderlich.

In der Anwendungsrichtlinie ist im Normenkapitel der „Dokumentation" eine Auflistung enthalten, was die Ausführungsunterlagen mindestens zu beinhalten haben. Weitere allgemeine Informationen zu den Bestandteilen der Ausführungsplanung und zum Detaillierungsgrad sind der Honorarordnung für Architekten und Ingenieure bzw. den entsprechenden Kommentaren dazu zu entnehmen.

Beispielsweise haben die Ausführungsunterlagen folgendes zu beinhalten:

- Lautsprecher und Lautsprecherstromkreise mit Bemaßung und Bezeichnung, positioniert je Gebäudeebene als Grundrisse oder Deckenuntersichten,

- Kennzeichnung der Alarmierungsbereiche je Gebäudeebene,
- Positionierung und Bezeichnung sämtlicher Anlagenteile,
- Blockschaltbild zur Definition der gesamten Anlagenfunktion und Berücksichtigung sämtlicher Komponenten,
- Auflistung und/oder tabellarische Dokumentation aller Komponenten, Verknüpfungen, Schnittstellen, besonderen Umgebungsbedingungen usw.,
- Dokumentation der baulichen und akustischen Bedingungen (Nachhallzeit, Störgeräuschspektrum), unter denen gemeinsam mit der Beschallungslösung die Anforderungen an die Sprachverständlichkeit erfüllt werden,
- Installationsangaben zur elektrischen Netzversorgung mit Angaben zur einspeisenden Verteilung und Absicherung,
- Vernetzungspläne mit passiven und aktiven Komponenten, falls IT-Infrastrukturen verwendet werden.

In der Praxis schließt die Planungsphase mit der Vorbereitung der Vergabe und der Mitwirkung der Vergabe ab. Typischerweise werden also die detaillierten Ergebnisse der Ausführungsplanung neben der ohnehin erforderlichen Dokumentation als Leistungsverzeichnis verfasst. Das Leistungsverzeichnis wird dem Wettbewerb zugeführt, sodass die Prüfung der eingegangenen Angebote in der anschließenden Phase vom Fachplaner vorgenommen wird. Dies schließt in der Regel mit der Formulierung eines Vergabevorschlags ab.

Im Idealfall erfolgt dann die Beauftragung des wirtschaftlichsten Anbieters auf Grundlage der Angebotsprüfung und die Projektierungsphase kann beginnen.

Dies ist freilich eine Aneinanderreihung sehr luxuriöser einzelner Vorgänge im Bauwesen, die ebenso viele Variationen haben, wie es unterschiedliche Objekte gibt. Die individuelle Verteilung einzelner Leistungen kann unmöglich mit einer Struktur von Phasen umschrieben werden. In der Honorarordnung für Architekten und Ingenieure sowie in DIN14675-1:2020-01 „Brandmeldeanlagen – Aufbau und Betrieb für SAA“ ist bewusst eine Struktur zur Verteilung der einzelnen Leistungen in Phasen gewählt worden. Bei der Abwicklung von Bauprojekten der öffentlichen Hand kann in der Regel davon ausgegangen werden, dass diese Strukturen eingehalten werden. Bei privaten Auftraggebern ist jedoch zumeist eine individuelle Struktur vorzufinden. Auch dies kann je nach Individualität der Projekte anders ausfallen.

In diesem Fachbuch wird hauptsächlich auf die normativ vorgesehenen Phasen und nicht auf die individuelle Gestaltung eines Planungs- und Bauablaufs eingegangen. Somit folgt die Projektierung auf die Planungsphase. Da jedoch auch die in den Normen vorgesehenen Inhalte der einzelnen Phasen einerseits voneinander abweichen und andererseits weder mit der Honorarordnung für Architekten und Ingenieure noch mit der Praxis in allen Bestandteilen gänzlich übereinstimmen, soll in diesem Fachbuch zwar auf diese Abweichungen eingegangen, aber hauptsächlich der luxuriöse Weg einer Baurealisierung nach den Leistungsphasen der Honorarordnung verfolgt werden (**Bild 4.25**).

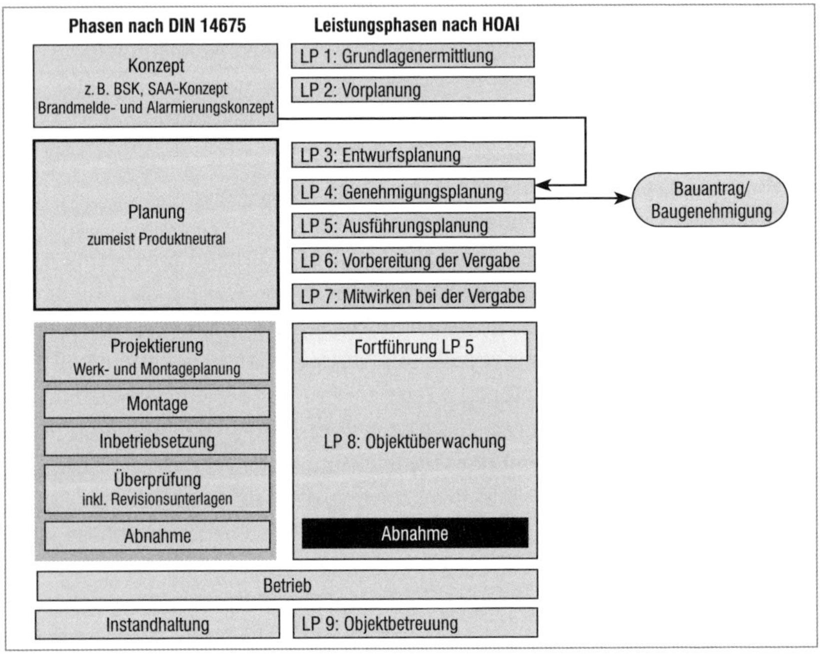

Bild 4.25 Gegenüberstellung der Phasen nach HOAI und Normierung

4.5 Projektierung von SAA

Der Begriff *Projektierung von SAA* ist im Vergleich zu den in der Praxis verwendeten Begriffen in der adäquaten Bauphase eher wenig etabliert. In Bild 4.25 sind die unterschiedlichen Phasen aus den verschiedenen Grundlagendokumenten gegenübergestellt. Die Projektierung wird jedoch in den bereits zitierten Normen DIN VDE 0833-4:2024-06 „Festlegungen für Anlagen zur Sprachalarmierung im Brandfall“ sowie DIN 14675-1:2020-01 „Brandmeldeanlagen – Aufbau und Betrieb für SAA“ regelmäßig verwendet. Innerhalb der normativ beschriebenen Phasen werden zwar wieder die bauüblichen Begriffe verwendet, aber eine zweifelsfreie Zuordnung der Leistungserbringer und Leistungsinhalte wird eher verallgemeinernd vorgenommen.

Einleitend soll damit begonnen werden, dass entsprechend beider Normen in der Planungsphase vom Planer eine Planung mit Erstellung der Ausführungsunterlagen abverlangt wird. Dies ist wiederum über die Honorarordnung für Architekten und Ingenieure mit einem festen Leistungsbild verknüpft. Auch wird in den Normen durchaus textlich beschrieben, dass der Planer eine sehr weitreichende und detaillierte Planung erstellen muss, wodurch eine ausführungsreife Gesamtdokumentation der SAA entsteht. Man muss sich nun die Frage stellen, warum nach DIN VDE 0833-4:2024-06 „Festlegungen für Anlagen zur Sprachalarmierung im Brandfall“ dennoch in der Projektierung beispielhaft folgende Festlegungen getroffen werden müssen:

- Dimensionierung der Ausgangsleistung von Verstärkern,
- Beschreibung der erforderlichen Brandfallbetriebe,
- Festlegung der Anzahl von Audiokanälen,
- Anforderungen zur Aufstellung der SAZ,
- Anforderungen zur Vernetzung mehrerer Zentralen,
- Berechnungen zur Energieversorgung,
- Anforderungen an Lautsprecherstromkreise,
- Vorgaben zu Leitungsinstallationen.

Wenn solche Festlegungen nicht bereits in der Planungsphase mit der erforderlichen Bearbeitungstiefe geplant werden, kann das für die Ausführungsplanung nach Honorarordnung definierte Leistungsbild nicht erfüllt werden. Beispielsweise ist es im Rahmen der Ausführungsplanung erforderlich, sämtliche Bauteile und Komponenten mit entsprechender Bemaßung in den Plänen zu verorten. Somit sind die Anforderungen zur Aufstellung der SAZ bereits in der Leistungsphase 5 nach HOAI in der Ausführungsplanung planerisch zu berücksichtigen. Ebenso sind im Rahmen dieser Leistungsphase in der technischen Gebäudeausrüstung maßgebliche Anlagenkomponenten in Detailplänen mit Bemaßung darzustellen. Es ist also unverständlich, warum dies in den beiden Normen erst in der Projektierungsphase gefordert wird.

Ferner wird in beiden genannten Normen im Kapitel der Dokumentation der Projektierungsphase beschrieben, dass die Ergebnisse als Ausführungsunterlagen zu dokumentieren sind. Gleiches wird auch zur Dokumentation der Planungsphase gefordert. Auch hier sollen die Ergebnisse in Form von

Ausführungsunterlagen dokumentiert werden. In den tabellarischen Darstellungen zur Definition der Phasen, der Verantwortlichen sowie der Beschreibung des Inhalts der Phasen kann der Planungsphase entnommen werden, dass hier die Erstellung der Entwurfs- und Ausführungsplanung sowie des Leistungsverzeichnisses zu erbringen sind. Innerhalb der Projektierungsphase hingegen sind die Erstellung der Werk- und Montageplanung sowie die Auswahl der erforderlichen Komponenten untergebracht.

Wie leicht zu erkennen ist, stimmen die textlichen Beschreibungen der beiden Phasen Planung und Projektierung in einigen Merkmalen nicht mit der tabellarischen Zusammenfassung der Normen überein. Zudem lassen die Normen völlig außer Acht, dass Leistungsverzeichnisse üblicherweise für einen Wettbewerb erstellt werden und mit Abschluss des Vorgangs zur Angebotsprüfung der Fachplaner einen Vergabevorschlag formuliert. Mit der Beauftragung der Fachfirma wird somit bereits die Entscheidung über die zur Ausführung zu bringenden Komponenten getroffen. Lediglich für den Fall einer funktionalen Ausschreibung würde die Auswahl der erforderlichen Komponenten erst in der Projektierungsphase erfolgen.

Wie bereits an anderer Stelle in diesem Fachbuch beschrieben, können Planungs- und Bauprozesse sehr individuell ablaufen. Auch wenn in der Praxis dadurch eine Unmenge an Variationen entsteht, existieren auch Standardprozesse, die zum Beispiel in der Honorarordnung für Architekten und Ingenieure beschrieben sind. Leider ist nicht eindeutig erkennbar, dass zumindest diese Standardprozesse bei der Erstellung der für die Auslegung von SAA hauptsächlich zu verwendenden Normen Berücksichtigung gefunden haben.

Natürlich sind in der Praxis auch folgende Umstände oft vorzufinden, wodurch der Standardprozess nicht durchführbar ist:

- Es wurde kein Planer beauftragt.
- Es wurde zwar ein Planer beauftragt, dieser hat jedoch nicht die erforderliche Planungstiefe erbracht.
- Es handelt sich um ein Projekt mit einem Generalunternehmer, der die Planung dem Errichter überlässt.
- Es wurde ein Planer beauftragt, dieser integriert jedoch weitreichende Planungsleistungen und Verantwortlichkeiten ins Leistungsverzeichnis, um die Planungsleistungen an den Errichter zu übertragen.
- Die Projektrealisierung soll durch einen Generalunternehmer auf Grundlage von Entwurfsplänen erstellt werden.
- Es sind massive Fehler im Leistungsverzeichnis erkennbar.

- Die ausgeschriebenen Leistungen sind weder gewissenhaft anzubieten noch auszuführen.
- Es existiert kein Konzept für Brandschutz und Sprachalarmierung, auf dessen Grundlage eine Planung hätte erstellt werden können.
- Es gibt keinen Konzeptverfasser im Projekt, und der Bauherr/Betreiber erwartet die Leistung des Beraters für Sicherheit vom Fachplaner oder der Fachfirma.

Wie bereits beschrieben, sind die Variationsmöglichkeiten mannigfaltig und es ist verständlich, dass keine Verordnung wie auch keine Norm mit einer vorgegebenen Struktur auf diese Vielfältigkeit reagieren kann. Jedoch ist es möglich, den Standardprozess eines Planungs- und Projektierungsvorgangs als Leitfaden zu verwenden.

Der Standardprozess, nach dem die Gebäudeplanung sowie die Planung der technischen Ausbaugewerke vorgenommen werden, ist in der Honorarordnung für Architekten und Ingenieure einleuchtend beschrieben. Das typische Leistungsbild eines Fachplaners für den technischen Gebäudeausbau sieht unter anderem die Entwurfsplanung wie auch die Ausführungsplanung vor. Bei vielen Bauvorhaben verlaufen die Grenzen zwischen den einzelnen Leistungsphasen jedoch mittlerweile fließend, und oftmals wird bereits während der Erstellung der Ausführungsplanung die Erstellung der Leistungsverzeichnisse vorgenommen. Die Erstellung der Leistungsverzeichnisse ist Bestandteil der Leistungsphase „Vorbereiten der Vergabe“. Dieser Leistungsphase folgt die „Mitwirkung bei der Vergabe“. In dieser Leistungsphase wird unter anderem die Prüfung der eingegangenen Angebote auf Grundlage der zur Ausschreibung verwendeten Leistungsverzeichnisse vorgenommen. Üblicherweise schließt diese Phase aus Sicht des Fachingenieurs mit der Formulierung eines Vergabevorschlags ab.

Im Idealfall erfolgt sodann die Beauftragung des als wirtschaftlichsten Bieter ermittelten Fachunternehmens. Aus Sicht des Planungsingenieurs beginnt ab diesem Zeitpunkt die Leistungsphase 8 „Bauüberwachung“. Die Fachfirma hingegen erstellt auf Grundlage der Ausführungsplanung üblicherweise eigene Pläne, die für die weitere Baurealisierung verwendet werden. Diese Pläne werden meist Werk- und Montagepläne, aber auch Werkstatt- und Montagepläne genannt. Gelegentlich wird eine sehr detailliert ausgearbeitete Ausführungsplanung des Fachplaners als Werkplanung bezeichnet, obwohl die Erstellung von Werkplänen gemäß Honorarordnung für Architekten und Ingenieure explizit nicht in der Phase der Ausführungsplanung eingeschlossen ist. Die Zusammenfassung der Leistungsinhalte zu den Phasen „Planung und Projektierung“ in Form der bereits genannten Tabellen aus den beiden Normen beinhaltet eine korrekte Zuordnung der Planerstellung. Jedoch sind die textlichen Beschreibungen innerhalb der beiden Phasen weder mit der tabellarischen Zusammenfassung noch mit der Praxis und dem Standardprozess übereinstimmend. Auch die Auswahl der funktional erforderlichen Komponenten erst in der Projektierungsphase sollte eher die Ausnahme sein.

Was ist gemäß Standardprozess der tatsächliche Inhalt der Projektierungsphase?

Die Fachfirma wird hoffentlich keine Planungsfehler in der ihr übergebenen Ausführungsplanung entdecken. Falls doch, ist ihr dringend anzuraten, entsprechende Bedenken zur Ausführung der fehlerhaften Lösung anzumelden. Die dann folgenden Prozesse sind äußerst individuell und sollen hier nicht weiter beleuchtet werden. Unter Umständen haben sich auch bauliche und planerische Veränderungen bis zur Beauftragung der Fachfirma ergeben. Hier ist es unter Umständen möglich, dass entweder der Fachplaner seine Planung überarbeitet oder aber je nach Auftragssituation diese Umplanung vom Fachunternehmen vorgenommen wird.

Obwohl die Erstellung der Ausführungsplanung und des Leistungsverzeichnisses in der Regel vom Planer produktneutral vorgenommen werden muss, sind für eine explizite Lösung zum Beispiel einer komplizierten Beschallungsaufgabe natürlich bestimmte Produkte zu planen. Diese werden anhand ihrer Leistungsmerkmale in den Ausschreibungstexten beschrieben. Oftmals können diese Leistungsmerkmale jedoch auch von verschiedenen Produkten erfüllt werden. Daher ist einer der wichtigsten Unterschiede zwischen der Planung und der Projektierung darin zu erkennen, dass die entsprechenden Planungsunterlagen im Falle der Ausführungsplanung neutral gehalten und im Falle der Werk- und Montageplanung mit expliziten Produkten behaftet sind. Überdies werden in der Projektierung zum Beispiel die Montagepläne erstellt, um den Monteuren vor Ort Unterlagen zur Ausführung der Anlage zur Verfügung zu stellen. Hierzu haben viele Fachfirmen ihren eigenen Standard entwickelt.

Der beispielhafte Ablauf einer SAA-Projektierung bis zum Betrieb wird in **Bild 4.26** dargestellt.

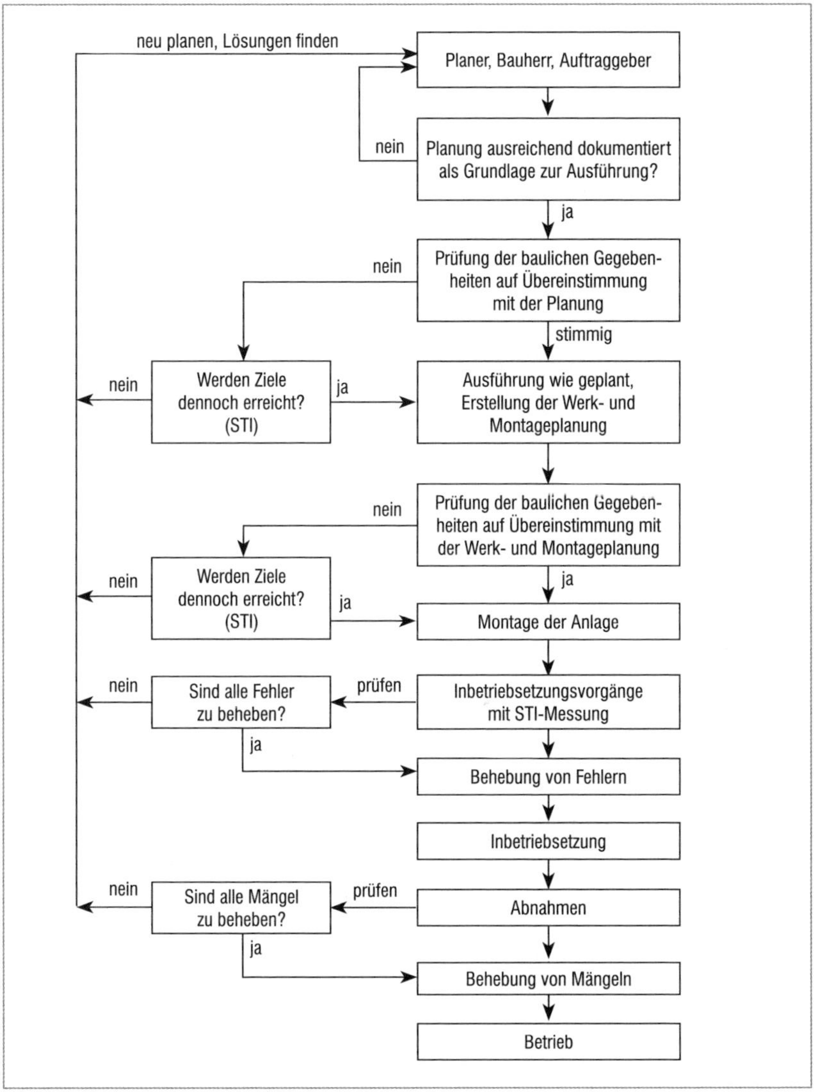

Bild 4.26 Diagramm als Leitlinie der SAA-Projektierung

4.6 Montage, Inbetriebsetzung und Betrieb von SAA

4.6.1 Montage der SAA

Zur Montage der SAA, also zur Integration der Anlagentechnik ins Gebäude, dient die Dokumentation der Planung und Projektierung als Grundlage. Nun ist es im Bauwesen jedoch alltägliche Praxis, dass es zu Änderungen vor Ort auf der Baustelle kommt und somit eine Übereinstimmung mit der Planung nicht mehr vollumfänglich gegeben ist. Neben der Suche nach geeigneten Lösungen ist zu jeder Abweichung eine Abstimmung mit den Verantwortlichen vorzunehmen. Die Verantwortung liegt in der Regel beim Bauherrn/Betreiber und es wird versucht, an Fachplaner und Errichter weiterzuleiten. Dem Fachbetrieb wird dringend empfohlen, Abweichungen von der Dokumentation nicht eigenmächtig zu korrigieren und durchaus nachvollziehbare und sinnvolle Lösungen freizügig umzusetzen. Einerseits besteht bei Abweichungen unter Umständen die Möglichkeit, Nachtragspotenzial auszuschöpfen, und andererseits sind der ursprüngliche Planungsauftrag und die aus der Konzeptphase stammenden Anforderungen unumgänglich zu beachten. Ob die technische Lösung zu einer festgestellten Abweichung tatsächlich dem ursprünglichen Konzeptgedanken entspricht, sollte von den Verantwortlichen der Konzeptdokumentation beurteilt werden. In der Konzeptphase sind die Ersteller des Brandschutzkonzepts, des SAA-Konzepts oder des Brandmelde- und Alarmierungskonzepts verantwortlich. Ob diese jedoch zum fortgeschrittenen Zeitpunkt der Anlagenrealisierung noch greifbar sind und die erforderlichen Leistungen im Falle von Änderungen erbringen können oder wollen, ist in den unterschiedlichen Projekten sehr individuell geregelt. Oft ist es auch erforderlich, über den Auftraggeber zu bewirken, dass die Konzeptverantwortlichen zuerst beauftragt werden.

Für den Fall, dass die Werk- und Montageplanung ohne maßgebliche Abweichungen umgesetzt werden kann, ist natürlich vorauszusetzen, dass die Arbeiten nach allgemein anerkannten Regeln der Technik und der geltenden Vorschriftslage ausgeführt werden. Überdies ist dafür Sorge zu tragen, dass optionale Funktionen und Varianten passend zur Aufgabenstellung gewählt werden.

Da moderne Sprachalarmanlagen nahezu von allen Herstellern bezüglich ihrer Betriebsparameter programmierbar sind und oftmals nicht einzig für den deutschen Markt hergestellt werden, verfügen die Anlagen über Betriebsparameter, die auch deutlich außerhalb der Anforderungen der

DIN VDE 0833-4:2024-06 „Festlegungen für Anlagen zur Sprachalarmierung im Brandfall" liegen können. Bei einigen Herstellern ist der Auslieferungszustand zwar entsprechend der Produktzertifizierung, jedoch nicht unbedingt entsprechend der Anwendungsrichtlinie in Deutschland angepasst. Der Errichter ist also gehalten, im Rahmen der Montage der SAA die Programmierung so vorzunehmen, dass eine Anpassung der Betriebsparameter an die in Deutschland geltende Anwendungsrichtlinie vorgenommen wird.

Beispiele

- Prioritäten der Brandfallbetriebsarten
- Rückstellung aus den verschiedenen Betriebsarten
- Verzögerung zur Meldung von Fehlern
- Rückstellung durch die BMA
- automatische und/oder manuelle Rückstellung von Fehlermeldungen
- Dauer des automatischen Brandfallbetriebs
- Reaktion der Anlage bei Betätigung der Taste „Akustik ab" oder Tasten gleichartiger Funktion

Bei der Montage der SAA stehen folgende Aspekte in einem besonderen Fokus:

- korrekte mechanische Aufstellung der SAZ unter Beachtung der örtlichen Verhältnisse für Beleuchtung, Zugänglichkeit, Sauberkeit, Bedienbarkeit und Ablesbarkeit entsprechender Komponenten,
- Beachtung der zulässigen Positionierung der zu bedienenden und abzulesenden Komponenten der SAZ innerhalb des Gestellschranks/Gehäuses, siehe hierzu auch Bild 4.14,
- planungskonforme Positionierung und Montage der Lautsprecher,
- planungskonforme elektrische Zuordnung von Lautsprechergruppen, einzelnen Lautsprechern und Lautsprecherlinien,
- ordnungsgemäße Leitungsinstallationen, unter anderem gemäß Leitungsanlagenrichtlinie bei baurechtlich geforderten Anlagen,
- Beachtung der geforderten Ausfallsicherheit und der dazu geplanten Maßnahmen, zum Beispiel bei geforderter A/B-Verkabelung,
- Beachtung elektromagnetischer Einflüsse,
- mögliche Schädigungen durch Brandeinwirkung,
- Beachtung von Anforderungen zum Überspannungsschutz.

Eine saubere, reproduzierbare und handwerklich ausgereifte Montage sollte als obligatorisch angesehen werden.

Die Phase der Montage schließt mit einer Dokumentation des tatsächlich erbrachten Ausführungsstands ab. Dazu ist es in der Regel erforderlich, die ursprünglichen Ausführungsunterlagen bzw. die Pläne der Werk- und Montageplanung dahingehend fortzuschreiben, dass diese den ausgeführten Stand wiedergeben. Üblicherweise werden derartige Pläne auch als Revisionspläne bezeichnet. Die Pläne müssen außerdem Informationen über die Individualität der Anlage erhalten, um diese jederzeit identifizieren zu können. Dies kann in Form genauer Anlagenbezeichnungen oder Anlagennummerierungen erfolgen. Des Weiteren ist ein Belegungsplan der in der SAA verwendeten Komponenten wie der Zentrale oder gegebenenfalls mehrerer Zentralen, Verteiler, Etagenverteiler, Unterverteiler, Feuerwehr-Einsprechstellen, Einheiten zur Anzeige und Bedienung anzufertigen. Insbesondere bei baurechtlich geforderten Anlagen wird es erforderlich sein, regelmäßige Prüfungen der SAA vorzunehmen. Im Rahmen der Dokumentation zur Montage sind dazu geeignete Prüfpläne zu erstellen. In der Anwendungsrichtlinie DIN VDE 0833-4:2024-06 „Festlegungen für Anlagen zur Sprachalarmierung im Brandfall" sind Hinweise zur Erstellung geeigneter Prüfpläne enthalten.

4.6.2 Inbetriebsetzung der SAA

Die Inbetriebsetzung der SAA setzt voraus, dass die Montagephase gänzlich abgeschlossen wurde. Ferner wird davon ausgegangen, dass bis zur Inbetriebsetzung keinerlei Mängel oder Fehler in der Anlage mehr vorhanden sind. Leider werden diese normativen Anforderungen in der Praxis üblicherweise nicht erfüllt. Gerade zum Ende einer Projektrealisierung herrscht ein derart hoher Termindruck, dass viele Gewerke parallel auf Hochdruck arbeiten und innerhalb der Gewerke viele Einzelarbeiten gleichzeitig stattfinden müssen. Um die Montage einer SAA komplett und mangelfrei zu realisieren, müsste gerade bei den akustisch relevanten Arbeiten einerseits die bauliche Fertigstellung sämtlicher Räume gegeben und andererseits eine gewisse exklusive Nutzungszeit im Objekt vorhanden sein, um nicht von anderen Gewerken bei akustischen Arbeiten gestört zu werden. Dieser Luxus ist leider nur selten vorzufinden. So ist es durchaus üblich, dass noch während der letzten Montagearbeiten bereits Teile der SAA in Betrieb gesetzt, geprüft und eingestellt werden.

Wie auch immer die Inbetriebsetzung im individuellen Bauablauf tatsächlich zeitlich positioniert wird, soll an dieser Stelle nicht weiter beleuchtet werden. Jedoch sollten die relevanten Bestandteile der Inbetriebsetzung und vor allem die Prüftätigkeiten an der Anlage näher betrachtet werden. Normativ wird jedenfalls gefordert, dass Auftraggeber/Betreiber dafür Sorge zu tragen haben, dass die akustischen Arbeiten störungsfrei erfolgen können.

Bei der Inbetriebsetzung müssen sämtliche Anlagenkomponenten berücksichtigt werden und so überprüft werden, dass eine Übereinstimmung mit der Dokumentation aus der Montagephase gegeben ist. Dies kann bezogen auf bestimmte Bereiche des Objekts auch für eine Teilinbetriebsetzung gelten. In der nun aktuellen SAA-Norm werden die Phasen der Inbetriebsetzung und der Überprüfung voneinander getrennt betrachtet, was in der Praxis vermutlich kaum Anwendung finden wird, da der Prozess der Inbetriebsetzung, Fehlerbeseitigung und die Prüfung der Betriebszustände und Funktionen praktisch kaum voneinander zu trennen sind. Im Rahmen der Überprüfung müssen sämtliche Betriebszustände und vorgesehenen Funktionen geprüft werden. Sind zum Beispiel mehrere Feuerwehr-Einsprechstellen vorhanden, ist es nicht ausreichend, einen möglicherweise darüber zu wählenden manuellen Brandfallbetrieb an nur einer Sprechstelle zu überprüfen. Die vollumfängliche Funktionsprüfung betrifft alle vorgesehenen Funktionen und alle Bedieneinheiten. Die für die Inbetriebsetzung geltenden Vorgaben durch den Hersteller der SAA sind ebenfalls zu beachten. Folgende Auflistung zu prüfender Funktionalitäten kann als grober Leitfaden verwendet werden:

- Zu- und Abschaltung schaltbarer Lautsprecherlinien und Kreise,
- unter Umständen geforderte Verschaltungslogik,
- Überwachung der Übertragungswege zu Lautsprechern,
- Überwachung der Übertragungswege zu anderen Zentralen, falls gegeben,
- Überwachung der Verstärker,
- Überwachung des Sprachspeichers,
- Überwachung des Übertragungsweges zum Brandfallmikrofon,
- Überwachung der Energieversorgung,
- automatischer Brandfallbetrieb,
- manueller Brandfallbetrieb,
- Funktion sämtlicher Mikrofone,
- Nichtbrandfallbetrieb, sofern vorhanden,
- sämtliche Sprachspeichertexte und Aufmerksamkeitssignale,
- Prioritäten verschiedener Betriebszustände,
- Meldezeit und Anzeige von Fehlern,
- Auslösezeit,
- Schnittstelle zur BMA,
- selektive Alarmierung, falls vorhanden,

- Fehlermeldung zur BMA,
- Abschaltung anderer Beschallungsanlagen, falls erforderlich,
- Pflichtempfang, falls z. B. Pegelsteller vorhanden,
- elektrische Schutzmaßnahmen,
- mechanische Festigkeit von elektrischen Verbindungen,
- Zugentlastung von Leitungseinführungen,
- Beschriftungen und Bezeichnungen, Hinweisschilder,
- Überprüfung der BFD auf Konformität mit den Konzeptanforderungen.

Im Rahmen der Inbetriebsetzung findet auch die Überprüfung des wichtigsten Ziels, der Wirksamkeit, statt. Ob die SAA wirksam ist, kann unter anderem darüber entschieden werden, ob die geforderte Sprachverständlichkeit erreicht wird. Daher sind zur Inbetriebsetzung die Messungen zur Sprachverständlichkeit, zum Störgeräuschspektrum sowie zum Nutzschallpegel vorzunehmen. Die dazu erforderlichen Randbedingungen sind den entsprechenden Kapiteln dieses Fachbuchs zu entnehmen. In der Anwendungsrichtlinie DIN VDE 0833-4:2024-06 „Festlegungen für Anlagen zur Sprachalarmierung im Brandfall" wird gefordert, dass der Auftraggeber/Betreiber dafür zu sorgen hat, die Baustelle in einen Zustand zu versetzen, in dem sich die erforderlichen Messungen auch vornehmen lassen. Leider wird diese Forderung in der Realität nur selten berücksichtigt. Überdies ist die Messung des Störgeräuschspektrums, das zur Korrektur der im Ruhigen gemessenen Sprachverständlichkeit verwendet werden muss, in der Regel erst in einem tatsächlichen Nutzungsbetrieb des Objekts möglich. Wie aber kann der tatsächliche Nutzungsbetrieb des Objekts gemessen werden, wenn die Inbetriebsetzung noch gar nicht abgeschlossen ist? In der Praxis sollte versucht werden, mit dem Störgeräuschspektrum aus der Planungsphase zu arbeiten, bis die Durchführung einer Messung des Störgeräuschspektrums möglich ist.

Neben der ohnehin erforderlichen Dokumentation der Messergebnisse ist es ratsam, eine lückenlose Dokumentation der Inbetriebsetzung vorzunehmen.

4.6.3 Die Abnahme der SAA

Gemäß Anwendungsrichtlinie müssen die geforderten Abnahmen der SAA vor dem Übergang in den Betriebszustand (nicht Inbetriebsetzung) vorgenommen werden. Diese Formulierung wird oftmals als irreführend bezeichnet, lässt sich jedoch relativ einfach erklären. Die Inbetriebsetzung wurde bereits oben ausführlich beschrieben. Um aus diesem Zustand in den Nutzungszustand der Anlage zu wechseln, sind eben die in der Norm vorgesehenen Abnahmen durchzuführen. Genau genommen ist die Anlage nach der Inbetriebsetzung und Überprüfung noch nicht in der Betriebsphase. Die Betriebsphase ist dann erreicht, wenn die eigentliche Nutzung der Anlage meist gleichzeitig mit der Nutzung des Gebäudes begonnen hat und eine Übergabe der Anlage an den Betreiber erfolgt ist. Diese Art von Übergabe erfolgt in der Regel in Form der Abnahme. Oft ist dies auch der ausschlaggebende Zeitpunkt für den Beginn einer Gewährleistungsphase.

Normativ wird die Abnahme der SAA darin unterschieden, ob diese auf Grundlage baurechtlicher Forderung durch Prüfsachverständige, aus versicherungstechnischen Gründen, vertraglichen Gründen oder auf Grundlage der normativen Zusammenhänge durchgeführt wird. Aufgrund der sehr engen Bauzeiten gerade zum Ende einer Baumaßnahme kommt es in der Praxis jedoch oft vor, dass die verschiedenen Abnahmen in einer oder wenigen Einzelabnahmen zusammengefasst werden. Recht oft findet eine Abnahme der SAA zwischen der Fachfirma und dem Auftraggeber unter Begleitung der Fachbauleitung / des Fachplaners statt. Das daraus entstehende Abnahmeprotokoll und die entsprechende Dokumentation dienen dann anschließend dem Prüfsachverständigen zur Durchführung der baurechtlichen Abnahmen. Aber auch die umgekehrte Reihenfolge ist vorzufinden.

Entsprechend der Anwendungsrichtlinie liegt der Fokus der Abnahmeprüfung darin, eine Übereinstimmung der Ausführungen mit dem ursprünglichen Planungsauftrag und mit den funktionalen sowie technischen Anforderungen der Norm festzustellen. Die Abnahme wird in Form eines Abnahmeprotokolls dokumentiert. Die Mindestbestandteile eines solchen Abnahmeprotokolls sind in der Anwendungsrichtlinie beispielhaft benannt. Die für die Abnahme verantwortliche Fachfirma händigt das Abnahmeprotokoll mitsamt dem Betriebsbuch, den Bedienungsanleitungen, den Revisionsunterlagen und allen weiteren erforderlichen Dokumenten zur Übergabe der Anlage an den Betreiber/Auftraggeber aus. Ebenso ist das entsprechende Personal einzuweisen und gegebenenfalls zu schulen. Auch wenn dies in der Praxis meist anders verläuft, dürfte die Betriebsphase erst danach beginnen.

Für die nachfolgende Betriebsphase, in die auch die Instandhaltung fällt, muss dem Auftraggeber/Betreiber bei der Abnahme eine komplette Dokumentation übergeben werden. Nachfolgend ist der Mindestinhalt dieser Dokumentation aufgelistet:

- Betriebsbuch,
- Bedienungsanleitung der SAZ und darin eingebauter Komponenten,

- Zugangsmittel (z. B. Passwörter, Schlüssel, unter Umständen auch Quellcode),
- Dokumentation der Montagephase,
- Dokumentation des Inhalts der BFD in Textform sowie der dazugehörigen Audiodateien,
- Dokumentation der Überprüfung der SAA infolge der Inbetriebsetzung,
- Abnahmeprotokoll.

Die Art und Ablageform der zu übergebenden Dokumente und Dateien kann dabei zwischen dem Auftraggeber und der Fachfirma individuell festgelegt werden.

Das Abnahmeprotokoll sollte dabei folgenden Mindestinhalt aufweisen:

- Art und Anzahl der angeschlossenen Lautsprecher,
- Anzahl und Ort der Lautsprechergruppen,
- Ergebnisse zu den Überprüfungen und Inhalte der Überprüfungen im Rahmen der Abnahme,
- Abweichungen vom ursprünglichen Planungsauftrag,
- Abweichungen von technischen Funktionen,
- Ergebnisse zur Messung und Berechnung des Energiebedarfs im Falle der Ersatzenergieversorgung,
- Überprüfung der BFD,
- Angaben zur zu übergebenden Dokumentation,
- Fristen für die Mangelbehebung,
- Benennung der Verantwortlichen für die Anlagenbetreuung und deren Kontaktdaten,
- Nachweis der Errichtung der SAA nach den Vorgaben des SAA-Konzepts bzw. des Brandmelde- und Alarmierungskonzepts,
- Ergebnis zur Überprüfung der Übertragungswege bei Verortung in einer IT-Infrastruktur, auf Übereinstimmung mit den Anforderungen zu den Sicherheitsstufen und zum Funktionserhalt, wenn bauordnungsrechtlich gefordert.

4.6.4 SAA im Betrieb

In der Betriebsphase trägt der Betreiber die Verantwortung über die Funktion der SAA. In der Regel wird diese Verantwortung an Fachfirmen delegiert. Die für den Betrieb der SAA zu erfüllenden Anforderungen sind in DIN VDE 0833-1 „Gefahrenmeldeanlagen für Brand, Einbruch und Überfall; Teil 1: Allgemeine Festlegungen“ festgelegt.

Viermal jährlich, möglichst in gleichen zeitlichen Abständen, haben Begehungen stattzufinden. Die Begehungen sind von einer sachkundigen Person für Sprachalarmanlagen durchzuführen. Da die oben genannte Norm die Anforderungen recht allgemein für Gefahrenmeldeanlagen beschreibt, sind die explizit für SAA daraus abzuleitenden Verpflichtungen nicht eindeutig. Innerhalb der Begehungen werden vorwiegend Sichtprüfungen vorgenommen. So ist zu prüfen, ob die räumlichen Bedingungen, die Raumnutzung und die Freihaltung der Lautsprecher geändert wurden. Ebenso sind mechanische Verbindungen und Befestigungen visuell zu prüfen. Auch die Zugänglichkeit der zu bedienenden Komponenten oder der Anzeigen der SAA ist im Rahmen der Begehung zu beurteilen. In den ADAs ist zu beurteilen, ob die Lautsprecher nach wie vor frei abstrahlen können oder ob im Rahmen der Objektnutzung möglicherweise Gegenstände nun eine abschattende Wirkung haben. Auch ADAs, die bisher nicht im Beschallungsumfang standen, müssen dahingehend überprüft werden, ob sich deren Nutzung verändert hat und nun eventuell eine Änderung des Beschallungsumfangs der SAA vorgenommen werden muss. Solche Änderungen sind auch in der Anlagendokumentation nachzupflegen. Die Ergebnisse der Begehung und unter Umständen festgestellte Abweichungen sind im Betriebsbuch zu dokumentieren. Abweichungen sind überdies dem verantwortlichen Betreiber anzuzeigen.

In der Betriebsphase ist es zudem wichtig, Festlegungen zu treffen, wenn die SAA aus bestimmten Gründen z. B. aufgrund von Arbeiten an der Anlage oder im Objekt teilweise oder gänzlich außer Betrieb gesetzt werden muss. Dies ist besonders wichtig, wenn das Objekt zeitgleich weiter genutzt werden soll. Der verantwortliche Betreiber ist dazu verpflichtet, entsprechende Ersatzmaßnahmen zu ergreifen. Oft ist dies nur möglich, wenn diese Maßnahmen mit den zuständigen Stellen z. B. der Feuerwehr und/oder den bauordnungsrechtlich zuständigen Behörden abgestimmt werden. Die möglichst zeitlich kurz zu haltenden Abschaltungen sowie die Ersatzmaßnahmen sind im Betriebsbuch zu dokumentieren.

Die Anforderungen an die Instandhaltung werden ebenfalls in DIN VDE 0833-1 definiert. Weitere Anforderungen dazu können auch DIN VDE 0833-2 und DIN 14675-1 entnommen werden. Im Anhang F der neuen SAA-Norm werden informativ einige Hinweise dazu gegeben, was auf SAA bezogene Inhalte der Inspektionen und der dazu erforderlichen Dokumentration sein können. Danach hat eine Anlageninspektion an vier möglichst gleichmäßig auseinanderliegenden Terminen im Jahr stattzufinden. Die Inspektionen sind durch eine Fachkraft für SAA vorzunehmen. Auch hier liegt der Schwerpunkt darin, entsprechende Überprüfungen und Sichtkontrollen sowie Analysen an der SAA durchzuführen. Die Ergebnisse der Inspektionen sind ebenfalls im Betriebsbuch zu dokumentieren.

Im Rahmen jeder Inspektion wird empfohlen, mindestens folgende Prüfungen vorzunehmen:

- Umschaltung der SAA in den Brandfallbetrieb,
- manuelle Live-Durchsage,
- Wiedergabe der Sprachspeicher,
- Prüfung der Anzeige- und Bedienelemente,
- Funktion der Übertragungswege,
- Ersatzenergieversorgung bei Netzausfall,
- Belastungsprüfung der Batterien,
- Batterieladespannung an den Batterieklemmen,
- Verhalten der SAA bei Batterieausfall,
- Störungsweiterleitung an die BMA,
- Prüfung der Überwachung der Übertragungswege.

Einmal jährlich muss eine Überprüfung der Lautsprecher auf verzerrungsfreie Wiedergabe vorgenommen werden. Hierzu wird in der Anwendungsrichtlinie DIN VDE 0833-4:2024-06 „Festlegungen für Anlagen zur Sprachalarmierung im Brandfall“ gefordert, entsprechende Hörtests vorzunehmen. Diese können nach Norm z. B. mit Nachrichtensendungen oder Hörbüchern erfolgen. Eine solche Überprüfung jedoch mit der Einspielung von Musik durchzuführen, kann je nach verwendetem Musikmaterial nicht zum gewünschten Ergebnis führen. Wird zum Beispiel ein klassisches Orchestermusikstück oder hochkomprimierte moderne Musik dazu verwendet, kann unter Umständen nicht festgestellt werden, ob die Lautsprecher Sprache verzerrungsfrei wiedergeben können. Es ist dringend anzuraten, die Überprüfung auf verzerrungsfreie Wiedergabe, wie in der Norm empfohlen, mit Sprachsignalen durchzuführen. Hierzu ist es nicht unbedingt erforderlich, die Alarmdurchsage vom Sprachspeicher in einer endlosen Schleife abzuspielen. Die Einspielung von Sprachbeiträgen oder qualitativ hochwertig erstellten Contents aus einem TTS-System können hier ebenfalls sehr gut den Zweck erfüllen.

Die Wartung der SAA ist nach Norm einmal jährlich durchzuführen. Sind nach Herstellerangaben für die SAA oder einzelner Komponenten der SAA kürzere Wartungsintervalle erforderlich, sind diese einzuhalten. Die Wartung der SAA besteht vorwiegend aus folgenden Bestandteilen:

- Justagen, Einstellungen und Abgleichungen nach Herstellerangaben,
- Pflege von Anlagenteilen und Komponenten (zum Beispiel Filtertausch),
- Austausch von Batterien nach Ablauf der Nutzungsdauer,
- gegebenenfalls Aktualisierung von Brandfalldurchsagen,
- Prüfung der Kennzeichnung von Zugängen zu Notfallmikrofonen und ggf. Erneuerung der Kennzeichnung,
- Überprüfung der Feuerwehreinsatzpläne auf Aktualität z. B. bezüglich der Standorte der Notfallmikrofone,
- Überprüfung der zur SAA gehörenden Dokumentation auf Vollständigkeit und Aktualität.

Die Wartungsaktivitäten sind im Betriebsbuch zu dokumentieren.

Auch wenn die Anwendungsrichtlinie DIN VDE 0833-4:2024-06 „Festlegungen für Anlagen zur Sprachalarmierung im Brandfall“ keine expliziten Regelungen für die eigentlich letzte Phase jeder technischen Anlage festlegt, ist genau genommen auch der Verbleib und der Rückbau der SAA nach deren Betriebszeit ordnungsgemäß zu regeln. Aktuell ist hierzu die Gesetzeslage zum Umgang mit Elektroschrott zu berücksichtigen. Wie auch bei betriebsgefährdenden Fehlern und Mängeln sind der Rückbau und die Erneuerung einer SAA in einem weiter genutzten Objekt genauestens zu regeln. Unter Umständen sind Ersatzmaßnahmen zu treffen.

Da bei einer Sprachalarmierungsanlage von einer durchgehenden Funktion ausgegangen wird, müssen Instandsetzungen natürlich umgehend erfolgen. Ist dies nicht möglich, müssen Lösungen gefunden werden, die von den verantwortlichen Stellen (Betreiber, Behörden, Feuerwehr usw.) getragen werden können. Gänzlich anders ist die Situation einzuschätzen, wenn das gesamte Gebäude ohnehin aus dem Nutzungszustand genommen wird und zum Beispiel eine Generalsanierung erfolgt. Hier gelten dann in der Regel die sicherheitstechnischen Anforderungen einer Baustelle.

5 Beispiele aus der Praxis

5.1 Der Planungsauftrag ist da, aber das Konzept fehlt

Wer schon eine Weile im Bauwesen tätig ist, wird bemerkt haben, dass es den stets wiederkehrenden und verlässlichen Bauablauf im Grunde genommen nicht gibt. Natürlich suggerieren Regelwerke, Normen und sogar Verordnungen, dass die unterschiedlichen Planungs- und Realisierungsphasen nacheinander und in einer festgelegten Reihenfolge geleistet werden sollen. In sehr vielen Projekten werden diese Festlegungen jedoch nicht eingehalten. Dafür werden stets mehr oder weniger gut nachvollziehbare Gründe angeführt. Dabei sind zumeist die üblichen Verursacher wie Kosten, Zeit, Kompetenzmangel und Bauverzug ins Feld zu führen. Andererseits ist es auch nachvollziehbar, dass Regelwerke, Normen und Verordnungen eigentlich nur einen Standardablauf behandeln können, da die Variationsmöglichkeiten, davon abzuweichen, einfach zu vielfältig sind. Daher ist es absolut keine Seltenheit, dass die Planung einer SAA zu einem auf den Planungs- und Bauablauf bezogenen ungünstigen Zeitpunkt erfolgt, wobei dies schon eine beschwichtigende Ausdrucksweise darstellt. Nachfolgend soll eine Momentaufnahme im Planungs- und Bauablauf skizziert werden.

Das Brandschutzkonzept ist bereits geschrieben, hat eine Fortschreibung erfahren und trägt nun den grünen Stempel. Die Objektplanung befindet sich in der Ausführungsplanung und die TGA-Planung in den letzten Zügen der Entwurfsplanung. Auf der Baustelle steht der Rohbau fast fertig auf der grünen Wiese. Bei der Beauftragung des Elektrofachplaners wurde absichtlich darauf Wert gelegt, z. B. die sicherheitstechnischen Gewerke wie die BMA und die SAA zunächst nicht mit zu beauftragen, weil der tatsächliche Bedarf erst nach grüner Stempelung des Brandschutzkonzepts bewertet werden sollte. Wahrscheinlich hat die Bauherrenschafft gehofft, auf diese Gewerke doch verzichten zu können, obwohl bereits bei der Erstausfertigung des Brandschutzkonzepts klar wurde, dass eine BMA und auch eine SAA unvermeidbar sind. Zudem erhoffte man sich durch separate Ausschreibung der Gewerke den ohnehin als zu teuer bewerteten Elektrofachplaner zu bewegen, preiswerter anzubieten, wenn er sich dem Wettbewerb stellen muss. Wie auch immer, wurde nun ein Planer gefunden und beauftragt. Nach freudiger Übergabe der Projektunterlagen stellt der Planer sogleich fest, dass aus dem

Brandschutzkonzept lediglich hervorgeht, dass eine SAA im gesamten Gebäude für die Übertragung von Anweisungen an die im Gebäude befindlichen Personen gefordert ist, ausgelöst durch die BMA. Ein SAA-Konzept existiert ebenso wenig wie ein Brandmelde- und Alarmierungskonzept. Es ist weder klar, ob Ausnahmen vom Beschallungsumfang gemacht werden können, noch in welcher Sicherheitsstufe die Ausfallsicherheit der SAA erwartet wird. Welche Energieversorgung für die SAA zur Verfügung steht und wo die SAZ zu verorten ist, ist leider ebenfalls in keiner Planungsunterlage zu finden. Kurz gesagt, es fehlen sämtliche Konzeptfestlegungen. Als der Planer dies bei seiner ersten Projektbesprechung anbringt, wird ihm entgegengehalten, dass er der beauftragte Fachplaner sei und diese Dinge schließlich von ihm geplant werden müssten. Behutsam sorgt der Planer für Aufklärung, stellt die Verantwortlichkeiten für die Konzeptphase dar und was diese Phase beinhaltet. Schließlich beginnt das beauftragte Leistungsbild mit der Entwurfsplanung, sodass die Leistungen der Konzeptphase darin nicht enthalten sein können.

Zumindest hat es der Planer geschafft, dem Bauherrn glaubhaft zu erklären, dass entsprechende Vorleistungen zu erbringen seien, um mit der Planung der SAA in die richtige Richtung starten zu können. Schön, aber woher kommen nun die fehlenden Festlegungen?

Natürlich gibt es wieder viele Wege, die zu einem passenden Ergebnis führen könnten. Einer der schlechteren Wege wäre es, wenn der Planer die fehlenden Grundlagen der Konzeptphase einfach selber festlegt. Dies kann für ihn z. B. bei der Festlegung der Ausfallsicherheit durchaus fatale Folgen haben. Die Ausfallsicherheit definiert ja, welche Funktion von der SAA noch gefordert wird, selbst wenn Fehler in Übertragungswegen oder in der Zentrale vorliegen. Genau genommen ist der Stellenwert der SAA im Kontext der Brandgefahr analytisch zu bewerten. Eine Betrachtung der Brandgefahr und wie die Evakuierung des Gebäudes abläuft, ist jedoch Sache des Brandschutzkonzeptverfassers. Demzufolge ist stets zu empfehlen, nur Festlegungen selbst zu treffen, wenn man dies auch verantworten kann. Daher sollte die geteilte Verantwortung z. B. zwischen Konzeptverfasser und Planungsingenieur, so wie sie in der DIN 14675 beschrieben ist, stets angestrebt werden.

Hier in unserem Beispielprojekt wird der Bauherr wohl nochmals in den Verfasser des Brandschutzkonzepts investieren müssen und auch die Leistungen der nachzuholenden Konzeptphase für die SAA werden nicht kostenfrei bleiben. Ob nun der ab Entwurf beauftragte Planer dafür einen Nachtrag erhält oder ein dafür spezialisierter Konzeptersteller beauftragt wird, um die erforderlichen Abstimmungen und Festlegungen zu erarbeiten, soll dabei nicht entscheidend sein. Sollten sich dann bei der recht späten Erstellung des SAA-Konzepts Spezifikationen ergeben, die aus dem Brandschutzkonzept nicht hervorgehen, so ist dringend zu empfehlen, das SAA-Konzept ebenfalls bauordnungsrechtlich verbindlich zu machen. Dies kann auf sehr unterschiedliche Weise erfolgen.

Sollte das Brandschutzkonzept nochmals fortgeschrieben werden, so bietet sich eine Integration des SAA-Konzepts an. Dies kann textlich, als Verweis oder auch als Anlage erfolgen. Wieso aber sind derartige Schritte erforderlich? Bei dem hier beschriebenen Beispielprojekt ging aus dem Brandschutzkonzept lediglich hervor, dass das gesamte Gebäude von der SAA versorgt werden soll. In der nachträglichen Abstimmung mit dem Brandschutzkonzeptverfasser wurde jedoch festgelegt, dass in zwei Treppenräumen keinerlei Sprachübertragung für sinnvoll erachtet wird, da diese ausschließlich zum Zwecke der Evakuierung existieren und unmittelbar ins Freie führen. Eine solche Bewertung der Situation ist keinefalls allgemeingültig, kann aber ein individuelles Entscheidungsergebnis sein. Diese Ausnahme zum Beschallungsumfang wird nun im SAA-Konzept dokumentiert. Sollte das Dokument jedoch nicht bauordnungsrechtlich verbindlich werden, so könnte es passieren, dass es vom Prüfsachverständigen nicht beachtet und die in den Treppenräumen fehlende SAA als Mangel bewertet wird. Sollte das SAA-Konzept lediglich Spezifikationen enthalten, die keine Abweichung zum Brandschutzkonzept darstellen, so könnte es ausreichen, das Konzept lediglich als Grundlagendokument zur SAA-Planung zu verwenden. Sicherer wäre es jedoch, das SAA-Konzept stets bauordnungsrechtlich verbindlich zu machen.

5.2 Hat der Planer wirklich geplant?

Das elektrotechnische Gewerk als ein Teil der technischen Ausbaugewerke im Hochbau deckt zweifellos eine enorme technische Bandbreite ab. Elektrofachplaner müssen sich regelmäßig beispielsweise mit der Einspannung aus dem Mittelspannungsnetz, mit der Objektbeleuchtung, der Einspeisung elektrischer Aggregate bis hin zur Gegensprechanlage zwischen Pförtner und Haupteingang auseinandersetzen. Dabei steht die Planung der Sprachalarmanlage oftmals weit außerhalb des Fokus der planerischen Aufwendungen. Doch nicht zuletzt ist es normativ sogar wortwörtlich beschrieben, welche

Anforderungen an die SAA-Planung gestellt werden, einerseits die Schutzziele sicher erreichen zu können und andererseits die entsprechenden Planungsphasen mit dem richtigen Inhalt und Umfang erstellen zu können. Zumeist sind auch die Anlagenkosten der SAA sowie die damit verbundenen Honoraranteile im Verhältnis zu den restlichen Gewerkeleistungen im Bereich der Elektrotechnik von sehr untergeordneter Bedeutung.

Dies steht im deutlichen Widerspruch zur Komplexität einer mangelfreien und ausreichenden Planung der SAA, bei der spezielle Kompetenzen erforderlich sind und darüber hinaus erheblicher Abstimmungsbedarf zum Beispiel mit dem architektonischen Gewerk erforderlich ist. Bei solchen Abstimmungen geht es nur zweitrangig um Abstimmungen bezüglich der Installationswege und der Leitungsverlegung sondern um eine direkte Einflussnahme auf die im Innenausbau zu verwendenden Materialien. Dies ist regelmäßig mit unleidlichen Auseinandersetzungen mit der Architektur verbunden. So ist es kaum verwunderlich, dass oftmals der Weg des geringeren Widerstands gegangen wird und durchaus zweifelhafte Planungsergebnisse an die Errichter übergeben werden. In gewisser Weise kann sogar nachvollzogen werden, dass die Ausführungsplanung einer SAA aufgrund der typischen Hürden aus der Sicht des Planers eher pragmatisch vorgenommen wird. Im vorliegenden Fall äußerte der neu beauftragte Errichter der nach einer Ausschreibung als wirtschaftlichster Bieter ermittelt worden war, Bedenken, die ihm vorgelegte Planung nicht ausführen zu können, da mit einer mangelhaften Werkleistung zu rechnen sei.

Zunächst verdächtigte der Auftraggeber natürlich den Errichter, entsprechende Defizite seines Angebots durch Nachträge aufbessern zu wollen. Ein gemeinsames Gespräch zwischen Planer, Errichter und Auftraggeber führte leider nicht zu einer Einigung, sodass der Auftraggeber einen Sachverständigen einschaltete, um der Behauptung des Errichters nachzugehen, die Planung sei nicht ausführbar, um die Schutzziele der SAA mangelfrei erreichen zu können. Streitgegenständlich war die Planung der SAA in einem Schulgebäude, das auch für außerschulische Veranstaltungen mit ortsunkundigen Personen (z.B. VHS-Kurse) genutzt wird. Obwohl der Planer die Ausführungsplanung beauftragt hat, bestand die Planung größtenteils lediglich aus einem Blockschaltbild mit grober Kennzeichnung der Zentrale, einer Sprechstelle und einigen von der Zentrale abgehenden Linien zu den Lautsprechern, ohne dass daraus Linienbezeichnungen, einzelne Lautsprecherstromkreise oder die Anzahl der Lautsprecher je Linie zu erkennen waren. Neben dem Blockschaltbild, das eher die Qualität einer Entwurfsplanung hatte, bestand die Ausführungsplanung aus Deckenspiegeln, in denen Lautsprechersymbole ohne Bezifferung eingetragen waren. In der Ausschreibung befanden sich Deckeneinbaulautsprecher, Wandaufbaulautsprecher und Druckkammerlautsprecher. Auf Nachfrage beim Planer, wo denn nun welcher Lautsprecher geplant sei und warum diese unterschiedlichen Typen im Leistungsverzeichnis mit nicht nachvollziehbaren Maßen dokumentiert seien, antwortete der Planer schon annähernd symptomatisch für eine solche Situation. Die exakte Festlegung der Lautsprecher konnte im Rahmen der Planung nicht vorgenommen werden, da ohnehin damit zu rechnen sei, dass der Innenausbau der Schule im Rahmen der Realisationsphase erst final festgelegt werde und dann zu diesem Zeitpunkt vom Errichter die im Leistungsverzeichnis enthaltenen, jeweils zur Beschallungssituation und Raumausgestaltung passenden Lautsprecher auszuwählen habe. Dazu seien schließlich die verschiedenen Lautsprechertypen im Leistungsverzeichnis abgefragt worden. Auf die Frage, wie denn in den als raumakustisch kompliziert einzuschätzenden Bereichen wie der Aula, der Mensa und den Treppenräumen die angedachte Planung aussieht, um zu gewährleisten, dass die erforderliche Sprachverständlichkeit erreicht wird, antwortete der Planer wie folgt: Dies ist vom Errichter festzulegen und von ihm im Zweifelsfall durch Simulation sicherzustellen, dass die erforderliche Sprachverständlichkeit erreicht wird.

Fatal an dieser Situation war jedoch, dass der Architekt sogar einen Akustiker an seiner Seite hatte, um im Rahmen der Ausführungsplanung sämtliche Oberflächen zu planen, die zum Beispiel in den sprachlich genutzten Räumen, aber auch in der Aula und in der Mensa vorzusehen waren. Die Planungen wurden in einem Raumbuch dokumentiert. Darüber hinaus hat der Architekt sogar Wandabwicklungen und Deckenspiegel gezeichnet, in denen die raumakustisch wirksamen Oberflächen dargestellt waren. In gewisser Weise behielt der Planer der SAA jedoch Recht, indem tatsächlich in der Realisationsphase einige der geplanten raumakustisch wirksamen Oberflächen durch andere, aber dennoch akustisch wirksame Ausbaumaterialien getauscht wurden. Eine Korrelation zwischen den raumakustisch wirksamen Oberflächen und der Lautsprecherplanung lag jedoch an keiner Stelle vor, da sich der Planer diesbezüglich weder mit dem Architekten noch mit dem Akustiker abgestimmt hat.

Auch wenn es in gewisser Weise verständlich ist, dass die vom Planer vorzunehmenden Abstimmungen bezüglich der Ausbaumaterialien, der Nachhallzeit und der Störgeräusche möglicherweise im Rahmen der Realisationsphase durch Veränderungen der baulichen Situation, an Gültigkeit verlieren, so ist eine Ausführungsplanung eben nur dann belastbar, wenn sie eine Lösung zeigt, die unzweifelhaft zur Erreichung der Planungsziele führt. Dies ist keineswegs damit erreicht, in dem der Planer einfach keine Abstimmung vornimmt und darauf hofft, dass der Errichter es schon richten wird. Nicht selten werden in vergleichbaren Fällen auch die dazu erforderlichen Leistungen direkt im Leistungsverzeichnis abgefragt und beauftragt. Dies tröstet jedoch nicht darüber hinweg, dass die eigentliche, unter Umständen mit dem vollen Honorar vergütete, Ausführungsplanung nicht ausreichend ist. Im vorliegenden Fall konnte der Sachverständige zum einen bewirken, dass von den beteiligten Parteien Einverständnis zur vorliegenden Situation entwickelt wurde, und zum anderen, dass der Planer seine unvollständige Ausführungsplanung nachzuarbeiten hatte, um dem Errichter eine ausführbare Lösung an die Hand zu geben.

5.3 Wahrung der Schutzziele und Abweichung

Auch wenn dieser Satz von Meistern, Technikern und Ingenieuren nur sehr ungern gehört und angewandt wird, so ist es unter gewissen Voraussetzungen stets möglich, von normativen Anforderungen abzuweichen. Von gesetzlichen Anforderungen und Verpflichtungen abzuweichen, kann jedoch nicht grundsätzlich empfohlen werden. Sollte sich jedoch im Rahmen der Planung oder Realisationsphase mit derartigen Zusammenhängen auseinandergesetzt werden, so ist bei dem Vorhaben, von einer normativen Anforderungen abzuweichen, stets im Blick zu behalten, ob dies lediglich eine normative Anforderung ist oder gar eine gesetzliche Verpflichtung dahinter verborgen steht. Einerseits können Normen bauordnungsrechtlich eingeführt und andererseits können Inhalte von Normen auch auf Grundlage einer gesetzlichen Forderung formuliert worden sein. Bei bauordnungsrechtlich eingeführten Normen können diesbezügliche Abweichungen durch Dokumentation der höher priorisierten bauordnungsrechtlich relevanten Dokumente wie dem Brandschutzkonzept zielführend dokumentiert werden. Dies empfiehlt sich auch bei geplanten Abweichungen gegenüber normativen Inhalten, die zum Beispiel als allgemein anerkannte Regel der Technik gelten. Je nach Projektsituation kann es durchaus sinnvoll oder gar erforderlich sein, besondere Lösungen zu planen und zu realisieren, wenn mit einer Lösung nach anerkannter Regel der Technik die geforderten Ziele nicht zu erreichen sind. Wie sieht es jedoch aus, wenn eine normativ formulierte Anforderung ursprünglich auf Grundlage einer gesetzlichen Situation im Normungstext dokumentiert wurde?

Im vorliegenden Fall wurde im Rahmen der Planung festgestellt, dass die Beschallung eines großen Eingangsfoyers raumakustisch besonders anspruchsvoll ist. Mithilfe von Simulationsberechnungen wurde eindeutig dargestellt, dass selbst bei Einbringung ausführbarer raumakustischer Maßnahmen keine ausreichende Sprachverständlichkeit erreicht werden kann, wenn die am Markt verfügbaren, für die Beschallungssituation am besten geeigneten und zertifizierten Lautsprecher eingesetzt werden. Infolgedessen wurden Simulationsberechnungen vorgenommen, bei denen aktiv betriebene Linienstrahler zum Einsatz gekommen sind. Mit den besonderen akustischen Eigenschaften, mit diesen Lautsprechern die Schallenergie exakt dahin zu lenken, wo die Hörerflächen sind und reflektierende Raumoberflächen weniger zu beschallen, konnten die Anforderungen an die Sprachverständlichkeit eingehalten werden. Den Planern war jedoch bewusst, dass der Einsatz von aktiven Lautsprechern für bauordnungsrechtlich geforderte Sprachalarmanlagen im Grunde genommen nicht möglich ist. Die Begründung dafür wurde DIN VDE 0833-4 entnommen. Hierin wird gefordert, zur Ausführung einer Sprachalarmanlage ausschließlich zertifizierte Bauprodukte der EN-54-Reihe zu verwenden. Die Lautsprecher müssen demnach Bauprodukte gemäß EN 54-24 sein. Aktive Lautsprecher können jedoch derzeit nach keiner EN-54-Norm zertifiziert und zu einem Bauprodukt gemacht werden. Somit sind aktive Lautsprecher bisher nicht als Bauprodukte verfügbar.

Aus diesem Dilemma heraus haben sich Auftraggeber/Betreiber, Planer und Prüfsachverständiger darauf geeinigt, eine Abweichung zu DIN VDE 0833-4 zu formulieren. Im SAA-Konzept wurde infolgedessen beschrieben, dass man in Abweichung zur DIN VDE 0833-4 in diesem Eingangsfoyer aktive Linienstrahler einsetzt, um die Schutzziele erreichen zu können. Sodann wurde die Planung fortgeschrieben und die Verortung der Linienstrahler mit der Architektur abgestimmt, um die Ausführungsplanung zu finalisieren. Da der Auftraggeber/Betreiber jedoch eine eigene Prüfinstanz besitzt, wurde die fertige Ausführungsplanung auch hier zur Prüfung eingereicht. Der Prüfer erkannte jedoch, dass die gegenüber DIN VDE 0833-4 formulierte Abweichung nicht lediglich eine Abweichung gegenüber einer normativen Forderung beinhaltet, sondern eine Abweichung gegenüber einer gesetzlichen Forderung zur Verwendung von Bauprodukten darstellt. Folglich lehnte der Prüfer den Einsatz der aktiven Linienstrahler ab. Die Wahrung der Schutzziele sei gemäß Prüfer keine zulässige Begründung für die vorgesehene Abweichung, da der Gesetzgeber Wege dafür vorgesehen hat, nicht zertifizierte Produkte bei einer bauordnungsrechtlich geforderten SAA einsetzen zu können.

An dieser Stelle sei auf die Verfahren mit Beantragung bei der EOTA (Abschnitt 4.4.31) oder zum Beispiel auf die nationalen Verfahren in Form der Zustimmung im Einzelfall hingewiesen. Die entsprechenden Schritte können in den Abschnitten zu Bauprodukten entnommen werden. Dort ist auch ein Flussdiagramm enthalten, mit dem überprüft werden kann, welche Wege zu Produkten führen, die in SAA eingesetzt werden können.

5.4 Das überflüssige ENS

Im Brandschutzkonzept zu einem Schulneubau wird nach Vorgabe der anzuwendenden Schulbaurichtlinie gefordert, dass die Alarmierung im Brandfall mit Signaltönen erfolgen soll. Im Landkreis, in dem die Schule gebaut werden soll, existieren darüber hinausgehende Anforderungen. In der zu beachtenden Verwaltungsverordnung wird beschrieben, dass neben der Auslösung des Brandalarms über die Brandmeldeanlage zusätzlich eine Hausalarmanlage mit manuell zu bedienenden Alarmtastern auszuführen ist. Die Hausalarmanlage soll zudem als SAA ausgeführt werden und die Durchsagefunktionen für den Fall eines Amoklaufs übernehmen. Die typisch schulischen Durchsagen mit Personenruffunktion und Pausengongübertragung sollen ebenfalls von der SAA geleistet werden. Diese Zusammenhänge wurden sodann in die erste Fortschreibung des Brandschutzkonzepts übernommen.

Danach sollte nun eine SAA nach DIN VDE 0833-4 geplant und betrieben werden. Die SAA soll bei Brandalarmierung also im automatischen Brandfallbetrieb von der BMA ausgelöst werden. Im manuellen Brandfallbetrieb wird die SAA von Hausalarmtastern in den Alarmzustand versetzt. Im Falle eines Amoklaufs wird die Anlage von der ständig besetzten Stelle manuell aktiviert und entsprechend gespeicherte Durchsagen werden vom Sprachspeicher wiedergegeben. Für die Alarmierung im Brandfall, automatisch oder manuell ausgelöst, soll DIN-Alarmton übertragen werden. Amokalarm und schulische Durchsagen sollen natürlich mit Sprache erfolgen. In der Schulbaurichtlinie des entsprechenden Bundeslandes wird beschrieben, dass zur Brandalarmierung mit Signaltönen ein ENS (Elektroakustisches Notfallwarnsystem) nach VDE 0828-1 zum Einsatz kommen soll. In der Konzeptphase des Schulbauprojekts ergeben sich nun jedoch einige Unklarheiten, da in der Norm VDE 0828-1 im Anwendungsbereich unmittelbar ausgeschlossen wird, dass ein

ENS im Brandfall zur Anwendung gebracht wird. Es bestand also das Bestreben, bei der nächsten Fortschreibung des BSK eine Abweichung zur Norm VDE 0828-1 zu schreiben und darin zu dokumentieren, dass in Abweichung zur normativen Festlegung hier doch ein ENS für den Brandfall zum Einsatz kommen solle.

Im Zusammenhang mit den weiteren Forderungen an die Beschallungsanlage macht dies jedoch keinen Sinn. Einerseits ist in der lokalen Verwaltungsverordnung ohnehin eine SAA gefordert, andererseits veranlasst uns der Gesetzgeber dazu, bei bauordnungsrechtlich geforderten Beschallungsanlagen für den Brandfall Bauprodukte zu verwenden. Würde man die oben beschriebene Abweichung tatsächlich realisieren, müsste das ENS nach VDE 0828-1 dennoch aus Bauprodukten einer SAA bestehen. Auch die Maßgaben zur Bewertung der Wirksamkeit in Form der Anforderungen an den STI sind mit den Anforderungen an eine SAA vergleichbar. Es besteht also überhaupt kein Vorteil mehr darin, ein ENS anstelle einer SAA zu planen und zu projektieren.

Eher verhält es sich noch gegenteilig, da mit der neuen SAA-Norm deutlich mehr Erleichterungen ermöglicht werden. Im SAA-Konzept als Anlage zum fortgeschriebenen BSK wurde nun dokumentiert, dass die Hausalarmanlage als SAA ausgeführt wird und diese Anlage zur Übertragung von Durchsagen im Brandfall, Amoklauf und schulischen Nutzungen verwendet wird. Die Übererfüllung der Anforderungen, indem auch im Brandfall anstelle von Signaltönen nun Brandfalldurchsagen übertragen werden sollen, lässt sich sehr einfach begründen. Da die SAA ohnehin wegen der Übertragung von Durchsagen im Falle des Amoklaufs die erforderliche Sprachverständlichkeit erreichen muss, kann auch im Brandfall die Übertragung von Durchsagen erfolgen. Zudem ist mit Sprache ohnehin eine höhere Wirksamkeit zu erreichen als mit der Übertragung von DIN-Alarmton. Da in der Schule später auch Volkshochschulunterricht gegeben werden soll und daher mit ortsunkundigen Besuchern zu rechnen ist, führt die Übertragung von Brandfalldurchsagen auch bei dieser Zielgruppe zur erforderlichen Wirksamkeit bei Brandalarmierung.

Literaturverzeichnis

[1] *Dickreiter, M.; Dittel, V.; Hoeg, W.; Wöhr, M.:* Handbuch der Tonstudiotechnik, Bd. 1. Herausgegeben von der Medienakademie ARD, ZDF. 8., überarbeitete und erweiterte Auflage. Berlin: de Gruyter, 2014.

[2] *Müller, G.; Möser, M.:* Taschenbuch der technischen Akustik. 3., erweiterte und überarbeitete Auflage. Berlin: Springer-Verlag, 2004.

[3] DIN 14675-1:2020-01 „Brandmeldeanlagen – Teil 1: Aufbau und Betrieb".

[4] Muster-Versammlungsstättenverordnung: 2005-06, geändert 2014-06.

[5] Muster-Verkaufsstättenverordnung: 1995-09, Entwurfsstand 2012-12.

[6] Muster-Leitungsanlagenrichtlinie: 2015-02, geändert 2020-09.

[7] DIN 18041:2016-03 „Hörsamkeit in Räumen".

[8] DIN VDE 0833-4:2024-06 „Festlegungen für Anlagen zur Sprachalarmierung im Brandfall".

[9] DIN EN 54-4:2007-02 „Energieversorgungseinrichtungen".

[10] DIN EN 54-16:2008-06 „Sprachalarmzentralen".

[11] EN 54-24:2008-06 „Komponenten für Sprachalarmierungssysteme – Lautsprecher".

[12] *Rosas, C.; Sommerhoff, J.:* Logatom corpus for the assessment of the intelligibility, in: Applied Acoustics, Volume 73, Issue 11, S. 1190–1200. Elsevier, 2012.

[13] *Weinzierl, S.* (Hrsg.): Handbuch der Audiotechnik. Kapitel 9: Beschallungstechnik, Beschallungsplanung und Simulation. Berlin: Springer-Verlag, 2008.

[14] *Künzer, L.; Zinke, R.; Hofinger, G.:* Mythen der Entfluchtung. Jena: Friedrich Schiller Universität, 2012.

[15 *Zehfuß, J.* (Hrsg.): Leitfaden Ingenieurmethoden des Brandschutzes. Münster: Technisch-Wissenschaftlicher Beirat (TWB) der Vereinigung zur Förderung des deutschen Brandschutzes e. V. (vfdb), 2020.

[16] DIN EN IEC 60268:2021-10 „Objektive Bewertung der Sprachverständlichkeit durch den Sprachübertragungsindex".

[17] Graner + Partner Ingenieure: Datenbank der raumakustischen Parameter und Messergebnisse, 2012.

[18] *Ahnert, W.; Reichardt, W.:* Grundlagen der Beschallungstechnik. Stuttgart: S. Hirzel Verlag, 1981.

[19] *Barnett P. W.:* Overview of speech intelligibility, in: Proceedings of the Institute of Acoustics 21 (5), S. 1–16. Milton Keynes: Institute of Acoustics, 1999.
20] *Möser, M.:* Technische Akustik. 6., erweiterte und aktualisierte Auflage. Heidelberg: Springer-VDI, 2005.
[21] *Häberle, H.; Kusterer, H.; Rinn, H.; u. a.:* Fachkunde Elektrotechnik. 13. Auflage. Haan-Gruiten: Verlag Europa-Lehrmittel, 1982.
[22] *Zwicker, E.:* Psychoakustik. Heidelberg: Springer-Verlag 1982.
[23] *Blauert, J.:* Räumliches Hören, Stuttgart: S. Hirzel Verlag, 1974.

Stichwortverzeichnis

S

T

U

V

W